ŒUVRES

COMPLÈTES

DE LAPLACE.

ŒUVRES

COMPLÈTES

DE LAPLACE,

PUBLIÉES SOUS LES AUSPICES

DE L'ACADÉMIE DES SCIENCES,

PAR

MM. LES SECRÉTAIRES PERPÉTUELS.

TOME SIXIÈME.

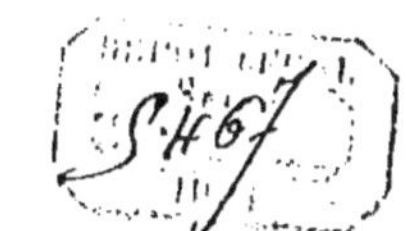

PARIS,

GAUTHIER-VILLARS, IMPRIMEUR-LIBRAIRE

DE L'ÉCOLE POLYTECHNIQUE, DU BUREAU DES LONGITUDES,

SUCCESSEUR DE MALLET-BACHELIER,

Quai des Augustins, 55.

—

M DCCC LXXXIV

AVERTISSEMENT

DE LA SIXIÉME ÉDITION.

L'Auteur s'occupait de la réimpression de cet Ouvrage, lorsqu'il fut enlevé au monde savant; plusieurs notes de sa main ont pu être recueillies dans cette nouvelle édition, dont il corrigeait encore des épreuves dans les derniers jours de sa maladie : néanmoins ce travail était peu avancé.

M. de Laplace avait plusieurs fois exprimé dans sa société particulière cette pensée, que l'on ne pouvait trop se défendre d'apporter des corrections aux Ouvrages des savants après leur mort; il disait que c'était en altérer l'origine, souvent au détriment de la pensée première de l'auteur, toujours au préjudice de l'histoire de la Science. On a respecté scrupuleusement cette opinion, en reproduisant dans cette sixième édition du *Système du Monde* le texte exact et fidèle de la précédente, aux changements près que l'auteur avait pu faire lui-même. Seulement trois Chapitres du Livre IV, qu'il avait jugé à propos de supprimer dans la cinquième édition, se retrouvent dans celle-ci, savoir : le Chapitre XII, *De la Stabilité de l'équilibre des mers;* le Chapitre XVII, *Réflexions sur la loi de la pesanteur universelle;* et enfin le Chapitre XVIII, *De l'attraction moléculaire.* Dans l'Avertissement qui précède cette dernière édition, M. de Laplace annonçait l'intention de réunir *ces principaux résultats de l'application de l'Analyse aux phénomènes dus à l'action moléculaire différente de l'attraction universelle,* qui venaient de recevoir une grande extension, pour en faire le sujet d'un Traité spécial, à la suite de l'*Exposition du Système du Monde.* Le temps ne lui ayant pas permis de réaliser ce projet, il était naturel de rétablir dans la nouvelle édition ces Chapitres, tels qu'ils étaient dans la quatrième; c'est ainsi qu'ils forment de nouveau les Chapitres XII, XVII et XVIII du Livre IV. On a pensé que ce n'était en aucune façon déroger au principe émis par l'auteur lui-même, dont il est question plus haut, et que l'on complétait par là cet Ouvrage d'une manière utile autant qu'intéressante pour la Science.

Dans cette édition, comme dans la précédente, la division décimale est appliquée à l'angle droit et au jour, dont l'origine est fixée à minuit; les mesures linéaires sont rapportées au mètre et les températures au thermomètre à mercure, divisé en 100° depuis la température de la glace fondante jusqu'à celle de l'eau bouillante, sous une pression équivalente à celle d'une colonne de mercure haute de 0^m,76 et à zéro de température, sur le parallèle de 50°.

TABLE DES MATIÈRES

CONTENUES DANS LE SIXIÈME VOLUME.

EXPOSITION

DU

SYSTÈME DU MONDE.

Me vero primum dulces ante omnia Musæ,
Quarum sacra fero, ingenti perculsus amore
Accipiant, cœlique vias et sidera monstrent.
Virg., *Georg.*, lib. II.

De toutes les sciences naturelles, l'Astronomie est celle qui présente le plus long enchaînement de découvertes. Il y a extrêmement loin de la première vue du ciel à la vue générale par laquelle on embrasse aujourd'hui les états passés et futurs du Système du monde. Pour y parvenir, il a fallu observer les astres pendant un grand nombre de siècles, reconnaître dans leurs apparences les mouvements réels de la Terre, s'élever aux lois des mouvements planétaires et de ces lois au principe de la pesanteur universelle, redescendre enfin de ce principe à l'explication complète de tous les phénomènes célestes jusque dans leurs moindres détails. Voilà ce que l'esprit humain a fait dans l'Astronomie. L'exposition de ces découvertes et de la manière la plus simple dont elles ont pu naître et se succéder aura le double avantage d'offrir un grand ensemble de vérités importantes et la vraie méthode qu'il faut suivre dans la recherche des lois de la nature. C'est l'objet que je me suis proposé dans cet Ouvrage.

LIVRE PREMIER.

DES MOUVEMENTS APPARENTS DES CORPS CÉLESTES.

CHAPITRE PREMIER.

DU MOUVEMENT DIURNE DU CIEL.

Si pendant une belle nuit, et dans un lieu dont l'horizon soit découvert, on suit avec attention le spectacle du ciel, on le voit changer à chaque instant. Les étoiles s'élèvent ou s'abaissent; quelques-unes commencent à se montrer vers l'orient, d'autres disparaissent vers l'occident; plusieurs, telles que l'étoile polaire et les étoiles de la grande Ourse, n'atteignent jamais l'horizon dans nos climats. Dans ces mouvements divers, la position respective de tous ces astres reste la même; ils décrivent des cercles d'autant plus petits qu'ils sont plus près d'un point que l'on conçoit immobile. Ainsi le ciel parait tourner sur deux points fixes nommés, par cette raison, *pôles du monde,* et dans ce mouvement il emporte le système entier des astres. Le pôle élevé sur notre horizon est le pôle *boréal* ou *septentrional;* le pôle opposé, que l'on imagine au-dessous de l'horizon, se nomme pôle *austral* ou *méridional.*

Déjà plusieurs questions intéressantes se présentent à résoudre. Que deviennent pendant le jour les astres que nous voyons durant la nuit? D'où viennent ceux qui commencent à paraître? Où vont ceux qui disparaissent? L'examen attentif des phénomènes fournit des réponses simples à ces questions. Le matin, la lumière des étoiles s'affaiblit à mesure que l'aurore augmente; le soir, elles deviennent plus brillantes .

à mesure que le crépuscule diminue ; ce n'est donc point parce qu'elles
cessent de luire, mais parce qu'elles sont effacées par la vive lumière
des crépuscules et du Soleil, que nous cessons de les apercevoir. L'heureuse invention du télescope nous a mis à portée de vérifier cette explication, en nous faisant voir les étoiles au moment même où le Soleil
est le plus élevé. Celles qui sont assez près du pôle pour ne jamais
atteindre l'horizon sont constamment visibles. Quant aux étoiles qui
commencent à se montrer à l'orient pour disparaître à l'occident, il est
naturel de penser qu'elles continuent de décrire sous l'horizon le cercle
qu'elles ont commencé à parcourir au-dessus et dont l'horizon nous
cache la partie inférieure. Cette vérité devient sensible quand on
s'avance vers le nord ; les cercles des étoiles situées vers cette partie
du monde se dégagent de plus en plus de dessous l'horizon ; ces étoiles
cessent enfin de disparaître, tandis que d'autres étoiles, situées au midi,
deviennent pour toujours invisibles. On observe le contraire en avançant vers le midi ; des étoiles qui demeuraient constamment sur l'horizon se lèvent et se couchent alternativement, et de nouvelles étoiles,
auparavant invisibles, commencent à paraître. La surface de la Terre
n'est donc pas ce qu'elle nous semble , un plan sur lequel la voûte
céleste est appuyée. C'est une illusion que les premiers observateurs
ne tardèrent pas à rectifier par des considérations analogues aux précédentes ; ils reconnurent bientôt que le ciel enveloppe de tous côtés
la Terre, et que les étoiles y brillent sans cesse, en décrivant chaque
jour leurs différents cercles. On verra dans la suite l'Astronomie souvent occupée à corriger de semblables illusions et à reconnaître les
objets réels dans leurs trompeuses apparences.

Pour se former une idée précise du mouvement des astres, on conçoit,
par le centre de la Terre et par les deux pôles du monde, un axe autour
duquel tourne la sphère céleste. Le grand cercle perpendiculaire à cet
axe s'appelle *équateur ;* les petits cercles que les étoiles décrivent parallèlement à l'équateur, en vertu de leur mouvement diurne, so nomment *parallèles.* Le *zénith* d'un observateur est le point du ciel que sa
verticale va rencontrer ; le *nadir* est le point directement opposé. Le

méridien est le grand cercle qui passe par le zénith et les pôles ; il partage en deux également l'arc décrit par les étoiles sur l'horizon, et lorsqu'elles l'atteignent, elles sont à leur plus grande ou à leur plus petite hauteur. Enfin l'*horizon* est le grand cercle perpendiculaire à la verticale, ou parallèle à la surface de l'eau stagnante dans le lieu de l'observateur.

La hauteur du pôle tient le milieu entre la plus grande et la plus petite hauteur des étoiles qui ne se couchent jamais, ce qui donne un moyen facile de la déterminer ; or, en s'avançant directement vers le pôle, on le voit s'élever à fort peu près proportionnellement à l'espace parcouru ; la surface de la Terre est donc convexe, et sa figure est peu différente d'une sphère. La courbure du globe terrestre est sensible à la surface des mers ; le navigateur, en approchant des côtes, aperçoit d'abord leurs points les plus élevés, et découvre ensuite successivement les parties inférieures que lui dérobait la convexité de la Terre. C'est encore à raison de cette courbure que le Soleil, à son lever, dore le sommet des montagnes avant que d'éclairer les plaines.

CHAPITRE II.

DU SOLEIL ET DE SES MOUVEMENTS.

Tous les astres participent au mouvement diurne de la sphère céleste; mais plusieurs ont des mouvements propres qu'il est important de suivre, parce qu'ils peuvent seuls nous conduire à la connaissance du vrai système du monde. De même que, pour mesurer l'éloignement d'un objet, on l'observe de deux positions différentes, ainsi, pour découvrir le mécanisme de la nature, il faut la considérer sous divers points de vue, et observer le développement de ses lois, dans les changements du spectacle qu'elle nous présente. Sur la Terre, nous faisons varier les phénomènes par des expériences; dans le ciel, nous déterminons avec soin tous ceux que nous offrent les mouvements célestes. En interrogeant ainsi la nature et soumettant ses réponses à l'analyse, nous pouvons, par une suite d'inductions bien ménagées, nous élever aux phénomènes généraux dont tous les faits particuliers dérivent. C'est à découvrir ces grands phénomènes et à les réduire au plus petit nombre possible que doivent tendre nos efforts; car les causes premières et la nature intime des êtres nous seront éternellement inconnues.

Le Soleil a un mouvement propre dirigé en sens contraire du mouvement diurne. On reconnaît ce mouvement par le spectacle du ciel pendant les nuits, spectacle qui change et se renouvelle avec les saisons. Les étoiles situées sur la route du Soleil, et qui se couchent un peu après lui, se perdent bientôt dans sa lumière et reparaissent en-

suite avant son lever; cet astre s'avance donc vers elles, d'occident en
orient. C'est ainsi que l'on a suivi longtemps son mouvement propre,
qui maintenant peut être déterminé avec une grande précision, en
observant chaque jour la hauteur méridienne du Soleil et le temps qui
s'écoule entre son passage et ceux des étoiles au méridien. Ces observations donnent les mouvements propres du Soleil dans le sens du
méridien et dans le sens des parallèles, et la résultante de ces mouvements est le vrai mouvement de cet astre autour de la Terre. On a
trouvé de cette manière que le Soleil se meut dans un orbe que l'on
nomme *écliptique,* et qui, au commencement de 1801, était incliné de
26°,07315 à l'équateur.

C'est à l'inclinaison de l'écliptique sur l'équateur qu'est due la différence des saisons. Lorsque le Soleil atteint par son mouvement annuel
l'équateur, il le décrit à fort peu près en vertu de son mouvement
diurne, et ce grand cercle étant partagé en deux également par tous
les horizons, le jour est alors égal à la nuit sur toute la Terre. On a
nommé, par cette raison, *équinoxes* les points d'intersection de l'équateur avec l'écliptique. A mesure que le Soleil, en partant de l'équinoxe
du printemps, s'avance dans son orbe, ses hauteurs méridiennes sur
notre horizon croissent de plus en plus; l'arc visible des parallèles qu'il
décrit chaque jour augmente sans cesse, et fait croître la durée des jours,
jusqu'à ce que le Soleil parvienne à sa plus grande hauteur. A cette
époque, le jour est le plus long de l'année, et comme vers le maximum
les variations de la hauteur méridienne du Soleil sont insensibles, le
Soleil, à ne considérer que cette hauteur dont dépend la durée du jour,
paraît stationnaire; ce qui a fait nommer *solstice* d'été ce point du
maximum. Le parallèle que le Soleil décrit alors est le *tropique* d'été.
Cet astre redescend ensuite vers l'équateur, qu'il traverse de nouveau
dans l'équinoxe d'automne, et de là il parvient à son minimum de hauteur ou au solstice d'hiver. Le parallèle décrit alors par le Soleil est le
tropique d'hiver, et le jour qui lui répond est le plus court de l'année.
Parvenu à ce terme, le Soleil remonte vers l'équateur et revient, à
l'équinoxe du printemps, recommencer la même carrière.

Telle est la marche constante du Soleil et des saisons. Le printemps est l'intervalle compris entre l'équinoxe du printemps et le solstice d'été; l'intervalle de ce solstice à l'équinoxe d'automne forme l'été; l'intervalle de l'équinoxe d'automne au solstice d'hiver forme l'automne; enfin l'hiver est l'intervalle du solstice d'hiver à l'équinoxe du printemps.

La présence du Soleil sur l'horizon étant la cause de la chaleur, il semble que la température devrait être la même en été qu'au printemps, et dans l'hiver qu'en automne. Mais la température n'est pas un effet instantané de la présence du Soleil : elle est le résultat de son action longtemps continuée. Elle n'atteint son maximum dans le jour qu'après la plus grande hauteur de cet astre sur l'horizon; elle n'y parvient dans l'année qu'après la plus grande hauteur solsticiale du Soleil.

Les divers climats offrent des variétés remarquables, que nous allons suivre de l'équateur aux pôles. A l'équateur, l'horizon coupe en deux parties égales tous les parallèles; le jour y est donc constamment égal à la nuit. Le Soleil s'élève à midi jusqu'au zénith dans les équinoxes. Les hauteurs méridiennes de cet astre dans les solstices sont les plus petites et égales au complément de l'inclinaison de l'écliptique à l'équateur; les ombres solaires ont alors des directions opposées, ce qui n'arrive point dans nos climats, où elles sont toujours, à midi, dirigées vers le nord; il y a donc, à proprement parler, deux hivers et deux étés chaque année sous l'équateur. La même chose a lieu dans tous les pays où la hauteur du pôle est moindre que l'obliquité de l'écliptique. Au delà, le Soleil ne s'élevant jamais au zénith, il n'y a plus qu'un hiver et un été dans l'année; le plus long jour augmente et le plus court diminue à mesure que l'on avance vers le pôle, et lorsque le zénith n'en est éloigné que d'un angle égal à l'obliquité de l'écliptique, le Soleil ne se couche point au solstice d'été, il ne se lève point au solstice d'hiver. Plus près du pôle encore, le temps de sa présence et celui de son absence sur l'horizon vers les solstices surpassent plusieurs jours et même plusieurs mois. Enfin, sous le pôle, l'horizon étant l'équateur même, le Soleil est toujours au-dessus quand il est du même côté de l'équateur que le pôle; il est constamment au-dessous quand il est de l'autre côté de l'équateur; il n'y a donc qu'un jour et une nuit dans l'année.

Suivons plus particulièrement la marche du Soleil. D'abord on observe une inégalité dans les intervalles qui séparent les équinoxes et les solstices : il s'écoule environ huit jours de plus, de l'équinoxe du printemps à celui d'automne, que de ce dernier équinoxe à celui du printemps; le mouvement du Soleil n'est donc pas uniforme. Des observations précises et multipliées ont fait connaitre qu'il est le plus rapide dans un point de l'orbite solaire situé vers le solstice d'hiver, et qu'il est le plus lent dans le point opposé de l'orbite, vers le solstice d'été. Le Soleil décrit par jour 1°,1327 dans le premier point, et seulement 1°,0591 dans le second; ainsi, pendant le cours de l'année, son mouvement journalier varie, en plus et en moins, de trois cent trente-six dix-millièmes de sa valeur moyenne.

Cette variation produit, en s'accumulant, une inégalité très sensible dans le mouvement du Soleil. Pour en déterminer la loi, et généralement pour avoir celles de toutes les inégalités périodiques, on peut considérer que, les sinus et les cosinus des angles redevenant les mêmes à chaque circonférence dont ces angles augmentent, ils sont propres à représenter ces inégalités. En exprimant donc de cette manière toutes les inégalités des mouvements célestes, il n'y a de difficulté qu'à les démêler entre elles et à déterminer les angles dont elles dépendent. L'inégalité que nous considérons se rétablissant à chaque révolution solaire, il est naturel de la faire dépendre du mouvement du Soleil et de ses multiples. On trouve ainsi qu'en l'exprimant dans une série de sinus dépendants de ce mouvement, elle se réduit, à fort peu près, à deux termes, dont le premier est proportionnel au sinus de la distance moyenne angulaire du Soleil au point de son orbite où sa vitesse est la plus grande, et dont le second, environ quatre-vingt-quinze fois moindre que le premier, est proportionnel au sinus du double de cette distance.

Les mesures du diamètre apparent de cet astre nous prouvent que sa distance à la Terre est variable, comme sa vitesse angulaire. Ce diamètre augmente et diminue suivant la même loi que cette vitesse, mais dans un rapport deux fois moindre. Lorsque la vitesse est la plus grande, ce diamètre est de 6035″,7; on ne l'observe que de 5836″,3 lorsque cette vitesse est la plus petite : ainsi sa grandeur moyenne est de 5936″,0.

La distance du Soleil à la Terre étant réciproque à son diamètre apparent, son accroissement suit la même loi que la diminution de ce diamètre. On nomme *périgée* le point de l'orbite où le Soleil est le plus près de la Terre, et *apogée* le point opposé où cet astre en est le plus éloigné. C'est dans le premier de ces points que le Soleil a le plus grand diamètre apparent et la plus grande vitesse; dans le second point, son diamètre apparent et sa vitesse sont à leur minimum.

Il suffit, pour diminuer le mouvement apparent du Soleil, de l'éloigner de la Terre. Mais si cette cause produisait seule la variation du mouvement solaire, et si la vitesse réelle du Soleil était constante, sa vitesse apparente diminuerait dans le même rapport que son diamètre apparent. Elle diminue dans un rapport deux fois plus grand; il y a donc un ralentissement réel dans le mouvement de cet astre, lorsqu'il s'éloigne de la Terre. Par l'effet composé de ce ralentissement et de l'augmentation de la distance, son mouvement angulaire diminue comme le carré de la distance augmente, en sorte que son produit par ce carré est à fort peu près constant. Toutes les mesures du diamètre apparent du Soleil, comparées aux observations de son mouvement journalier, confirment ce résultat.

Imaginons par les centres du Soleil et de la Terre une droite que nous nommerons *rayon vecteur* du Soleil; il est facile de voir que le petit secteur ou l'aire tracée dans un jour par ce rayon autour de la Terre est proportionnelle au produit du carré de ce rayon par le mouvement journalier apparent du Soleil. Ainsi cette aire est constante, et l'aire entière tracée par le rayon vecteur, à partir d'un rayon fixe, croît comme le nombre des jours écoulés depuis l'époque où le Soleil était sur ce rayon; *les aires décrites par son rayon vecteur sont donc proportionnelles au temps.* Un rapport aussi simple entre le mouvement du Soleil et sa distance au foyer de son mouvement doit être admis comme une loi fondamentale de sa théorie, du moins jusqu'à ce que les observations nous obligent de le modifier.

Si, d'après les données précédentes, on marque de jour en jour la position et la longueur du rayon vecteur de l'orbe solaire, et que l'on fasse passer une courbe par les extrémités de tous ces rayons, on verra que cette courbe est un peu allongée dans le sens de la droite qui, passant par le centre de la Terre, joint les points de la plus grande et de la plus petite distance du Soleil. Sa ressemblance avec l'ellipse ayant fait naître la pensée de les comparer entre elles, on a reconnu leur identité; d'où l'on a conclu que *l'orbe solaire est une ellipse dont le centre de la Terre occupe un des foyers.*

L'ellipse est une de ces courbes fameuses, dans la Géométrie ancienne et moderne, sous le nom de *sections coniques.* Il est facile de la décrire, en fixant à deux points invariables, que l'on appelle *foyers*, les extrémités d'un fil tendu sur un plan par une pointe qui glisse le long de ce fil. L'ellipse tracée par la pointe dans ce mouvement est visiblement allongée dans le sens de la droite qui joint les foyers et qui, prolongée de chaque côté jusqu'à la courbe, forme le grand axe dont la longueur est la même que celle du fil. Le petit axe est la droite menée par le centre perpendiculairement au grand axe, et prolongée de chaque côté jusqu'à la courbe; la distance du centre à l'un des foyers est l'*excentricité* de l'ellipse. Lorsque les deux foyers sont réunis au même point, l'ellipse est un cercle; en les éloignant, elle s'allonge de plus en plus, et si, leur distance mutuelle devenant infinie, la distance du foyer au sommet le plus voisin de la courbe reste finie, l'ellipse devient une *parabole.*

L'ellipse solaire est peu différente d'un cercle; car l'excès de la plus grande sur la moyenne distance du Soleil à la Terre n'est, comme on l'a vu, que cent soixante-huit dix-millièmes de cette distance. Cet excès est l'excentricité elle-même, dans laquelle les observations indiquent une diminution fort lente et à peine sensible dans l'intervalle d'un siècle.

Pour avoir une juste idée du mouvement elliptique du Soleil, concevons un point mû uniformément sur une circonférence dont le centre soit celui de la Terre, et dont le rayon soit égal à la distance périgée du Soleil ; supposons, de plus, que ce point et le Soleil partent ensemble du périgée et que le mouvement angulaire du point soit égal au moyen mouvement angulaire du Soleil. Tandis que le rayon vecteur du point tourne uniformément autour de la Terre, le rayon vecteur du Soleil se meut d'une manière inégale, en formant toujours, avec la distance périgée et les arcs d'ellipse, des secteurs proportionnels aux temps. Il devance d'abord le rayon vecteur du point, et fait avec lui un angle qui, après avoir augmenté jusqu'à une certaine limite, diminue et redevient nul quand le Soleil est à son apogée. Alors, les deux rayons vecteurs coïncident avec le grand axe. Dans la seconde moitié de l'ellipse, le rayon vecteur du point devance à son tour celui du Soleil, et forme avec lui des angles qui sont exactement les mêmes que dans la première moitié, à la même distance angulaire du périgée, où il revient coïncider avec le rayon vecteur du Soleil et le grand axe de l'ellipse. L'angle dont le rayon vecteur du Soleil devance celui du point est ce que l'on nomme *équation du centre*. Son maximum était de 2°,13807 au commencement du siècle actuel, c'est-à-dire au minuit commençant le premier janvier 1801. Il diminue de 53″ environ par siècle. Le mouvement angulaire du point autour de la Terre se conclut de la durée de la révolution du Soleil dans son orbite. En ajoutant à ce mouvement l'équation du centre, on a le mouvement angulaire du Soleil. La recherche de cette équation est un problème intéressant d'analyse, qui ne peut être résolu que par approximation ; mais le peu d'excentricité de l'orbe solaire conduit à des séries très convergentes, qu'il est facile de réduire en Tables.

Le grand axe de l'ellipse solaire n'est pas fixe dans le ciel ; il a, relativement aux étoiles, un mouvement annuel d'environ 36″ et dirigé dans le même sens que celui du Soleil.

L'orbe solaire se rapproche sensiblement de l'équateur : on peut évaluer à 148″ la diminution séculaire de son obliquité sur le plan de ce grand cercle.

Le mouvement elliptique du Soleil ne représente pas encore exactement les observations modernes; leur grande précision a fait apercevoir de petites inégalités, dont il eût été presque impossible, par les seules observations, de reconnaître les lois. Ces inégalités sont ainsi du ressort de cette branche de l'Astronomie qui redescend des causes aux phénomènes, et qui sera l'objet du Livre IV.

La distance du Soleil à la Terre a intéressé dans tous les temps les observateurs; ils ont essayé de la déterminer par tous les moyens que l'Astronomie a successivement indiqués. Le plus naturel et le plus simple est celui que les géomètres emploient pour mesurer la distance des objets terrestres. Des deux extrémités d'une base connue, on observe les angles que forment avec elle les rayons visuels de l'objet, et en retranchant leur somme de deux angles droits, on a l'angle formé par ces rayons à leur concours : cet angle est ce que l'on nomme *parallaxe* de l'objet, dont il est facile ensuite d'avoir la distance aux extrémités de la base. En transportant cette méthode au Soleil, il faut choisir la base la plus étendue que l'on puisse avoir sur la Terre. Imaginons deux observateurs placés sous le même méridien et observant à midi la distance du centre du Soleil au pôle boréal : la différence des deux distances observées sera l'angle sous lequel on verrait de ce centre la droite qui joint les observateurs; la différence des hauteurs du pôle donne cette droite en parties du rayon terrestre; il sera donc facile d'en conclure l'angle sous lequel on verrait du centre du Soleil le demi-diamètre de la Terre. Cet angle est la *parallaxe horizontale* du Soleil; mais il est trop petit pour être déterminé avec précision par cette méthode, qui peut seulement nous faire juger que cet astre est au moins éloigné de neuf mille diamètres terrestres. Nous verrons dans la suite les découvertes astronomiques fournir des moyens beaucoup plus précis pour avoir sa parallaxe, que l'on sait maintenant être, à fort peu près, de 26″,54 dans sa moyenne distance à la Terre, d'où il résulte que cette distance est de 23984 rayons terrestres.

On observe à la surface du Soleil des taches noires d'une forme irrégulière et changeante. Quelquefois elles sont nombreuses et fort étendues; on en a vu dont la largeur égalait quatre ou cinq fois celle de la Terre. D'autres fois, mais rarement, le Soleil parait pur et sans taches pendant des années entières. Souvent les taches solaires sont entourées de pénombres, environnées elles-mêmes de parties plus lumineuses que le reste du Soleil, et au milieu desquelles on voit ces taches se former et disparaître. La nature des taches est encore ignorée; mais elles nous ont fait connaître un phénomène remarquable, celui de la rotation du Soleil. Au travers des variations qu'elles éprouvent dans leur position et dans leur grandeur, on démêle des mouvements réguliers, exactement les mêmes que ceux des points correspondants de la surface du Soleil, en supposant à cet astre, dans le sens de son mouvement autour de la Terre, une rotation sur un axe presque perpendiculaire à l'écliptique. On a conclu, de l'observation suivie des taches, que la durée d'une rotation entière du Soleil est d'environ vingt-cinq jours et demi, et que l'équateur solaire est incliné de 8° $\frac{1}{3}$ au plan de l'écliptique.

Les grandes taches du Soleil sont presque toujours comprises dans une zone de sa surface, dont la largeur, mesurée sur un méridien solaire, ne s'étend pas au delà de 34° de chaque côté de son équateur; on en a cependant observé à 44° de distance.

On aperçoit, surtout vers l'équinoxe du printemps, une faible lumière visible avant le lever ou après le coucher du Soleil, et à laquelle on a donné le nom de *lumière zodiacale*. Sa couleur est blanche et sa figure apparente est celle d'un fuseau dont la base s'appuie sur l'équateur solaire : tel on verrait un sphéroïde de révolution fort aplati dont le centre et le plan de l'équateur seraient les mêmes que ceux du Soleil. Sa longueur parait quelquefois sous-tendre un angle de plus de 100°. Le fluide qui nous réfléchit cette lumière doit être extrêmement rare, puisque l'on voit les étoiles au travers. Suivant l'opinion la plus générale, ce fluide est l'atmosphère même du Soleil ; mais cette atmosphère est loin de s'étendre à d'aussi grandes distances. Nous proposerons à la fin de cet Ouvrage quelques conjectures sur la cause, jusqu'à présent ignorée, de cette lumière.

CHAPITRE III.

DU TEMPS ET DE SA MESURE.

Le temps est pour nous l'impression que laisse dans la mémoire une suite d'événements dont nous sommes certains que l'existence a été successive. Le mouvement est propre à lui servir de mesure, car, un corps ne pouvant pas être dans plusieurs lieux à la fois, il ne parvient d'un endroit à un autre qu'en passant successivement par tous les lieux intermédiaires. Si, à chaque point de la ligne qu'il décrit, il est animé de la même force, son mouvement est uniforme, et les parties de cette ligne peuvent mesurer le temps employé à les parcourir. Quand un pendule, à la fin de chaque oscillation, se retrouve dans des circonstances parfaitement semblables, les durées de ces oscillations sont les mêmes, et le temps peut se mesurer par leur nombre. On peut aussi employer à cette mesure les révolutions de la sphère céleste, dans lesquelles tout paraît égal; mais on est unanimement convenu de faire usage, pour cet objet, du mouvement du Soleil, dont les retours au méridien et au même équinoxe ou au même solstice forment les jours et les années.

Dans la vie civile, le jour est l'intervalle de temps qui s'écoule depuis le lever jusqu'au coucher du Soleil; la nuit est le temps pendant lequel le Soleil reste au-dessous de l'horizon. Le jour astronomique embrasse toute la durée de la révolution diurne : c'est le temps compris entre deux midis ou entre deux minuits consécutifs. Il surpasse la durée d'une révolution du ciel, qui forme le *jour sidéral;* car si le Soleil traverse le méridien au même instant qu'une étoile, le jour suivant il y reviendra plus tard en vertu de son mouvement propre, par lequel il s'avance d'occident en orient, et dans l'espace d'une année il passera une fois de moins que l'étoile au méridien. On trouve ainsi qu'en prenant pour unité le jour moyen astronomique, la durée du jour sidéral est de 0,99726957.

Les jours astronomiques ne sont pas égaux : deux causes, l'inégalité du mouvement propre du Soleil et l'obliquité de l'écliptique, produisent leurs différences. L'effet de la première cause est évident; ainsi au solstice d'été, vers lequel le mouvement du Soleil est le plus lent, le jour astronomique approche plus du jour sidéral qu'au solstice d'hiver, où ce mouvement est le plus rapide.

Pour concevoir l'effet de la seconde cause, il faut observer que l'excès du jour astronomique sur le jour sidéral n'est dû qu'au mouvement propre du Soleil, rapporté à l'équateur. Si, par les extrémités du petit arc que le Soleil décrit sur l'écliptique dans un jour et par les pôles du monde, on imagine deux grands cercles de la sphère céleste, l'arc de l'équateur qu'ils interceptent est le mouvement journalier du Soleil rapporté à l'équateur, et le temps que cet arc met à traverser le méridien est l'excès du jour astronomique sur le jour sidéral; or il est visible que, dans les équinoxes, l'arc de l'équateur est plus petit que l'arc correspondant de l'écliptique, dans le rapport du cosinus de l'obliquité de l'écliptique au rayon; dans les solstices, il est plus grand dans le rapport du rayon au cosinus de la même obliquité; le jour astronomique est donc diminué dans le premier cas et augmenté dans le second.

Pour avoir un jour moyen indépendant de ces causes, on imagine un second Soleil mû uniformément sur l'écliptique, et traversant toujours aux mêmes instants que le vrai Soleil le grand axe de l'orbe solaire, ce qui fait disparaître l'inégalité du mouvement propre du Soleil. On fait ensuite disparaître l'effet de l'obliquité de l'écliptique, en imaginant un troisième Soleil passant par les équinoxes aux mêmes instants que le second Soleil, et mû sur l'équateur, de manière que les distances angulaires de ces deux Soleils à l'équinoxe du printemps

soient constamment égales entre elles. L'intervalle compris entre deux
retours consécutifs de ce troisième Soleil au méridien forme le jour
moyen astronomique. Le *temps moyen* se mesure par le nombre de
ces retours, et le *temps vrai* se mesure par le nombre des retours du
vrai Soleil au méridien. L'arc de l'équateur intercepté entre deux
méridiens menés par les centres du vrai Soleil et du troisième Soleil,
et réduit en temps, à raison de la circonférence entière pour un jour,
est ce que l'on nomme *équation du temps*.

Le jour se divise en vingt-quatre heures, et l'on fixe à minuit son
origine. L'heure est divisée en 60 minutes, la minute en 60 secondes,
la seconde en 60 tierces, etc. Mais la division du jour en dix heures,
de l'heure en cent minutes, de la minute en cent secondes est beaucoup plus commode pour les usages astronomiques, et nous l'adopte-
rons dans cet Ouvrage.

Le second Soleil que nous venons d'imaginer détermine par ses retours à l'équateur et aux tropiques les équinoxes et les solstices moyens.
La durée de ces retours au même équinoxe ou au même solstice forme
l'*année tropique*, dont la grandeur actuelle est de 365^j,2422419. L'observation a fait connaître que le Soleil met plus de temps à revenir
aux mêmes étoiles : ce temps est l'*année sidérale*, qui surpasse l'année
tropique de 0^j,014119. Ainsi les équinoxes ont sur l'écliptique un
mouvement rétrograde ou contraire au mouvement propre du Soleil,
par lequel ils décrivent chaque année un arc égal au moyen mouvement de cet astre dans l'intervalle de 0^j,014119, et par conséquent de
154″,63. Ce mouvement n'est pas exactement le même dans tous les
siècles, ce qui rend un peu inégale la longueur de l'année tropique ;
elle est maintenant de 13″ environ plus courte qu'au temps d'Hipparque.

C'est à l'un des équinoxes ou à l'un des solstices qu'il convient de
commencer l'année. Son origine, placée au solstice d'été ou à l'équinoxe d'automne, partagerait et répartirait sur deux années consécutives les mêmes opérations et les mêmes travaux ; elle aurait ainsi
les inconvénients du jour commençant à midi, suivant l'ancien usage

des astronomes. L'équinoxe du printemps, époque de la renaissance
de la nature, semble devoir être pareillement celle du renouvellement
de l'année; mais il est aussi naturel de la faire commencer au solstice
d'hiver, que l'antiquité célébra comme l'époque de la renaissance du
Soleil, et qui sous le pôle est le milieu de la grande nuit de l'année.

Si l'année civile était constamment de 365 jours, son commencement anticiperait sans cesse sur celui de la véritable année tropique,
et il parcourrait en rétrogradant les diverses saisons, dans une période
d'environ 1508 ans. Mais cette année, qui fut autrefois en usage dans
l'Égypte, ôte au calendrier l'avantage d'attacher les mois et les fêtes aux
mêmes saisons, et d'en faire des époques remarquables pour l'agriculture. On conserverait cet avantage, précieux aux habitants des campagnes, en considérant l'origine de l'année comme un phénomène
astronomique que l'on fixerait, par le calcul, au minuit qui précède le
solstice ou l'équinoxe, et c'est ce que l'on a fait en France à la fin du
dernier siècle. Mais alors, les années bissextiles ou de 366 jours s'in-
tercalant suivant une loi très compliquée, il serait difficile de décomposer en jours un nombre quelconque d'années, ce qui répandrait de
la confusion sur l'histoire et sur la chronologie. D'ailleurs l'origine de
l'année, que l'on a toujours besoin de connaître d'avance, deviendrait
incertaine et arbitraire, lorsqu'elle approcherait de minuit d'une quantité moindre que l'erreur des tables solaires. Enfin, l'ordre des bissextiles changerait avec les méridiens, ce qui formerait un obstacle à
l'adoption si désirable d'un même calendrier par les différents peuples.
En voyant, en effet, chaque peuple compter de son principal observatoire les longitudes géographiques, peut-on croire qu'ils s'accorderont
tous à faire dépendre d'un même méridien le commencement de leur
année? Il faut donc abandonner ici la nature, et recourir à un mode
d'intercalation artificiel, mais régulier et commode. Le plus simple de
tous est celui que Jules César introduisit dans le calendrier romain, et
qui consiste à intercaler une bissextile tous les quatre ans. Mais si la
courte durée de la vie suffit pour écarter sensiblement l'origine des
années égyptiennes du solstice ou de l'équinoxe, il ne faut qu'un petit

nombre de siècles pour opérer le même déplacement dans l'origine des années juliennes, ce qui rend indispensable une intercalation plus composée. Dans le xie siècle, les Perses en adoptèrent une, remarquable par son exactitude. Elle se réduit à rendre la quatrième année bissextile sept fois de suite, et à ne faire ce changement, la huitième fois, qu'à la cinquième année. Cela suppose la longueur de l'année tropique, de $365^j \frac{5}{33}$, plus grande seulement de $0^j,0001823$ que l'année déterminée par les observations, en sorte qu'il faudrait un grand nombre de siècles pour déplacer sensiblement l'origine de l'année civile. Le mode d'intercalation du calendrier grégorien est un peu moins exact; mais il donne plus de facilité pour réduire en jours les années et les siècles, ce qui est l'un des principaux objets du calendrier. Il consiste à intercaler une bissextile tous les quatre ans, en supprimant la bissextile de la fin de chaque siècle pour la rétablir à la fin du quatrième siècle. La longueur de l'année que cela suppose est de $365^j \frac{27}{100}$ ou de $365^j,242500$, plus grande que la véritable de $0^j,0002581$. Mais si, en suivant l'analogie de ce mode d'intercalation, on supprime encore une bissextile tous les quatre mille ans, ce qui les réduit à 969 dans cet intervalle, la longueur de l'année sera de $365^j \frac{969}{1000}$ ou de $365^j,2422500$, ce qui approche tellement de la longueur de $365,2422419$, déterminée par les observations, que l'on peut négliger la différence, vu la petite incertitude que les observations elles-mêmes laissent sur la vraie longueur de l'année, qui d'ailleurs n'est pas rigoureusement constante.

La division de l'année en douze mois est fort ancienne et presque universelle. Quelques peuples ont supposé les mois égaux et de trente jours, et ils ont complété l'année, par l'addition d'un nombre suffisant de jours complémentaires. D'autres peuples ont embrassé l'année entière dans les douze mois, en les rendant inégaux. Le système des mois de trente jours conduit naturellement à leur division en trois *décades*. Cette période donne la facilité de retrouver à chaque instant le quantième du mois. Mais à la fin de l'année, les jours complémentaires troublent l'ordre de choses attaché aux divers jours de la décade, ce qui nécessite alors des mesures administratives embarrassantes. On obvie à cet inconvénient, par l'usage d'une petite période indépendante des mois et des années : telle est la *semaine*, qui, depuis la plus haute antiquité dans laquelle se perd son origine, circule sans interruption à travers les siècles, en se mêlant aux calendriers successifs des différents peuples. Il est très remarquable qu'elle se trouve identiquement la même sur toute la terre, soit relativement à la dénomination de ses jours, réglée sur le plus ancien système d'astronomie, soit par rapport à leur correspondance au même instant physique. C'est peut-être le monument le plus ancien et le plus incontestable des connaissances humaines; il parait indiquer une source commune d'où elles se sont répandues; mais le système astronomique qui lui sert de base est une preuve de leur imperfection à cette origine.

Il était facile, lorsqu'on réforma le calendrier grégorien, de fixer au solstice d'hiver le commencement de l'année, ce qui aurait fait concourir l'origine de chaque saison avec le commencement d'un mois. Il était facile encore de rendre plus régulière la longueur des mois, en donnant vingt-neuf jours à celui de février dans les années communes, et trente jours dans les bissextiles, et en faisant les autres mois alternativement de trente-un et de trente jours : il eût été commode de les désigner tous par leur rang ordinal. En corrigeant ensuite, comme on vient de le dire, l'intercalation adoptée, le calendrier grégorien n'eût laissé presque rien à désirer. Mais convient-il de lui donner ce degré de perfection? Il me semble qu'il n'en résulterait pas assez d'avantages pour compenser les embarras qu'un pareil changement introduirait dans nos habitudes, dans nos rapports avec les autres peuples, et dans la chronologie, déjà trop compliquée par la multitude des ères. Si l'on considère que ce calendrier est maintenant celui de presque toutes les nations d'Europe et d'Amérique, et qu'il a fallu deux siècles et toute l'influence de la religion pour lui procurer cette universalité, on sentira qu'il importe de lui conserver un aussi précieux avantage, aux dépens même d'une perfection qui ne porte pas sur des points essentiels. Car le principal objet d'un calendrier est d'offrir un moyen simple d'attacher les événements à la série des jours, et, par un mode facile d'intercalation, de fixer dans la même saison l'origine de l'année, conditions qui sont bien remplies par le calendrier grégorien.

De la réunion de cent années on a formé le *siècle*, la plus longue période employée jusqu'ici dans la mesure du temps; car l'intervalle qui nous sépare des plus anciens événements connus n'en exige pas encore de plus grandes.

CHAPITRE IV.

DES MOUVEMENTS DE LA LUNE, DE SES PHASES ET DES ÉCLIPSES.

Celui de tous les astres qui nous intéresse le plus après le Soleil est la Lune, dont les phases offrent une division du temps si remarquable qu'elle a été primitivement en usage chez tous les peuples. La Lune a, comme le Soleil, un mouvement propre d'occident en orient. La durée de sa révolution sidérale était de $27^j,3216614\,2\mathrm{3}$ au commencement de ce siècle; cette durée n'est pas toujours la même, et la comparaison des observations modernes avec les anciennes prouve incontestablement une accélération dans le moyen mouvement de la Lune. Cette accélération, encore peu sensible depuis la plus ancienne éclipse qui nous soit parvenue, se développera par la suite des temps. Mais ira-t-elle en croissant sans cesse, ou s'arrêtera-t-elle pour se changer en retardement? C'est ce que les observations ne peuvent apprendre qu'après un très grand nombre de siècles. Heureusement la découverte de sa cause, en les devançant, nous a fait connaître qu'elle est périodique. Au commencement de ce siècle, la distance moyenne angulaire de la Lune à l'équinoxe du printemps, et comptée de cet équinoxe dans le sens du mouvement propre de cet astre, était $124°,01321$, à minuit, temps moyen à l'Observatoire Royal de Paris.

La Lune se meut dans un orbe elliptique dont le centre de la Terre occupe un des foyers. Son rayon vecteur trace autour de ce point des aires à peu près proportionnelles aux temps. La moyenne distance de cet astre à la Terre étant prise pour unité, l'excentricité de son ellipse est $0,0548442$, ce qui donne la plus grande équation du centre égale à

6°,9854; elle parait être invariable. Le périgée lunaire a un mouvement direct, c'est-à-dire dans le sens du mouvement propre du Soleil;
la durée de sa révolution sidérale était, au commencement du siècle,
de 3232^{j},575343, et sa moyenne distance angulaire à l'équinoxe du
printemps était 295°,68037. Son mouvement n'est pas uniforme; il se
ralentit pendant que celui de la Lune s'accélère.

Les lois du mouvement elliptique sont encore loin de représenter
les observations de la Lune : elle est assujettie à un grand nombre
d'inégalités qui ont des rapports évidents avec la position du Soleil.
Nous allons indiquer les trois principales.

La plus considérable et la première que l'on ait reconnue est celle
que l'on nomme *évection*. Cette inégalité, qui dans son maximum s'é-
lève à 1°,4907, est proportionnelle au sinus d'un angle égal au double
de la distance de la Lune au Soleil, moins la distance angulaire de la
Lune à son périgée. Dans les oppositions et dans les conjonctions de la
Lune avec le Soleil, elle se confond avec l'équation du centre, qu'elle
diminue constamment. Par cette raison, les anciens observateurs, qui
ne déterminaient les éléments de la théorie lunaire qu'au moyen des
éclipses et dans la vue de prédire ces phénomènes, trouvèrent l'équation du centre de la Lune plus petite que la véritable, de toute la quantité de l'évection.

On observe encore dans le mouvement lunaire une grande inégalité,
qui disparait dans les conjonctions et dans les oppositions de la Lune
au Soleil, ainsi que dans les points où ces deux astres sont éloignés entre eux du quart de la circonférence. Elle est à son maximum
et s'élève à 0°,6611, quand leur distance mutuelle est de 50°; d'où l'on
a conclu qu'elle est proportionnelle au sinus du double de la distance
de la Lune au Soleil. Cette inégalité, que l'on nomme *variation*, disparaissant dans les éclipses, elle n'a pu être reconnue par l'observation
de ces phénomènes.

Enfin le mouvement de la Lune s'accélère quand celui du Soleil se
ralentit, et réciproquement, d'où résulte une inégalité connue sous le
nom d'*équation annuelle*, et dont la loi est exactement la même que

celle de l'équation du centre du Soleil, avec un signe contraire. Cette inégalité, qui dans son maximum est de o°,2074, se confond, dans les éclipses, avec l'équation du centre du Soleil, et dans le calcul de l'instant de ces phénomènes, il est indifférent de considérer séparément ces deux équations, ou de supprimer l'équation annuelle de la théorie lunaire, pour en accroître l'équation du centre du Soleil. Par cette raison, les anciens astronomes donnèrent à l'orbe solaire une trop grande excentricité, comme ils en assignèrent une trop petite à l'orbe lunaire, à raison de l'évection.

Cet orbe est incliné de 5°,7185 à l'écliptique; ses points d'intersection avec elle, que l'on nomme *nœuds*, ne sont pas fixes dans le ciel; ils ont un mouvement rétrograde ou contraire à celui de la Lune, mouvement qu'il est facile de reconnaître par la suite des étoiles que la Lune rencontre en traversant l'écliptique. On appelle *nœud ascendant* celui dans lequel la Lune s'élève au-dessus de l'écliptique, vers le pôle boréal, et *nœud descendant* celui dans lequel elle s'abaisse au-dessous, vers le pôle austral. La durée d'une révolution sidérale des nœuds était, au commencement du siècle, de 6793^j,39108, et la distance moyenne du nœud ascendant à l'équinoxe du printemps était de 15°,46117; mais le mouvement des nœuds se ralentit de siècle en siècle. Il est assujetti à plusieurs inégalités, dont la plus grande est proportionnelle au sinus du double de la distance de la Lune au Soleil, et s'élève à 1°,8102 dans son maximum. L'inclinaison de l'orbe est pareillement variable; sa plus grande inégalité, qui s'élève à o°,1627 dans son maximum, est proportionnelle au cosinus du même angle dont dépend l'inégalité du mouvement des nœuds; mais l'inclinaison moyenne parait constante dans les différents siècles, malgré les variations séculaires du plan de l'écliptique.

L'orbe lunaire et généralement les orbes du Soleil et de tous les corps célestes n'ont pas plus de réalité que les paraboles décrites par les projectiles à la surface de la Terre. Pour représenter le mouvement d'un corps dans l'espace, on imagine une ligne menée par toutes les positions successives de son centre; cette ligne est son orbite, dont le plan fixe ou variable est celui qui passe par deux positions consécutives du corps et par le point autour duquel on le conçoit en mouvement.

Au lieu d'envisager ainsi le mouvement d'un corps, on peut le projeter, par la pensée, sur un plan fixe, et déterminer sa courbe de projection et sa hauteur au-dessus de ce plan. Cette méthode fort simple est celle que les astronomes emploient dans les Tables des mouvements célestes.

Le diamètre apparent de la Lune change d'une manière analogue aux variations du mouvement lunaire : il est de 5438″ dans la plus grande distance de la Lune à la Terre, et de 6207″ dans sa plus petite distance.

Les mêmes moyens, auxquels la parallaxe du Soleil avait échappé par sa petitesse, ont donné la parallaxe moyenne de la Lune, égale à 10661″. Ainsi, à la même distance où cet astre nous paraît sous un angle de 5823″, la Terre serait vue sous un angle de 21332″; leurs diamètres sont donc dans le rapport de ces nombres ou, à très peu près, comme trois est à onze, et le volume du globe lunaire est quarante-neuf fois moindre que celui du globe terrestre.

Les phases de la Lune sont un des phénomènes célestes les plus frappants. En se dégageant le soir des rayons du Soleil, elle reparait avec un faible croissant, qui augmente à mesure qu'elle s'en éloigne, et qui devient un cercle entier de lumière, lorsqu'elle est en opposition avec cet astre. Quand ensuite elle s'en approche, ses phases diminuent suivant le degré de leur précédente augmentation, jusqu'à ce qu'elle se plonge le matin dans les rayons solaires. Le croissant de la Lune, constamment dirigé vers le Soleil, indique évidemment qu'elle en emprunte sa lumière, et la loi de la variation de ses phases, dont la largeur croit à très peu près proportionnellement au sinus verse de la distance angulaire de la Lune au Soleil, nous prouve qu'elle est sphérique.

Le retour des phases dépend de l'excès du mouvement de la Lune sur celui du Soleil, excès que l'on nomme mouvement *synodique* lunaire. La durée de la révolution synodique de cet astre, ou la période de ses conjonctions moyennes, est maintenant de 29ʲ,530588716; elle est à l'année tropique à très peu près dans le rapport de 19 à 235, c'est-à-dire que dix-neuf années solaires forment environ deux cent trente-cinq mois lunaires.

Les *syzygies* sont les points de l'orbite où la Lune se trouve en conjonction ou en opposition avec le Soleil. Dans le premier cas, la Lune est nouvelle; elle est pleine dans le second. Les *quadratures* sont les points où la Lune est éloignée du Soleil de 100° ou de 300°, comptés dans le sens de son mouvement propre. Dans ces points, que l'on nomme premier et second *quartier* de la Lune, nous voyons la moitié de son hémisphère éclairé. A la rigueur, nous en apercevons un peu plus; car lorsque l'exacte moitié se découvre à nous, la distance angulaire de la Lune au Soleil est un peu moindre que 100°. A cet instant, que l'on reconnait parce que la ligne qui sépare l'hémisphère éclairé de l'hémisphère obscur parait être une ligne droite, le rayon mené de l'observateur au centre de la Lune est perpendiculaire à celui qui joint les centres de la Lune et du Soleil. Ainsi, dans le triangle formé par les droites qui joignent ces centres et l'œil de l'observateur, l'angle à la Lune est droit, et l'observation donne l'angle à l'observateur; on peut donc déterminer la distance du Soleil à la Terre en parties de la distance de la Terre à la Lune. La difficulté de fixer avec précision l'instant où nous voyons la moitié du disque éclairé de la Lune rend cette méthode peu rigoureuse : on lui doit cependant les premières notions justes que l'on ait eues du volume immense du Soleil et de sa grande distance à la Terre.

L'explication des phases de la Lune conduit à celle des éclipses, objet de la frayeur des hommes dans les temps d'ignorance, et de leur curiosité dans tous les temps. La Lune ne peut s'éclipser que par l'interposition d'un corps opaque qui lui dérobe la lumière du Soleil, et il est visible que ce corps est la Terre, puisque les éclipses de Lune n'arrivent jamais que dans ses oppositions, ou lorsque la Terre est entre cet astre et le Soleil. Le globe terrestre projette derrière lui, relativement au Soleil, un cône d'ombre dont l'axe est sur la droite qui joint les centres du Soleil et de la Terre, et qui se termine au point où les diamètres apparents de ces deux corps seraient les mêmes. Ces diamètres, vus du centre de la Lune en opposition et dans sa moyenne distance, sont à peu près de 5920″ pour le Soleil, et de 21322″ pour la Terre; ainsi le cône d'ombre terrestre a une longueur au moins trois fois et demie plus grande que la distance de la Lune à la Terre, et sa largeur aux points où il est traversé par la Lune est environ huit tiers du diamètre lunaire. La Lune serait donc éclipsée toutes les fois qu'elle serait en opposition au Soleil, si le plan de son orbe coïncidait avec l'écliptique; mais, en vertu de l'inclinaison mutuelle de ces plans, la Lune dans ses oppositions est souvent élevée au-dessus ou abaissée au-dessous du cône d'ombre terrestre, et elle n'y pénètre que lorsqu'elle est près de ses nœuds. Si tout son disque s'enfonce dans l'ombre de la Terre, l'éclipse de Lune est *totale*; elle est *partielle*, si ce disque n'y pénètre qu'en partie, et l'on conçoit que la proximité de la Lune à ses nœuds, au moment de l'opposition, doit produire toutes les variétés que l'on observe dans ces éclipses.

Chaque point de la surface de la Lune, avant de s'éclipser, perd successivement la lumière des diverses parties du disque solaire. Sa clarté diminue donc graduellement, et s'éteint au moment où il pénètre dans l'ombre terrestre. On a nommé *pénombre* l'intervalle dans lequel cette diminution a lieu, et dont la largeur est égale au diamètre apparent du Soleil vu du centre de la Terre.

La durée moyenne d'une révolution du Soleil, par rapport au nœud de l'orbe lunaire, est de 346^j,619851; elle est à la durée d'une révolution synodique de la Lune, à fort peu près, dans le rapport de 223 à 19. Ainsi, après une période de 223 mois lunaires, le Soleil et la Lune se retrouvent à la même position relativement au nœud de l'orbe lunaire; les éclipses doivent donc revenir à peu près dans le même ordre, ce qui donne, pour les prédire, un moyen simple qui fut employé par les anciens astronomes. Mais les inégalités des mouvements du Soleil et de la Lune doivent produire des différences sensibles; d'ailleurs, le retour de ces deux astres à la même position par rapport

au nœud, dans l'intervalle de 223 mois, n'est pas rigoureux; et les
écarts qui en résultent changent à la longue l'ordre des éclipses observées pendant une de ces périodes.

La forme circulaire de l'ombre terrestre dans les éclipses de Lune
rendit sensible aux premiers astronomes la sphéricité très approchée
de la Terre; nous verrons dans la suite la théorie lunaire perfectionnée
offrir le moyen peut-être le plus exact pour en déterminer l'aplatissement.

C'est uniquement dans les conjonctions du Soleil et de la Lune,
quand ce dernier astre, en s'interposant entre le Soleil et la Terre,
nous dérobe la lumière du Soleil, que nous observons les éclipses solaires. Quoique la Lune soit incomparablement plus petite que le Soleil, cependant elle est assez près de la Terre pour que son diamètre
apparent diffère peu de celui du Soleil; il arrive même, à raison des
changements de ces diamètres, qu'ils se surpassent alternativement
l'un l'autre. Imaginons les centres du Soleil et de la Lune sur une
même droite avec l'œil de l'observateur : il verra le Soleil éclipsé. Si
le diamètre apparent de la Lune surpasse celui du Soleil, l'éclipse
sera totale; mais si ce diamètre est plus petit, l'observateur verra un
anneau lumineux, formé par la partie du Soleil qui déborde le disque
de la Lune, et alors l'éclipse sera *annulaire*. Si le centre de la Lune
n'est pas sur la droite qui joint l'observateur et le centre du Soleil, la
Lune pourra n'éclipser qu'une partie du disque solaire, et l'éclipse
sera partielle. Ainsi les variétés des distances du Soleil et de la Lune
au centre de la Terre, et celles de la proximité de la Lune à ses nœuds,
au moment de ses conjonctions, doivent en produire de très grandes
dans les éclipses de Soleil. A ces causes se joint encore l'élévation de
la Lune sur l'horizon, élévation qui change la grandeur de son diamètre apparent, et qui, par l'effet de la parallaxe lunaire, peut augmenter ou diminuer la distance apparente des centres du Soleil et de
la Lune, de manière que, de deux observateurs éloignés entre eux,
l'un peut voir une éclipse de Soleil, qui n'a point lieu pour l'autre
observateur. En cela, les éclipses de Soleil diffèrent des éclipses de

Lune, qui sont les mêmes et arrivent au même instant pour tous les lieux de la Terre où elles sont visibles.

On voit souvent l'ombre d'un nuage emporté par les vents parcourir rapidement les coteaux et les plaines, et dérober aux spectateurs qu'elle atteint la vue du Soleil, dont jouissent ceux qui sont au delà de ses limites : c'est l'image exacte des éclipses totales de Soleil. On aperçoit alors autour du disque lunaire une couronne d'une lumière pâle, et qui probablement est l'atmosphère même du Soleil; car son étendue ne peut convenir à celle de la Lune, et l'on s'est assuré par les éclipses du Soleil et des étoiles que cette dernière atmosphère est presque insensible.

L'atmosphère dont on peut concevoir la Lune environnée infléchit les rayons lumineux vers le centre de cet astre, et si, comme cela doit être, les couches atmosphériques sont plus rares, à mesure qu'elles sont plus élevées, ces rayons, en y pénétrant, s'infléchissent de plus en plus et décrivent une courbe concave vers sa surface. Un observateur placé sur la Lune ne cesserait donc de voir un astre que lorsqu'il serait placé au-dessous de son horizon, d'un angle que l'on nomme *réfraction horizontale*. Les rayons émanés de cet astre vu à l'horizon, après avoir rasé la surface de la Lune, continuent leur route en décrivant une courbe semblable à celle par laquelle ils y sont parvenus. Ainsi un second observateur placé derrière la Lune, relativement à l'astre, l'apercevrait encore, en vertu de l'inflexion de ses rayons dans l'atmosphère lunaire. Le diamètre de la Lune n'est point sensiblement augmenté par la réfraction de son atmosphère; une étoile éclipsée par cet astre l'est donc plus tard que si cette atmosphère n'existait point, et, par la même raison, elle cesse plus tôt d'être éclipsée, en sorte que l'influence de l'atmosphère lunaire est principalement sensible sur la durée des éclipses du Soleil et des étoiles par la Lune. Des observations précises et multipliées ont fait à peine soupçonner cette influence, et l'on s'est assuré qu'à la surface de la Lune la réfraction horizontale n'excède pas 5″. Cette réfraction, sur la Terre, est au moins mille fois plus grande; l'atmosphère lunaire, si elle existe, est donc d'une rareté extrême et supérieure à celle du vide que nous formons dans nos meilleures machines pneumatiques. De là nous devons conclure qu'aucun des animaux terrestres ne pourrait respirer et vivre sur la Lune, et que, si elle est habitée, ce ne peut être que par des animaux d'une autre espèce. Il y a lieu de penser que tout est solide à sa surface; car les grands télescopes nous la présentent comme une masse aride, sur laquelle on a cru remarquer les effets et même l'explosion des volcans.

Bouguer a trouvé, par l'expérience, que la lumière de la pleine lune est environ trois cent mille fois plus faible que celle du Soleil : c'est la raison pour laquelle cette lumière, rassemblée au foyer des plus grands miroirs, ne produit point d'effet sensible sur le thermomètre.

On distingue, surtout près des nouvelles lunes, la partie du disque lunaire qui n'est point éclairée par le Soleil. Cette faible clarté, que l'on nomme *lumière cendrée*, est due à la lumière que l'hémisphère éclairé de la Terre réfléchit sur la Lune, et ce qui le prouve, c'est qu'elle est plus sensible vers la nouvelle lune, quand une plus grande partie de cet hémisphère est dirigée vers cet astre. En effet, il est visible que la Terre offrirait à un observateur placé sur la Lune des phases semblables à celles que la Lune nous présente, mais accompagnées d'une plus forte lumière, à raison de la plus grande étendue de la surface terrestre.

Le disque lunaire présente un grand nombre de taches invariables, que l'on a observées et décrites avec soin. Elles nous montrent que cet astre dirige toujours vers nous à peu près le même hémisphère; il tourne donc sur lui-même, dans un temps égal à celui de sa révolution autour de la Terre; car si l'on imagine un observateur placé au centre de la Lune, supposée transparente, il verra la Terre et son rayon visuel se mouvoir autour de lui, et comme ce rayon traverse toujours au même point à peu près la surface lunaire, il est évident que ce point doit tourner en même temps et dans le même sens que la Terre, autour de l'observateur.

Cependant l'observation suivie du disque lunaire fait apercevoir de

légères variétés dans ses apparences; on voit les taches s'approcher et
s'éloigner alternativement de ses bords. Celles qui en sont très voisines
disparaissent et reparaissent successivement, en faisant des oscillations périodiques, que l'on a désignées sous le nom de *libration de la
Lune*. Pour se former une juste idée des causes principales de ce phénomène, il faut considérer que le disque de la Lune, vu du centre de
la Terre, est terminé par la circonférence d'un cercle du globe lunaire
perpendiculaire à son rayon vecteur : c'est sur le plan de ce cercle que
se projette l'hémisphère de la Lune dirigé vers la Terre et dont les
apparences sont liées au mouvement de rotation de cet astre. Si la
Lune était sans mouvement de rotation, son rayon vecteur tracerait,
à chaque révolution lunaire, la circonférence d'un grand cercle sur sa
surface, dont toutes les parties se présenteraient successivement à
nous. Mais en même temps que le rayon vecteur tend à décrire cette
circonférence, le globe lunaire, en tournant, ramène toujours à fort
peu près le même point de sa surface sur ce rayon, et par conséquent
le même hémisphère vers la Terre. Les inégalités du mouvement de la
Lune produisent de légères variétés dans ses apparences; car, son mouvement de rotation ne participant point d'une manière sensible à ces
inégalités, il est variable relativement à son rayon vecteur, qui va rencontrer ainsi sa surface dans différents points; le globe lunaire fait
donc par rapport à ce rayon des oscillations correspondantes aux inégalités de son mouvement, et qui nous dérobent et nous découvrent
alternativement quelques parties de sa surface.

Mais le globe lunaire a une autre libration *en latitude*, perpendiculaire à celle-ci, et par laquelle les régions situées vers les pôles de rotation de ce globe disparaissent et reparaissent alternativement. Pour
concevoir ce phénomène, supposons l'axe de rotation perpendiculaire
à l'écliptique. Lorsque la Lune sera dans son nœud ascendant, ses deux
pôles seront aux bords austral et boréal de l'hémisphère visible. A mesure qu'elle s'élèvera sur l'écliptique, le pôle boréal et les régions qui
en sont très voisines disparaîtront, tandis que les régions voisines du
pôle austral se découvriront de plus en plus jusqu'au moment où

l'astre, parvenu à sa plus grande hauteur boréale, commencera à revenir vers l'écliptique. Les phénomènes précédents se reproduiront alors dans un ordre inverse, et lorsque la Lune, parvenue à son nœud descendant, s'abaissera sous l'écliptique, le pôle boréal présentera les phénomènes que le pôle austral avait offerts.

L'axe de rotation de la Lune n'est pas exactement perpendiculaire à l'écliptique, et son inclinaison produit des apparences que l'on peut concevoir en supposant la Lune mue sur le plan même de l'écliptique, de manière que son axe de rotation reste toujours parallèle à lui-même. Il est clair qu'alors chaque pôle sera visible pendant une moitié de la révolution de la Lune autour de la Terre et invisible pendant l'autre moitié, en sorte que les régions qui en sont très voisines seront alternativement découvertes et cachées.

Enfin, l'observateur n'est point au centre de la Terre, mais à sa surface; c'est le rayon visuel mené de son œil au centre de la Lune, qui détermine le milieu de son hémisphère apparent, et il est clair qu'à raison de la parallaxe lunaire, ce rayon coupe la surface de la Lune dans des points sensiblement différents suivant la hauteur de cet astre sur l'horizon.

Toutes ces causes ne produisent qu'une libration apparente dans le globe lunaire; elles sont purement optiques, et n'affectent point son mouvement réel de rotation. Ce mouvement peut cependant être assujetti à de petites inégalités; mais elles sont trop peu sensibles pour avoir été observées.

Il n'en est pas de même des variations du plan de l'équateur lunaire. L'observation assidue des taches de la Lune fit reconnaître à Dominique Cassini que l'axe de cet équateur n'est point perpendiculaire à l'écliptique, comme on l'avait supposé jusqu'alors, et que ses positions successives ne sont point exactement parallèles. Ce grand astronome fut conduit au résultat suivant, l'une de ses plus belles découvertes, et qui renferme toute la théorie astronomique de la libration réelle de la Lune. Si, par le centre de cet astre, on conçoit un premier plan perpendiculaire à son axe de rotation, plan qui se confond avec celui de son équateur; si, de plus, on imagine par le même centre un second plan parallèle à celui de l'écliptique, et un troisième plan qui soit celui de l'orbe lunaire, en faisant abstraction des inégalités périodiques de son inclinaison et des nœuds, ces trois plans ont constamment une intersection commune; le second, situé entre les deux autres, forme avec le premier un angle d'environ 1°,67, et avec le troisième un angle de 5°,7155. Ainsi les intersections de l'équateur lunaire avec l'écliptique, ou ses nœuds, coïncident toujours avec les nœuds moyens de l'orbe lunaire, et, comme eux, ils ont un mouvement rétrograde dont la période est de 6793$^\text{j}$,39108. Dans cet intervalle, les deux pôles de l'équateur et de l'orbe lunaire décrivent de petits cercles parallèles à l'écliptique, en comprenant son pôle entre eux, de manière que ces trois pôles soient constamment sur un grand cercle de la sphère céleste.

Des montagnes d'une grande hauteur s'élèvent à la surface de la Lune; leurs ombres, projetées sur les plaines, y forment des taches qui varient avec la position du Soleil. Aux bords de la partie éclairée du disque lunaire, les montagnes se présentent sous la forme d'une dentelure, qui s'étend au delà de la ligne de lumière, d'une quantité dont la mesure a fait connaître que leur hauteur est au moins de 3000$^\text{m}$. On reconnait, par la direction des ombres, que la surface de la Lune est parsemée de profondes cavités semblables aux bassins de nos mers. Enfin cette surface paraît offrir des traces d'éruptions volcaniques; la formation de nouvelles taches, et des étincelles observées plusieurs fois dans sa partie obscure semblent même y indiquer des volcans en activité.

CHAPITRE V.

DES PLANÈTES, ET EN PARTICULIER DE MERCURE ET DE VÉNUS.

Au milieu de ce nombre infini de points étincelants dont la voûte céleste est parsemée, et qui gardent entre eux une position à peu près constante, dix astres, toujours visibles quand ils ne sont point plongés dans les rayons du Soleil, se meuvent suivant des lois fort compliquées, dont la recherche est un des principaux objets de l'Astronomie. Ces astres, auxquels on a donné le nom de *planètes*, sont Mercure, Vénus, Mars, Jupiter et Saturne, connus dans la plus haute antiquité, parce qu'on peut les apercevoir à la vue simple; ensuite, Uranus, Cérès, Pallas, Junon et Vesta, dont la découverte récente est due au télescope. Les deux premières planètes ne s'écartent point du Soleil au delà de certaines limites; les autres s'en éloignent à toutes les distances angulaires. Les mouvements de tous ces corps sont compris dans une zone de la sphère céleste que l'on a nommée *zodiaque*, et dont la largeur est divisée en deux parties égales par l'écliptique.

Mercure ne s'éloigne jamais du Soleil au delà de 32°. Lorsqu'il commence à paraître le soir, on le distingue à peine dans les rayons du crépuscule; les jours suivants, il s'en dégage de plus en plus, et après s'être éloigné d'environ 25° du Soleil, il revient vers lui. Dans cet intervalle, le mouvement de Mercure, rapporté aux étoiles, est direct; mais lorsqu'en se rapprochant du Soleil, sa distance à cet astre n'est plus que de 20°, il paraît stationnaire, et son mouvement devient ensuite rétrograde. Mercure continue de se rapprocher du Soleil, et finit par se replonger le soir dans ses rayons. Après y être demeuré pendant quelque temps invisible, on le revoit le matin, sortant de ces rayons et s'éloignant du Soleil. Son mouvement est rétrograde, comme avant sa disparition; mais la planète, parvenue à 20° de distance, est de nouveau stationnaire, et reprend un mouvement direct; elle continue de s'éloigner du Soleil, jusqu'à la distance de 25°; ensuite elle s'en rapproche, se replonge le matin dans les rayons de l'aurore et reparaît bientôt le soir, pour reproduire les mêmes phénomènes.

L'étendue des plus grandes digressions de Mercure ou de ses plus grands écarts de chaque côté du Soleil varie depuis 18° jusqu'à 32°. La durée de ses oscillations entières ou de ses retours à la même position relativement au Soleil varie pareillement depuis 106 jusqu'à 130 jours. L'arc moyen de sa rétrogradation est d'environ 15°, et sa durée moyenne est de 23 jours; mais il y a de grandes différences entre ces quantités dans les diverses rétrogradations. En général le mouvement de Mercure est très compliqué; il n'a pas lieu exactement sur le plan de l'écliptique; quelquefois la planète s'en écarte au delà de 5°.

Il a fallu sans doute une longue suite d'observations pour reconnaître l'identité de deux astres que l'on voyait alternativement le matin et le soir, s'éloigner et se rapprocher alternativement du Soleil; mais, comme l'un ne se montrait jamais que l'autre n'eût disparu, on jugea enfin que c'était la même planète qui oscillait de chaque côté du Soleil.

Le diamètre apparent de Mercure est variable, et ses changements ont des rapports évidents à sa position par rapport au Soleil et à la direction de son mouvement. Il est à son minimum quand la planète se plonge le matin dans les rayons solaires ou quand le soir elle s'en dégage; il est à son maximum quand elle se plonge le soir dans ces rayons ou quand elle s'en dégage le matin. Sa grandeur moyenne est de 21″,3.

Quelquefois, dans l'intervalle de sa disparition le soir à sa réapparition le matin, on voit la planète se projeter sur le disque du Soleil, sous la forme d'une tache noire qui décrit la corde de ce disque. On la reconnaît à sa position, ou à son diamètre apparent, et à son mouvement rétrograde, conformes à ceux qu'elle doit avoir. Ces passages de Mercure sont de véritables éclipses annulaires du Soleil, qui nous prouvent que cette planète en emprunte sa lumière. Vue dans de fortes lunettes, elle présente des phases analogues aux phases de la Lune, dirigées comme elles vers le Soleil, et dont l'étendue, variable suivant la position de la planète par rapport au Soleil et suivant la direction de son mouvement, répand une grande lumière sur la nature de son orbite.

La planète Vénus offre les mêmes phénomènes que Mercure, avec cette différence que ses phases sont beaucoup plus sensibles, ses oscillations plus étendues et leur durée plus considérable. Les plus grandes digressions de Vénus varient depuis 50° jusqu'à 53°, et la durée moyenne de ses oscillations ou de son retour à la même position relativement au Soleil est de 584 jours. La rétrogradation commence ou finit, quand la planète, en se rapprochant le soir du Soleil ou en s'en éloignant le matin, en est distante d'environ 32°. L'arc de sa rétrogradation est de 18° à peu près, et sa durée moyenne est de 42 jours. Vénus ne se meut point exactement sur le plan de l'écliptique dont elle s'écarte quelquefois de plusieurs degrés.

Les durées des passages de Vénus sur le disque solaire, observées à de grandes distances sur la Terre, sont très sensiblement différentes, par la même cause qui fait différer entre elles les durées de la même éclipse du Soleil, dans divers pays. En vertu de la parallaxe de cette planète, les divers observateurs la rapportent à différents points de ce disque dont ils lui voient décrire des cordes plus ou moins longues. Dans le passage qui eut lieu en 1769, la différence des durées observées à Otaïti, dans la mer du Sud, et à Cajanebourg, dans la Laponie suédoise, surpassa quinze minutes. Ces durées pouvant être déterminées avec une grande précision, leurs différences donnent fort exactement la parallaxe de Vénus, et par conséquent sa distance à la Terre au moment de sa conjonction. Une loi remarquable, que nous exposerons à la suite des découvertes qui l'ont fait connaître, lie cette parallaxe à celle du Soleil et de toutes les planètes, ce qui donne à l'observation de ces passages une grande importance dans l'Astronomie. Après s'être succédé dans l'intervalle de huit ans, ils ne reviennent qu'après plus d'un siècle, pour se succéder encore dans le court intervalle de huit années, et ainsi de suite. Les deux derniers passages sont arrivés le 5 juin 1761 et le 3 juin 1769. Les astronomes se sont répandus dans les lieux où il était le plus avantageux de les observer, et c'est de l'ensemble de leurs observations que l'on a conclu la parallaxe du Soleil, de 27″ dans sa moyenne distance à la Terre. Les deux prochains passages auront lieu le 8 décembre 1874, et le 6 décembre 1882.

Les grandes variations du diamètre apparent de Vénus nous prouvent que sa distance à la Terre est très variable. Cette distance est la plus petite au moment de ses passages sur le Soleil, et le diamètre apparent est alors d'environ 189″; la grandeur moyenne de ce diamètre est, suivant Arago, de 52″,173.

Le mouvement de quelques taches observées sur cette planète avait fait reconnaitre à Dominique Cassini sa rotation dans l'intervalle d'un peu moins d'un jour. Schröter, par l'observation suivie des variations de ses cornes, et par celle de quelques points lumineux vers les bords de sa partie non éclairée, a confirmé ce résultat sur lequel on avait élevé des doutes. Il a fixé à $0^j,973$ la durée de la rotation, et il a trouvé, comme Cassini, que l'équateur de Vénus forme un angle considérable avec l'écliptique. Enfin il a conclu de ses observations l'existence de très hautes montagnes à sa surface, et par la loi de la dégradation de la lumière, dans le passage de sa partie obscure à sa partie éclairée, il a jugé la planète environnée d'une atmosphère étendue, dont la force réfractive est peu différente de celle de l'atmosphère terrestre. L'extrème difficulté d'apercevoir ces phénomènes dans les plus forts télescopes en rend l'observation très délicate dans nos climats : ils méritent toute l'attention des observateurs placés au midi, sous un ciel favorable. Mais il est bien important, lorsque les impressions sont aussi légères, de se garantir des effets de l'imagination, qui peut avoir sur elles une grande influence; car alors les images intérieures qu'elle fait naitre modifient et transforment souvent celles que produit la vue des objets.

Vénus surpasse en clarté les autres planètes et les étoiles : elle est quelquefois si brillante, qu'on la voit en plein jour, à la vue simple. Ce phénomène, qui dépend du retour de la planète à sa même position par rapport au Soleil, revient dans l'intervalle de dix-neuf mois à peu près, et son plus grand éclat se reproduit tous les huit ans. Quoique assez fréquent, il ne manque jamais d'exciter la surprise du vulgaire, qui, dans sa crédule ignorance, le suppose toujours lié aux événements contemporains les plus remarquables.

CHAPITRE VI.

DE MARS.

Les deux planètes que nous venons de considérer semblent accompagner le Soleil comme autant de satellites, et leur moyen mouvement autour de la Terre est le même que celui de cet astre. Les autres planètes s'éloignent du Soleil à toutes les distances angulaires; mais leurs mouvements ont avec le sien des rapports qui ne permettent pas de douter de son influence sur ces mouvements.

Mars nous paraît se mouvoir d'occident en orient, autour de la Terre; la durée moyenne de sa révolution sidérale est à fort peu près de 687 jours; celle de sa révolution synodique ou de son retour à la même position relativement au Soleil est d'environ 780 jours. Son mouvement est fort inégal : quand on commence à revoir, le matin, cette planète à sa sortie des rayons du Soleil, ce mouvement est direct et le plus rapide; il se ralentit peu à peu, et devient nul, lorsque la planète est à 152° de distance du Soleil; ensuite il se change dans un mouvement rétrograde, dont la vitesse augmente jusqu'au moment de l'opposition de Mars avec cet astre. Cette vitesse, alors parvenue à son maximum, diminue et redevient nulle lorsque Mars, en se rapprochant du Soleil, n'en est plus éloigné que de 152°. Le mouvement reprend ensuite son état direct, après avoir été rétrograde pendant 73 jours, et dans cet intervalle, la planète décrit un arc de rétrogradation d'environ 18°. En continuant de se rapprocher du Soleil, elle finit par se plonger le soir dans ses rayons. Ces singuliers phénomènes se renouvellent dans toutes les oppositions de Mars, avec des différences assez grandes dans l'étendue et dans la durée des rétrogradations.

Mars ne se meut point exactement dans le plan de l'écliptique; il s'en écarte quelquefois de plusieurs degrés. Les variations de son diamètre apparent sont fort grandes; il est de 19″,40 à la moyenne distance de la planète, et il augmente à mesure que la planète approche de son opposition, où il s'élève à 56″,43. Alors, la parallaxe de Mars devient sensible, et à peu près double de celle du Soleil. La même loi qui existe entre les parallaxes du Soleil et de Vénus a également lieu entre les parallaxes du Soleil et de Mars, et l'observation de cette dernière parallaxe avait déjà fait connaître d'une manière approchée la parallaxe solaire avant les derniers passages de Vénus sur le Soleil, qui l'ont déterminée avec plus de précision.

On voit le disque de Mars changer de forme et devenir sensiblement ovale, suivant sa position par rapport au Soleil; ces phases prouvent qu'il en reçoit sa lumière. Des taches que l'on observe à sa surface ont fait connaître qu'il se meut sur lui-même d'occident en orient, dans une période de 1ʲ,02733, et autour d'un axe incliné de 66°,33 à l'écliptique. Son diamètre est un peu plus petit dans le sens de ses pôles, que dans celui de son équateur. Suivant les mesures d'Arago, ces deux diamètres sont dans le rapport de 189 à 194, le diamètre précédent étant moyen entre eux.

CHAPITRE VII.

DE JUPITER ET DE SES SATELLITES.

Jupiter se meut d'occident en orient, dans une période de 4332^j,6 à fort peu près; la durée de sa révolution synodique est d'environ 399 jours. Il est assujetti à des inégalités semblables à celles de Mars. Avant l'opposition de la planète au Soleil, et lorsqu'elle est à peu près éloignée de cet astre de 128°, son mouvement devient rétrograde; il augmente de vitesse jusqu'au moment de l'opposition, se ralentit ensuite, devient nul, et reprend l'état direct lorsque la planète, en se rapprochant du Soleil, n'en est plus distante que de 128°. La durée de ce mouvement rétrograde est de 121 jours, et l'arc de rétrogradation est de 11°; mais il y a des différences sensibles dans l'étendue et dans la durée des diverses rétrogradations de Jupiter. Le mouvement de cette planète n'a pas exactement lieu dans le plan de l'écliptique; elle s'en écarte quelquefois de 3 ou 4 degrés.

On remarque à la surface de Jupiter plusieurs bandes obscures, sensiblement parallèles entre elles et à l'écliptique; on y observe encore d'autres taches, dont le mouvement a fait connaître la rotation de cette planète, d'occident en orient, sur un axe presque perpendiculaire à l'écliptique, et dans une période de 0^j,41377. Les variations de quelques-unes de ces taches et les différences sensibles dans les durées de la rotation conclue de leurs mouvements donnent lieu de croire qu'elles ne sont point adhérentes à Jupiter; elles paraissent être autant de nuages que les vents transportent avec différentes vitesses, dans une atmosphère très agitée.

Jupiter est, après Vénus, la plus brillante des planètes; quelquefois même il la surpasse en clarté. Son diamètre apparent est le plus grand qu'il est possible dans les oppositions, où il s'élève à 41″,6; sa grandeur moyenne est de 13″,4 dans le sens de l'équateur; mais il n'est pas égal dans tous les sens. La planète est sensiblement aplatie à ses pôles de rotation, et Arago a trouvé, par des mesures très précises, que son diamètre dans le sens des pôles est à celui de son équateur, à fort peu près, dans le rapport de 167 à 177.

On observe autour de Jupiter quatre petits astres qui l'accompagnent sans cesse. Leur configuration change à tout moment; ils oscillent de chaque côté de la planète, et c'est par l'étendue entière des oscillations que l'on détermine leur rang, en nommant *premier satellite* celui dont l'oscillation est la moins étendue. On les voit quelquefois passer sur le disque de Jupiter et y projeter leur ombre, qui décrit alors une corde de ce disque; Jupiter et ses satellites sont donc des corps opaques, éclairés par le Soleil. En s'interposant entre le Soleil et Jupiter, les satellites forment par leurs ombres sur cette planète de véritables éclipses de Soleil, parfaitement semblables à celles que la Lune produit sur la Terre.

L'ombre que Jupiter projette derrière lui relativement au Soleil donne l'explication d'un autre phénomène que les satellites nous présentent. On les voit souvent disparaître, quoique loin encore du disque de la planète; le troisième et le quatrième reparaissent quelquefois, du même côté de ce disque. Ces disparitions sont entièrement semblables aux éclipses de Lune, et les circonstances qui les accompagnent ne laissent à cet égard aucun doute. On voit toujours les satellites disparaître du côté du disque de Jupiter opposé au Soleil, et par conséquent du même côté que le cône d'ombre qu'il projette; ils s'éclipsent plus près de ce disque, quand la planète est plus voisine de son opposition; enfin, la durée de leurs éclipses répond exactement aux temps qu'ils doivent employer à traverser le cône d'ombre de Jupiter. Ainsi les satellites se meuvent d'occident en orient, autour de cette planète.

L'observation de leurs éclipses est le moyen le plus sûr pour déter-

miner leurs mouvements. On a d'une manière précise les durées de
leurs révolutions sidérales et synodiques autour de Jupiter, en comparant des éclipses éloignées d'un grand intervalle et observées près des
oppositions de la planète. On trouve ainsi que le mouvement des satellites de Jupiter est presque circulaire et uniforme, puisque cette hypothèse satisfait d'une manière approchée aux éclipses dans lesquelles
nous voyons cette planète à la même position relativement au Soleil ;
on peut donc déterminer à tous les instants la position des satellites
vus du centre de Jupiter.

De là résulte une méthode simple et assez exacte pour comparer entre
elles les distances de Jupiter et du Soleil à la Terre, méthode qui man-
quait aux anciens astronomes ; car la parallaxe de Jupiter étant insensible à la précision même des observations modernes et lorsqu'il est le
plus près de nous, ils ne jugeaient de sa distance que par la durée de sa
révolution, en estimant plus éloignées les planètes dont la révolution
est plus longue.

Supposons que l'on ait observé la durée entière d'une éclipse du
troisième satellite. Au milieu de l'éclipse, le satellite vu du centre de
Jupiter était, à très peu près, en opposition avec le Soleil ; sa position
sidérale, telle qu'on l'eût observée de ce centre et qu'il est facile de
conclure des mouvements de Jupiter et du satellite, était donc alors la
même que celle du centre de Jupiter vu de celui du Soleil. L'observation directe ou le mouvement connu du Soleil donne la position de
la Terre vue du centre de cet astre ; ainsi en concevant un triangle
formé par les droites qui joignent les centres du Soleil, de la Terre et
de Jupiter, on aura l'angle au Soleil ; l'observation directe donnera
l'angle à la Terre ; on aura donc, à l'instant du milieu de l'éclipse, les
distances rectilignes de Jupiter à la Terre et au Soleil, en parties de
la distance du Soleil à la Terre. On trouve par ce moyen que Jupiter
est au moins cinq fois plus loin de nous que le Soleil, quand son diamètre apparent est de 113″,4. Le diamètre de la Terre ne paraîtrait que
sous un angle de 10″,4 à la même distance ; le volume de Jupiter est
donc au moins mille fois plus grand que celui de la Terre.

Le diamètre apparent de ses satellites étant insensible, on ne peut
pas mesurer exactement leur grosseur. On a essayé de l'apprécier par
le temps qu'ils emploient à pénétrer dans l'ombre de la planète; mais
les observations offrent à cet égard de grandes variétés, que produisent
les différences dans la force des lunettes, dans la vue des observateurs,
dans l'état de l'atmosphère, la hauteur des satellites sur l'horizon, leur
distance apparente à Jupiter et le changement des hémisphères qu'ils
nous présentent. La comparaison de l'éclat des satellites est indépendante des quatre premières causes, qui ne font qu'altérer proportionnellement leur lumière; elle peut donc nous éclairer sur le retour des
taches que le mouvement de rotation de ces corps doit offrir successivement à la Terre, et par conséquent sur ce mouvement lui-même.
Herschel, qui s'est occupé de cette recherche délicate, a observé qu'ils
se surpassent alternativement en clarté, circonstance très propre à
faire juger du maximum et du minimum de leur lumière, et en comparant ces maxima et minima avec les positions mutuelles de ces astres,
il a reconnu qu'ils tournent sur eux-mêmes, comme la Lune, dans un
temps égal à la durée de leur révolution autour de Jupiter, résultat que
Maraldi avait déjà conclu, pour le quatrième satellite, des retours
d'une même tache observée sur son disque dans ses passages sur la
planète. Le grand éloignement des corps célestes affaiblit les phénomènes que leurs surfaces présentent, au point de les réduire à de très
légères variétés de lumière, qui échappent à la première vue, et qu'un
long exercice dans ce genre d'observations rend sensibles. Mais on ne
doit employer ce moyen, sur lequel l'imagination a tant d'empire,
qu'avec une circonspection extrême, pour ne pas se tromper sur l'existence de ces variétés, ni s'égarer sur les causes dont on les fait dépendre.

CHAPITRE VIII.

DE SATURNE, DE SES SATELLITES ET DE SON ANNEAU.

Saturne se meut d'occident en orient dans une période de 10759 jours; la durée de sa révolution synodique est de 378 jours. Son mouvement, qui a lieu à fort peu près dans le plan de l'écliptique, est assujetti à des inégalités semblables à celles des mouvements de Mars et de Jupiter. Il devient rétrograde ou finit de l'être lorsque la planète, avant ou après son opposition, est distante de 121° du Soleil; la durée de cette rétrogradation est à peu près de 139 jours, et l'arc de sa rétrogradation est d'environ 7°. Au moment de l'opposition, le diamètre de Saturne est à son maximum; sa grandeur moyenne est d'environ 50″.

Saturne présente un phénomène unique dans le système du monde. On le voit souvent au milieu de deux petits corps qui semblent lui adhérer, et dont la figure et la grandeur sont très variables : quelquefois ils se transforment dans un anneau qui semble entourer la planète; d'autres fois ils disparaissent entièrement, et Saturne alors paraît rond comme les autres planètes. En suivant avec soin ces singulières apparences, et en les combinant avec les positions de Saturne relativement au Soleil et à la Terre, Huygens a reconnu qu'elles sont produites par un anneau large et mince qui environne le globe de Saturne, dont il est séparé de toutes parts, et qui dans son mouvement reste parallèle à lui-même. Cet anneau, incliné de 31°,85 au plan de l'écliptique, ne se présente jamais qu'obliquement à la Terre, sous la forme d'une ellipse dont la largeur, lorsqu'elle est la plus grande, est à peu près la moitié de sa longueur. L'ellipse se rétrécit de plus en plus, à mesure que le rayon visuel mené de Saturne à la Terre, s'abaisse sur le plan de l'anneau, dont l'arc postérieur finit par se cacher derrière la planète, tandis que l'arc antérieur se confond avec elle; mais son ombre, projetée sur le disque de Saturne, y forme une bande obscure que l'on aperçoit dans de fortes lunettes, et qui prouve que Saturne et son anneau sont des corps opaques éclairés par le Soleil. Alors on ne distingue plus que les parties de l'anneau qui s'étendent de chaque côté de Saturne; ces parties diminuent peu à peu de largeur; elles disparaissent enfin quand la Terre est dans le plan de l'anneau, dont l'épaisseur est trop mince pour être aperçue. L'anneau disparait encore quand le Soleil, venant à rencontrer son plan, n'éclaire que son épaisseur. Il continue d'être invisible, tant que son plan se trouve entre le Soleil et la Terre, et il ne reparait que lorsque le Soleil et la Terre se trouvent du même côté de ce plan, en vertu des mouvements respectifs de Saturne et du Soleil.

Le plan de l'anneau rencontrant l'orbe solaire à chaque demi-révolution de Saturne, les phénomènes de sa disparition et de sa réapparition se renouvellent à peu près tous les quinze ans, mais avec des circonstances souvent différentes : il peut y avoir dans la même année deux disparitions et deux réapparitions, et jamais davantage.

Dans le temps où l'anneau disparait, son épaisseur nous renvoie la lumière du Soleil, mais en trop petite quantité pour être sensible. On conçoit cependant que pour l'apercevoir, il suffit d'augmenter la force des télescopes. C'est ce qu'Herschel a éprouvé; il n'a jamais cessé de le voir, lorsqu'il avait disparu pour les autres observateurs.

L'inclinaison de l'anneau sur l'écliptique se mesure par la plus grande ouverture de l'ellipse qu'il nous présente; la position de ses nœuds avec le plan de l'écliptique se conclut facilement de la position de Saturne, quand l'apparition ou la disparition de l'anneau dépend de la rencontre de son plan par la Terre. Tous les phénomènes de ce genre qui donnent la même position sidérale des nœuds ont donc lieu par cette rencontre; les autres viennent de la rencontre du même plan par le Soleil; on peut ainsi reconnaître par le lieu de Saturne, lorsque l'anneau reparait ou disparait, si ce phénomène dépend de la rencontre de son plan par le Soleil ou par la Terre. Quand ce plan passe par le Soleil, la position de ses nœuds donne celle de Saturne vu du centre du Soleil, et alors on peut déterminer la distance rectiligne de Saturne à la Terre, comme on détermine celle de Jupiter au moyen des éclipses de ses satellites. Dans le triangle formé par les trois droites qui joignent les centres du Soleil, de Saturne et de la Terre, on a les angles à la Terre et au Soleil, d'où il est aisé de conclure la distance du Soleil à Saturne, en parties du rayon de l'orbe solaire. On trouve ainsi que Saturne est environ neuf fois et demie plus éloigné de nous que le Soleil, quand son diamètre apparent est de 5o″.

Le diamètre apparent de l'anneau, dans la moyenne distance de la planète, est, d'après les mesures précises d'Arago, égal à 118″,58; sa largeur apparente est de 17″,858. Sa surface n'est pas continue; une bande noire, qui lui est concentrique, la sépare en deux parties qui paraissent former deux anneaux distincts, dont l'extérieur est moins large que l'intérieur. Plusieurs bandes noires aperçues par quelques observateurs semblent même indiquer un plus grand nombre d'anneaux. L'observation de quelques points brillants de l'anneau a fait connaître à Herschel sa rotation d'occident en orient, dans une période de 0ʲ,437, autour d'un axe perpendiculaire à son plan et passant par le centre de Saturne.

On voit autour de cette planète sept satellites se mouvoir d'occident en orient dans des orbes presque circulaires. Les six premiers se meuvent à fort peu près dans le plan de l'anneau; l'orbe du septième approche davantage du plan de l'écliptique. Quand ce satellite est à l'orient de Saturne, sa lumière s'affaiblit au point de le rendre très difficile à apercevoir, ce qui ne peut venir que des taches qui couvrent l'hémisphère qu'il nous présente. Mais pour nous offrir constamment dans la même position ce phénomène, il faut que ce satellite, en cela semblable à la Lune et aux satellites de Jupiter, tourne sur lui-même dans un temps égal à celui de sa révolution autour de Saturne. Ainsi l'égalité des durées de rotation et de révolution paraît être une loi générale du mouvement des satellites.

Les diamètres de Saturne ne sont pas égaux entre eux; celui qui est perpendiculaire au plan de l'anneau paraît plus petit, d'un onzième au moins, que le diamètre situé dans ce plan. Si l'on compare cet aplatissement à celui de Jupiter, on peut en conclure, avec beaucoup de vraisemblance, que Saturne tourne rapidement autour du plus petit de ses diamètres, et que l'anneau se meut dans le plan de son équateur. Herschel vient de confirmer ce résultat par des observations directes, qui lui ont fait connaître que la rotation de Saturne a lieu, comme tous les mouvements du système planétaire, d'occident en orient, et que sa durée est de $0^j,428$, ce qui diffère peu de la durée de la rotation de Jupiter. Il est assez remarquable que cette durée soit à peu près la même, et au-dessous d'un demi-jour, pour les deux plus grosses planètes, tandis que les planètes qui leur sont inférieures tournent toutes sur elles-mêmes dans l'intervalle d'un jour à fort peu près.

Herschel a encore observé à la surface de Saturne cinq bandes à peu près parallèles à son équateur.

CHAPITRE IX.

D'URANUS ET DE SES SATELLITES.

La planète Uranus avait échappé par sa petitesse aux anciens observateurs. Flamsteed, à la fin de l'avant-dernier siècle, Mayer et Le Monnier, dans le dernier, l'avaient déjà observée comme une petite étoile; mais ce n'est qu'en 1781 qu'Herschel a reconnu son mouvement, et bientôt après, en suivant cet astre avec soin, on s'est assuré qu'il est une vraie planète. Comme Mars, Jupiter et Saturne, Uranus se meut d'occident en orient autour de la Terre. La durée de sa révolution sidérale est d'environ 30689 jours; son mouvement, qui a lieu à fort peu près dans le plan de l'écliptique, commence à être rétrograde lorsque, avant l'opposition, la planète est à 115° de distance du Soleil; il finit de l'être quand, après l'opposition, la planète, en se rapprochant du Soleil, n'en est plus éloignée que de 115°. La durée de sa rétrogradation est à peu près de 151 jours, et l'arc de rétrogradation est de 4°.

Si l'on juge de la distance d'Uranus par la lenteur de son mouvement, il doit être aux confins du système planétaire. Son diamètre apparent est très petit et s'élève à peine à 12″. Suivant Herschel, six satellites se meuvent autour de cette planète, dans des orbes presque circulaires et perpendiculaires à peu près au plan de l'écliptique. Il faut, pour les apercevoir, de très forts télescopes; deux seuls d'entre eux, le second et le quatrième, ont été reconnus par d'autres observateurs. Les observations qu'Herschel a publiées sur les quatre autres sont trop peu nombreuses pour déterminer les éléments de leurs orbes et même pour assurer incontestablement leur existence.

CHAPITRE X.

DES PLANÈTES TÉLESCOPIQUES CÉRÈS, PALLAS, JUNON ET VESTA.

Ces quatre planètes sont si petites qu'on ne peut les voir qu'avec de fortes lunettes. Le premier jour de ce siècle est remarquable par la découverte que Piazzi fit, à Palerme, de la planète Cérès. Pallas fut reconnue en 1802 par Olbers; Junon le fut par Harding en 1803; enfin Olbers, en 1807, a reconnu Vesta. Les mouvements de ces astres ont lieu, comme ceux des autres planètes, d'occident en orient; comme eux, ils sont alternativement directs et rétrogrades. Mais le peu de temps écoulé depuis la découverte de ces planètes ne permet pas de connaître avec précision les durées de leurs révolutions et les lois de leurs mouvements. Seulement on sait que les durées de leurs révolutions sidérales sont peu différentes entre elles, et que celles des trois premières sont d'environ quatre ans et deux tiers : la durée de la révolution de Vesta paraît plus courte d'une année. Pallas peut s'éloigner du plan de l'écliptique beaucoup plus que les anciennes planètes, et, pour embrasser ses écarts, il faut élargir considérablement le zodiaque.

CHAPITRE XI.

DU MOUVEMENT DES PLANÈTES AUTOUR DU SOLEIL.

Si l'homme s'était borné à recueillir des faits, les Sciences ne seraient qu'une nomenclature stérile, et jamais il n'eût connu les grandes lois de la nature. C'est en comparant les faits entre eux, en saisissant leurs rapports et en remontant ainsi à des phénomènes de plus en plus étendus qu'il est enfin parvenu à découvrir ces lois, toujours empreintes dans leurs effets les plus variés. Alors la nature, en se dévoilant, lui a montré un petit nombre de causes donnant naissance à la foule des phénomènes qu'il avait observés; il a pu déterminer ceux qu'elles doivent faire éclore, et lorsqu'il s'est assuré que rien ne trouble l'enchaînement de ces causes à leurs effets, il a porté ses regards dans l'avenir, et la série des événements que le temps doit développer s'est offerte à sa vue. C'est uniquement encore dans la théorie du Système du monde que l'esprit humain, par une longue suite d'efforts heureux, s'est élevé à cette hauteur. La première hypothèse qu'il a imaginée pour expliquer les apparences des mouvements planétaires n'a dû être qu'une ébauche imparfaite de cette théorie; mais en représentant d'une manière ingénieuse ces apparences, elle a donné le moyen de les soumettre au calcul, et l'on verra que, en lui faisant subir les modifications que l'observation a successivement indiquées, elle se transforme dans le vrai système de l'univers.

Ce que les apparences des mouvements planétaires offrent de plus remarquable est leur changement de l'état direct à l'état rétrograde, changement qui ne peut être évidemment que le résultat de deux mouvements alternativement conspirants et contraires. L'hypothèse la plus naturelle pour les expliquer est celle qu'imaginèrent les anciens astronomes, et qui consiste à faire mouvoir dans le sens direct les trois planètes supérieures sur des épicycles dont les centres décrivent, dans le même sens, des cercles autour de la Terre. Il est visible qu'alors, si l'on conçoit la planète au point de son épicycle le plus bas ou le plus voisin de la Terre, elle a dans cette position un mouvement contraire à celui de l'épicycle qui toujours est transporté parallèlement à lui-même ; en supposant donc que le premier de ces mouvements l'emporte sur le second, le mouvement apparent de la planète sera rétrograde et à son maximum. Au contraire, la planète étant au point le plus élevé de son épicycle, les deux mouvements conspirent et le mouvement apparent est direct et le plus grand possible. En allant de la première à la seconde de ces positions, la planète continue d'avoir un mouvement apparent rétrograde, qui diminue sans cesse, devient nul, et se change dans un mouvement direct. Mais l'observation fait voir que le maximum du mouvement rétrograde a constamment lieu au moment de l'opposition de la planète avec le Soleil ; il faut donc que chaque épicycle soit décrit dans un temps égal à celui de la révolution de cet astre, et que la planète soit à son point le plus bas lorsqu'elle est opposée au Soleil. Alors on voit la raison pour laquelle le diamètre apparent de la planète en opposition est à son maximum. Quant aux deux planètes inférieures, qui ne s'écartent jamais du Soleil au delà de certaines limites, on peut également expliquer leurs mouvements alternativement directs et rétrogrades en les supposant mues, dans le sens direct, sur des épicycles dont les centres décrivent, chaque année et dans le même sens, des cercles autour de la Terre, et en supposant, de plus, qu'au moment où la planète atteint le point le plus bas de son épicycle, elle est en conjonction avec le Soleil. Telle est l'hypothèse astronomique la plus ancienne, et qui, adoptée et perfectionnée par Ptolémée, a pris le nom de cet astronome.

Rien n'indique, dans cette hypothèse, les grandeurs absolues des cercles et des épicycles ; les apparences ne donnent que les rapports de leurs rayons. Aussi Ptolémée ne paraît pas s'être occupé de rechercher les distances respectives des planètes à la Terre; seulement il supposait plus éloignées les planètes supérieures, dont la révolution est plus longue; il plaçait ensuite au-dessous du Soleil l'épicycle de Vénus, et plus bas celui de Mercure. Dans une hypothèse aussi indéterminée, on ne voit point pourquoi les arcs de rétrogradation des planètes supérieures sont d'autant plus petits qu'elles sont plus éloignées, et pourquoi les rayons mobiles des épicycles supérieurs sont constamment parallèles au rayon vecteur du Soleil et aux rayons mobiles des deux cercles inférieurs. Ce parallélisme, que Kepler avait déjà introduit dans l'hypothèse de Ptolémée, est clairement indiqué par toutes les observations du mouvement des planètes, parallèlement et perpendiculairement à l'écliptique. Mais la cause de ces phénomènes devient évidente, si l'on conçoit ces épicycles et ces cercles égaux à l'orbe du Soleil. Il est facile de s'assurer que l'hypothèse précédente, ainsi modifiée, revient à faire mouvoir toutes les planètes autour du Soleil, qui, dans sa révolution réelle ou apparente autour de la Terre, emporte les centres de leurs orbites. Une disposition aussi simple du système planétaire ne laisse plus rien d'indéterminé, et montre avec évidence la relation des mouvements directs et rétrogrades des planètes avec le mouvement du Soleil. Elle fait disparaître de l'hypothèse de Ptolémée les cercles et les épicycles décrits annuellement par les planètes, et ceux qu'il avait introduits pour expliquer leurs mouvements perpendiculaires à l'écliptique. Les rapports que cet astronome a déterminés entre les rayons des deux épicycles inférieurs et les rayons des cercles que leurs centres décrivent expriment alors les moyennes distances des planètes au Soleil, en parties de la distance moyenne du Soleil à la Terre, et ces mêmes rapports, renversés pour les planètes supérieures, expriment leurs moyennes distances au Soleil ou à la Terre. La simplicité de cette hypothèse suffirait donc seule pour la faire admettre; mais les observations que nous devons au télescope ne laissent aucun doute à son égard.

On a vu précédemment que les éclipses des satellites de Jupiter déterminent la distance de cette planète au Soleil, et il en résulte qu'elle décrit autour de lui un orbe presque circulaire. On a vu encore que les apparitions et les disparitions de l'anneau de Saturne donnent sa distance à la Terre, environ neuf fois et demie plus grande que celle de la Terre au Soleil, et, suivant les déterminations de Ptolémée, ce rapport est à fort peu près celui du rayon de l'orbite de Saturne au rayon de son épicycle, d'où il suit que cet épicycle est égal à l'orbite solaire, et qu'ainsi Saturne décrit à peu près un cercle autour du Soleil. Les phases observées dans les deux planètes inférieures prouvent évidemment qu'elles se meuvent autour du Soleil. Suivons, en effet, le mouvement de Vénus et les variations de son diamètre apparent et de ses phases. Lorsque, le matin, elle commence à se dégager des rayons du Soleil, on l'aperçoit, avant le lever de cet astre, sous la forme d'un croissant, et son diamètre apparent est à son maximum; elle est donc alors plus près de nous que du Soleil, et presque en conjonction avec lui. Son croissant augmente et son diamètre apparent diminue, à mesure qu'elle s'éloigne du Soleil. Parvenue à 50° environ de distance de cet astre, elle s'en rapproche en nous découvrant de plus en plus son hémisphère éclairé; son diamètre apparent continue de diminuer jusqu'au moment où elle se plonge le matin dans les rayons du Soleil. A cet instant, Vénus nous paraît pleine, et son diamètre apparent est à son minimum; elle est donc, dans cette position, plus loin de nous que le Soleil. Après avoir disparu pendant quelque temps, cette planète reparaît le soir, et reproduit, dans un ordre inverse, les phénomènes qu'elle avait montrés avant sa disparition. Son hémisphère éclairé se détourne de plus en plus de la Terre; ses phases diminuent, et en même temps son diamètre apparent augmente à mesure qu'elle s'éloigne du Soleil. Parvenue à 50° environ de distance de cet astre, elle revient vers lui; ses phases continuent de diminuer, et son diamètre d'augmenter, jusqu'à ce qu'elle se plonge de nouveau dans les rayons solaires. Quelquefois, dans l'intervalle qui sépare sa disparition du soir de sa réapparition du matin, on la voit, sous la forme d'une tache, se mouvoir sur le disque du Soleil. Il est clair, d'après ces phénomènes, que le Soleil est à peu près au centre de l'orbite de Vénus, qu'il emporte en même temps qu'il se meut autour de la Terre. Mercure nous offre des phénomènes semblables à ceux de Vénus; ainsi le Soleil est encore au centre de son orbite.

Nous sommes donc conduits, par les apparences des mouvements et des phases des planètes, à ce résultat général, savoir, que *tous ces astres se meuvent autour du Soleil, qui, dans sa révolution réelle ou apparente autour de la Terre, paraît emporter les foyers de leurs orbites.* Il est remarquable que ce résultat dérive de l'hypothèse de Ptolémée, en y supposant égaux à l'orbe solaire les cercles et les épicycles décrits chaque année dans cette hypothèse, qui cesse alors d'être purement idéale et propre uniquement à représenter à l'imagination les mouvements célestes. Au lieu de faire tourner les planètes autour de centres imaginaires, elle place au foyer de leurs orbites de grands corps, qui, par leur action, peuvent les retenir sur ces orbites; et elle nous fait ainsi entrevoir les causes des mouvements circulaires.

CHAPITRE XII.

DES COMÈTES.

Souvent on aperçoit des astres qui, d'abord très peu visibles, augmentent de grandeur et de vitesse, ensuite diminuent, et enfin disparaissent. Ces astres, que l'on nomme *comètes,* sont presque toujours accompagnés d'une nébulosité, qui, en croissant, se termine quelquefois dans une queue d'une grande étendue, et qui doit être d'une rareté extrême, puisque l'on voit les étoiles à travers son immense profondeur. L'apparition des comètes suivies de ces longues traînées de lumière a, pendant longtemps, effrayé les hommes, toujours frappés des événements extraordinaires dont les causes leur sont inconnues. La lumière des Sciences a dissipé ces vaines terreurs, que les comètes, les éclipses et beaucoup d'autres phénomènes inspiraient dans les siècles d'ignorance.

Les comètes participent, comme tous les astres, au mouvement diurne du ciel, et cela, joint à la petitesse de leur parallaxe, fait voir que ce ne sont point des météores engendrés dans notre atmosphère. Leurs mouvements propres sont très compliqués ; ils ont lieu dans tous les sens, et ils n'affectent point, comme ceux des planètes, la direction d'occident en orient, et des plans peu inclinés à l'écliptique.

CHAPITRE XIII.

DES ÉTOILES ET DE LEURS MOUVEMENTS.

La parallaxe des étoiles est insensible; leurs disques, vus dans les plus forts télescopes, se réduisent à des points lumineux : en cela, ces astres diffèrent des planètes, dont les télescopes augmentent la grandeur apparente. La petitesse du diamètre apparent des étoiles est prouvée, surtout par le peu de temps qu'elles mettent à disparaître dans leurs occultations par la Lune, et qui, n'étant pas d'une seconde, indique que ce diamètre est au-dessous de cinq secondes de degré. La vivacité de la lumière des plus brillantes étoiles, comparée à leur petitesse apparente, nous porte à croire qu'elles sont beaucoup plus éloignées de nous que les planètes, et qu'elles n'empruntent point comme elles leur clarté du Soleil, mais qu'elles sont lumineuses par elles-mêmes; et comme les étoiles les plus petites sont assujetties aux mêmes mouvements que les plus brillantes et conservent entre elles une position constante, il est très vraisemblable que tous ces astres sont de la même nature, et que ce sont autant de corps lumineux, plus ou moins gros, et placés plus ou moins loin au delà des limites du système solaire.

On observe des variations périodiques dans l'intensité de la lumière de plusieurs étoiles, que l'on nomme pour cela *changeantes*. Quelquefois on a vu des étoiles se montrer presque tout à coup, et disparaître après avoir brillé du plus vif éclat. Telle fut la fameuse étoile observée en 1572, dans la constellation de Cassiopée. En peu de temps, elle surpassa la clarté des plus belles étoiles et de Jupiter même; sa lumière s'affaiblit ensuite, et elle disparut seize mois après sa découverte, sans avoir changé de place dans le ciel. Sa couleur éprouva des variations considérables : elle fut d'abord d'un blanc éclatant, ensuite d'un jaune rougeâtre, et enfin d'un blanc plombé. Quelle est la cause de ces phénomènes? Des taches très étendues que les étoiles nous présentent périodiquement, en tournant sur elles-mêmes, à peu près comme le dernier satellite de Saturne, et peut-être l'interposition de grands corps opaques qui circulent autour d'elles expliquent les variations périodiques des étoiles changeantes. Quant aux étoiles qui se sont montrées presque subitement avec une très vive lumière pour disparaître ensuite, on peut soupçonner avec vraisemblance que de grands incendies, occasionnés par des causes extraordinaires, ont eu lieu à leur surface, et ce soupçon se confirme par le changement de leur couleur, analogue à celui que nous offrent, sur la Terre, les corps que nous voyons s'enflammer et s'éteindre.

Une lumière blanche, de figure irrégulière, et à laquelle on a donné le nom de *voie lactée*, entoure le ciel en forme de ceinture. On y découvre, au moyen du télescope, un nombre prodigieux de petites étoiles, qui nous paraissent assez rapprochées pour que leur réunion forme une lumière continue. On observe encore, dans diverses parties du ciel, de petites blancheurs que l'on nomme *nébuleuses*, et dont plusieurs semblent être de la même nature que la voie lactée. Vues dans le télescope, elles offrent également la réunion d'un grand nombre d'étoiles; d'autres ne présentent qu'une lumière blanche et continue; il est très probable qu'elles sont formées d'une matière lumineuse très rare, répandue en amas divers dans l'espace céleste, et dont la condensation successive a produit les étoiles et toutes les variétés qu'elles présentent. Les changements remarquables que l'on a observés dans quelques nébuleuses, et particulièrement dans la belle nébuleuse d'Orion, s'expliquent d'une manière heureuse dans cette hypothèse, et lui donnent une grande vraisemblance.

L'immobilité respective des étoiles a déterminé les astronomes à leur rapporter, comme à autant de points fixes, les mouvements propres des autres corps célestes; mais pour cela il était nécessaire de les classer, afin de les reconnaître, et c'est dans cette vue que l'on a partagé le ciel en divers groupes d'étoiles, nommés *constellations*. Il fallait encore avoir avec précision la position des étoiles sur la sphère céleste, et voici comment on y est parvenu.

On a imaginé, par les deux pôles du monde et par le centre d'un astre quelconque, un grand cercle, que l'on a nommé *cercle de déclinaison*, et qui coupe perpendiculairement l'équateur. L'arc de ce cercle compris entre l'équateur et le centre de l'astre mesure sa déclinaison, qui est boréale ou australe, suivant la dénomination du pôle dont il est le plus près.

Tous les astres situés sur le même parallèle ayant la même déclinaison, il faut, pour déterminer leur position, un nouvel élément. On a choisi pour cela l'arc de l'équateur compris entre le cercle de déclinaison et l'équinoxe du printemps. Cet arc, compté de cet équinoxe dans le sens du mouvement propre du Soleil, c'est-à-dire d'occident en orient, est ce que l'on nomme *ascension droite* : ainsi, la position des astres est déterminée par leur ascension droite et par leur déclinaison.

La hauteur méridienne d'un astre, comparée à la hauteur du pôle, donne sa distance à l'équateur ou sa déclinaison. La détermination de son ascension droite offrait plus de difficultés aux anciens astronomes, à cause de l'impossibilité où ils étaient de comparer directement les étoiles au Soleil. La Lune pouvant être comparée, le jour, au Soleil, et la nuit, aux étoiles, ils s'en servirent comme d'un intermédiaire pour mesurer la différence d'ascension droite du Soleil et des étoiles, en ayant égard aux mouvements propres de la Lune et du Soleil dans l'intervalle des observations. La théorie du Soleil donnant ensuite son ascension droite, ils en conclurent celle de quelques étoiles principales, auxquelles ils rapportèrent les autres. C'est par ce moyen qu'Hipparque forma le premier catalogue d'étoiles dont nous ayons connaissance. Longtemps après, on donna plus de précision à cette méthode, en employant, au lieu de la Lune, la planète Vénus, que l'on peut quelquefois apercevoir en plein jour et dont le mouvement, pendant un court intervalle de temps, est plus lent et moins inégal que le mouvement lunaire. Maintenant que l'application du pendule aux horloges fournit une mesure du temps très précise, nous pouvons déterminer directement, et avec une exactitude bien supérieure à celle des anciens astronomes, la différence d'ascension droite d'un astre et du Soleil par le temps écoulé entre leurs passages au méridien.

On peut, d'une manière semblable, rapporter la position des astres à l'écliptique, ce qui est principalement utile dans la théorie de la Lune et des planètes. Par le centre de l'astre, on imagine un grand cercle perpendiculaire au plan de l'écliptique, et que l'on nomme cercle de *latitude*. L'arc de ce cercle, compris entre l'écliptique et l'astre, mesure sa latitude, qui est boréale ou australe, suivant la dénomination du pôle situé du même côté de l'écliptique. L'arc de l'écliptique, compris entre le cercle de latitude et l'équinoxe du printemps, et compté de cet équinoxe, d'occident en orient, est ce que l'on nomme *longitude* de l'astre, dont la position est ainsi déterminée par sa longitude et par sa latitude. On conçoit facilement que, l'inclinaison de l'équateur à l'écliptique étant connue, la longitude et la latitude d'un astre peuvent se déduire de son ascension droite et de sa déclinaison observées.

Il ne fallut que peu d'années pour reconnaître la variation des étoiles en ascension droite et en déclinaison. Bientôt on remarqua qu'en changeant de position relativement à l'équateur, elles conservaient la même latitude, et l'on en conclut que leurs variations en ascension droite et en déclinaison ne sont dues qu'à un mouvement commun de ces astres autour des pôles de l'écliptique. On peut encore représenter ces variations en supposant les étoiles immobiles, et en faisant mouvoir autour de ces pôles ceux de l'équateur. Dans ce mouvement, l'inclinaison de l'équateur à l'écliptique reste la même, et ses nœuds ou les équinoxes rétrogradent uniformément de 154″,63 par année. On a vu précédemment que cette rétrogradation des équinoxes rend l'année tropique un peu plus courte que l'année sidérale; ainsi la différence des deux années, sidérale et tropique, et les variations des étoiles en ascension droite et en déclinaison dépendent de ce mouvement, par

lequel le pôle de l'équateur décrit annuellement un arc de 154″,63
d'un petit cercle de la sphère céleste, parallèle à l'écliptique. C'est en
cela que consiste le phénomène connu sous le nom de *précession des
équinoxes*.

La précision dont l'Astronomie moderne est redevable à l'application des lunettes aux instruments astronomiques, et à celle du pendule aux horloges, a fait apercevoir de petites inégalités périodiques
dans l'inclinaison de l'équateur à l'écliptique et dans la précession des
équinoxes. Bradley, qui les a découvertes et qui les a suivies avec un
soin extrême pendant plusieurs années, en a reconnu la loi, qui peut
être représentée de la manière suivante :

On conçoit le pôle de l'équateur, mû sur la circonférence d'une petite ellipse tangente à la sphère céleste, et dont le centre, que l'on
peut regarder comme le pôle moyen de l'équateur, décrit uniformément, chaque année, 154″,63 du parallèle à l'écliptique sur lequel il
est situé. Le grand axe de cette ellipse, toujours dans le plan d'un
cercle de latitude, répond à un arc de ce grand cercle de 59″,56, et le
petit axe répond à un arc de son parallèle de 111″,30. La situation du
vrai pôle de l'équateur sur cette ellipse se détermine ainsi. On imagine sur le plan de l'ellipse un petit cercle, qui a le même centre et
dont le diamètre est égal au grand axe. On conçoit encore un rayon
de ce cercle, mû d'un mouvement uniforme et rétrograde, de manière
que ce rayon coïncide avec la moitié du grand axe la plus voisine de
l'écliptique, toutes les fois que le nœud moyen ascendant de l'orbite
lunaire coïncide avec l'équinoxe du printemps; enfin, de l'extrémité
de ce rayon mobile, on abaisse une perpendiculaire sur le grand axe
de l'ellipse. Le point où cette perpendiculaire coupe la circonférence
elliptique est le lieu du vrai pôle de l'équateur. Ce mouvement du
pôle s'appelle *nutation*.

Les étoiles, en vertu des mouvements que nous venons de décrire,
conservent entre elles une position constante; mais le grand observateur à qui l'on doit la découverte de la nutation a reconnu dans tous
ces astres un mouvement général et périodique, qui altère un peu

leurs positions respectives. Pour se représenter ce mouvement, il faut imaginer que chaque étoile décrit annuellement une petite circonférence parallèle à l'écliptique, dont le centre est la position moyenne de l'étoile et dont le diamètre vu de la Terre sous-tend un angle de 125″, et qu'elle se meut sur cette circonférence comme le Soleil dans son orbite, de manière cependant que le Soleil soit constamment plus avancé qu'elle de 100°. Cette circonférence, en se projetant sur la surface du ciel, paraît sous la forme d'une ellipse plus ou moins aplatie suivant la hauteur de l'étoile au-dessus de l'écliptique, le petit axe de l'ellipse étant au grand axe comme le sinus de cette hauteur est au rayon. De là naissent toutes les variétés de ce mouvement périodique des étoiles que l'on nomme *aberration*.

Indépendamment de ces mouvements généraux, plusieurs étoiles ont des mouvements particuliers, très lents, mais que la suite des temps a rendus sensibles. Ils ont été jusqu'ici principalement remarquables dans Sirius et Arcturus, deux étoiles des plus brillantes; mais tout porte à croire que les siècles suivants développeront des mouvements semblables dans les autres étoiles.

CHAPITRE XIV.

DE LA FIGURE DE LA TERRE, DE LA VARIATION DE LA PESANTEUR A SA SURFACE
ET DU SYSTÈME DÉCIMAL DES POIDS ET MESURES.

Revenons du ciel sur la Terre, et voyons ce que les observations
nous ont appris sur ses dimensions et sur sa figure. On a déjà vu
qu'elle est à très peu près sphérique; la pesanteur, partout dirigée
vers son centre, retient les corps à sa surface, quoique dans les lieux
diamétralement opposés, ou antipodes les uns à l'égard des autres,
ils aient des positions contraires. Le ciel et les étoiles paraissent toujours au-dessus de la Terre; car l'élévation et l'abaissement ne sont
relatifs qu'à la direction de la pesanteur.

Du moment où l'homme eut reconnu la sphéricité du globe qu'il
habite, la curiosité dut le porter à mesurer ses dimensions; il est donc
vraisemblable que les premières tentatives sur cet objet remontent à
des temps bien antérieurs à ceux dont l'histoire nous a conservé le
souvenir, et qu'elles ont été perdues dans les révolutions physiques et
morales que la Terre a éprouvées. Les rapports de plusieurs mesures
de la plus haute antiquité, soit entre elles, soit avec la longueur de la
circonférence terrestre, ont fait conjecturer non seulement que, dans
des temps fort anciens, cette longueur a été exactement connue, mais
qu'elle a servi de base à un système complet de mesures, dont on retrouve des vestiges en Égypte et dans l'Asie. Quoi qu'il en soit, la
première mesure précise de la Terre dont on ait une connaissance
certaine est celle que Picard exécuta en France vers la fin de l'avant-
dernier siècle, et qui depuis a été vérifiée plusieurs fois. Cette opéra-

tion est facile à concevoir. En s'avançant vers le nord, on voit le pôle
s'élever de plus en plus; la hauteur méridienne des étoiles situées au
nord augmente, et celle des étoiles situées au midi diminue; quelques-
unes même deviennent invisibles. La première notion de la courbure
de la Terre est due sans doute à l'observation de ces phénomènes, qui
ne pouvaient pas manquer de fixer l'attention des hommes dans les
premiers âges des sociétés, où l'on ne distinguait les saisons et leurs
retours que par le lever et par le coucher des principales étoiles, comparés à ceux du Soleil. L'élévation ou la dépression des étoiles fait
connaître l'angle que les verticales, élevées aux extrémités de l'arc
parcouru sur la Terre, forment au point de leur concours; car cet
angle est évidemment égal à la différence des hauteurs méridiennes
d'une même étoile, moins l'angle sous lequel on verrait du centre de
l'étoile l'espace parcouru, et l'on s'est assuré que ce dernier angle est
insensible. Il ne s'agit plus ensuite que de mesurer cet espace. Il serait
long et pénible d'appliquer nos mesures sur une aussi grande étendue; il est beaucoup plus simple d'en lier, par une suite de triangles,
les extrémités à celles d'une base de 12000^m ou 15000^m; et, vu la précision avec laquelle on peut déterminer les angles de ces triangles, on
a très exactement sa longueur. C'est ainsi que l'on a mesuré l'arc du
méridien terrestre qui traverse la France. La partie de cet arc, dont
l'amplitude est la centième partie de l'angle droit, et dont le milieu
répond à 50° de hauteur du pôle, est de 100000^m à fort peu près.

De toutes les figures rentrantes, la figure sphérique est la plus
simple, puisqu'elle ne dépend que d'un seul élément, la grandeur de
son rayon. Le penchant naturel à l'esprit humain de supposer aux
objets la forme qu'il conçoit le plus aisément le porta donc à donner
une forme sphérique à la Terre. Mais la simplicité de la nature ne doit
pas toujours se mesurer par celle de nos conceptions. Infiniment variée dans ses effets, la nature n'est simple que dans ses causes, et son
économie consiste à produire un grand nombre de phénomènes, souvent très compliqués, au moyen d'un petit nombre de lois générales.
La figure de la Terre est un résultat de ces lois qui, modifiées par

mille circonstances, peuvent l'écarter sensiblement de la sphère. De petites variations observées dans la mesure des degrés en France indiquaient ces écarts; mais les erreurs inévitables des observations laissaient des doutes sur cet intéressant phénomène, et l'Académie des Sciences, dans le sein de laquelle cette grande question fut vivement agitée, jugea avec raison que la différence des degrés terrestres, si elle est réelle, se manifesterait principalement dans la comparaison des degrés mesurés à l'équateur et vers les pôles. Elle envoya des académiciens à l'équateur même, et ils y trouvèrent le degré du méridien plus petit que celui de France. D'autres académiciens se transportèrent au nord, où ils trouvèrent un degré plus grand. Ainsi l'accroissement des degrés des méridiens, de l'équateur aux pôles, fut incontestablement prouvé par ces mesures, et l'on en conclut que la Terre n'est point exactement sphérique.

Ces voyages fameux des académiciens français ayant dirigé vers cet objet l'attention des observateurs, de nouveaux degrés des méridiens furent mesurés en Italie, en Allemagne, en Afrique, dans l'Inde et en Pensylvanie. Toutes ces mesures concourent à indiquer un accroissement dans les degrés, de l'équateur aux pôles.

Le Tableau suivant présente les valeurs des degrés extrêmes mesurés et du degré moyen entre le pôle et l'équateur. Le premier a été mesuré au Pérou par Bouguer et La Condamine. Le second est le résultat de la grande opération nouvellement exécutée pour déterminer la grandeur de l'arc qui traverse la France, de Dunkerque à Perpignan, et que l'on a prolongé au sud, jusqu'à Formentera; on l'a joint au nord avec le méridien de Greenwich, en liant par des triangles les côtes de France à celles d'Angleterre. Cet arc immense, qui embrasse la septième partie de la distance du pôle à l'équateur, a été déterminé avec une précision extrême. Les observations astronomiques et géodésiques ont été faites au moyen de cercles répétiteurs. Deux bases, chacune de plus de 12000^m, ont été mesurées, l'une près de Melun, l'autre près de Perpignan, par un procédé nouveau, qui ne laisse aucune incertitude; et ce qui confirme la justesse de toutes les opérations, c'est que la base de Perpignan, conclue de celle de Melun par la chaîne de triangles qui les unit, ne diffère pas d'un tiers de mètre de sa mesure effective, quoique la distance qui sépare ces deux bases surpasse 900000^m.

Pour ne rien laisser à désirer dans cette opération importante, on a observé, sur divers points de cet arc, la hauteur du pôle et le nombre des oscillations d'un même pendule dans un jour, d'où l'on a conclu les variations des degrés et de la pesanteur. Ainsi cette opération, la plus exacte et la plus étendue que l'on ait entreprise en ce genre, servira de monument pour constater l'état des Sciences et des Arts dans ce siècle de lumières. Enfin le troisième degré est celui que M. Swanberg vient de mesurer en Laponie.

Hauteur du pôle.	Longueur du degré.
^{o}	^{m}
0,00	99523,9
50,08	100004,3
73,71	100323,6

L'accroissement des degrés du méridien, quand la hauteur du pôle augmente, est sensible même dans les diverses parties du grand arc dont nous venons de parler. Considérons en effet ses points extrêmes, et le Panthéon à Paris, l'un des points intermédiaires. On a trouvé, par les observations :

	Hauteur du pôle.	Distance à Greenwich dans le sens du méridien.
	$^{\prime\prime}$	^{m}
Greenwich	57,19753	0,0
Panthéon	54,27431	292719,3
Formentera	42,96178	1423636,1

La distance de Greenwich au Panthéon donne 100135^m,2 pour le degré dont le milieu correspond à 55°,73592 de hauteur du pôle; et par la distance du Panthéon à Formentera, on ne trouve que 99970^m,3 pour le degré dont le milieu correspond à 48°,61804, ce qui donne 23^m,167 d'accroissement par degré, dans l'intervalle de ces deux points.

L'ellipse étant, après le cercle, la plus simple des courbes rentrantes, on regarda la Terre comme un solide formé par la révolution d'une ellipse autour de son petit axe. Son aplatissement dans le sens des pôles est une suite nécessaire de l'accroissement observé des degrés des méridiens, de l'équateur aux pôles. La pesanteur étant dirigée suivant les rayons de ces degrés, ils sont, par la loi de l'équilibre des fluides, perpendiculaires à la surface des mers dont la Terre est en grande partie recouverte. Ils n'aboutissent pas, comme dans la sphère, au centre de l'ellipsoïde; ils n'ont ni la même direction, ni la même grandeur que les rayons menés de ce centre à la surface, et qui la coupent obliquement partout ailleurs qu'aux pôles et à l'équateur. La rencontre de deux verticales voisines situées sous le même méridien est le centre du petit arc terrestre qu'elles comprennent entre elles; si cet arc était une droite, ces verticales seraient parallèles, ou ne se rencontreraient qu'à une distance infinie; mais à mesure qu'on le courbe, elles se rencontrent à une distance d'autant moindre que sa courbure devient plus grande; ainsi, l'extrémité du petit axe étant le point où l'ellipse approche le plus de se confondre avec une ligne droite, le rayon du degré du pôle, et par conséquent ce degré lui-même, est le plus considérable de tous. C'est le contraire à l'extrémité du grand axe de l'ellipse, à l'équateur, où, la courbure étant la plus grande, le degré dans le sens du méridien est le plus petit. En allant du second au premier de ces extrêmes, les degrés vont en augmentant, et si l'ellipse est peu aplatie, leur accroissement est à très peu près proportionnel au carré du sinus de la hauteur du pôle sur l'horizon.

On nomme *aplatissement* ou *ellipticité* d'un sphéroïde elliptique l'excès de l'axe de l'équateur sur celui du pôle, pris pour unité. La mesure de deux degrés dans le sens du méridien suffit pour le déterminer. Si l'on compare entre eux les arcs mesurés en France, au Pérou et dans l'Inde, et qui, par leur étendue, leur éloignement et par les soins et la réputation des observateurs, méritent la préférence, on trouve l'aplatissement de l'ellipsoïde terrestre égal à $\frac{1}{310}$, le demi-grand axe égal à 6376606^m, et le demi-petit axe égal à 6356215^m.

Si la Terre était elliptique, on devrait obtenir à peu près le même aplatissement en comparant deux à deux les diverses mesures des

degrés terrestres; mais leur comparaison donne à cet égard des différences, qu'il est difficile d'attribuer aux seules erreurs des observations. Il parait donc que la Terre n'est pas exactement un ellipsoïde.
Voyons quelle est, dans l'hypothèse d'une figure quelconque, la nature des méridiens terrestres.

Le plan du méridien céleste que déterminent les observations astronomiques passe par l'axe du monde et par le zénith de l'observateur,
puisque ce plan coupe en parties égales les arcs des parallèles à l'équateur, décrits par les étoiles sur l'horizon. Tous les lieux de la Terre
qui ont leur zénith sur la circonférence de ce méridien forment le méridien terrestre correspondant. Vu l'immense distance des étoiles, les
verticales élevées de chacun de ces lieux peuvent être censées parallèles au plan du méridien céleste; on peut donc définir le méridien
terrestre une courbe formée par la jonction des pieds de toutes les verticales parallèles au plan du méridien céleste. Cette courbe est tout
entière dans ce plan, lorsque la Terre est un solide de révolution; dans
tout autre cas, elle s'en écarte, et généralement elle est une de ces
lignes que les géomètres ont nommées *courbes à double courbure*.

Le méridien terrestre n'est pas exactement la ligne que déterminent
les mesures trigonométriques dans le sens du méridien céleste. Le
premier côté de la ligne mesurée est tangent à la surface de la Terre
et parallèle au plan du méridien céleste. Si l'on prolonge ce côté jusqu'à la rencontre d'une verticale infiniment voisine, et qu'ensuite on
plie ce prolongement jusqu'au pied de la verticale, on formera le second côté de la courbe, et ainsi des autres. La ligne ainsi tracée est
la plus courte que l'on puisse mener sur la surface de la Terre, entre
deux points quelconques pris sur cette ligne; elle n'est dans le plan
du méridien céleste, et ne se confond avec le méridien terrestre, que
dans le cas où la Terre est un solide de révolution; mais la différence
entre la longueur de cette ligne et celle de l'arc correspondant du méridien terrestre est si petite qu'elle peut être négligée sans erreur sensible.

Il importe de multiplier les mesures de la Terre dans tous les sens

et dans le plus grand nombre de lieux qu'il est possible. On peut à
chaque point de sa surface concevoir un ellipsoïde osculateur qui se
confonde sensiblement avec elle, dans une petite étendue autour du
point d'osculation. Les arcs terrestres mesurés dans le sens des méridiens et des perpendiculaires aux méridiens feront connaître la nature
et la position de cet ellipsoïde, qui peut n'être pas un solide de révolution et varier sensiblement à de grandes distances.

Quelle que soit la nature des méridiens terrestres, par cela seul
que les degrés vont en diminuant des pôles à l'équateur, la Terre est
aplatie dans le sens de ses pôles, c'est-à-dire que l'axe des pôles est
moindre que celui de l'équateur. Pour le faire voir, supposons que
la Terre soit un solide de révolution, et représentons-nous le rayon
du degré du pôle boréal et la suite de tous ces rayons depuis le pôle
jusqu'à l'équateur, rayons qui, par la supposition, diminuent sans
cesse. Il est visible que ces rayons forment, par leurs intersections
consécutives, une courbe qui, d'abord tangente à l'axe des pôles au
delà de l'équateur relativement au pôle boréal, tourne sa convexité
vers cet axe, en s'élevant vers le plan de l'équateur, jusqu'à ce que le
rayon du degré du méridien prenne une direction perpendiculaire à
la première; alors il est dans ce plan. Si l'on conçoit le rayon du degré
polaire flexible et enveloppant successivement les arcs de la courbe
que nous venons de considérer, son extrémité décrira le méridien terrestre, et sa partie interceptée entre le méridien et la courbe sera le
rayon correspondant du degré du méridien; cette courbe est ce que
les géomètres nomment *développée* du méridien. Considérons maintenant comme le centre de la Terre l'intersection du diamètre de l'équateur et de l'axe du pôle; la somme des deux tangentes à la développée
du méridien, menées de ce centre, la première suivant l'axe du pôle
et la seconde suivant le diamètre de l'équateur, sera plus grande que
l'arc de la développée qu'elles comprennent entre elles; or le rayon
mené du centre de la Terre au pôle boréal est égal au rayon du degré
polaire moins la première tangente; le demi-diamètre de l'équateur est
égal au rayon du degré du méridien à l'équateur plus la seconde tan-

gente; l'excès du demi-diamètre de l'équateur sur le rayon terrestre
du pôle est donc égal à la somme de ces tangentes, moins l'excès du
rayon du degré polaire sur le rayon du degré du méridien à l'équateur; ce dernier excès est l'arc même de la développée, arc qui est
moindre que la somme des tangentes extrêmes; donc l'excès du demi-
diamètre de l'équateur sur le rayon mené du centre de la Tere au pôle
boréal est positif. On prouvera de même que l'excès de ce demi-diamètre sur le rayon mené du centre de la Terre au pôle austral est positif;
l'axe entier des pôles est donc moindre que le diamètre de l'équateur,
ou, ce qui revient au même, la Terre est aplatie dans le sens des
pôles.

En considérant chaque partie du méridien comme le développement
d'un arc très petit de sa circonférence osculatrice, il est facile de voir
que le rayon mené du centre de la Terre à l'extrémité de l'arc la plus
voisine du pôle est plus petit que le rayon mené du même centre à
l'autre extrémité, d'où il suit que les rayons terrestres vont en croissant des pôles à l'équateur, si, comme toutes les observations l'indiquent, les degrés du méridien augmentent de l'équateur aux pôles.

La différence des rayons des degrés du méridien au pôle et à l'équateur est égale à la différence des rayons terrestres correspondants,
plus à l'excès du double de la développée sur la somme des deux tangentes extrêmes, excès qui est évidemment positif; ainsi les degrés
des méridiens croissent de l'équateur aux pôles, dans un plus grand
rapport que celui de la diminution des rayons terrestres. Il est clair
que ces démonstrations ont encore lieu dans le cas où les deux hémisphères boréal et austral ne seraient pas égaux et semblables, et il est
facile de les étendre au cas où la Terre ne serait pas un solide de révolution.

On a élevé des principaux lieux de la France, sur la méridienne de
l'Observatoire de Paris, des courbes tracées de la même manière que
cette ligne, avec cette différence que le premier côté, toujours tangent
à la surface de la Terre, au lieu d'être parallèle au plan du méridien
céleste de l'Observatoire de Paris, lui est perpendiculaire. C'est par la

longueur de ces courbes et par les distances de l'Observatoire aux points où elles rencontrent la méridienne que les positions de ces lieux ont été déterminées. Ce travail, le plus utile que l'on ait fait en Géographie, est un modèle que les nations éclairées s'empressent d'imiter et qui sera bientôt étendu à l'Europe entière.

On ne peut pas fixer par des opérations géodésiques les positions respectives des lieux séparés par de vastes mers, et il faut alors recourir aux observations célestes. La connaissance de ces positions est un des plus grands avantages que l'Astronomie nous ait procurés. Pour y parvenir, on a suivi la méthode dont on avait fait usage pour former le catalogue des étoiles, en concevant sur la surface terrestre des cercles correspondants à ceux que l'on avait imaginés dans le ciel. Ainsi l'axe de l'équateur céleste traverse la surface de la Terre dans deux points diamétralement opposés, qui ont chacun à leur zénith un des pôles du monde, et que l'on peut considérer comme les pôles de la Terre. L'intersection du plan de l'équateur céleste avec cette surface est une circonférence qui peut être regardée comme l'équateur terrestre; les intersections de tous les plans des méridiens célestes avec la même surface sont autant de lignes courbes qui se réunissent aux pôles, et qui sont les méridiens terrestres, si la Terre est un solide de révolution, ce que l'on peut supposer en Géographie sans erreur sensible. Enfin, de petites circonférences tracées sur la Terre, parallèlement à l'équateur, sont les parallèles terrestres, et celui d'un lieu quelconque répond au parallèle céleste qui passe à son zénith.

La position d'un lieu sur la Terre est déterminée par sa distance à l'équateur ou par l'arc du méridien terrestre compris entre l'équateur et son parallèle, et par l'angle que forme son méridien avec un premier méridien, dont la position est arbitraire et auquel on rapporte ainsi tous les autres. Sa distance à l'équateur dépend de l'angle compris entre son zénith et l'équateur céleste, et cet angle est évidemment égal à la hauteur du pôle sur l'horizon; cette hauteur est ce que l'on nomme *latitude* en Géographie. La *longitude* est l'angle que le méridien d'un lieu fait avec le premier méridien; c'est l'arc de l'équateur compris entre les deux méridiens. Elle est orientale ou occidentale, suivant que le lieu est à l'orient ou à l'occident du premier méridien.

L'observation de la hauteur du pôle donne la latitude; la longitude se détermine au moyen d'un phénomène céleste observé à la fois sur les méridiens dont on cherche la position respective. Si le méridien d'où l'on compte les longitudes est à l'orient de celui dont on cherche la longitude, le Soleil y parviendra plus tôt au méridien céleste; si, par exemple, l'angle formé par les méridiens terrestres est le quart de la circonférence, la différence entre les instants du midi sur ces méridiens sera le quart du jour. Supposons donc que, sur chacun d'eux, on observe un phénomène qui arrive au même instant physique pour tous les lieux de la Terre, tel que le commencement ou la fin d'une éclipse de Lune ou des satellites de Jupiter; la différence des heures que compteront les observateurs, au moment du phénomène, sera au jour entier comme l'angle formé par les deux méridiens est à la circonférence. Les éclipses de Soleil et les occultations des étoiles par la Lune fournissent des moyens plus exacts pour avoir les longitudes, par la précision avec laquelle on peut observer le commencement ou la fin de ces phénomènes : ils n'arrivent pas, à la vérité, au même instant physique pour tous les lieux de la Terre; mais les éléments du mouvement lunaire sont suffisamment connus pour tenir compte exactement de cette différence.

Il n'est pas nécessaire, pour déterminer la longitude d'un lieu, que le phénomène céleste observé l'ait été sous le premier méridien; il suffit qu'on l'ait observé sous un méridien dont la position à l'égard du premier méridien soit connue. C'est ainsi qu'en liant les méridiens les uns aux autres, on est parvenu à déterminer la position respective des points les plus éloignés de la Terre.

Déjà les longitudes et les latitudes d'un grand nombre de lieux ont été déterminées par des observations astronomiques; de grandes erreurs sur la situation et l'étendue des pays anciennement connus ont été corrigées; on a fixé la position des nouvelles contrées que l'intérêt du commerce et l'amour des sciences ont fait découvrir. Mais quoique

les voyages entrepris dans ces derniers temps aient considérablement
accru nos connaissances géographiques, il reste beaucoup à découvrir
encore. L'intérieur de l'Afrique et celui de la Nouvelle-Hollande renferment des pays immenses, entièrement inconnus; nous n'avons que
des relations incertaines et souvent contradictoires sur beaucoup
d'autres, à l'égard desquels la Géographie, livrée jusqu'ici au hasard
des conjectures, attend de l'Astronomie des lumières pour fixer irré-
vocablement leur position.

La longitude et la latitude ne suffisent pas pour déterminer la position d'un lieu sur la Terre; il faut joindre à ces deux ordonnées horizontales une troisième ordonnée verticale, qui exprime sa hauteur au-
dessus du niveau des mers. C'est ici que le baromètre trouve sa plus
utile application; des observations nombreuses et précises de cet instrument répandront sur la figure de la Terre en hauteur les mêmes
lumières que l'Astronomie a déjà données sur ses deux autres dimensions.

C'est principalement au navigateur, lorsqu'au milieu des mers il n'a
pour guide que les astres et sa boussole, qu'il importe de connaître sa
position, celle des lieux où il doit aborder et des écueils qui se rencontrent sur sa route. Il peut aisément connaître sa latitude par l'observation de la hauteur des astres; les heureuses inventions de l'octant
et du cercle répétiteur ont donné à ce genre d'observations une exactitude inespérée. Mais le ciel, en vertu de son mouvement diurne, se
présentant dans un jour à peu près de la même manière à tous les
points de son parallèle, il est difficile au navigateur de fixer le point
auquel il répond. Pour suppléer aux observations célestes, il mesure
sa vitesse et la direction de son mouvement; il en conclut sa marche
dans le sens des parallèles, et, en la comparant avec ses latitudes observées, il détermine sa longitude relativement au lieu de son départ.
L'inexactitude de cette méthode l'expose à des erreurs qui peuvent
lui devenir funestes, quand il s'abandonne aux vents pendant la nuit,
près des côtes ou des bancs dont il se croit encore éloigné par son
estime. C'est pour le mettre à l'abri de ces dangers qu'aussitôt que les

progrès des arts et de l'Astronomie ont pu faire espérer des méthodes pour avoir les longitudes à la mer, les nations commerçantes se sont empressées de diriger par de puissants encouragements les vues des savants et des artistes sur cet important objet. Leurs vœux ont été remplis par l'invention des montres marines, et par l'extrême précision à laquelle on a porté les Tables lunaires, deux moyens bons en eux-mêmes, et qui deviennent encore meilleurs en se prêtant un mutuel appui.

Une montre bien réglée dans un port dont la position est connue, et qui, transportée sur un vaisseau, conserverait la même marche, indiquerait à chaque instant l'heure que l'on compte dans ce port.

Cette heure étant comparée à celle que l'on observe à la mer, le rapport de leur différence au jour entier serait, comme on l'a vu, celui de la différence des longitudes à la circonférence. Mais il était difficile d'avoir de pareilles montres ; les mouvements irréguliers du vaisseau, les variations de la température et les frottements inévitables et très sensibles dans des machines aussi délicates étaient autant d'obstacles qui s'opposaient à leur exactitude. On est heureusement parvenu à les vaincre, et à exécuter des montres qui, pendant plusieurs mois, conservent une marche à très peu près uniforme, et qui donnent ainsi le moyen le plus simple d'avoir les longitudes à la mer ; et comme ce moyen est d'autant plus précis que le temps pendant lequel on emploie ces montres sans vérifier leur marche est plus court, elles sont très utiles pour déterminer la position respective des lieux fort voisins ; elles ont même à cet égard quelque avantage sur les observations astronomiques, dont la précision n'est point augmentée par le peu d'éloignement des observateurs.

Les éclipses des satellites de Jupiter, qui se renouvellent fréquemment, offriraient au navigateur un moyen facile de connaître sa longitude, s'il pouvait les observer à la mer ; mais les tentatives que l'on a faites pour surmonter les difficultés qu'opposent à ce genre d'observations les mouvements du vaisseau ont été jusqu'à présent infructueuses. La Navigation et la Géographie ont cependant retiré de grands avantages de ces éclipses, et surtout de celles du premier satellite, dont on peut observer avec précision le commencement ou la fin. Le navigateur les emploie avec succès dans ses relâches; il a besoin, à la vérité, de connaitre l'heure à laquelle la même éclipse qu'il observe serait vue sous un méridien connu, puisque la différence des heures que l'on compte sous les méridiens est ce qui détermine la différence de leurs longitudes. Mais les Tables du premier satellite de Jupiter, considérablement perfectionnées de nos jours, donnent pour le méridien de Paris les instants de ses éclipses avec une précision presque égale à celle des observations mêmes.

L'extrême difficulté d'observer sur mer ces éclipses a forcé de recourir aux autres phénomènes célestes, parmi lesquels le mouvement rapide de la Lune est le seul qui puisse servir à la détermination des longitudes terrestres. La position de la Lune, telle qu'on l'observerait du centre de la Terre, peut aisément se conclure de la mesure de ses distances angulaires au Soleil et aux étoiles; les Tables de son mouvement donnent ensuite l'heure que l'on compte sous le premier méridien lorsque l'on y observe la même position, et le navigateur, en la comparant à l'heure qu'il compte sur le vaisseau au moment de son observation, détermine sa longitude par la différence de ces heures.

Pour apprécier l'exactitude de cette méthode, on doit considérer qu'en vertu de l'erreur de l'observation, le lieu de la Lune, déterminé par l'observateur, ne répond pas exactement à l'heure désignée par son horloge, et qu'en vertu de l'erreur des Tables, ce même lieu ne se rapporte pas à l'heure correspondante qu'elles indiquent sous le premier méridien; la différence de ces heures n'est donc pas celle que donneraient une observation et des Tables rigoureuses. Supposons que l'erreur commise sur cette différence soit d'une minute; dans cet intervalle, 40' de l'équateur passent au méridien; c'est l'erreur correspondante sur la longitude du vaisseau, et qui, à l'équateur, est d'environ 40000^m; mais elle est moindre sur les parallèles : d'ailleurs, elle peut être diminuée par des observations multipliées des distances de la Lune au Soleil et aux étoiles, et répétées pendant plusieurs jours, pour compenser et détruire les unes par les autres les erreurs de l'observation et des Tables.

Il est visible que les erreurs sur la longitude, correspondantes à celles des Tables et de l'observation, sont d'autant moindres que le mouvement de l'astre est plus rapide; ainsi les observations de la Lune périgée sont, à cet égard, préférables à celles de la Lune apogée. Si l'on employait le mouvement du Soleil, treize fois environ plus lent que celui de la Lune, les erreurs sur la longitude seraient treize fois plus grandes; d'où il suit que, de tous les astres, la Lune est le seul dont le mouvement soit assez prompt pour servir à la détermination des longitudes à la mer; on voit donc combien il était utile d'en perfectionner les Tables.

Il est à désirer que tous les peuples de l'Europe, au lieu de rapporter au méridien de leur premier observatoire les longitudes géographiques, s'accordent à les compter d'un même méridien donné par la nature elle-même, pour le retrouver sûrement dans tous les temps. Cet accord introduirait, dans leur géographie, la même uniformité que présentent déjà leur calendrier et leur arithmétique, uniformité qui, étendue aux nombreux objets de leurs relations mutuelles, formerait de ces peuples divers une immense famille. Ptolémée avait fait passer son premier méridien par les Canaries, comme étant la limite occidentale des pays alors connus. Cette raison de préférence ne subsiste plus depuis la découverte de l'Amérique. Mais l'une de ces îles nous offre un des points les plus remarquables de la Terre, par sa hauteur et par son isolement, le sommet du pic de Ténériffe. On pourrait prendre, avec les Hollandais, son méridien pour origine des longitudes terrestres, en déterminant, par un très grand nombre d'observations astronomiques, sa position relativement aux principaux observatoires. Mais soit que l'on convienne ou non d'un méridien commun, il sera utile aux siècles à venir de connaître leur position avec exactitude par rapport au sommet de quelques montagnes toujours reconnaissables par leur hauteur et leur solidité, telles que le mont Blanc, qui domine la charpente immense et inaltérable de la chaîne des Alpes.

Un phénomène très remarquable, dont nous devons la connaissance aux voyages astronomiques, est la variation de la pesanteur à la surface de la Terre. Cette force singulière anime dans le même lieu tous les corps proportionnellement à leurs masses, et tend à leur imprimer dans le même temps des vitesses égales. Il est impossible, au moyen d'une balance, de reconnaître ses variations, puisqu'elles affectent également le corps que l'on pèse et le poids auquel on le compare; mais on peut les déterminer en comparant ce poids à une force constante telle que le ressort de l'air à la même température. Ainsi, en transportant dans divers lieux un manomètre rempli d'un volume d'air dont la tension élève une colonne de mercure dans un tube intérieur, il est visible que, le poids de cette colonne devant toujours faire équilibre au ressort de cet air, sa hauteur, lorsque la température sera la même, sera réciproque à la force de la pesanteur dont elle indiquera conséquemment les variations. Les observations du pendule offrent encore un moyen très précis pour les déterminer; car il est clair que ces oscillations doivent être plus lentes dans les lieux où la pesanteur est moindre. Cet instrument, dont l'application aux horloges a été l'une des principales causes des progrès de l'Astronomie moderne et de la Géographie, consiste dans un corps suspendu à l'extrémité d'un fil ou d'une verge mobile autour d'un point fixe placé à l'autre extrémité. On écarte un peu l'instrument de sa situation verticale; en l'abandonnant ensuite à l'action de la pesanteur, il fait de petites oscillations, qui sont à très peu près de la même durée, malgré la différence des arcs décrits. Cette durée dépend de la grandeur et de la figure du corps suspendu, de la masse et de la longueur de la verge; mais les géomètres ont trouvé des règles générales pour déterminer, par l'observation des oscillations d'un pendule composé de figure quelconque, la longueur d'un pendule dont les oscillations auraient une durée connue, et dans lequel la masse de la verge serait supposée nulle par rapport à celle du corps considéré comme un point infiniment dense. C'est à ce pendule idéal, nommé *pendule simple*, que l'on a rapporté toutes les expériences du pendule, faites dans divers lieux de la Terre.

Richer, envoyé en 1672 à Cayenne par l'Académie des Sciences pour y faire des observations astronomiques, trouva que son horloge, réglée à Paris sur le temps moyen, retardait chaque jour à Cayenne, d'une quantité sensible. Cette intéressante observation donna la première preuve directe de la diminution de la pesanteur à l'équateur. Elle a été répétée avec beaucoup de soin dans un grand nombre de lieux, en tenant compte de la résistance de l'air et de la température. Il résulte de toutes les mesures observées du pendule à secondes, qu'il augmente de l'équateur aux pôles.

En prenant pour unité la longueur du pendule qui fait, à l'Observatoire de Paris, cent mille oscillations par jour, on a trouvé sa longueur égale à 0,99669 à l'équateur au niveau des mers, tandis qu'en Laponie, à 74°,22 de hauteur du pôle, on l'a observée égale à 1,00137. Borda, par des expériences très exactes et très multipliées, a trouvé qu'à l'Observatoire de Paris la longueur prise pour unité et réduite au vide est de $0^m,741887$.

L'accroissement des longueurs du pendule, en allant de l'équateur aux pôles, est sensible même sur les divers points du grand arc du méridien qui traverse la France, comme on le voit par le Tableau suivant, résultat des expériences nombreuses et précises faites par MM. Biot, Arago et Mathieu :

Lieux.	Hauteur du pôle.	Élévation au-dessus de la mer.	Longueur observée du pendule à secondes.
	°	"	m
Formentera.........	42,96	196	0,7412061
Bordeaux...........	49,82	0	0,7412615
Paris..............	54,26	65	0,7419076
Dunkerque..........	56,67	0	0,7420865

Les longueurs observées à Dunkerque et à Bordeaux donnent, par l'interpolation, $0^m,7416274$ pour la longueur du pendule à secondes, sur les côtes de France, au niveau de la mer, à 50° de hauteur du pôle. Cette longueur et celle du degré du méridien, dont le milieu répond au même point, serviront à retrouver nos mesures, si par la suite des temps elles viennent à s'altérer.

L'accroissement du pendule offre plus de régularité que celui des degrés du méridien ; il s'écarte moins du rapport des carrés des sinus de la hauteur du pôle, soit que sa mesure, plus facile que celle des degrés, prête moins à l'erreur, soit que les causes perturbatrices de la régularité de la Terre produisent moins d'effet sur la pesanteur. En comparant entre elles toutes les observations faites jusqu'à présent sur cet objet dans divers lieux de la Terre, on trouve que, si l'on prend pour unité la longueur du pendule à l'équateur, son accroissement de l'équateur aux pôles est égal au produit de $\frac{51}{10000}$ par le carré du sinus de la latitude.

On a remarqué encore, au moyen du pendule, une petite diminution dans la pesanteur, au sommet des hautes montagnes. Bouguer a fait sur cet objet un grand nombre d'expériences au Pérou. Il a trouvé que, la pesanteur à l'équateur et au niveau de la mer étant exprimée par l'unité, elle est 0,999249 à Quito, élevé de 2857^m au-dessus de ce niveau, et 0,998816 sur le Pichincha, à 4744^m de hauteur. Cette diminution de la pesanteur à des hauteurs toujours très petites relativement au rayon terrestre donne lieu de penser que cette force diminue considérablement à de grandes distances du centre de la Terre.

Les observations du pendule, en fournissant une longueur invariable et facile à retrouver dans tous les temps, ont fait naître l'idée de l'employer comme mesure universelle. On ne peut voir le nombre prodigieux de mesures en usage, non seulement chez les différents peuples, mais dans la même nation, leurs divisions bizarres et incommodes pour les calculs, la difficulté de les connaître et de les comparer, enfin l'embarras et les fraudes qui en résultent dans le commerce, sans regarder comme l'un des plus grands services que les gouvernements puissent rendre à la société l'adoption d'un système de mesures dont les divisions uniformes se prêtent le plus facilement au calcul, et qui dérivent de la manière la moins arbitraire d'une mesure fondamentale indiquée par la nature elle-même. Un peuple qui se donnerait un semblable système réunirait à l'avantage d'en recueillir les premiers fruits celui de voir son exemple suivi par les autres peuples, dont il

deviendrait ainsi le bienfaiteur; car l'empire lent, mais irrésistible, de
la raison l'emporte à la longue sur les jalousies nationales, et sur-
monte tous les obstacles qui s'opposent au bien généralement senti.
Tels furent les motifs qui déterminèrent l'Assemblée Constituante à
charger de cet important objet l'Académie des Sciences. Le nouveau
système des poids et mesures est le résultat du travail des commissaires de l'Académie, secondés par le zèle et les lumières de plusieurs
membres de la Représentation Nationale.

L'identité du calcul décimal et de celui des nombres entiers ne laisse
aucun doute sur les avantages de la division de toutes les espèces de
mesures en parties décimales; il suffit, pour s'en convaincre, de comparer les difficultés des multiplications et des divisions complexes avec
la facilité des mêmes opérations sur les nombres entiers, facilité qui
devient plus grande encore au moyen des logarithmes, dont on peut
rendre, par des instruments simples et peu coûteux, l'usage extrêmement populaire. A la vérité, notre échelle arithmétique n'est point
divisible par trois et par quatre, deux diviseurs que leur simplicité
rend très usuels. L'addition de deux nouveaux caractères eût suffi pour
lui procurer cet avantage; mais un changement aussi considérable
aurait été infailliblement rejeté avec le système de mesures qu'on lui
aurait subordonné. D'ailleurs, l'échelle duodécimale a l'inconvénient
d'exiger que l'on retienne les produits deux à deux des onze premiers
nombres, ce qui surpasse l'ordinaire étendue de la mémoire, à laquelle l'échelle décimale est bien proportionnée. Enfin, on aurait
perdu l'avantage qui probablement a donné naissance à notre arithmétique, celui de faire servir à la numération les doigts de la main. On
ne balança donc point à adopter la division décimale, et pour mettre
de l'uniformité dans le système entier des mesures, on résolut de les
dériver toutes d'une même mesure linéaire et de ses divisions décimales. La question fut ainsi réduite au choix de cette mesure universelle à laquelle on donna le nom de *mètre*.

La longueur du pendule et celle du méridien sont les deux principaux moyens qu'offre la nature pour fixer l'unité des mesures linéaires.

Indépendants l'un et l'autre des révolutions morales, ils ne peuvent éprouver d'altération sensible que par de très grands changements dans la constitution physique de la Terre. Le premier moyen, d'un usage facile, a l'inconvénient de faire dépendre la mesure de la distance de deux éléments qui lui sont hétérogènes, la pesanteur et le temps, dont la division est d'ailleurs arbitraire, et dont on ne pouvait pas admettre la division sexagésimale pour fondement d'un système décimal de mesures. On se détermina donc pour le second moyen, qui paraît avoir été employé dans la plus haute antiquité, tant il est naturel à l'homme de rapporter les mesures itinéraires aux dimensions mêmes du globe qu'il habite, en sorte qu'en se transportant sur ce globe, il connaisse, par la seule dénomination de l'espace parcouru, le rapport de cet espace au circuit entier de la Terre. On trouve encore à cela l'avantage de faire correspondre les mesures nautiques avec les mesures célestes. Souvent le navigateur a besoin de déterminer l'un par l'autre le chemin qu'il décrit et l'arc céleste compris entre les zéniths des lieux de son départ et de son arrivée ; il est donc intéressant que l'une de ces mesures soit l'expression de l'autre, à la différence près de leurs unités. Mais pour cela, l'unité fondamentale des mesures linéaires doit être une partie aliquote du méridien terrestre, qui corresponde à l'une des divisions de la circonférence. Ainsi le choix du mètre fut réduit à celui de l'unité des angles.

L'angle droit est la limite des inclinaisons d'une ligne sur un plan, et de la hauteur des objets sur l'horizon ; d'ailleurs, c'est dans le premier quart de la circonférence que se forment les sinus et généralement toutes les lignes que la Trigonométrie emploie et dont les rapports avec les rayons ont été réduits en Tables ; il était donc naturel de prendre l'angle droit pour l'unité des angles, et le quart de la circonférence pour l'unité de leur mesure. On le divisa en parties décimales, et pour avoir des mesures correspondantes sur la Terre, on divisa dans les mêmes parties le quart du méridien terrestre, ce qui a été fait dans l'antiquité ; car la mesure de la Terre citée par Aristote, et dont l'origine est inconnue, donne 100000 stades au quart du méridien. Il ne s'agissait plus que d'avoir exactement sa longueur. Ici deux questions se présentaient à résoudre. Quel est le rapport d'un arc du méridien, mesuré à une latitude donnée, au méridien entier? Tous les méridiens sont-ils semblables? Dans les hypothèses les plus naturelles sur la constitution du sphéroïde terrestre, la différence des méridiens est insensible, et le degré décimal dont le milieu répond à 5o° de latitude est la centième partie du quart du méridien; l'erreur de ces hypothèses ne pourrait influer que sur les distances géographiques où elle n'est d'aucune importance. On pouvait donc conclure la grandeur du quart du méridien de celle de l'arc qui traverse la France depuis Dunkerque jusqu'aux Pyrénées, et qui fut mesuré en 1740 par les Académiciens français. Mais une nouvelle mesure d'un arc plus grand encore, faite avec des moyens plus exacts, devant inspirer en faveur du nouveau système des poids et mesures un intérêt propre à le répandre, on résolut de mesurer l'arc du méridien terrestre compris entre Dunkerque et Barcelone. Ce grand arc, prolongé au sud jusqu'à Formentera et au nord jusqu'au parallèle de Greenwich, et dont le milieu répond à très peu près au parallèle moyen entre le pôle et l'équateur, a donné la longueur du quart du méridien égal à 5130740 toises. On a pris la dix-millionième partie de cette longueur pour le mètre ou l'unité des mesures linéaires. La décimale au-dessus eût été trop grande; la décimale au-dessous trop petite, et le mètre, dont la longueur est de $0^T,513074$, remplace avec avantage la toise et l'aune, deux de nos mesures les plus usuelles.

Toutes les mesures dérivent du mètre de la manière la plus simple : les mesures linéaires en sont des multiples et des sous-multiples décimaux.

L'unité des mesures de capacité est le cube de la dixième partie du mètre : on lui a donné le nom de *litre*.

L'unité des mesures superficielles pour le terrain est un carré dont le côté est de 10 mètres : elle se nomme *are*.

On a nommé *stère* un volume de bois de chauffage égal à un mètre cube.

L'unité de poids, que l'on a nommée *gramme*, est le poids de la millionième partie d'un mètre cube d'eau distillée dans le vide, et à son maximum de densité. Par une singularité remarquable, ce maximum ne répond point au degré de la congélation; mais au-dessus, vers 4 degrés du thermomètre. En se refroidissant au-dessous de cette température, l'eau commence à se dilater de nouveau, et se prépare ainsi à l'accroissement de volume qu'elle reçoit dans son passage de l'état fluide à l'état solide. On a préféré l'eau comme étant une des substances les plus homogènes, et celle que l'on peut amener le plus facilement à l'état de pureté. M. Le Fèvre-Gineau a déterminé le gramme, par une longue suite d'expériences délicates sur la pesanteur spécifique d'un cylindre creux de cuivre, dont il a mesuré le volume avec un soin extrême; il en résulte que la livre, supposée la vingt-cinquième partie de la pile de 5o marcs que l'on conserve à la Monnaie de Paris, est au gramme dans le rapport de 489,5058 à l'unité. Le poids de 1000 grammes, que l'on nomme *kilogramme* ou *livre décimale*, est donc égal à la livre poids de marc multipliée par 2,04288.

Pour conserver les mesures de longueur et de poids, des étalons du mètre et du kilogramme, exécutés sous les yeux des commissaires chargés de déterminer ces mesures et vérifiés par eux, sont déposés dans les Archives Nationales et à l'Observatoire de Paris. Les étalons du mètre ne le représentent qu'à un degré déterminé de température : on a choisi celui de la glace fondante comme le plus fixe et le plus indépendant des modifications de l'atmosphère. Les étalons du kilogramme ne représentent son poids que dans le vide, ou à une pression insensible de l'atmosphère. Pour retrouver le mètre dans tous les temps sans être obligé de recourir à la mesure du grand arc qui l'a donné, il importait de fixer son rapport à la longueur du pendule à secondes; cet objet a été rempli par Borda de la manière la plus précise.

Toutes les mesures étant comparées sans cesse à la monnaie, il était surtout important de la diviser en parties décimales. On a donné à son unité le nom de *franc* d'argent; sa dixième partie s'appelle *décime*, et sa centième partie *centime*. On a rapporté au franc les valeurs des pièces de monnaie de cuivre et d'or.

Pour faciliter le calcul de l'or et de l'argent fin contenus dans les pièces de monnaie, on a fixé l'alliage au dixième de leur poids, et l'on a égalé celui du franc à 5 grammes. Ainsi, le franc étant un multiple exact de l'unité de poids, il peut servir à peser les corps, ce qui est utile au commerce.

Enfin, l'uniformité du système entier des poids et mesures a exigé que le jour fût divisé en dix heures, l'heure en cent minutes, et la minute en cent secondes. Cette division, qui va devenir nécessaire aux astronomes, est moins avantageuse dans la vie civile, où l'on a peu d'occasions d'employer le temps comme multiplicateur ou comme diviseur. La difficulté de l'adapter aux horloges et aux montres, et nos rapports commerciaux en horlogerie avec les étrangers ont fait suspendre indéfiniment son usage. On peut croire cependant qu'à la longue la division décimale du jour remplacera sa division actuelle, qui contraste trop avec les divisions des autres mesures pour n'être pas abandonnée.

Tel est le nouveau système des poids et mesures, que les savants ont offert à la Convention Nationale, qui s'est empressée de le sanctionner. Ce système, fondé sur la mesure des méridiens terrestres, convient également à tous les peuples. Il n'a de rapport avec la France, que par l'arc du méridien qui la traverse. Mais la position de cet arc est si avantageuse que les savants de toutes les nations, réunis pour fixer la mesure universelle, n'eussent point fait un autre choix. Pour multiplier les avantages de ce système et pour le rendre utile au monde entier, le Gouvernement français a invité les puissances étrangères à prendre part à un objet d'un intérêt aussi général. Plusieurs ont envoyé à Paris des savants distingués, qui, réunis aux commissaires de l'Institut National, ont déterminé par la discussion des observations et des expériences les unités fondamentales de poids et de longueur, en sorte que la fixation de ces unités doit être regardée comme un ouvrage commun aux savants qui y ont concouru et aux peuples qu'ils ont représentés. Il est donc permis d'espérer qu'un jour ce système, qui réduit toutes les mesures et leurs calculs à l'échelle et aux opéra-

tions les plus simples de l'arithmétique décimale, sera aussi généralement adopté que le système de numération dont il est le complément,
et qui sans doute eut à surmonter les mêmes obstacles que les préjugés et les habitudes opposent à l'introduction des nouvelles mesures; mais une fois introduites, ces mesures seront maintenues par
ce même pouvoir, qui, joint à celui de la raison, assure aux institutions humaines une éternelle durée.

CHAPITRE XV.

DU FLUX ET DU REFLUX DE LA MER OU DES VARIATIONS DIURNES DE SA FIGURE.

Quoique la Terre et les fluides qui la recouvrent aient dû prendre depuis longtemps l'état qui convient à l'équilibre des forces qui les animent, cependant la figure de la mer change à chaque instant du jour par des oscillations régulières et périodiques, connues sous le nom de *flux et reflux de la mer*. C'est une chose vraiment étonnante que de voir, dans un temps calme et par un ciel serein, la vive agitation de cette grande masse fluide, dont les flots viennent se briser avec impétuosité contre les rivages. Ce spectacle invite à la réflexion et fait naître le désir d'en pénétrer la cause; mais pour ne pas s'égarer dans de vaines hypothèses, il faut avant tout connaître les lois de ce phénomène, et le suivre dans tous ses détails. Mille causes accidentelles pouvant en altérer la marche, il faut considérer à la fois un grand nombre d'observations, afin que, les effets des causes passagères venant à se détruire mutuellement, les résultats moyens ne laissent apercevoir que les effets réguliers. Il faut encore, par une combinaison avantageuse des observations, mettre chacun de ces effets en évidence. Mais cela ne suffit point. Les résultats des observations étant toujours susceptibles d'erreurs, il est nécessaire de connaître la probabilité que ces erreurs sont renfermées dans des limites données. On sent, il est vrai, que, pour une même probabilité, ces limites sont d'autant plus rapprochées que les observations sont plus nombreuses, et c'est ce qui, dans tous les temps, a porté les observateurs à multiplier les faits et les expériences. Mais cet aperçu général ne détermine

pas le degré de précision des résultats; il ne fait point connaître le
nombre des observations nécessaires pour obtenir une probabilité déterminée. Quelquefois même il a fait rechercher la cause de phénomènes qui n'étaient dus qu'au hasard. Le Calcul des probabilités peut
seul faire apprécier ces objets, ce qui rend son usage de la plus haute
importance dans les sciences physiques et morales.

Au commencement du dernier siècle et sur l'invitation de l'Académie des Sciences, on fit dans nos ports un grand nombre d'observations des marées; elles furent continuées chaque jour à Brest, pendant six années consécutives. La situation de ce port est très favorable
à ce genre d'observations. Il communique avec la mer par un vaste
et long canal, au fond duquel le port a été construit. Les irrégularités
du mouvement de la mer ne parviennent ainsi dans ce port que très
affaiblies, à peu près comme les oscillations que les mouvements du
vaisseau impriment à la colonne de mercure d'un baromètre sont atténuées par un étranglement du tube de cet instrument. De plus, les
marées étant fort grandes à Brest, les variations accidentelles n'en
sont qu'une faible partie, et si l'on considère spécialement, comme je
l'ai fait, les excès des hautes mers sur les basses mers voisines, les
vents, cause principale des irrégularités du mouvement de la mer, ont
sur les résultats peu d'influence, parce que, s'ils élèvent une haute
mer, ils soulèvent à peu près autant la basse mer qui la suit, ou qui
la précède. Aussi l'on remarque dans ces résultats une grande régularité, pour peu que l'on multiplie les observations. Frappé de cette régularité, je priai le gouvernement d'ordonner que l'on fît dans le port
de Brest une nouvelle suite d'observations des marées, pendant une
période entière du mouvement des nœuds de l'orbite lunaire. C'est ce
que l'on a bien voulu entreprendre. Ces observations datent de l'année
1806, et elles ont été continuées, chaque jour, sans interruption. En
discutant toutes ces observations par la méthode dont je viens de
parler, je suis parvenu aux résultats suivants, qui ne laissent aucun
doute.

La mer s'élève et s'abaisse deux fois dans chaque intervalle de temps compris entre deux retours consécutifs de la Lune au méridien supérieur. L'intervalle moyen de ces retours est de $1^j,035050$; ainsi l'intervalle moyen entre deux pleines mers consécutives est de $0^j,517525$, en sorte qu'il y a des jours solaires où l'on n'observe qu'une seule marée. Le moment de la basse mer divise à peu près également cet intervalle. Comme dans toutes les grandeurs susceptibles d'un maximum ou d'un minimum, l'accroissement et la diminution de la marée vers ces limites sont proportionnels aux carrés des temps écoulés depuis la haute ou la basse mer.

La hauteur de la pleine mer n'est pas constamment la même; elle varie chaque jour, et ses variations ont un rapport évident avec les phases de la Lune; elle est la plus grande vers le temps des pleines et des nouvelles lunes, ensuite elle diminue et devient la plus petite vers les quadratures. La plus haute marée à Brest n'a point lieu le jour même de la syzygie, mais un jour et demi après, en sorte que, si la syzygie arrive au moment d'une pleine mer, la troisième marée qui la suit est la plus grande. Pareillement, si la quadrature arrive au moment de la pleine mer, la troisième marée qui la suit est la plus petite. Ce phénomène s'observe à peu près également dans tous les ports de France, quoique les heures des marées y soient fort différentes.

Plus la mer s'élève lorsqu'elle est pleine, plus elle descend dans la basse mer suivante. Nous nommerons *marée totale* la demi-somme des hauteurs de deux pleines mers consécutives, au-dessus du niveau de la basse mer intermédiaire. La valeur moyenne de cette marée totale à Brest, dans les syzygies des équinoxes, est d'environ $5^m,50$; elle est de moitié plus petite dans les quadratures.

Si l'on considère avec attention ces résultats, on voit que le nombre des hautes mers étant égal à celui des passages de la Lune au méridien, soit supérieur, soit inférieur, cet astre a sur ce phénomène la principale influence. Mais de ce que les marées quadratures sont plus faibles que les marées syzygies, il résulte que le Soleil influe pareillement sur ce phénomène, et qu'il modifie l'influence lunaire. Il est naturel de penser que chacune de ces influences, si elles existaient séparément, produirait un système de marées dont la période serait celle du passage de l'astre au méridien, et que le mélange de ces deux systèmes produit une marée composée dans laquelle la haute mer lunaire correspond à la haute mer solaire vers les syzygies, et à la basse mer solaire vers les quadratures.

Les déclinaisons du Soleil et de la Lune ont une influence remarquable sur les marées; elles diminuent les marées totales des syzygies des équinoxes : elles augmentent de la même quantité les marées totales des quadratures des solstices. Ainsi l'opinion généralement répandue que les marées sont les plus grandes dans les syzygies équinoxiales est confirmée par la discussion exacte d'un grand nombre d'observations. Cependant plusieurs savants, et spécialement Lalande, ont révoqué cette opinion en doute, parce que, vers quelques solstices, la mer s'est élevée à une hauteur considérable. C'est ici que le Calcul des probabilités devient nécessaire pour décider cette question importante de la théorie des marées. En appliquant aux observations ce Calcul, on trouve que la supériorité des marées syzygies équinoxiales et des marées quadratures solsticiales est indiquée avec une probabilité beaucoup plus grande que celle de la plupart des faits sur lesquels on ne se permet aucun doute.

La distance de la Lune à la Terre influe d'une manière très sensible sur la grandeur des marées totales. Tout étant égal d'ailleurs, elles augmentent et diminuent avec le diamètre et la parallaxe lunaires, mais dans un plus grand rapport. Les variations des distances du Soleil à la Terre influent pareillement sur les marées, mais d'une manière beaucoup moins sensible.

C'est principalement vers les maxima et vers les minima des marées totales qu'il est intéressant de connaitre la loi de leur variation. On vient de voir que l'instant de leur maximum à Brest suit d'un jour et demi la syzygie; la diminution des marées totales qui en sont voisines est proportionnelle au carré du temps écoulé depuis cet instant, jusqu'à celui de la basse mer intermédiaire à laquelle la marée totale se rapporte.

Près de l'instant du minimum qui suit d'un jour et demi la quadrature, l'accroissement des marées totales est proportionnel au carré du temps écoulé depuis cet instant ; il est à fort peu près double de la diminution des marées totales vers leur maximum.

Les déclinaisons du Soleil et de la Lune influent très sensiblement sur ces variations : la diminution des marées vers les syzygies des solstices n'est qu'environ trois cinquièmes de la diminution correspondante vers les syzygies des équinoxes ; l'accroissement des marées vers les quadratures est deux fois plus grand dans les équinoxes que dans les solstices. Mais l'influence des distances de la Lune à la Terre est encore plus considérable que celle des déclinaisons. La diminution des marées syzygies est presque trois fois plus grande vers le périgée de la Lune que vers son apogée.

On observe encore, entre les marées du matin et du soir, de petites différences, qui dépendent des déclinaisons du Soleil et de la Lune, et qui disparaissent lorsque ces astres sont dans l'équateur. Pour les reconnaître, il faut comparer les marées du premier et du second jour après la syzygie ou après la quadrature ; les marées, très voisines alors du maximum ou du minimum, varient fort peu d'un jour à l'autre et laissent facilement apercevoir la différence des deux marées d'un même jour. On trouve ainsi qu'à Brest, dans les syzygies des solstices d'été, les marées du matin du premier et du second jour après la syzygie sont plus petites que celles du soir de $\frac{1}{5}$ de mètre à peu près ; elles sont plus grandes de la même quantité dans les syzygies des solstices d'hiver. Pareillement, dans les quadratures de l'équinoxe d'automne, les marées du matin, du premier et du second jour après la quadrature, surpassent celles du soir de $\frac{1}{4}$ de mètre à peu près ; elles sont plus petites de la même quantité dans les quadratures de l'équinoxe du printemps.

Tels sont, en général, les phénomènes que les hauteurs des marées présentent dans nos ports : leurs intervalles offrent d'autres phénomènes que nous allons développer.

Quand la pleine mer a lieu à Brest au moment de la syzygie, elle suit l'instant de minuit ou celui du midi vrai de $0^j,1780$, suivant qu'elle arrive le matin ou le soir. Cet intervalle, très différent dans des ports même fort voisins, est ce que l'on nomme *établissement du port*, parce qu'il détermine les heures des marées relatives aux phases de la Lune. La pleine mer qui a lieu à Brest au moment de la quadrature suit l'instant de minuit ou celui du midi vrai, de $0^j,358$.

La marée voisine de la syzygie avance ou retarde de 270^s pour chaque heure dont elle précède ou suit la syzygie; la marée voisine de la quadrature avance ou retarde de 502^s pour chaque heure dont elle précède ou suit la quadrature.

Les heures des marées syzygies ou quadratures varient avec les distances du Soleil et de la Lune à la Terre, et principalement avec les distances de la Lune. Dans les syzygies, chaque minute d'accroissement ou de diminution dans le demi-diamètre apparent de la Lune fait avancer ou retarder l'heure de la pleine mer de 354^s. Ce phénomène a également lieu dans les quadratures, mais il y est trois fois moindre.

Les déclinaisons du Soleil et de la Lune influent pareillement sur les heures des marées syzygies et quadratures. Dans les syzygies des solstices, l'heure de la pleine mer avance d'environ une minute et demie; elle retarde de la même quantité dans les syzygies des équinoxes. Au contraire, dans les quadratures des équinoxes, l'heure de la marée avance d'environ huit minutes, et elle retarde de la même quantité dans les quadratures des solstices.

On a vu que le retard des marées d'un jour à l'autre est de $0^j,03505$ dans son état moyen, en sorte que, si la marée arrive à 0^j, après le minuit vrai, elle arrivera le lendemain matin à $0^j,13505$. Mais ce retard varie avec les phases de la Lune. Il est le plus petit qu'il est possible, vers les syzygies, quand les marées totales sont à leur maximum, et alors il n'est que de $0^j,02723$. Lorsque les marées sont à leur minimum ou vers les quadratures, il est le plus grand possible et s'élève à $0^j,05207$. Ainsi la différence des heures des marées correspondantes aux moments de la syzygie et de la quadrature, et qui,

par ce qui précède, est o⋅,20642, augmente pour les marées qui suivent de la même manière ces deux phases, et devient à peu près égale
à un quart de jour, relativement au maximum et au minimum des
marées.

Les variations des distances du Soleil et de la Lune à la Terre, et
principalement celles de la Lune, influent sur les retards des marées
d'un jour à l'autre. Chaque minute d'accroissement ou de diminution
dans le demi-diamètre apparent de la Lune augmente ou diminue ce
retard de 258ˢ, vers les syzygies. Ce phénomène a également lieu dans
les quadratures, mais il est trois fois moindre.

Le retard journalier des marées varie encore par la déclinaison des
deux astres. Dans les syzygies des solstices, il est d'environ une minute plus grand que dans son état moyen; il est plus petit de la même
quantité dans les équinoxes. Au contraire, dans les quadratures des
équinoxes, il surpasse sa grandeur moyenne de quatre minutes à peu
près; il en est surpassé de la même quantité, dans les quadratures des
solstices.

Les résultats que je viens d'exposer ont été conclus des observations faites chaque jour à Brest, depuis 1807 jusqu'au moment actuel.
Il était intéressant de les comparer aux résultats semblables que j'a-
vais tirés des observations faites dans le même port au commencement
du dernier siècle. J'ai trouvé tous ces résultats à très peu près d'accord entre eux, leurs petites différences étant comprises dans les
limites des erreurs dont les observations sont susceptibles. Ainsi,
après un siècle d'intervalle, la nature a été sur ce point retrouvée
conforme à elle-même.

Il suit de ce qui précède que les inégalités des hauteurs et des
intervalles des marées ont des périodes très différentes : les unes sont
d'un demi-jour et d'un jour; d'autres d'un demi-mois, d'un mois,
d'une demi-année et d'une année; d'autres enfin sont les mêmes que
celles des révolutions des nœuds et du périgée de l'orbe lunaire dont
la position influe sur les marées, par l'effet des déclinaisons de la
Lune et de ses distances à la Terre.

Ces phénomènes ont également lieu dans tous les ports et sur tous les rivages de la mer; mais les circonstances locales, sans rien changer aux lois des marées, ont une grande influence sur leur grandeur et sur l'heure de l'établissement du port.

CHAPITRE XVI.

DE L'ATMOSPHÈRE TERRESTRE ET DES RÉFRACTIONS ASTRONOMIQUES.

Un fluide élastique rare et transparent enveloppe la Terre et s'élève
à une grande hauteur. Il pèse comme tous les corps, et son poids fait
équilibre à celui du mercure dans le baromètre. Sur le parallèle de
50°, à la température de la glace fondante et à la moyenne hauteur
du baromètre au niveau des mers, hauteur qui peut être supposée
de $0^m,76$, le poids de l'air est à celui d'un pareil volume de mercure
dans le rapport de l'unité à 10477,9 ; d'où il suit qu'en s'élevant alors
de $10^m,4779$, la hauteur du baromètre s'abaisserait à très peu près
de $0^m,001$, et que si la densité de l'atmosphère était partout la même,
sa hauteur serait de 7963^m. Mais l'air est compressible ; sa température étant supposée constante, sa densité, suivant une loi générale
des gaz et des fluides en vapeurs, est proportionnelle au poids qui le
comprime, et par conséquent à la hauteur du baromètre. Ses couches
inférieures, comprimées par les couches supérieures, sont donc plus
denses que celles-ci, qui deviennent de plus en plus rares à mesure
que l'on s'élève au-dessus de la Terre. Leur hauteur croissant en progression arithmétique, leur densité diminuerait en progression géométrique, si elles avaient toutes la même température. Pour le faire
voir, concevons un canal vertical traversant deux couches atmosphériques infiniment voisines. La partie de la couche la plus élevée, que
renferme le canal, sera moins comprimée que la partie correspondante
de la couche la plus basse, d'une quantité égale au poids de la petite
colonne d'air interceptée entre ces deux parties. La température étant

supposée la même, la différence de compression des deux couches est proportionnelle à la différence de leurs densités; cette dernière différence est donc proportionnelle au poids de la petite colonne, et par conséquent au produit de sa densité par sa longueur, du moins, si l'on fait abstraction de la variation de la pesanteur à mesure que l'on s'élève. Les deux couches étant supposées infiniment voisines, la densité de la colonne peut être supposée la même que celle de la couche inférieure; la variation différentielle de cette dernière densité est donc proportionnelle au produit de cette densité par la variation de la hauteur verticale; par conséquent, si l'on fait varier cette hauteur, de quantités toujours égales, le rapport de la différentielle de la densité à la densité elle-même sera constant, ce qui est la propriété caractéristique d'une progression géométrique décroissante et dont tous les termes sont infiniment rapprochés. De là il suit que, les hauteurs des couches croissant en progression arithmétique, leurs densités diminuent en progression géométrique, et leurs logarithmes, soit hyperboliques, soit tabulaires, décroissent en progression arithmétique.

On a tiré un parti avantageux de ces données pour mesurer les hauteurs au moyen du baromètre. La température de l'atmosphère étant supposée partout la même, on aura, par le théorème précédent, la différence en hauteur de deux stations, en multipliant par un coefficient constant la différence des logarithmes des hauteurs observées du baromètre à chaque station. Une seule observation suffit pour déterminer ce coefficient. Ainsi l'on a vu qu'à zéro de température, la hauteur du baromètre étant $0^m,76000$ dans la station inférieure et $0^m,75999$ dans la station supérieure, cette station était élevée de $0^m,10477_9$ au-dessus de la première. Le coefficient constant est donc égal à cette quantité divisée par la différence des logarithmes tabulaires des nombres $0,76000$ et $0,75999$, ce qui donne 18336^m pour ce coefficient. Mais cette règle pour mesurer les hauteurs par le baromètre exige diverses modifications que nous allons développer.

La température de l'atmosphère n'est pas uniforme; elle diminue à mesure que l'on s'élève. La loi de cette diminution change à chaque

instant; mais, par un résultat moyen entre beaucoup d'observations,
on peut évaluer à 16° ou 17° la diminution de la température relative
à 3000ᵐ de hauteur. Or l'air, comme tous les corps, se dilate par la
chaleur et se resserre par le froid, et l'on a trouvé, par des expériences
très précises, que, son volume étant représenté par l'unité à zéro de
température, il varie comme celui de tous les gaz et de toutes les vapeurs, de 0,00375 pour chaque degré du thermomètre; il faut donc
avoir égard à ces variations dans le calcul des hauteurs; car il est
visible que pour obtenir le même abaissement dans le baromètre, il
faut s'élever d'autant plus que la couche d'air que l'on traverse est
plus rare. Mais dans l'impossibilité de connaître exactement la variation de sa température, ce que l'on peut faire de plus simple est de
supposer cette température uniforme et moyenne entre les températures des deux stations que l'on considère. Le volume de la colonne
d'air comprise entre elles étant augmenté en raison de cette température moyenne, la hauteur due à l'abaissement observé du baromètre
devra être augmentée dans le même rapport, ce qui revient à multiplier le coefficient 18336ᵐ par l'unité, plus la fraction 0,00375 prise
autant de fois qu'il y a de degrés dans la température moyenne. Les
vapeurs aqueuses répandues dans l'atmosphère étant moins denses
que l'air à la même pression et à la même température, elles diminuent la densité de l'atmosphère, et comme, tout étant égal d'ailleurs,
elles sont plus abondantes dans les grandes chaleurs, on y aura égard
en partie en augmentant un peu le nombre 0,00375 qui exprime la
dilatation de l'air pour chaque degré du thermomètre. Je trouve que
l'on satisfait assez bien à l'ensemble des observations en le portant
à 0,004; on pourra donc faire usage de ce dernier nombre, du moins
jusqu'à ce que l'on soit parvenu, par une longue suite d'observations
sur l'hygromètre, à introduire cet instrument dans la mesure des hauteurs par le baromètre.

Jusqu'ici nous avons supposé la pesanteur constante, et l'on a vu
précédemment qu'elle diminue un peu lorsqu'on s'élève, ce qui contribue encore à augmenter la hauteur due à l'abaissement du baro-

mètre : ainsi l'on aura égard à cette diminution de la pesanteur, si
l'on augmente un peu le facteur constant. En comparant un grand
nombre d'observations du baromètre faites au pied et au sommet de
plusieurs montagnes, dont la hauteur a été mesurée avec exactitude
par les moyens trigonométriques, M. Ramond a trouvé 18393^m, pour
ce facteur. Mais en ayant égard à la diminution de la pesanteur, les
mêmes comparaisons le réduisent à 18336^m. Ce dernier facteur donne
10477,9 pour le rapport de la pesanteur du mercure à celle d'un pareil volume d'air sur le parallèle de 50°, à zéro de température, et
la hauteur du baromètre étant 0^m,76. MM. Biot et Arago ont trouvé
10466,6 pour ce rapport réduit au même parallèle, en pesant avec un
grand soin des mesures connues de mercure et d'air. Mais ils ont employé de l'air très sec, au lieu que celui de l'atmosphère est toujours
mêlé d'une quantité plus ou moins grande de vapeur aqueuse, quantité que l'on détermine au moyen de l'hygromètre; cette vapeur est
plus légère que l'air dans le rapport de 10 à 17 à fort peu près; les
expériences directes ont dû, par conséquent, donner un plus petit rapport entre la pesanteur du mercure et de l'air que les observations barométriques. Ces expériences réduisent à 18316^m,6 le facteur 18336^m.
Pour l'élever au nombre 18393^m, que donnent les observations du baromètre quand on n'a point égard à la variation de la pesanteur, il
faudrait supposer à l'humidité moyenne de l'atmosphère une valeur
beaucoup trop grande; ainsi la diminution de la pesanteur est sensible, même dans les observations barométriques. Le facteur 18393^m
corrige à très peu près l'effet de cette diminution; mais une autre
variation de la pesanteur, celle qui dépend de la latitude, doit influer
encore sur ce facteur. Il a été déterminé pour une latitude que l'on
peut supposer de 50°, sans erreur sensible; il doit augmenter à l'équateur, où la pesanteur est moindre qu'à cette latitude. Il est visible, en
effet, qu'il faut s'y élever davantage pour parvenir d'une pression donnée de l'atmosphère à une pression plus petite d'une quantité déterminée, puisque dans l'intervalle la pesanteur de l'air est moindre; le
coefficient 18393^m doit donc varier comme la longueur du pendule à

secondes, qui se raccourcit ou s'allonge suivant que la pesanteur augmente ou diminue. Il est facile de conclure de ce que l'on a dit précédemment sur les variations de cette longueur, qu'il faut ajouter à ce coefficient le produit de 26ᵐ,164 par le cosinus du double de la latitude.

Enfin, on doit appliquer aux hauteurs du baromètre une légère correction dépendante de la différence des températures du mercure du baromètre dans les deux stations. Pour bien connaitre cette différence, on enchâsse un petit thermomètre à mercure dans la monture du baromètre, de manière que le mercure de ces deux instruments soit toujours à fort peu près à la même température. Dans la station la plus froide, le mercure est plus dense, et par cette cause, la colonne du mercure du baromètre est diminuée. Pour la ramener à la longueur qu'elle aurait si la température était la même qu'à la station la plus chaude, il faut l'augmenter d'autant de fois sa 5550ⁱᵉᵐᵉ partie qu'il y a de degrés de différence entre les températures du mercure dans les deux stations.

Voici donc la règle qui me parait à la fois la plus exacte et la plus simple pour mesurer les hauteurs par le baromètre. On corrigera d'abord, comme on vient de le dire, la hauteur du baromètre dans la station la plus froide; ensuite on ajoutera au facteur 18393ᵐ le produit de 26ᵐ,164 par le cosinus du double de la latitude. On multipliera ce facteur ainsi corrigé par le logarithme tabulaire du rapport de la plus grande à la plus petite hauteur corrigée du baromètre. On multipliera enfin ce produit par le double de la somme des degrés du thermomètre qui indique la température de l'air à chaque station, et l'on ajoutera ce produit, divisé par 1000, au précédent; la somme donnera à très peu près l'élévation de la station supérieure au-dessus de l'inférieure, surtout si l'on a soin de faire les observations du baromètre à l'instant le plus favorable du jour et qui parait être celui du midi.

L'air est invisible en petites masses; mais les rayons de lumière, réfléchis par toutes les couches de l'atmosphère, produisent une impression sensible. Ils le font voir avec une couleur bleue, qui répand une teinte de même couleur sur tous les objets aperçus dans le lointain, et qui forme l'azur céleste : c'est ainsi que nous ne voyons le brouillard dans lequel nous sommes plongés qu'à une distance plus ou moins grande. Cette voûte bleue, à laquelle les astres semblent attachés, est donc fort près de nous; elle n'est que l'atmosphère terrestre, et c'est à d'immenses distances au delà que tous ces corps sont placés. Les rayons solaires, que ces molécules nous renvoient en abondance avant le lever et après le coucher du Soleil, forment l'aurore et le crépuscule, qui, s'étendant à plus de 20° de distance de cet astre, nous prouvent que les molécules extrêmes de l'atmosphère sont élevées au moins de 60000^m.

Si l'œil pouvait distinguer et rapporter à leur vraie place les points de la surface extérieure de l'atmosphère, nous verrions le ciel comme une calotte sphérique, formée par la portion de cette surface que retrancherait un plan tangent à la Terre, et comme la hauteur de l'atmosphère est fort petite relativement au rayon terrestre, le ciel nous paraîtrait sous la forme d'une voûte surbaissée. Mais quoique nous ne puissions pas distinguer les limites de l'atmosphère, cependant les rayons qu'elle nous renvoie, venant d'une plus grande profondeur à l'horizon qu'au zénith, nous devons la juger plus étendue dans le premier sens. A cette cause se joint encore l'interposition des objets à l'horizon, qui contribue à augmenter la distance apparente de la partie du ciel que nous rapportons au delà; le ciel doit donc nous paraître surbaissé tel que la calotte d'une sphère. Un astre élevé d'environ 26° semble diviser en deux parties égales la longueur de la courbe que forme depuis l'horizon jusqu'au zénith la section de la surface du ciel par un plan vertical; d'où il suit que, si cette courbe est un arc de cercle, le rayon horizontal de la voûte céleste apparente est à son rayon vertical à peu près comme 3 $\frac{1}{7}$ est à l'unité: mais ce rapport varie avec les causes de cette illusion. Les grandeurs apparentes du Soleil et de la Lune étant proportionnelles aux angles sous lesquels on les aperçoit et à la distance apparente du point du ciel auquel on les rapporte, ils nous paraissent plus grands à l'horizon qu'au zénith, quoiqu'ils y soient vus sous un plus petit angle.

Les rayons lumineux ne se meuvent pas en ligne droite dans l'atmosphère; ils s'infléchissent continuellement vers la Terre. L'observateur, qui n'aperçoit les objets que dans la direction de la tangente à la courbe qu'ils décrivent, les voit plus élevés qu'ils ne le sont réellement, et les astres paraissent sur l'horizon alors même qu'ils sont abaissés au-dessous. En infléchissant les rayons du Soleil, l'atmosphère nous fait ainsi jouir plus longtemps de sa présence, et augmente la durée du jour, que prolongent encore l'aurore et le crépuscule. Il importait extrêmement aux astronomes de connaitre les lois et la quantité de la réfraction de la lumière dans notre atmosphère, pour avoir la vraie position des astres. Mais avant de présenter le résultat de leurs recherches sur cet objet, je vais exposer en peu de mots les principales propriétés de la lumière.

En passant d'un milieu transparent dans un autre, un rayon lumineux s'approche ou s'éloigne de la perpendiculaire à la surface qui les sépare, de manière que les sinus des deux angles que forment ses directions, avec cette perpendiculaire, l'une avant, l'autre après son entrée dans le nouveau milieu, sont en raison constante, quels que soient ces angles. Mais la lumière, en se réfractant ainsi, présente un phénomène remarquable qui nous a fait reconnaitre sa nature. Un rayon de lumière solaire reçu dans une chambre obscure, après son passage à travers un prisme transparent, forme une image oblongue diversement colorée : ce rayon est un faisceau d'un nombre infini de rayons de différentes couleurs, que le prisme sépare en vertu de leur diverse réfrangibilité. Le rayon le plus réfrangible est le violet, ensuite l'indigo, le bleu, le vert, le jaune, l'orangé et le rouge. Mais quoique nous ne désignions ici que sept espèces de rayons, il en existe une infinité, qui s'en rapprochent par des nuances insensibles de couleurs et de réfrangibilité. Tous ces rayons, rassemblés au moyen d'une lentille, font reparaitre la couleur blanche du Soleil, qui n'est ainsi que le mélange de toutes les couleurs simples ou homogènes, dans des proportions déterminées.

Lorsqu'un rayon d'une couleur homogène est bien séparé des autres, il ne change ni de réfrangibilité, ni de couleur, quelles que soient les réflexions et les réfractions qu'il subit; sa couleur n'est donc point une modification de la lumière par les milieux qu'elle traverse, mais elle tient à sa nature. Cependant la similitude de couleur ne prouve point la similitude de lumière. En mêlant ensemble plusieurs rayons différemment colorés de l'image solaire décomposée par le prisme, on peut former une couleur semblable à l'une des couleurs simples de cette image; ainsi le mélange du rouge et du jaune homogènes produit un orangé semblable, en apparence, à l'orangé homogène. Mais la réfraction des rayons du mélange à travers un nouveau prisme les sépare et fait reparaître les couleurs composantes, tandis que les rayons de l'orangé homogène restent inaltérables.

Les rayons de lumière se réfléchissent à la rencontre d'un miroir, en formant avec la perpendiculaire à sa surface des angles de réflexion égaux aux angles d'incidence.

Les réfractions et les réflexions que les rayons du Soleil subissent dans les gouttes de pluie donnent naissance à l'arc-en-ciel, dont l'explication, fondée sur un calcul rigoureux qui satisfait exactement à tous les détails de ce curieux phénomène, est un des plus beaux résultats de la Physique.

La plupart des corps décomposent la lumière qu'ils reçoivent; ils en absorbent une partie, et réfléchissent l'autre sous toutes les directions; ils paraissent rouges, bleus, verts, etc., suivant les couleurs des rayons qu'ils renvoient. Ainsi la lumière blanche du Soleil, en se répandant sur toute la nature, se décompose et réfléchit à nos yeux une infinie variété de couleurs.

Après cette courte digression sur la lumière, je reviens aux réfractions astronomiques. La réfraction de l'air est, au moins à très peu près, indépendante de sa température et proportionnelle à sa densité.

En passant du vide dans l'air, à la température de la glace fondante, et sous une pression mesurée par une hauteur barométrique de $0^m,76$, un rayon lumineux se réfracte de manière que le sinus de réfraction est au sinus d'incidence comme l'unité est à $1,00029433221$. Il suffit donc, pour déterminer la route de la lumière à travers l'atmosphère, de connaître la loi de la densité de ses couches; mais cette loi, qui dépend de leur chaleur, est très compliquée et varie à chaque instant du jour. L'atmosphère étant supposée partout à zéro de température, on a vu que la densité des couches diminue en progression géométrique; et l'on trouve par l'Analyse que, la hauteur du baromètre étant de $0^m,76$, la réfraction est alors de $7391''$ à l'horizon. Elle ne serait que de $5630''$ si la densité des couches diminuait en progression arithmétique et devenait nulle à la surface. La réfraction horizontale, que l'on observe d'environ $6500''$, est moyenne entre ces limites. Ainsi la loi de diminution de densité des couches atmosphériques tient à peu près le milieu entre ces progressions. En adoptant une hypothèse qui participe des deux progressions, on parvient à représenter à la fois toutes les observations du baromètre et du thermomètre à mesure que l'on s'élève dans l'atmosphère et les réfractions astronomiques, sans recourir, comme quelques physiciens l'ont fait, à un fluide particulier qui, mêlé à l'air atmosphérique, réfracte la lumière.

Lorsque la hauteur apparente des astres sur l'horizon excède $11°$, leur réfraction ne dépend sensiblement que de l'état du baromètre et du thermomètre dans le lieu de l'observateur, et elle est à fort peu près proportionnelle à la tangente de la distance apparente de l'astre au zénith, diminuée du produit de $3\frac{1}{7}$ par la réfraction correspondante à cette distance, à la température de la glace fondante, et à la hauteur de $0^m,76$ du baromètre. Il résulte, des données précédentes sur la réfraction de la lumière en passant du vide dans l'air, qu'à cette température et quand la hauteur du baromètre est de $0^m,76$, le coefficient qui, multiplié par cette tangente, donne la réfraction astronomique, est de $187'',24$; et ce qui est fort remarquable, la comparaison d'un grand nombre d'observations astronomiques conduit à la même va-

leur, que l'on doit ainsi regarder comme très exacte; mais elle varie
comme la densité de l'air. Chaque degré du thermomètre augmente
de 0,00375 le volume de ce fluide, pris pour unité à zéro de température; il faut donc diviser le coefficient 187″,24 par l'unité plus le produit de 0,00375 par le nombre des degrés du thermomètre. De plus,
la densité de l'air est, toutes choses égales d'ailleurs, proportionnelle
à la hauteur du baromètre; il faut donc multiplier ce coefficient par le
rapport de cette hauteur à 0ᵐ,76, la colonne de mercure étant réduite
à zéro de température. On aura, au moyen de ces données, une Table
de réfraction très précise, depuis 11° de hauteur apparente jusqu'au
zénith, intervalle dans lequel se font presque toutes les observations
astronomiques. Cette Table sera indépendante de toute hypothèse sur
la diminution de densité des couches atmosphériques, et elle pourra
servir au sommet des plus hautes montagnes, comme au niveau des
mers. Mais la pesanteur variant avec la hauteur et la latitude, il est
clair qu'à la même température, des hauteurs égales du baromètre
n'indiquant point une égale densité dans l'air, cette densité doit être
plus petite dans les lieux où la pesanteur est moindre. Ainsi le coefficient 187″,24 déterminé pour le parallèle de 50° doit, à la surface de
la Terre, varier comme la pesanteur; il faut ainsi en retrancher le produit de 0″,53 par le cosinus du double de la latitude.

La Table dont on vient de parler suppose que la constitution de
l'atmosphère est partout et dans tous les instants la même : c'est ce
que l'expérience a fait connaître. On sait maintenant que notre air
n'est point une substance homogène, et que sur 100 parties, il en contient 79 de gaz azote et 21 de gaz oxygène, gaz éminemment respi-
rable, nécessaire à la combustion des corps et à la respiration des
animaux, qui n'est qu'une combustion lente, principale source de la
chaleur animale; 3 ou 4 parties d'acide carbonique sont répandues
dans 10000 d'air atmosphérique. On a soumis à des analyses très précises cet air, pris dans toutes les saisons, dans les climats les plus
lointains, sur les plus hautes montagnes, et à des hauteurs plus
grandes encore : on a trouvé constamment la même proportion des

deux gaz azote et oxygène. Une légère enveloppe remplie de gaz hydrogène, le plus rare de tous les fluides élastiques, s'élève avec les corps qui y sont attachés, jusqu'à ce qu'elle rencontre une couche de l'atmosphère assez peu dense pour y demeurer en équilibre. Par ce moyen, dont on doit l'heureuse expérience aux savants français, l'homme a étendu son domaine et sa puissance : il peut s'élancer dans les airs, traverser les nuages et interroger la nature dans les hautes régions de l'atmosphère, auparavant inaccessibles. L'ascension la plus utile aux sciences a été celle de M. Gay-Lussac, qui s'est élevé à 7016^m au-dessus du niveau des mers, hauteur la plus grande à laquelle on soit encore parvenu. Il a mesuré, à cette hauteur, l'intensité de la force magnétique et l'inclinaison de l'aiguille aimantée, qu'il a trouvées les mêmes qu'à la surface de la Terre. Au moment de son départ de Paris, vers 10^h du matin, la hauteur du baromètre était de $0^m,7652$, le thermomètre marquait $30°,7$, et l'hygromètre à cheveu 60°. Cinq heures après, à la plus grande élévation, les mêmes instruments indiquaient $0^m,3288$, — $9^n,5$ et 33°. Ayant rempli un ballon de l'air de ces couches élevées, il en a fait avec un grand soin l'analyse, et il n'a point reconnu de différence entre cet air et celui des couches les plus basses de l'atmosphère.

Ce n'est que depuis un demi-siècle environ que les astronomes ont fait entrer les hauteurs du baromètre et du thermomètre dans les Tables de réfraction; l'extrême précision que l'on cherche maintenant à donner aux observations et aux instruments d'Astronomie faisait désirer de connaître l'influence de l'humidité de l'air sur sa force réfringente, et s'il est nécessaire d'avoir égard aux indications de l'hygromètre. Pour suppléer aux expériences directes qui manquaient sur cet objet, je suis parti de l'hypothèse que les actions de l'eau et de sa vapeur sur la lumière sont proportionnelles à leurs densités, hypothèse d'autant plus vraisemblable que des changements dans la constitution des corps, beaucoup plus intimes que la réduction des liquides en vapeurs, n'altèrent point d'une manière sensible le rapport de leur action sur la lumière à leur densité. Dans cette hypothèse, le pouvoir

réfringent de la vapeur aqueuse peut être conclu de la réfraction qu'é-
prouve un rayon lumineux en passant de l'air dans l'eau, réfraction
que l'on a mesurée avec exactitude. On trouve ainsi que ce pouvoir
réfringent surpasse celui de l'air réduit à la même densité que la vapeur; mais, à pressions égales, la densité de l'air surpasse celle de la
vapeur à peu près dans le même rapport, d'où il résulte que la réfraction due à la vapeur aqueuse répandue dans l'atmosphère est à peu
près la même que celle de l'air dont elle occupe la place, et qu'ainsi
l'effet de l'humidité de l'air sur la réfraction est insensible. M. Biot a
confirmé ce résultat par des expériences directes qui montrent de plus
que la température n'influe sur la réfraction que par le changement
qu'elle produit dans la densité de l'air. Enfin M. Arago, par un moyen
aussi précis qu'ingénieux, s'est assuré que l'influence de l'humidité
de l'air sur sa réfraction est insensible.

La théorie précédente suppose une atmosphère parfaitement calme,
en sorte que la densité de l'air soit partout la même à des hauteurs
égales au-dessus du niveau des mers. Mais les vents et les inégalités
de température altèrent cette hypothèse et peuvent affecter d'une manière sensible les réfractions. Quelque perfection que l'on donne aux
instruments d'Astronomie, l'effet de ces causes perturbatrices, s'il est
remarquable, sera toujours un obstacle à la précision extrême des
observations, qu'il faudra multiplier considérablement pour le faire
disparaître. Heureusement nous sommes certains que cet effet ne peut
s'élever qu'à un très petit nombre de secondes ([1]).

L'atmosphère affaiblit la lumière des astres, surtout à l'horizon, où

([1]) Les recherches des physiciens sur les réfractions astronomiques offrent un exemple
remarquable du danger des hypothèses, quand on les réalise, au lieu de les regarder comme
des moyens de soumettre les observations au calcul. Dominique Cassini, pour former une
Table de réfraction, était parti de la supposition très simple d'une densité constante de l'atmosphère. Cette Table, fort exacte aux hauteurs où l'on observe presque toujours les astres,
fut adoptée par les astronomes. La tendance naturelle à réaliser les choses dont on fait un
usage habituel fit croire généralement que, conformément à l'hypothèse de Cassini, les réfractions augmentent à mesure que l'on s'élève dans l'atmosphère. Cette croyance subsista
jusqu'au moment où Bouguer prouva, par un grand nombre d'observations faites à Quito,
élevé de 2800^m au-dessus du niveau de la mer, que les réfractions, loin d'être augmentées
à cette hauteur, y étaient diminuées.

leurs rayons la traversent dans une plus grande étendue. Il suit des expériences de Bouguer que, le baromètre étant à $0^m,76$ de hauteur, si l'on prend pour unité l'intensité de la lumière d'un astre à son entrée dans l'atmosphère, son intensité, lorsqu'elle parvient à l'observateur et quand l'astre est au zénith, est réduite à $0,8123$. La hauteur de l'atmosphère serait alors de 7945^m, si sa température était à zéro et si elle était partout également dense. Or il est naturel de penser que l'extinction d'un rayon de lumière qui la traverse est la même que dans ces hypothèses, puisqu'il rencontre le même nombre de molécules aériennes; ainsi une couche d'air de la densité précédente et de 7945^m d'épaisseur réduit à $0,8123$ la force de la lumière. Il est facile d'en conclure l'extinction de la lumière dans une couche d'air de même densité et d'une épaisseur quelconque; car il est visible que, si l'intensité de la lumière est réduite au quart en traversant une épaisseur donnée, une égale épaisseur réduira ce quart au seizième de la valeur primitive; d'où l'on voit que, les épaisseurs croissant en progression arithmétique, l'intensité de la lumière diminue en progression géométrique; ses logarithmes suivent donc le rapport des épaisseurs. Ainsi, pour avoir le logarithme tabulaire de l'intensité de la lumière, lorsqu'elle a traversé une épaisseur quelconque, il faut multiplier $- 0,0902835$, logarithme tabulaire de $0,8123$, par le rapport de cette épaisseur à 7945^m, et si la densité de l'air est plus grande ou plus petite que la précédente, il faut augmenter ou diminuer ce logarithme dans le même rapport.

Pour déterminer l'affaiblissement de la lumière des astres, relatif à leur hauteur apparente, on peut imaginer le rayon lumineux mû dans un canal, et réduire l'air renfermé dans ce canal à la densité précédente. La longueur de la colonne d'air ainsi réduite déterminera l'extinction de la lumière de l'astre que l'on considère; or on peut supposer, depuis $12°$ de hauteur apparente jusqu'au zénith, la route de la lumière des astres sensiblement rectiligne, et l'on peut, dans cet intervalle, considérer les couches de l'atmosphère comme étant planes et parallèles; alors l'épaisseur de chaque couche dans la direction du rayon lumineux est à son épaisseur dans le sens vertical comme la sécante de la distance apparente de l'astre au zénith est au rayon. En multipliant donc cette sécante par — 0,0902835 et par le rapport de la hauteur du baromètre à $0^m,76$, en divisant ensuite le produit par l'unité plus 0,00375 multiplié par le nombre des degrés du thermomètre, on aura le logarithme de l'intensité de la lumière de l'astre. Cette règle fort simple donnera l'extinction de la lumière des astres au sommet des montagnes et au niveau des mers, ce qui peut être utile, soit pour corriger les observations des éclipses des satellites de Jupiter, soit pour évaluer l'intensité de la lumière solaire au foyer des verres ardents. Nous devons cependant observer que les vapeurs répandues dans l'air influent considérablement sur l'extinction de la lumière; la sérénité du ciel et la rareté de l'air rendent la lumière des astres plus vive sur les montagnes élevées, et si l'on transportait nos grands télescopes sur le sommet des Cordillères, il n'est pas douteux que l'on découvrirait plusieurs phénomènes célestes qu'une atmosphère plus épaisse et moins transparente rend invisibles dans nos climats.

L'intensité de la lumière des astres à de très petites hauteurs dépend, ainsi que leur réfraction, de la densité des couches élevées de l'atmosphère. Si sa température était partout la même, les logarithmes de l'intensité de la lumière seraient proportionnels aux réfractions astronomiques, divisées par les cosinus des hauteurs apparentes, et alors cette intensité à l'horizon serait réduite environ à la quatre-millième partie de sa valeur primitive; c'est pour cela que le Soleil, dont on peut difficilement soutenir l'éclat à midi, se voit sans peine à l'horizon.

On peut, au moyen de ces données, déterminer l'influence de notre atmosphère dans les éclipses. En réfractant les rayons solaires qui la traversent, elle les infléchit dans le cône d'ombre terrestre; et comme la réfraction horizontale surpasse la demi-somme des parallaxes du Soleil et de la Lune, le centre du disque lunaire, supposé sur l'axe de ce cône, reçoit des deux côtés de la Terre les rayons d'un même point de la surface du Soleil; ce centre serait donc plus éclairé que dans la pleine lune, si l'atmosphère n'éteignait pas en grande partie la lumière qu'elle lui fait parvenir. Il résulte de l'Analyse appliquée aux données précédentes, qu'en prenant pour unité la lumière de ce point dans la pleine lune, sa lumière est 0,02 dans les éclipses centrales apogées, et seulement 0,0036 ou six fois moindre environ dans les éclipses centrales périgées. S'il arrive donc alors, par un concours extraordinaire de circonstances, que les vapeurs absorbent une partie considérable de cette faible lumière quand elle traverse l'atmosphère pour arriver du Soleil à la Lune, ce dernier astre sera entièrement invisible. L'histoire de l'Astronomie nous offre quelques exemples, quoique très rares, de cette disparition totale de la Lune dans ses éclipses. La couleur rouge du Soleil et de la Lune à l'horizon nous prouve que l'atmosphère terrestre laisse un plus libre passage aux rayons de cette couleur, qui, par cette raison, est celle de la Lune éclipsée.

Dans les éclipses de Soleil, la lumière réfléchie par l'atmosphère terrestre diminue l'obscurité qu'elles produisent. Plaçons-nous, en effet, sous l'équateur, et supposons les centres du Soleil et de la Lune à notre zénith. Si, la Lune étant périgée, le Soleil est apogée, on aura à très peu près le cas de l'obscurité la plus profonde, et sa durée sera d'environ cinq minutes et demie. Le diamètre de l'ombre projetée sur la Terre sera les $\frac{22}{1000}$ de celui de la Terre, et six fois et demie moindre que le diamètre de la section de l'atmosphère par le plan de l'horizon, du moins si l'on suppose la hauteur de l'atmosphère égale à $\frac{1}{100}$ du rayon terrestre, comme on l'a conclu de la durée du crépuscule, et il est très vraisemblable que l'atmosphère nous renvoie encore des rayons sensibles à de plus grandes hauteurs. On voit donc que le Soleil éclaire, dans ses éclipses, la plus grande partie de l'atmosphère qui est au-dessus de l'horizon. Mais elle n'est éclairée que par une portion du disque solaire, croissante à mesure que les molécules atmosphériques s'éloignent du zénith; dans ce cas, les rayons solaires traversant une plus grande étendue de l'atmosphère pour arriver du Soleil à ces molécules, et de là revenir par réflexion à l'observateur, ils sont assez affaiblis pour laisser apercevoir les étoiles de première et de seconde grandeur. Leur teinte, participant du bleu de ciel et de la rougeur du crépuscule, répand sur tous les objets une couleur sombre, qui, jointe à la disparition subite du Soleil, remplit les animaux de frayeur.

LIVRE II.

DES MOUVEMENTS RÉELS DES CORPS CÉLESTES.

> *Provehimur portu, terræque urbesque recedunt.*
> Virg., *Énéid.*, liv. III.

Nous venons d'exposer les principales apparences des mouvements célestes, et leur comparaison nous a conduits à mettre les planètes en mouvement autour du Soleil, qui, dans sa révolution autour de la Terre, emporte avec lui les foyers de leurs orbites. Mais les apparences seraient les mêmes si la Terre était transportée, comme toutes les planètes, autour du Soleil; alors cet astre serait, au lieu de la Terre, le centre de tous les mouvements planétaires.

On sent combien il importe aux progrès de l'Astronomie de connaître lequel de ces deux cas a lieu dans la nature. Guidés par l'induction et par l'analogie, nous allons, en comparant les apparences, déterminer les mouvements réels qui les produisent, et nous élever aux lois de ces mouvements.

CHAPITRE PREMIER.

DU MOUVEMENT DE ROTATION DE LA TERRE.

En réfléchissant sur le mouvement diurne auquel tous les corps célestes sont assujettis, on reconnait évidemment l'existence d'une cause générale qui les entraîne ou qui parait les entraîner autour de l'axe du monde. Si l'on considère que ces corps sont isolés entre eux, et placés loin de la Terre, à des distances très différentes; que le Soleil et les étoiles en sont beaucoup plus éloignés que la Lune, et que les variations des diamètres apparents des planètes indiquent de grands changements dans leurs distances, enfin, que les comètes traversent librement le ciel dans tous les sens, il sera très difficile de concevoir qu'une même cause imprime à tous ces corps un mouvement commun de rotation. Mais les astres se présentant à nous de la même manière, soit que le ciel les entraîne autour de la Terre supposée immobile, soit que la Terre tourne en sens contraire sur elle-même, il parait beaucoup plus naturel d'admettre ce dernier mouvement et de regarder celui du ciel comme une apparence.

La Terre est un globe dont le rayon n'est pas de 7000000 mètres; le Soleil est, comme on l'a vu, incomparablement plus gros. Si son centre coïncidait avec celui de la Terre, son volume embrasserait l'orbe de la Lune et s'étendrait une fois plus loin, d'où l'on peut juger de son immense grandeur; il est d'ailleurs éloigné de nous d'environ 23000 rayons terrestres. N'est-il pas infiniment plus simple de supposer au globe que nous habitons un mouvement de rotation sur lui-même, que d'imaginer, dans une masse aussi considérable et aussi

distante que le Soleil, le mouvement extrêmement rapide qui lui serait
nécessaire pour tourner en un jour autour de la Terre? Quelle force
immense ne faudrait-il pas alors pour le contenir et balancer sa force
centrifuge? Chaque astre présente des difficultés semblables, qui sont
toutes levées par la rotation de la Terre.

On a vu précédemment que le pôle de l'équateur paraît se mouvoir
lentement autour de celui de l'écliptique, et que de là résulte la précession des équinoxes. Si la Terre est immobile le pôle de l'équateur
est sans mouvement, puisqu'il répond toujours au même point de la
surface terrestre : la sphère céleste se meut donc alors sur les pôles
de l'écliptique, et dans ce mouvement elle entraîne tous les astres.
Ainsi le système entier de tant de corps, si différents par leurs grandeurs, leurs mouvements et leurs distances, serait encore assujetti à
un mouvement général, qui disparaît et se réduit à une simple apparence, si l'on suppose l'axe terrestre se mouvoir autour des pôles de
l'écliptique.

Entraînés par un mouvement commun à tout ce qui nous environne,
nous ressemblons au navigateur que les vents emportent avec son vaisseau sur les mers. Il se croit immobile, et le rivage, les montagnes et
tous les objets placés hors du vaisseau lui paraissent se mouvoir. Mais
en comparant l'étendue du rivage et des plaines et la hauteur des montagnes à la petitesse de son vaisseau, il reconnaît que leur mouvement
n'est qu'une apparence produite par son mouvement réel. Les astres
nombreux répandus dans l'espace céleste sont à notre égard ce que le
rivage et les montagnes sont par rapport au navigateur, et les mêmes
raisons par lesquelles il s'assure de la réalité de son mouvement nous
prouvent celui de la Terre.

L'analogie vient à l'appui de ces preuves. On a observé des mouvements de rotation dans presque toutes les planètes, et ces mouvements
sont dirigés d'occident en orient, comme celui que la révolution diurne
des astres semble indiquer dans la Terre. Jupiter, beaucoup plus gros
qu'elle, se meut sur son axe en moins d'un demi-jour; un observateur
à sa surface verrait le ciel tourner autour de lui dans cet intervalle;

ce mouvement du ciel ne serait cependant qu'une apparence. N'est-il
pas naturel de penser qu'il en est de même de celui que nous observons sur la Terre? Ce qui confirme d'une manière frappante cette analogie, c'est que la Terre, ainsi que Jupiter, est aplatie à ses pôles. On
conçoit, en effet, que la force centrifuge qui tend à écarter toutes les
parties d'un corps de son axe de rotation, a dû abaisser la Terre aux
pôles et l'élever à l'équateur. Cette force doit encore diminuer la pesanteur à l'équateur terrestre, et cette diminution est constatée par
les observations du pendule. Tout nous porte donc à penser que la
Terre a un mouvement de rotation sur elle-même, et que la révolution
diurne du ciel n'est qu'une illusion produite par ce mouvement, illusion semblable à celle qui nous représente le ciel comme une voûte
bleue à laquelle tous les astres sont attachés, et la surface de la Terre
comme un plan sur lequel il s'appuie. Ainsi l'Astronomie s'est élevée
à travers les illusions des sens, et ce n'a été qu'après les avoir dissipées
par un grand nombre d'observations et de calculs que l'homme enfin a
reconnu les mouvements du globe qu'il habite et sa vraie position dans
l'univers.

CHAPITRE II.

DU MOUVEMENT DE LA TERRE AUTOUR DU SOLEIL.

Maintenant, puisque la révolution diurne du ciel n'est qu'une illusion produite par la rotation de la Terre, il est naturel de penser que la révolution annuelle du Soleil emportant avec lui toutes les planètes n'est pareillement qu'une illusion due au mouvement de translation de la Terre autour du Soleil. Les considérations suivantes ne laissent aucun doute à cet égard.

Les masses du Soleil et de plusieurs planètes sont considérablement plus grandes que celle de la Terre ; il est donc beaucoup plus simple de faire mouvoir celle-ci autour du Soleil que de mettre en mouvement autour d'elle tout le système solaire. Quelle complication dans les mouvements célestes entraine l'immobilité de la Terre ! Quel mouvement rapide il faut supposer alors à Jupiter, à Saturne près de dix fois plus éloigné que le Soleil, à la planète Uranus plus distante encore, pour les faire mouvoir chaque année autour de nous, tandis qu'ils se meuvent autour du Soleil ! Cette complication et cette rapidité de mouvements disparaissent par le mouvement de translation de la Terre, mouvement conforme à la loi générale suivant laquelle les petits corps célestes circulent autour des grands corps dont ils sont voisins.

L'analogie de la Terre avec les planètes confirme ce mouvement. Ainsi que Jupiter, elle tourne sur elle-même et elle est accompagnée d'un satellite. Un observateur à la surface de Jupiter jugerait le système solaire en mouvement autour de lui et la grosseur de la planète rendrait cette illusion moins invraisemblable que pour la Terre. N'est-il pas naturel de penser que le mouvement de ce système autour de nous n'est semblablement qu'une apparence?

Transportons-nous par la pensée à la surface du Soleil, et de là contemplons la Terre et les planètes. Tous ces corps nous paraîtront se mouvoir d'occident en orient, et déjà cette identité de direction est un indice du mouvement de la Terre; mais ce qui le démontre avec évidence, c'est la loi qui existe entre les temps des révolutions des planètes et leur distance au Soleil. Elles circulent autour de lui avec d'autant plus de lenteur qu'elles en sont plus éloignées, de manière que les carrés des temps de leurs révolutions sont comme les cubes de leurs moyennes distances à cet astre. Suivant cette loi remarquable, la durée de la révolution de la Terre, supposée en mouvement autour du Soleil, doit être exactement celle de l'année sidérale. N'est-ce pas une preuve incontestable que la Terre se meut comme toutes les planètes, et qu'elle est assujettie aux mêmes lois? D'ailleurs ne serait-il pas bizarre de supposer le globe terrestre, à peine sensible vu du Soleil, immobile au milieu des planètes en mouvement autour de cet astre qui, lui-même, serait emporté avec elles autour de la Terre? La force qui, pour retenir les planètes dans leurs orbes respectifs autour du Soleil, balance leur force centrifuge ne doit-elle pas agir également sur la Terre, et ne faut-il pas que la Terre oppose à cette action la même force centrifuge? Ainsi la considération des mouvements planétaires observés du Soleil ne laisse aucun doute sur le mouvement réel de la Terre. Mais l'observateur placé sur elle a, de plus, une preuve sensible de ce mouvement dans le phénomène de l'aberration, qui en est une suite nécessaire : c'est ce que nous allons développer.

Sur la fin du dernier siècle, Rœmer observa que les éclipses des satellites de Jupiter avancent vers les oppositions de cette planète et retardent vers ses conjonctions, ce qui lui fit soupçonner que la lumière ne se transmet pas dans le même instant de ces astres à la Terre, et qu'elle emploie un intervalle de temps sensible à parcourir le diamètre de l'orbe du Soleil. En effet, Jupiter, dans ses oppositions, étant plus près de nous que dans ses conjonctions d'une quantité égale à ce diamètre, les éclipses doivent arriver pour nous plus tôt dans le premier cas que dans le second, de tout le temps que la lumière met à traverser l'orbe solaire. La loi des retards observés de ces éclipses répond si exactement à cette hypothèse qu'il n'est pas possible de s'y refuser. Il en résulte que la lumière emploie 571^s à venir du Soleil à la Terre.

Présentement, un observateur immobile verrait les astres suivant la direction de leurs rayons; mais il n'en est pas ainsi dans la supposition où il se meut avec la Terre. Pour ramener ce cas à celui de l'observateur en repos, il suffit de transporter en sens contraire aux astres, à leur lumière et à l'observateur lui-même, le mouvement dont il est animé, ce qui ne change point la position apparente des astres; car c'est une loi générale d'Optique, que, si l'on imprime un mouvement commun à tous les corps d'un système, il n'en résulte aucun changement dans leur situation apparente. Concevons donc qu'au moment où un rayon lumineux va pénétrer dans l'atmosphère terrestre, on lui donne, ainsi qu'à l'air et à la Terre, un mouvement égal et contraire à celui de l'observateur, et voyons quels phénomènes ce mouvement doit produire dans la position apparente de l'astre dont le rayon émane. On peut faire abstraction du mouvement de rotation de la Terre, environ soixante fois moindre à l'équateur même que celui de la Terre autour du Soleil; on peut encore supposer ici, sans erreur sensible, tous les rayons lumineux que chaque point du disque d'un astre nous envoie, parallèles entre eux et au rayon qui parviendrait du centre de l'astre à celui de la Terre, si elle était transparente. Ainsi les phénomènes que les astres présenteraient à un observateur placé à ce dernier centre, et qui dépendent du mouvement de la lumière, combiné avec celui de la Terre, sont à très peu près les mêmes pour tous les observateurs répandus sur sa surface. Enfin, nous ferons abstraction de la petite excentricité de l'orbe terrestre. Cela posé :

Dans l'intervalle de 571^s, que la lumière emploie à parcourir le rayon de l'orbe terrestre, la Terre décrit un petit arc de cet orbe, égal à $62'',5$; or il suit des lois de la composition des mouvements que, si par le centre d'une étoile on imagine une petite circonférence parallèle à l'écliptique et dont le diamètre soutende dans le ciel un arc de 125″, la direction du mouvement de la lumière, lorsqu'on le compose avec le mouvement de la Terre, appliqué en sens contraire, rencontre cette circonférence au point où elle est coupée par un plan mené par les centres de l'étoile et de la Terre, tangentiellement à l'orbe terrestre; l'étoile doit donc paraître se mouvoir sur cette circonférence et la décrire, chaque année, de manière qu'elle y soit constamment moins avancée de 100° que le Soleil dans son orbite apparente.

Ce phénomène est exactement celui que nous avons expliqué dans le onzième Chapitre du premier Livre, d'après les observations de Bradley, à qui l'on doit sa découverte et celle de sa cause. Pour rapporter les étoiles à leur vraie position, il suffit de les placer au centre de la petite circonférence qu'elles nous semblent décrire; leur mouvement annuel n'est donc qu'une illusion produite par la combinaison du mouvement de la lumière avec celui de la Terre. Ses rapports avec la position du Soleil pouvaient faire soupçonner qu'il n'est qu'apparent; mais l'explication précédente le prouve avec évidence. Elle fournit en même temps une démonstration sensible du mouvement de la Terre autour du Soleil, de même que l'accroissement des degrés et de la pesanteur, en allant de l'équateur aux pôles, rend sensible son mouvement de rotation.

L'aberration de la lumière affecte les positions du Soleil, des planètes, des satellites et des comètes, mais d'une manière différente, à raison de leurs mouvements particuliers. Pour les en dépouiller et pour avoir la vraie position des astres, imprimons à chaque instant à tous les corps un mouvement égal et contraire à celui de la Terre, qui par là devient immobile, ce qui, comme nous l'avons dit, ne change ni leurs positions respectives ni leurs apparences. Alors il est visible qu'un astre, au moment où nous l'observons, n'est plus sur la direction du rayon lumineux qui vient frapper notre vue; il s'en est éloigné en vertu de son mouvement réel combiné avec celui de la Terre, qu'on lui suppose transporté en sens contraire. La combinaison ces deux mouvements observée de la Terre, forme le mouvement apparent, que l'on nomme *mouvement géocentrique*. On aura donc la véritable position de l'astre, en ajoutant à sa longitude et à sa latitude géocentriques observées, son mouvement géocentrique en longitude et en latitude, dans l'intervalle de temps que la lumière emploie à parvenir de l'astre à la Terre. Ainsi, le centre du Soleil nous parait constamment moins avancé de 62″,5 dans son orbe que si la lumière nous parvenait dans un instant.

L'aberration change les rapports apparents des phénomènes célestes soit avec l'espace, soit avec la durée. Au moment où nous les voyons encore, ils ne sont déjà plus; il y a vingt-cinq ou trente minutes que les satellites de Jupiter ont cessé d'être éclipsés, quand nous apercevons la fin de leurs éclipses, et les variations des étoiles changeantes précèdent de plusieurs années les instants de leurs observations. Mais toutes ces causes d'illusion étant bien connues, nous pouvons toujours rapporter les phénomènes du système solaire, à leur vrai lieu et à leur véritable époque.

La considération des mouvements célestes nous conduit donc à déplacer la Terre, du centre du monde où nous la supposions, trompés par les apparences et par le penchant qui porte l'homme à se regarder comme le principal objet de la nature. Le globe qu'il habite est une planète en mouvement sur elle-même et autour du Soleil. En l'envisageant sous cet aspect, tous les phénomènes s'expliquent de la manière la plus simple; les lois des mouvements célestes sont uniformes; toutes les analogies sont observées. Ainsi que Jupiter, Saturne et Uranus, la Terre est accompagnée d'un satellite; elle tourne sur elle-même, comme Vénus, Mars, Jupiter, Saturne et probablement toutes les autres planètes; elle emprunte comme elles sa lumière du Soleil, et se meut autour de lui dans le même sens et suivant les mêmes lois. Enfin la pensée du mouvement de la Terre réunit en sa faveur la simplicité, l'analogie et généralement tout ce qui caractérise le vrai système de la nature. Nous verrons, en la suivant dans ses conséquences, les phénomènes célestes ramenés, jusque dans leurs plus petits détails, à une seule loi dont ils sont les développements nécessaires. Le mouvement de la Terre acquerra ainsi toute la certitude dont les vérités physiques sont susceptibles, et qui peut résulter soit du grand nombre et de la variété des phénomènes expliqués, soit de la simplicité des lois dont on les fait dépendre. Aucune branche des sciences naturelles ne réunit à un plus haut degré ces avantages que la théorie du système du monde, fondée sur le mouvement de la Terre.

Ce mouvement agrandit l'univers à nos yeux; il nous donne, pour mesurer les distances des corps célestes, une base immense, le diamètre de l'orbe terrestre. C'est par son moyen que l'on a exactement déterminé les dimensions des orbes planétaires. Ainsi le mouvement de la Terre, qui, par les illusions dont il est cause, a pendant long-temps retardé la connaissance des mouvements réels des planètes, nous les a fait connaître ensuite avec plus de précision que si nous eussions été placés au foyer de ces mouvements. Cependant la parallaxe annuelle des étoiles, ou l'angle sous lequel on verrait de leur centre le diamètre de l'orbe terrestre, est insensible et ne s'élève pas à six secondes, même relativement aux étoiles qui par leur vif éclat semblent être le plus près de la Terre; elles en sont donc au moins deux cent mille fois plus éloignées que le Soleil. Une aussi prodigieuse distance, jointe à leur vive clarté, nous prouve évidemment qu'elles n'empruntent point, comme les planètes et les satellites, leur lumière du Soleil, mais qu'elles brillent de leur propre lumière, en sorte qu'elles sont autant de soleils répandus dans l'immensité de l'espace, et qui, semblables au nôtre, peuvent être les foyers d'autant de systèmes planétaires. Il suffit, en effet, de nous placer sur le plus voisin de ces astres, pour ne voir le Soleil que comme un astre lumineux dont le diamètre apparent serait au-dessous d'un trentième de seconde.

Il résulte de l'immense distance des étoiles que leurs mouvements en ascension droite et en déclinaison ne sont que des apparences, produites par le mouvement de l'axe de rotation de la Terre. Mais quelques

étoiles paraissent avoir des mouvements propres, et il est vraisemblable qu'elles sont toutes en mouvement, ainsi que le Soleil, qui
transporte avec lui dans l'espace le système entier des planètes et des
comètes, de même que chaque planète entraîne ses satellites dans son
mouvement autour du Soleil.

CHAPITRE III.

DES APPARENCES DUES AU MOUVEMENT DE LA TERRE.

Du point de vue où la comparaison des phénomènes célestes vient de nous placer, considérons les astres, et montrons la parfaite identité de leurs apparences avec celles que l'on observe. Soit que le ciel tourne autour de l'axe du monde, soit que la Terre tourne sur elle-même en sens contraire du mouvement apparent du ciel immobile, il est clair que tous les astres se présenteront à nous de la même manière. Il n'y a de différence qu'en ce que, dans le premier cas, ils viendraient se placer successivement au-dessus des divers méridiens terrestres, qui, dans le second cas, vont se placer au-dessous d'eux.

Le mouvement de la Terre étant commun à tous les corps situés à sa surface et aux fluides qui les recouvrent, leurs mouvements relatifs sont les mêmes que si la Terre était immobile. Ainsi, dans un vaisseau transporté d'un mouvement uniforme, tout se meut comme s'il était en repos; un projectile lancé verticalement de bas en haut retombe au point d'où il était parti; il paraît, sur le vaisseau, décrire une verticale; mais, vu du rivage, il se meut obliquement à l'horizon et décrit une courbe parabolique. Cependant la vitesse réelle, due à la rotation de la Terre, étant un peu moindre au pied qu'au sommet d'une tour élevée, si de ce sommet on abandonne un corps à sa pesanteur, on conçoit qu'en vertu de l'excès de sa vitesse réelle de rotation sur celle du pied de la tour, il ne doit pas tomber exactement au point où le fil à plomb, qui part du sommet de la tour, va rencontrer la surface de la Terre, mais un peu à l'est de ce point. L'analyse fait voir qu'en effet son écart de ce point n'a lieu que vers l'est, qu'il est proportionnel à la racine carrée du cube de la hauteur de la tour et au cosinus de la latitude, et qu'à l'équateur il est de $21^{mm},952$ pour 100^m de hauteur. On peut donc, par des expériences très précises sur la chute des corps, rendre sensible le mouvement de rotation de la Terre. Celles que l'on a déjà faites dans cette vue, en Allemagne et en Italie, s'accordent assez bien avec les résultats précédents; mais ces expériences, qui exigent des attentions très délicates, ont besoin d'être répétées avec plus d'exactitude encore. La rotation de la Terre se manifeste à sa surface, principalement par les effets de la force centrifuge, qui aplatit le sphéroïde terrestre aux pôles et diminue la pesanteur à l'équateur, deux phénomènes que les mesures du pendule et des degrés des méridiens nous ont fait connaître.

Dans la révolution de la Terre autour du Soleil, son centre et tous les points de son axe de rotation étant mus avec des vitesses égales et parallèles, cet axe reste toujours parallèle à lui-même; en imprimant à chaque instant aux corps célestes et à toutes les parties de la Terre un mouvement égal et contraire à celui de son centre, ce point restera immobile ainsi que l'axe de rotation; mais ce mouvement imprimé ne change point les apparences de celui du Soleil; il ne fait que transporter à cet astre, en sens contraire, le mouvement réel de la Terre: les apparences sont par conséquent les mêmes dans l'hypothèse de la Terre en repos et dans celle de son mouvement autour du Soleil. Pour suivre plus particulièrement l'identité de ces apparences, imaginons un rayon mené du centre du Soleil à celui de la Terre; ce rayon est perpendiculaire au plan qui sépare l'hémisphère éclairé de la Terre de son hémisphère obscur; le point dans lequel il traverse la surface de la Terre a le Soleil verticalement au-dessus de lui, et tous les points du parallèle terrestre que ce rayon rencontre successivement en vertu du mouvement diurne ont à midi cet astre au zénith. Or, soit que le Soleil se meuve autour de la Terre, soit que la Terre se meuve autour du Soleil et sur elle-même, son axe de rotation conservant toujours une situation parallèle, il est visible que ce rayon trace la même courbe sur la surface de la Terre; il coupe dans les deux cas les mêmes parallèles terrestres, lorsque le Soleil a la même longitude apparente; cet astre s'élève donc également à midi sur l'horizon, et les jours correspondants sont d'une égale durée. Ainsi, les saisons et les jours sont les mêmes dans l'hypothèse du repos du Soleil et dans celle de son mouvement autour de la Terre, et l'explication des saisons que nous avons donnée dans le Livre précédent s'applique également à la première hypothèse.

Les planètes se meuvent toutes dans le même sens autour du Soleil, mais avec des vitesses différentes; les durées de leurs révolutions croissent dans un plus grand rapport que leurs distances à cet astre : Jupiter, par exemple, emploie douze années à peu près à parcourir son orbe, dont le rayon n'est qu'environ cinq fois plus grand que celui de l'orbe terrestre; sa vitesse réelle est donc moindre que celle de la Terre. Cette diminution de vitesse dans les planètes, à mesure qu'elles sont plus distantes du Soleil, a généralement lieu depuis Mercure, la plus voisine de cet astre, jusqu'à Uranus, la plus éloignée, et il résulte des lois que nous établirons bientôt que les vitesses moyennes des planètes sont réciproques aux racines carrées de leurs moyennes distances au Soleil.

Considérons une planète dont l'orbe est embrassé par celui de la Terre, et suivons-la depuis sa conjonction supérieure jusqu'à sa conjonction inférieure. Son mouvement apparent ou géocentrique est le résultat de son mouvement réel combiné avec celui de la Terre, transporté en sens contraire. Dans la conjonction supérieure, le mouvement réel de la planète est contraire à celui de la Terre; son mouvement géocentrique est donc alors la somme de ces deux mouvements, et il a la même direction que le mouvement géocentrique du Soleil, qui résulte du mouvement de la Terre, transporté en sens contraire à cet astre; ainsi le mouvement apparent de la planète est direct. Dans la conjonction inférieure, le mouvement de la planète a la même direction que celui de la Terre, et, comme il est plus grand, le mouvement géocentrique conserve la même direction, qui, par conséquent, est contraire au mouvement apparent du Soleil; la planète est donc alors rétrograde. On conçoit facilement que, dans le passage du mouvement direct au mouvement rétrograde, elle doit paraître sans mouvement ou stationnaire, et que cela doit avoir lieu entre la plus grande élongation et la conjonction inférieure, quand le mouvement géocentrique de la planète, résultant de son mouvement réel et de celui de la Terre appliqué en sens contraire, est dirigé suivant le rayon visuel de la planète. Ces phénomènes sont entièrement conformes aux mouvements observés de Mercure et de Vénus.

Le mouvement des planètes dont les orbes embrassent l'orbe terrestre a la même direction, dans leurs oppositions, que le mouvement de la Terre; mais il est plus petit et, en se composant avec ce dernier mouvement transporté en sens contraire, il prend une direction opposée à sa direction primitive; le mouvement géocentrique de ces planètes est donc alors rétrograde; il est direct dans leurs conjonctions, ainsi que les mouvements de Mercure et de Vénus dans leurs conjonctions supérieures.

En transportant, en sens contraire, aux étoiles le mouvement de la Terre, elles doivent paraître décrire chaque année une circonférence égale et parallèle à l'orbe terrestre, et dont le diamètre sous-tend dans le ciel un angle égal à celui sous lequel on verrait de leur centre le diamètre de cet orbe. Ce mouvement apparent a beaucoup de rapport avec celui qui résulte de la combinaison des mouvements de la Terre et de la lumière, et par lequel les étoiles nous semblent décrire annuellement une circonférence parallèle à l'écliptique, dont le diamètre sous-tend un arc de $12.5''$; mais il en diffère en ce que les astres ont la même position que le Soleil sur la première circonférence, au lieu que, sur la seconde, ils sont moins avancés que lui de $100°$. C'est par là que l'on peut distinguer ces deux mouvements, et que l'on s'est assuré que le premier est au moins extrêmement petit, l'immense distance où nous sommes des étoiles rendant presque insensible l'angle que sous-tend le diamètre de l'orbe terrestre vu de cette distance.

L'axe du monde n'étant que le prolongement de l'axe de rotation de

la Terre, on doit rapporter à ce dernier axe le mouvement des pôles
de l'équateur céleste, indiqué par les phénomènes de la précession et
de la nutation, exposés dans le Chapitre XIII du Livre Ier. Ainsi, en
même temps que la Terre se meut sur elle-même et autour du Soleil,
son axe de rotation se meut très lentement autour des pôles de l'écliptique, en faisant de très petites oscillations, dont la période est la
même que celle du mouvement des nœuds de l'orbe lunaire. Au reste,
ce mouvement n'est point particulier à la Terre; car on a vu, dans le
Chapitre IV du Livre Ier, que l'axe de la Lune se meut dans la même
période autour des pôles de l'écliptique.

CHAPITRE IV.

DES LOIS DU MOUVEMENT DES PLANÈTES AUTOUR DU SOLEIL, ET DE LA FIGURE DE LEURS ORBITES.

Rien ne serait plus facile que de calculer, d'après les données précédentes, la position des planètes pour un instant quelconque, si leurs mouvements autour du Soleil étaient circulaires et uniformes; mais ils sont assujettis à des inégalités très sensibles, dont les lois sont un des plus importants objets de l'Astronomie et le seul fil qui puisse nous conduire au principe général des mouvements célestes. Pour reconnaître ces lois dans les apparences que nous offrent les planètes, il faut dépouiller leurs mouvements des effets du mouvement de la Terre, et rapporter au Soleil leur position observée des divers points de l'orbe terrestre; il est donc nécessaire avant tout de déterminer les dimensions de cet orbe et la loi du mouvement de la Terre.

On a vu, dans le Chapitre II du Livre Ier, que l'orbe apparent du Soleil est une ellipse, dont le centre de la Terre occupe un des foyers; mais le Soleil étant réellement immobile, il faut le mettre au foyer de l'ellipse et placer la Terre sur sa circonférence; le mouvement du Soleil sera le même et, pour avoir la position de la Terre vue du centre du Soleil, il suffira d'augmenter de deux angles droits la position de cet astre.

On a vu encore que le Soleil paraît se mouvoir dans son orbe, de manière que le rayon vecteur qui joint son centre à celui de la Terre trace autour d'elle des aires proportionnelles aux temps; mais, dans la réalité, ces aires sont tracées autour du Soleil. En général, tout ce que nous avons dit, dans le Chapitre cité, sur l'excentricité de l'orbe solaire et ses variations, sur la position et le mouvement de son périgée, doit s'appliquer à l'orbe terrestre, en observant seulement que le périhélie de la Terre est à deux angles droits de distance du périgée du Soleil.

La figure de l'orbe terrestre étant ainsi connue, voyons comment on a pu déterminer celles de tous les orbes planétaires. Prenons pour exemple la planète Mars, qui, par la grande excentricité de son orbe et par sa proximité de la Terre, est très propre à nous faire découvrir les lois du mouvement des planètes.

L'orbe de Mars et son mouvement autour du Soleil seraient connus, si l'on avait pour un instant quelconque l'angle que fait son rayon vecteur avec une droite invariable passant par le centre du Soleil, et la longueur de ce rayon. Pour simplifier ce problème, on choisit les positions de Mars dans lesquelles l'une de ces quantités se montre séparément, et c'est ce qui a lieu à fort peu près dans les oppositions, où l'on voit cette planète répondre au même point de l'écliptique auquel on la rapporterait du centre du Soleil. La différence des mouvements de Mars et de la Terre fait correspondre la planète à divers points du ciel, dans ses oppositions successives; en comparant donc entre elles un grand nombre d'oppositions observées, on pourra découvrir la loi qui existe entre le temps et le mouvement angulaire de Mars autour du Soleil, mouvement que l'on nomme *héliocentrique*. L'analyse offre pour cet objet diverses méthodes, qui se simplifient, dans le cas présent, par la considération que, les principales inégalités de Mars redevenant les mêmes à chacune de ses révolutions sidérales, leur ensemble peut être exprimé par une série fort convergente de sinus d'angles multiples de son mouvement, série dont il est facile de déterminer les coefficients, au moyen de quelques observations choisies.

On aura ensuite la loi du rayon vecteur de Mars, en comparant les observations de cette planète vers ses quadratures, où ce rayon se présente sous le plus grand angle. Dans le triangle formé par les droites qui joignent les centres de la Terre, du Soleil et de Mars, l'observation donne directement l'angle à la Terre; la loi du mouvement héliocentrique de Mars donne l'angle au Soleil, et l'on conclut le rayon vecteur de Mars en parties de celui de la Terre, qui lui-même est donné en parties de la distance moyenne de la Terre au Soleil. La comparaison d'un grand nombre de rayons vecteurs ainsi déterminés fera connaître la loi de leurs variations correspondantes aux angles qu'ils forment avec une droite invariable, et l'on pourra tracer la figure de l'orbite.

Ce fut par une méthode à peu près semblable que Kepler reconnut l'allongement de l'orbe de Mars; il eut l'heureuse idée de comparer sa figure avec celle de l'ellipse, en plaçant le Soleil à l'un des foyers, et les observations de Tycho, exactement représentées dans l'hypothèse d'un orbe elliptique, ne lui laissèrent aucun doute sur la vérité de cette hypothèse.

On nomme *périhélie* l'extrémité du grand axe la plus voisine du Soleil, et *aphélie* l'extrémité la plus éloignée. C'est au périhélie que la vitesse angulaire de Mars autour du Soleil est la plus grande; elle diminue ensuite à mesure que le rayon vecteur augmente, et elle est la plus petite à l'aphélie. En comparant cette vitesse aux puissances du rayon vecteur, on trouve qu'elle est réciproque à son carré, en sorte que le produit du mouvement journalier héliocentrique de Mars par le carré de son rayon vecteur est toujours le même. Ce produit est le double du petit secteur que ce rayon trace, chaque jour, autour du Soleil; l'aire qu'il décrit en partant d'une ligne invariable passant par le centre du Soleil croit donc comme le nombre des jours écoulés depuis l'époque où la planète était sur cette ligne; ainsi les aires décrites par le rayon vecteur de Mars sont proportionnelles aux temps.

Ces lois du mouvement de Mars, découvertes par Kepler, étant les mêmes que celles du mouvement apparent du Soleil, développées dans le Chapitre II du Livre Ier, elles ont également lieu pour la Terre. Il était naturel de les étendre aux autres planètes; Kepler établit donc comme lois fondamentales du mouvement de ces corps les deux suivantes, que toutes les observations ont confirmées :

Les orbes des planètes sont des ellipses, dont le centre du Soleil occupe un des foyers.

Les aires décrites autour de ce centre par les rayons vecteurs des planètes sont proportionnelles aux temps employés à les décrire.

Ces lois suffisent pour déterminer le mouvement des planètes autour du Soleil; mais il est nécessaire de connaître pour chacune d'elles sept quantités, que l'on nomme *éléments du mouvement elliptique*. Cinq de ces éléments relatifs au mouvement dans l'ellipse sont : 1° la durée de la révolution sidérale; 2° le demi-grand axe de l'orbite, ou la moyenne distance de la planète au Soleil; 3° l'excentricité, d'où résulte la plus grande équation du centre; 4° la longitude moyenne de la planète à une époque donnée; 5° la longitude du périhélie à la même époque. Les deux autres éléments se rapportent à la position de l'orbite, et sont : 1° la longitude à une époque donnée des nœuds de l'orbite, ou de ses points d'intersection avec un plan, que l'on suppose ordinairement être celui de l'écliptique; 2° l'inclinaison de l'orbite sur ce plan. Il y a donc quarante-neuf éléments à déterminer pour les sept planètes connues avant le siècle actuel. Le Tableau suivant présente tous ces éléments pour le premier instant de ce siècle, c'est-à-dire pour le 1ᵉʳ janvier 1801, à minuit, temps moyen à Paris.

L'examen de ce Tableau nous montre que les durées des révolutions des planètes croissent avec leurs moyennes distances au Soleil. Kepler chercha pendant longtemps un rapport entre ces durées et ces distances; après un grand nombre de tentatives, continuées pendant dix-sept ans, il reconnut enfin que les carrés des temps des révolutions des planètes sont entre eux comme les cubes des grands axes de leurs orbites.

Telles sont les lois du mouvement des planètes, lois fondamentales qui, donnant une face nouvelle à l'Astronomie, ont conduit à la découverte de la pesanteur universelle.

Les ellipses planétaires ne sont point inaltérables : leurs grands axes paraissent être toujours les mêmes; mais leurs excentricités, leurs inclinaisons sur un plan fixe, les positions de leurs nœuds et de leurs périhélies sont assujetties à des variations qui, jusqu'à présent, semblent croître proportionnellement aux temps. Ces variations ne devenant bien

sensibles que par la suite des siècles, elles ont été nommées *inégalités
séculaires*. Il n'y a aucun doute sur leur existence; mais les observations modernes ne sont pas assez éloignées entre elles, et les observations anciennes ne sont pas suffisamment exactes pour les fixer avec précision.

On remarque encore des inégalités périodiques qui troublent les mouvements elliptiques des planètes. Celui de la Terre en est un peu altéré, car on a vu précédemment que le mouvement elliptique apparent du Soleil paraît l'être. Mais ces inégalités sont principalement sensibles dans les deux plus grosses planètes, Jupiter et Saturne. En comparant les observations modernes aux anciennes, les astronomes ont remarqué une diminution dans la durée de la révolution de Jupiter, et un accroissement dans celle de la révolution de Saturne. Les observations modernes, comparées entre elles, donnent un résultat contraire, ce qui semble indiquer dans le mouvement de ces planètes de grandes inégalités dont les périodes sont fort longues. Dans le siècle précédent, la durée de la révolution de Saturne a paru différente suivant les points de l'orbite d'où l'on a compté le départ de la planète : ses retours ont été plus rapides à l'équinoxe du printemps qu'à celui d'automne. Enfin Jupiter et Saturne éprouvent des inégalités qui s'élèvent à plusieurs minutes, et qui paraissent dépendre de la situation de ces planètes, soit entre elles, soit à l'égard de leurs périhélies. Ainsi, tout annonce que dans le système planétaire, indépendamment de la cause principale qui fait mouvoir les planètes dans des orbes elliptiques autour du Soleil, il existe des causes particulières qui troublent leurs mouvements, et qui altèrent à la longue les éléments de leurs ellipses.

TABLEAU DU MOUVEMENT ELLIPTIQUE DES PLANÈTES.

Durées de leurs révolutions sidérales.

Mercure	87,9692580
Vénus	224,7007869
La Terre	365,2563835
Mars	686,9796458

Jupiter............................   4332,5848213
Saturne............................ 10759,2198174
Uranus............................   30686,8208296

Demi-grands axes des orbites, ou distances moyennes.

Mercure........................   0,3870981
Vénus..........................   0,7233316
La Terre.......................   1,0000000
Mars...........................   1,5236923
Jupiter........................   5,202776
Saturne........................   9,5387861
Uranus......................... 19,182390

Rapport de l'excentricité au demi-grand axe au commencement de 1801.

Mercure........................   0,20551494
Vénus..........................   0,00686074
La Terre.......................   0,01685318
Mars...........................   0,0933070
Jupiter........................   0,0481621
Saturne........................   0,0561505
Uranus.........................   0,0466108

Longitude moyenne pour le minuit qui sépare le 31 décembre 1800
et le 1ᵉʳ janvier 1801, temps moyen à Paris.

Mercure........................   182,15647
Vénus..........................   11,93259
La Terre.......................   111,28179
Mars...........................   71,24071
Jupiter........................   124,68251
Saturne........................   150,35354
Uranus.........................   197,55589

Longitude moyenne du périhélie, à la même époque.

Mercure........................   82,6256
Vénus..........................   143,0349
La Terre.......................   110,5571
Mars...........................   369,3323
Jupiter........................   12,3810
Saturne........................   99,0647
Uranus.........................   186,1500

Inclinaison de l'orbite à l'écliptique au commencement de 1801.

Mercure.	7,78058
Vénus	3,76807
La Terre	0,00000
Mars	2,05746
Jupiter	1,46029
Saturne	2,77029
Uranus	0,86063

Longitude du nœud ascendant au commencement de 1801.

Mercure	51,0651
Vénus	83,2262
La Terre	0,0000
Mars	53,3344
Jupiter	109,3762
Saturne	124,3819
Uranus	81,1035

On ne peut pas encore avoir avec précision les éléments des orbites des quatre petites planètes nouvellement découvertes; le temps depuis lequel on les observe est trop court; d'ailleurs les perturbations considérables qu'elles éprouvent n'ont pas encore été déterminées. Voici les éléments elliptiques qui, jusqu'à présent, satisfont aux observations, mais que l'on ne doit regarder que comme une première ébauche de la théorie de ces planètes.

Durées des révolutions sidérales.

Cérès	1681,3931
Pallas	1686,5388
Junon	1592,6608
Vesta	1325,7431

Demi-grands axes des orbites.

Cérès	2,767245
Pallas	2,772896
Junon	2,669009
Vesta	2,367087

Rapport de l'excentricité au demi-grand arc.

Cérès............................ $0,078439$
Pallas........................... $0,241648$
Junon............................ $0,257848$
Vesta............................ $0,089130$

Longitude moyenne à minuit, commencement de 1820.

Cérès............................ $136^\circ,8461$
Pallas........................... $120,3422$
Junon............................ $222,3989$
Vesta............................ $309,2917$

Longitude du périhélie, à la même époque.

Cérès............................ $163^\circ,4727$
Pallas........................... $134,5754$
Junon............................ $59,5142$
Vesta............................ $277,2853$

Inclinaison de l'orbite à l'écliptique.

Cérès............................ $11^\circ,8044$
Pallas........................... $38,4244$
Junon............................ $14,5215$
Vesta............................ $7,9287$

Longitude du nœud ascendant au commencement de 1810.

Cérès............................ $87^\circ,6557$
Pallas........................... $191,8416$
Junon............................ $190,1421$
Vesta............................ $114,6908$

CHAPITRE V.

DE LA FIGURE DES ORBES DES COMÈTES ET DES LOIS DE LEUR MOUVEMENT
AUTOUR DU SOLEIL.

Le Soleil étant au foyer des orbes planétaires, il est naturel de le supposer pareillement au foyer des orbes des comètes. Mais ces astres disparaissant après s'être montrés pendant quelques mois au plus, leurs orbes, au lieu d'être presque circulaires comme ceux des planètes, sont très allongés, et le Soleil est fort voisin de la partie dans laquelle ils sont visibles. L'ellipse, au moyen des nuances qu'elle présente depuis le cercle jusqu'à la parabole, peut représenter ces orbes divers; l'analogie nous porte donc à mettre les comètes en mouvement dans des ellipses dont le Soleil occupe un des foyers, et à les y faire mouvoir suivant les mêmes lois que les planètes, en sorte que les aires tracées par leurs rayons vecteurs soient proportionnelles aux temps.

Il est presque impossible de connaître la durée de la révolution d'une comète, et par conséquent le grand axe de son orbe, par les observations d'une seule de ses apparitions; on ne peut donc pas alors déterminer rigoureusement l'aire que trace son rayon vecteur dans un temps donné. Mais on doit considérer que la petite portion d'ellipse, décrite par la comète pendant son apparition, peut se confondre avec une parabole, et qu'ainsi l'on peut calculer son mouvement dans cet intervalle comme s'il était parabolique.

Suivant les lois de Kepler, les secteurs tracés dans le même temps par les rayons vecteurs de deux planètes sont entre eux comme les surfaces de leurs ellipses divisées par les temps de leurs révolutions, et

les carrés de ces temps sont comme les cubes des demi-grands axes. Il
est facile d'en conclure que, si l'on imagine une planète mue dans un
orbe circulaire dont le rayon soit égal à la distance périhélie d'une
comète, le secteur décrit par le rayon vecteur de la comète sera au
secteur correspondant décrit par le rayon vecteur de la planète dans
le rapport de la racine carrée de la distance aphélie de la comète à la
racine carrée du demi-grand axe de son orbe, rapport qui, lorsque l'ellipse se change en parabole, devient celui de la racine carrée de 2 à
l'unité. On a ainsi le rapport du secteur de la comète à celui de la planète fictive, et il est aisé, par ce qui précède, d'avoir le rapport de ce
secteur à celui que trace dans le même temps le rayon vecteur de la
Terre. On peut donc déterminer pour un instant quelconque, à partir
de l'instant du passage de la comète par le périhélie, l'aire tracée par
son rayon vecteur, et fixer sa position sur la parabole qu'elle est censée
décrire.

Il ne s'agit que de tirer des observations les éléments du mouvement
parabolique, c'est-à-dire la distance périhélie de la comète en parties
de la moyenne distance du Soleil à la Terre, la position du périhélie,
l'instant du passage par le périhélie, l'inclinaison de l'orbe à l'écliptique et la position de ses nœuds. La recherche de ces cinq éléments
présente de plus grandes difficultés que celle des éléments des planètes,
qui, toujours visibles, peuvent être observées dans les positions les
plus favorables à la détermination de ces éléments, au lieu que les
comètes ne paraissent que pendant fort peu de temps, et presque toujours dans des circonstances où leur mouvement apparent est très compliqué par le mouvement réel de la Terre, que nous leur transportons
en sens contraire. Malgré ces difficultés, on est parvenu par diverses
méthodes à déterminer les éléments des orbes des comètes. Trois
observations complètes sont plus que suffisantes pour cet objet; toutes
les autres servent à confirmer l'exactitude de ces éléments et la vérité
de la théorie que nous venons d'exposer. Plus de cent comètes, dont
les nombreuses observations sont exactement représentées par cette
théorie, la mettent à l'abri de toute atteinte. Ainsi les comètes, que

l'on a regardées pendant longtemps comme des météores, sont des astres semblables aux planètes; leurs mouvements et leurs retours sont réglés suivant les mêmes lois que les mouvements planétaires.

Observons ici comment le vrai système de la nature, en se développant, se confirme de plus en plus. La simplicité des phénomènes célestes dans la supposition du mouvement de la Terre, comparée à leur extrême complication dans celle de son immobilité, rend la première de ces suppositions fort vraisemblable. Les lois du mouvement elliptique, communes alors aux planètes et à la Terre, augmentent beaucoup cette vraisemblance, qui devient plus grande encore par la considération du mouvement des comètes, assujetti aux mêmes lois.

Ces astres ne se meuvent pas tous dans le même sens, comme les planètes. Les uns ont un mouvement réel direct; d'autres ont un mouvement rétrograde. Les inclinaisons de leurs orbes ne sont point renfermées dans une zone étroite, comme celles des orbes planétaires; elles offrent toutes les variétés d'inclinaison, depuis l'orbe couché sur le plan de l'écliptique, jusqu'à l'orbe perpendiculaire à ce plan.

On reconnait une comète, quand elle reparait, par l'identité des éléments de son orbite avec ceux de l'orbite d'une comète déjà observée. Si la distance périhélie, la position du périhélie et des nœuds, et l'inclinaison de l'orbite sont à fort peu près les mêmes, il est alors très probable que la comète qui parait est celle que l'on avait observée précédemment, et qui, après s'être éloignée à une distance où elle était invisible, revient dans la partie de son orbite voisine du Soleil. Les durées des révolutions des comètes étant fort longues, et ces astres n'ayant été observés avec un peu de soin que depuis deux siècles, on ne connait encore avec certitude que le temps de la révolution de deux comètes (¹) : l'une est celle de 1759, que l'on avait déjà observée en 1682, 1607 et 1531. Cette comète emploie environ soixante-seize ans à

(¹) Depuis l'impression de la 5ᵉ édition de cet Ouvrage, en 1825, une troisième comète, qui avait été vue pour la première fois en 1772, puis en 1805, fut reconnue périodique en 1826 par MM. Gambart et Hansen. Cette comète fait sa révolution en six ans trois quarts; elle a été retrouvée et observée sur la fin de 1832; elle reviendra en 1839.

(*Note de* M. E. Bouvard.)

revenir à son périhélie; ainsi, en prenant pour unité la moyenne distance du Soleil à la Terre, le grand axe de son orbite est à peu près 35,9, et comme sa distance périhélie n'est que 0,58, elle s'éloigne du Soleil au moins 35 fois plus que la Terre, en parcourant une ellipse fort excentrique. Son retour au périhélie a été de treize mois plus long de 1531 à 1607 que de 1607 à 1682; il a été de dix-huit mois plus court de 1607 à 1682 que de 1682 à 1759. Il paraît donc que des causes semblables à celles qui altèrent le mouvement elliptique des planètes troublent celui des comètes d'une manière encore plus sensible.

L'orbite d'une comète, observée en 1818, a présenté des éléments si peu différents de ceux de l'orbite d'une comète observée en 1805, que l'on en a conclu l'identité de ces deux astres, ce qui donnerait une courte révolution de treize ans, s'il n'y avait point eu de retour intermédiaire de la comète à son périhélie; mais M. Encke, par la discussion des observations nombreuses de cet astre en 1818 et 1819, a reconnu que sa révolution est de 1203 jours à fort peu près; il en a conclu qu'elle devait reparaître en 1822, et, pour faciliter aux observateurs les moyens de la retrouver, il a calculé la position qu'elle devait avoir à chaque jour de sa prochaine apparition. Les déclinaisons australes de la comète, dans cette apparition, rendaient ses observations presque impossibles en Europe. Heureusement elle vient d'être reconnue par M. Rümker, observateur habile, attiré dans la Nouvelle-Hollande par M. le général Brisbane, gouverneur de Botany-Bay, et qui, lui-même excellent observateur, porte aux progrès de l'Astronomie l'intérêt le plus actif et le plus éclairé. M. Rümker a observé la comète chaque jour depuis le 2 jusqu'au 23 juin 1822, et ses positions observées s'accordent si bien avec celles que M. Encke avait calculées d'avance, qu'il ne doit rester aucun doute sur ce retour de la comète prédit par M. Encke.

La nébulosité dont ces comètes sont presque toujours environnées paraît être formée des vapeurs que la chaleur solaire élève de leur surface. On conçoit, en effet, que la grande chaleur qu'elles éprouvent vers leur périhélie doit raréfier les matières condensées par le froid qu'elles éprouvaient à leurs aphélies. Cette chaleur est excessive pour les comètes dont la distance périhélie est très petite. La comète de 1680 fut, dans son périhélie, cent soixante-six fois plus près du Soleil que la Terre, et par conséquent elle dut en éprouver une chaleur vingt-sept mille cinq cents fois plus grande que celle qu'il communique à la Terre, si, comme tout porte à le penser, sa chaleur est proportionnelle à l'intensité de sa lumière. Cette grande chaleur, fort supérieure à celle que nous pouvons produire, volatiliserait, selon toute apparence, la plupart des substances terrestres.

En observant les comètes avec de forts télescopes, et dans des circonstances où nous ne devrions apercevoir qu'une partie de leur hémisphère éclairé, on n'y découvre point de phases. Une seule comète, celle de 1682, en a paru présenter à Hevelius et à La Hire. On verra, dans la suite, que les masses des comètes sont d'une petitesse extrême; les diamètres de leurs disques doivent donc être presque insensibles, et ce qu'on nomme leur *noyau* est, selon toute apparence, formé en grande partie des couches les plus denses de la nébulosité qui les environne; aussi Herschel, avec de très forts télescopes, est-il parvenu à reconnaitre, dans le noyau de la comète de 1811, un point brillant, qu'il a jugé avec raison être le disque même de la comète. Ces couches sont encore extrêmement rares, puisque l'on a quelquefois aperçu des étoiles au travers.

Les queues que les comètes trainent après elles paraissent être composées des molécules les plus volatiles que la chaleur du Soleil élève de leur surface, et que l'impulsion de ses rayons en éloigne indéfiniment. Cela résulte de la direction de ces trainées de vapeur, toujours situées au delà de la tête des comètes relativement au Soleil, et qui, croissant à mesure que ces astres s'en approchent, n'atteignent leur maximum qu'après le passage au périhélie. L'extrême ténuité des molécules augmentant le rapport des surfaces aux masses, l'impulsion des rayons solaires peut devenir sensible, et faire même alors décrire à peu près à chaque molécule un orbe hyperbolique, le Soleil étant au foyer de l'hyperbole conjuguée correspondante. La suite des molécules mues sur ces courbes, depuis la tête de la comète, forme une trainée

lumineuse opposée au Soleil et un peu inclinée au côté que la comète
abandonne en s'avançant dans son orbite : c'est, en effet, ce que l'observation nous montre. La promptitude avec laquelle ces queues s'accroissent peut faire juger de la rapidité d'ascension de leurs molécules.
On conçoit que les différences de volatilité, de grosseur et de densité
des molécules doivent en produire de considérables dans les courbes
qu'elles décrivent, ce qui apporte de grandes variétés dans la forme, la
longueur et la largeur des queues des comètes. Si l'on combine ces
effets avec ceux qui peuvent résulter d'un mouvement de rotation dans
ces astres et avec les illusions de la parallaxe annuelle, on entrevoit
la raison des singuliers phénomènes que leurs nébulosités et leurs
queues nous présentent.

Quoique les dimensions des queues des comètes soient de plusieurs
millions de myriamètres, cependant elles n'affaiblissent pas sensiblement la lumière des étoiles que l'on observe à travers; elles sont donc
d'une rareté extrême, et leurs masses sont probablement inférieures à
celles des plus petites montagnes de la Terre; elles ne peuvent ainsi,
par leur rencontre avec elle, y produire aucun effet sensible. Il est très
probable qu'elles l'ont plusieurs fois enveloppée, sans avoir été aperçues. L'état de l'atmosphère influe considérablement sur leur longueur
et leur largeur apparentes; entre les tropiques, elles paraissent beaucoup plus grandes que dans nos climats. Pingré dit avoir observé qu'une
étoile, qui paraissait dans la queue de la comète de 1769, s'en éloigna
dans très peu d'instants. Mais cette apparence était une illusion produite par des nuages légers de notre atmosphère, assez épais pour
intercepter la faible lumière de cette queue, et cependant assez rares
pour laisser apercevoir la lumière beaucoup plus vive de l'étoile. On
ne peut pas attribuer aux molécules de vapeurs, dont ces queues sont
formées, des oscillations aussi rapides, dont l'étendue surpasserait un
million de myriamètres.

Les substances évaporables d'une comète diminuant à chacun de ses
retours au périhélie, elles doivent, après plusieurs retours, se dissiper
entièrement dans l'espace, et la comète ne doit plus alors présenter

qu'un noyau fixe, ce qui doit arriver plus promptement pour les comètes dont la révolution est plus courte. On peut conjecturer que celle
de 1682, dont la révolution n'est que de soixante-seize ans, et la seule
à laquelle on ait jusqu'ici soupçonné des phases, approche de cet état
de fixité. Si le noyau est trop petit pour être aperçu, ou si les substances évaporables qui restent à sa surface sont en trop petite quantité
pour former par leur évaporation une tête de comète sensible, l'astre
deviendra pour toujours invisible. Peut-être est-ce une des causes qui
rendent si rares les réapparitions des comètes; peut-être encore cette
cause a-t-elle fait disparaître pour nous la comète de 1770, qui, pendant son apparition, a décrit une ellipse dans laquelle la révolution
n'est que de cinq ans et demi, et qui, si elle a continué de la décrire,
est, depuis cette époque, revenue sept fois au moins à son périhélie.
Peut-être enfin est-ce par la même cause que plusieurs comètes, dont
on pouvait suivre la trace dans le ciel au moyen des éléments de leurs
orbites, ont disparu plus tôt qu'on ne devait s'y attendre.

CHAPITRE VI.

DES LOIS DU MOUVEMENT DES SATELLITES AUTOUR DE LEURS PLANÈTES.

Nous avons exposé, dans le Chapitre IV du Livre Ier, les lois du mouvement du satellite de la Terre; il nous reste à considérer celles du mouvement des satellites de Jupiter, de Saturne et d'Uranus.

Si l'on prend pour unité le demi-diamètre de l'équateur de Jupiter, supposé de 56″,702, à la moyenne distance de la planète au Soleil, les distances moyennes des satellites à son centre et les durées de leurs révolutions sidérales seront :

	Distances moyennes	Durées.
Premier satellite.........	6,04853	1,769137788148
Deuxième satellite.......	9,62347	3,551181017849
Troisième satellite.......	15,35024	7,154552783970
Quatrième satellite.......	26,99835	16,688769707084

Les durées des révolutions synodiques des satellites, ou les intervalles des retours de leurs conjonctions moyennes à Jupiter, sont faciles à conclure des durées de leurs révolutions sidérales et de celle de la révolution de Jupiter. En comparant leurs moyennes distances aux durées de leurs révolutions, on observe entre ces quantités le beau rapport que nous avons vu exister entre les durées des révolutions des planètes et leurs moyennes distances au Soleil, c'est-à-dire que les carrés des temps des révolutions sidérales des satellites sont entre eux comme les cubes de leurs moyennes distances au centre de Jupiter.

Les fréquentes éclipses des satellites ont fourni aux astronomes le moyen de suivre leurs mouvements avec une précision que l'on ne peut pas attendre de l'observation de leur distance angulaire à Jupiter. Elles ont fait connaître les résultats suivants :

L'ellipticité de l'orbe du premier satellite est insensible; son plan coïncide à très peu près avec celui de l'équateur de Jupiter, dont l'inclinaison à l'orbe de cette planète est de 4°,4352.

L'ellipticité de l'orbe du second satellite est pareillement insensible; son inclinaison sur l'orbe de Jupiter est variable, ainsi que la position de ses nœuds. Toutes ces variations sont représentées à peu près, en supposant l'orbe du satellite incliné d'environ 5152″ à l'équateur de Jupiter, et en donnant à ses nœuds sur ce plan un mouvement rétrograde, dont la période est de trente années juliennes.

On observe une petite ellipticité dans l'orbe du troisième satellite; l'extrémité de son grand axe la plus voisine de Jupiter, et que l'on nomme *périjove*, a un mouvement direct, mais variable; l'excentricité de l'orbe est également assujettie à des variations très sensibles. Vers la fin du dernier siècle, l'équation du centre était à son maximum et s'élevait à peu près à 2453″; elle a ensuite diminué, et vers 1777 elle était à son minimum et d'environ 949″. L'inclinaison de l'orbe de ce satellite sur celui de Jupiter et la position de ses nœuds sont variables; on représente à peu près toutes ces variations, en supposant l'orbe incliné d'environ 2284″ sur l'équateur de Jupiter, et en donnant à ses nœuds un mouvement rétrograde sur le plan de cet équateur, dans une période du cent quarante-deux ans. Cependant les astronomes qui ont déterminé, par les éclipses de ce satellite, l'inclinaison de l'équateur de Jupiter sur le plan de son orbite, l'ont trouvée constamment de neuf ou dix minutes plus petite que par les éclipses du premier et du second satellite.

L'orbe du quatrième a une ellipticité très sensible; son périjove a un mouvement annuel direct d'environ 7959″. Cet orbe est incliné de 2°,7 environ à l'orbe de Jupiter. C'est en vertu de cette inclinaison que le quatrième satellite passe souvent derrière la planète, relativement au Soleil, sans être éclipsé. Depuis la découverte des satellites jusqu'en 1760, l'inclinaison a paru constante, et le mouvement annuel des nœuds sur l'orbite de Jupiter a été direct et de 788″. Mais depuis 1760 l'inclinaison a augmenté et le mouvement des nœuds a diminué de quantités sensibles. Nous reviendrons sur toutes ces variations, quand nous en développerons la cause.

Indépendamment de ces variations, les satellites sont assujettis à des inégalités qui troublent leurs mouvements elliptiques, et qui rendent leur théorie fort compliquée. Elles sont principalement sensibles dans les trois premiers satellites, dont les mouvements offrent des rapports très remarquables.

En comparant les temps de leurs révolutions, on voit que celui de la révolution du premier satellite n'est qu'environ la moitié de la durée de la révolution du second, qui n'est elle-même qu'environ la moitié de celle de la révolution du troisième satellite. Ainsi, les moyens mouvements angulaires de ces trois satellites suivent à peu près une progression sous-double. S'ils la suivaient exactement, le moyen mouvement du premier satellite, plus deux fois celui du troisième, serait rigoureusement égal à trois fois le moyen mouvement du second satellite. Mais cette égalité est incomparablement plus approchée que la progression elle-même; en sorte que l'on est porté à la regarder comme rigoureuse, et à rejeter sur les erreurs des observations les quantités très petites dont elle s'en écarte; on peut au moins affirmer qu'elle subsistera pendant une longue suite de siècles.

Un résultat non moins singulier, et que les observations donnent avec la même précision, est que, depuis la découverte des satellites, la longitude moyenne du premier, moins trois fois celle du second, plus deux fois celle du troisième, n'a jamais différé de deux angles droits, que de quantités presque insensibles.

Ces deux résultats subsistent également entre les moyens mouvements et les longitudes moyennes synodiques; car le mouvement synodique d'un satellite n'étant que l'excès de son mouvement sidéral sur celui de la planète, si l'on substitue dans les résultats précédents les mouvements synodiques aux mouvements sidéraux, le moyen mouvement de Jupiter disparait, et ces résultats restent les mêmes. Il suit de là que, d'ici un à très grand nombre d'années au moins, les trois premiers satellites de Jupiter ne seront point éclipsés à la fois; mais, dans les éclipses simultanées du second et du troisième, le premier sera toujours en conjonction avec Jupiter; il sera toujours en opposition dans les éclipses simultanées du Soleil, produites sur Jupiter par les deux autres satellites.

Les périodes et les lois des principales inégalités de ces satellites sont les mêmes. L'inégalité du premier avance ou retarde ses éclipses de $223^s,5$ dans son maximum. En comparant sa marche aux positions respectives des deux premiers satellites, on a trouvé qu'elle disparait lorsque ces satellites, vus du centre de Jupiter, sont en même temps en opposition au Soleil; qu'elle croit ensuite et devient la plus grande lorsque le premier satellite, au moment de son opposition, est de 50° plus avancé que le second; qu'elle redevient nulle lorsqu'il est plus avancé de 100°; qu'au delà elle prend un signe contraire et retarde les éclipses, et qu'elle augmente jusqu'à 150° de distance entre les satellites, où elle est à son maximum négatif; qu'elle diminue ensuite et disparait à 200° de distance; enfin, que dans la seconde moitié de la circonférence elle suit les mêmes lois que dans la première. On a conclu de là qu'il existe, dans le mouvement du premier satellite autour de Jupiter, une inégalité de $5050^s,6$ dans son maximum, et proportionnelle au sinus du double de l'excès de la longitude moyenne du premier satellite sur celle du second, excès égal à la différence des longitudes moyennes synodiques des deux satellites. La période de cette inégalité n'est pas de quatre jours; mais comment, dans les éclipses du premier satellite, se transforme-t-elle dans une période de $437^j,6592$? C'est ce que nous allons expliquer.

Supposons que le premier et le second satellite partent ensemble de leurs moyennes oppositions au Soleil. A chaque circonférence que décrira le premier satellite, en vertu de son moyen mouvement synodique, il sera dans son opposition moyenne. Si l'on conçoit un astre fictif dont le mouvement angulaire soit égal à l'excès du moyen mouvement synodique du premier satellite sur deux fois celui du second,

alors le double de la différence des moyens mouvements synodiques
des deux satellites sera, dans les éclipses du premier, égal à un multiple de la circonférence, plus au mouvement de l'astre fictif; le sinus
de ce dernier mouvement sera donc proportionnel à l'inégalité du
premier satellite dans ses éclipses, et pourra la représenter. Sa période est égale à la durée de la révolution de l'astre fictif, durée qui,
d'après les moyens mouvements synodiques des deux satellites, est de
$437^{\text{j}},6592$; elle est ainsi déterminée avec une plus grande précision
que par l'observation directe.

L'inégalité du second satellite suit une loi semblable à celle du premier, avec cette différence, qu'elle est constamment de signe contraire.
Elle avance ou retarde les éclipses de $1059^{\text{s}},2$ dans son maximum.
En la comparant aux positions respectives des deux satellites, on observe qu'elle disparaît lorsqu'ils sont à la fois en opposition au Soleil;
qu'elle retarde ensuite de plus en plus les éclipses du second, jusqu'à
ce que les deux satellites soient éloignés entre eux de $100°$ à l'instant
de ces phénomènes; que ce retard diminue et redevient nul lorsque la
distance mutuelle des deux satellites est de $200°$; enfin, qu'au delà de
ce terme les éclipses avancent de la même manière dont elles avaient
précédemment retardé. On a conclu de ces observations qu'il existe
dans le mouvement du second satellite une inégalité de $11920'',7$
dans son maximum, et qui est proportionnelle et affectée d'un signe
contraire au sinus de l'excès de la longitude moyenne du premier satellite sur celle du second, excès égal à la différence des moyens mouvements synodiques des deux satellites.

Si tous deux partent ensemble de leur opposition moyenne au Soleil,
le second sera dans son opposition moyenne à chaque circonférence
qu'il décrira en vertu de son moyen mouvement synodique. Si l'on
conçoit, comme précédemment, un astre dont le mouvement angulaire
soit égal à l'excès du moyen mouvement synodique du premier satellite
sur deux fois celui du second, alors la différence des moyens mouvements synodiques des deux satellites sera, dans les éclipses du second,
égale à un multiple de la circonférence, plus au mouvement de l'astre

fictif; l'inégalité du second satellite sera donc, dans ses éclipses, proportionnelle au sinus du mouvement de cet astre fictif. On voit ainsi la raison pour laquelle la période et la loi de cette inégalité sont les mêmes que celles de l'inégalité du premier satellite.

L'influence du premier satellite sur l'inégalité du second est très vraisemblable. Mais, si le troisième produit dans le mouvement du second une inégalité pareille à celle que le second semble produire dans le mouvement du premier, c'est-à-dire proportionnelle au sinus du double de la différence des longitudes moyennes du second et du troisième satellite, cette nouvelle inégalité se confondra avec celle qui est due au premier satellite; car, en vertu du rapport qu'ont entre elles les longitudes moyennes des trois premiers satellites et que nous avons exposé ci-dessus, la différence des longitudes moyennes des deux premiers satellites est égale à la demi-circonférence plus au double de la différence des longitudes moyennes du second et du troisième satellite, en sorte que le sinus de la première différence est le même que le sinus du double de la seconde différence, mais avec un signe contraire. L'inégalité produite par le troisième satellite dans le mouvement du second aurait ainsi le même signe et suivrait la même loi que l'inégalité observée dans ce mouvement; il est donc fort probable que cette inégalité est le résultat de deux inégalités dépendantes du premier et du troisième satellite. Si par la suite des siècles le rapport précédent entre les longitudes moyennes de ces trois satellites cessait d'avoir lieu, ces deux inégalités, maintenant confondues, se sépareraient, et l'on pourrait déterminer par les observations leur valeur respective. Mais on a vu que ce rapport doit subsister pendant très longtemps, et nous verrons dans le Livre IV qu'il est rigoureux.

Enfin, l'inégalité relative au troisième satellite dans ses éclipses, comparée aux positions respectives du second et du troisième, offre les mêmes rapports que l'inégalité du second, comparée aux positions respectives des deux premiers satellites. Il existe donc, dans le mouvement du troisième satellite, une inégalité proportionnelle au sinus de l'excès de la longitude moyenne du second satellite sur celle du troisième, inégalité qui, dans son maximum, est de 808″. Si l'on conçoit un astre dont le mouvement angulaire soit égal à l'excès du moyen mouvement synodique du second satellite sur le double du moyen mouvement synodique du troisième, l'inégalité du troisième satellite sera, dans ses éclipses, proportionnelle au sinus du mouvement de cet astre fictif; or, en vertu du rapport qui existe entre les longitudes moyennes des trois satellites, le sinus de ce mouvement est, au signe près, le même que celui du mouvement du premier astre fictif que nous avons considéré. Ainsi l'inégalité du troisième satellite dans ses éclipses a la même période et suit les mêmes lois que les inégalités des deux premiers satellites.

Telle est la marche des principales inégalités des trois premiers satellites de Jupiter, que Bradley avait entrevues et que Wargentin a exposées ensuite dans un grand jour. Leur correspondance et celle des moyens mouvements et des longitudes moyennes de ces satellites semblent faire un système à part de ces trois corps, animés, selon toute apparence, par des forces communes, sources de leurs communs rapports.

Considérons présentement les satellites de Saturne. Si nous prenons pour unité le demi-diamètre de l'équateur de cette planète, vu de sa moyenne distance au Soleil et supposé de 25″, les distances moyennes des satellites à son centre et les durées de leurs révolutions sidérales sont :

	Distances moyennes.	Durées.
Premier satellite..........	3,351	0,94271
Deuxième satellite........	4,300	1,37024
Troisième satellite........	5,284	1,88780
Quatrième satellite.......	6,819	2,73948
Cinquième satellite.......	9,524	4,51749
Sixième satellite..........	22,081	15,94530
Septième satellite........	64,359	79,32960

En comparant les durées des révolutions des satellites à leurs moyennes distances au centre de Saturne, on retrouve le beau rapport découvert par Kepler relativement aux planètes, et que nous avons vu exister dans le système des satellites de Jupiter, c'est-à-dire que les carrés des temps des révolutions des satellites de Saturne sont entre eux comme les cubes de leurs moyennes distances au centre de cette planète.

Le grand éloignement des satellites de Saturne et la difficulté d'observer leur position n'ont pas permis de reconnaître l'ellipticité de leurs orbites, et encore moins les inégalités de leurs mouvements. Cependant l'ellipticité de l'orbite du sixième satellite est sensible.

Prenons ici pour unité le demi-diamètre d'Uranus, supposé de 6″, vu de la moyenne distance de la planète au Soleil : les distances moyennes des satellites à son centre et les durées de leurs révolutions sidérales sont, d'après les observations d'Herschel :

	Distances moyennes	Durées.
Premier satellite..........	13,120	5,8926
Deuxième satellite........	17,022	8,7068
Troisième satellite........	19,845	10,9611
Quatrième satellite.......	22,752	13,4559
Cinquième satellite.......	45,507	38,0750
Sixième satellite..........	91,008	107,6944

Ces durées, à l'exception de la seconde et de la quatrième, ont été conclues des plus grandes élongations observées et de la loi suivant laquelle les carrés des temps des révolutions des satellites sont comme les cubes de leurs moyennes distances au centre de la planète, loi que les observations confirment à l'égard du second et du quatrième satellite, les seuls qui soient bien connus; en sorte qu'elle doit être regardée comme une loi générale du mouvement d'un système de corps qui circulent autour d'un foyer commun.

Maintenant, quelles sont les forces principales qui retiennent les planètes, les satellites et les comètes dans leurs orbes respectifs? quelles forces particulières troublent leurs mouvements elliptiques? quelle cause fait rétrograder les équinoxes et mouvoir les axes de rotation de la Terre et de la Lune? par quelles forces enfin les eaux de la mer sont-elles soulevées deux fois par jour? La supposition d'un seul principe dont toutes ces lois dépendent est digne de la simplicité et de la majesté de la nature. La généralité des lois que présentent les mouvements célestes semble en indiquer l'existence; déjà même on entrevoit ce principe dans les rapports de ces phénomènes avec la position respective des corps du système solaire; mais pour l'en faire sortir avec évidence, il faut connaître les lois du mouvement de la matière.

LIVRE III.

DES LOIS DU MOUVEMENT.

At nunc per maria ac terras sublimaque cœli,
Multa modis multis, varia ratione moveri
Cernimus ante oculos.

LUCRET., lib. I.

Au milieu de l'infinie variété des phénomènes qui se succèdent continuellement dans les cieux et sur la Terre, on est parvenu à reconnaître le petit nombre des lois générales que la matière suit dans ses mouvements. Tout leur obéit dans la nature; tout en dérive aussi nécessairement que le retour des saisons, et la courbe décrite par l'atome léger que les vents semblent emporter au hasard est réglée d'une manière aussi certaine que les orbes planétaires. L'importance de ces lois, dont nous dépendons sans cesse, aurait dû exciter la curiosité dans tous les temps; mais, par une indifférence trop ordinaire à l'esprit humain, elles ont été ignorées jusqu'au commencement de l'avant-dernier siècle, époque à laquelle Galilée jeta les premiers fondements de la science du mouvement, par ses belles découvertes sur la chute des corps. Les géomètres, marchant sur ses traces, ont enfin réduit la Mécanique entière à des formules générales, qui ne laissent plus à désirer que la perfection de l'Analyse.

CHAPITRE PREMIER.

DES FORCES, DE LEUR COMPOSITION ET DE L'ÉQUILIBRE D'UN POINT MATÉRIEL.

Un corps nous paraît en mouvement lorsqu'il change de situation par rapport à un système de corps que nous jugeons en repos. Ainsi, dans un vaisseau mû d'une manière uniforme, les corps nous semblent se mouvoir lorsqu'ils répondent successivement à ses diverses parties. Ce mouvement n'est que relatif; car le vaisseau se meut sur la surface de la mer, qui tourne autour de l'axe de la Terre, dont le centre se meut autour du Soleil, qui lui-même est emporté dans l'espace avec la Terre et les planètes. Pour concevoir un terme à ces mouvements, et pour arriver enfin à des points fixes d'où l'on puisse compter le mouvement absolu des corps, on imagine un espace sans bornes, immobile et pénétrable à la matière. C'est aux parties de cet espace, réel ou idéal, que nous rapportons par la pensée la position des corps, et nous les concevons en mouvement lorsqu'ils répondent successivement à divers lieux de cet espace.

La nature de cette modification singulière, en vertu de laquelle un corps est transporté d'un lieu dans un autre, est et sera toujours inconnue. Elle a été désignée sous le nom de *force;* on ne peut déterminer que ses effets et la loi de son action.

L'effet d'une force agissant sur un point matériel est de le mettre en mouvement, si rien ne s'y oppose. La direction de la force est la droite qu'elle tend à lui faire décrire. Il est visible que, si deux forces agissent dans le même sens, elles s'ajoutent l'une à l'autre, et que, si elles agissent en sens contraire, le point ne se meut qu'en vertu de leur différence, en sorte qu'il resterait en repos si elles étaient égales.

Si les directions de deux forces font entre elles un angle quelconque, leur résultante prendra une direction moyenne. On démontre, par la seule Géométrie, que si, à partir du point de concours des forces, on prend sur leurs directions des droites pour les représenter, si l'on forme ensuite sur ces droites un parallélogramme, sa diagonale représente, pour la direction et la quantité, leur résultante.

On peut à deux forces composantes substituer leur résultante, et réciproquement on peut à une force quelconque en substituer deux autres dont elle serait la résultante; on peut donc décomposer une force en deux autres parallèles à deux axes perpendiculaires entre eux et situés dans un plan qui passe par sa direction. Il suffit pour cela de mener, par la première extrémité de la droite qui représente cette force, deux lignes parallèles à ces axes, et de former sur ces lignes un rectangle dont cette droite soit la diagonale. Les deux côtés du rectangle représenteront les forces dans lesquelles la proposée peut se décomposer parallèlement aux axes.

Si la force est inclinée à un plan donné de position, en prenant sur sa direction, à partir du point où elle rencontre le plan, une ligne pour la représenter, la perpendiculaire abaissée de l'extrémité de cette ligne sur le plan sera la force primitive décomposée perpendiculairement à ce plan. La droite qui, menée dans le plan, joint la force et la perpendiculaire sera cette force décomposée parallèlement au plan. Cette seconde force partielle peut elle-même se décomposer en deux autres parallèles à deux axes situés dans le plan et perpendiculaires l'un à l'autre. Ainsi toute force peut être décomposée en trois autres parallèles à trois axes perpendiculaires entre eux.

De là naît un moyen simple d'avoir la résultante d'un nombre quelconque de forces qui agissent sur un point matériel; car en décomposant chacune d'elles en trois autres parallèles à trois axes donnés de position et perpendiculaires entre eux, il est clair que toutes les forces parallèles au même axe se réduisent à une seule, égale à la somme de

celles qui agissent dans un sens, moins la somme de celles qui agissent
en sens contraire. Ainsi le point sera sollicité par trois forces perpendiculaires entre elles, et si l'on prend sur chacune de leurs directions, à partir du point de concours, trois droites pour les représenter,
si l'on forme ensuite sur ces droites un parallélépipède rectangle, la
diagonale de ce solide représentera, pour la quantité et pour la direction, la résultante de toutes les forces qui agissent sur le point.

Quels que soient le nombre, la grandeur et la direction de ces forces,
si l'on fait varier infiniment peu, d'une manière quelconque, la position du point, le produit de la résultante par la quantité dont le point
s'avance suivant sa direction est égal à la somme des produits de chaque
force par la quantité correspondante. La quantité dont le point s'avance
suivant la direction d'une force est la projection de la droite qui joint
les deux positions du point sur la direction de la force; cette quantité
doit être prise négativement, si le point s'avance en sens contraire de
cette direction.

Dans l'état d'équilibre, la résultante de toutes les forces est nulle, si
le point est libre; s'il ne l'est pas, la résultante doit être perpendiculaire à la surface ou à la courbe sur laquelle il est assujetti, et alors, en
changeant infiniment peu la position du point, le produit de la résultante par la quantité dont il s'avance suivant sa direction est nul; ce
produit est donc généralement nul, soit que l'on suppose le point libre,
soit qu'on l'imagine assujetti sur une courbe ou sur une surface. Ainsi
dans tous les cas, lorsque l'équilibre a lieu, la somme des produits de
chaque force par la quantité dont le point s'avance suivant sa direction, en changeant infiniment peu de position, est nulle, et l'équilibre
subsiste, si cette condition est remplie.

CHAPITRE II.

DU MOUVEMENT D'UN POINT MATÉRIEL.

Un point en repos ne peut se donner aucun mouvement, puisqu'il ne renferme pas en soi de raison pour se mouvoir dans un sens plutôt que dans un autre. Lorsqu'il est sollicité par une force quelconque et ensuite abandonné à lui-même, il se meut constamment d'une manière uniforme dans la direction de cette force, s'il n'éprouve aucune résistance; c'est-à-dire qu'à chaque instant sa force et la direction de son mouvement sont les mêmes. Cette tendance de la matière à persévérer dans son état de mouvement ou de repos est ce que l'on nomme *inertie* : c'est la première loi du mouvement des corps.

La direction du mouvement en ligne droite suit évidemment de ce qu'il n'y a aucune raison pour que le point s'écarte plutôt à droite qu'à gauche de sa direction primitive; mais l'uniformité de son mouvement n'est pas de la même évidence. La nature de la force motrice étant inconnue, il est impossible de savoir *a priori* si cette force doit se conserver sans cesse. A la vérité, un corps étant incapable de se donner aucun mouvement, il paraît également incapable d'altérer celui qu'il a reçu, en sorte que la loi d'inertie est au moins la plus naturelle et la plus simple que l'on puisse imaginer. Elle est d'ailleurs confirmée par l'expérience : en effet, nous observons sur la Terre que les mouvements se perpétuent plus longtemps, à mesure que les obstacles qui s'y opposent viennent à diminuer, ce qui nous porte à croire que sans ces obstacles ils dureraient toujours. Mais l'inertie de la matière est principalement remarquable dans les mouvements célestes, qui, depuis un grand nombre de siècles, n'ont point éprouvé d'altération sensible. Ainsi nous regarderons l'inertie comme une loi de la nature, et lorsque nous observerons de l'altération dans le mouvement d'un corps, nous supposerons qu'elle est due à l'action d'une cause étrangère.

Dans le mouvement uniforme, les espaces parcourus sont proportionnels aux temps; mais le temps employé à décrire un espace déterminé est plus ou moins long, suivant la grandeur de la force motrice. Cette différence a fait naître l'idée de vitesse, qui, dans le mouvement uniforme, est le rapport de l'espace au temps employé à le parcourir. Pour ne pas comparer ensemble des quantités hétérogènes, telles que l'espace et le temps, on prend un intervalle de temps, la seconde, par exemple, pour unité de temps; on choisit pareillement une unité d'espace, telle que le mètre, et alors l'espace et le temps sont des nombres abstraits, qui expriment combien ils renferment d'unités de leur espèce; on peut donc les comparer l'un à l'autre. La vitesse devient ainsi le rapport de deux nombres abstraits, et son unité est la vitesse d'un corps qui parcourt 1 mètre dans une seconde. En réduisant de cette manière l'espace, le temps et la vitesse à des nombres abstraits, on voit que l'espace est égal au produit de la vitesse par le temps, qui conséquemment est égal à l'espace divisé par la vitesse.

La force n'étant connue que par l'espace qu'elle fait décrire dans un temps déterminé, il est naturel de prendre cet espace pour sa mesure. Mais cela suppose que plusieurs forces, agissant à la fois et dans le même sens sur un corps, lui feront parcourir, durant une unité de temps, un espace égal à la somme des espaces que chacune d'elles eût fait parcourir séparément, ou, ce qui revient au même, que la force est proportionnelle à la vitesse. C'est ce que nous ne pouvons pas savoir *a priori*, vu notre ignorance sur la nature de la force motrice; il faut donc encore sur cet objet recourir à l'expérience; car tout ce qui n'est pas une suite nécessaire du peu de données que nous avons sur la nature des choses n'est pour nous qu'un résultat de l'observation.

La force peut être exprimée par une infinité de fonctions de la vitesse, qui n'impliquent pas contradiction. Il n'y en a point, par exemple, à la supposer proportionnelle au carré de la vitesse. Dans cette hypothèse, il est facile de déterminer le mouvement d'un point sollicité par un nombre quelconque de forces, dont les vitesses sont connues; car, si l'on prend sur les directions de ces forces, à partir de leur concours, des droites pour représenter les vitesses qu'elles imprimeraient séparément au point matériel, et si l'on détermine sur ces mêmes directions, en partant du même concours, de nouvelles droites qui soient entre elles comme les carrés des premières, ces droites pourront représenter les forces elles-mêmes. En les composant ensuite par ce qui précède, on aura la direction de la résultante, ainsi que la droite qui l'exprime. On voit par là comment on peut déterminer le mouvement d'un point, quelle que soit la fonction de la vitesse qui exprime la force. Parmi toutes les fonctions mathématiquement possibles, examinons quelle est celle de la nature.

On observe sur la Terre qu'un corps sollicité par une force quelconque se meut de la même manière, quel que soit l'angle que la direcrection de cette force fait avec la direction du mouvement commun au corps et à la partie de la surface terrestre à laquelle il répond. Une légère différence à cet égard ferait varier très sensiblement la durée des oscillations du pendule, suivant la position du plan vertical dans lequel il oscille, et l'expérience fait voir que, dans tous les plans verticaux, cette durée est exactement la même. Dans un vaisseau, dont le mouvement est uniforme, un mobile soumis à l'action d'un ressort, de la pesanteur, ou de toute autre force, se meut, relativement aux parties du vaisseau, de la même manière, quelles que soient la vitesse du vaisseau et sa direction. On peut donc établir, comme une loi générale des mouvements terrestres, que si, dans un système de corps emportés d'un mouvement commun, on imprime à l'un d'eux une force quelconque, son mouvement relatif ou apparent sera le même, quels que soient le mouvement général du système et l'angle que fait sa direction avec celle de la force imprimée.

La proportionnalité de la force à la vitesse résulte de cette loi supposée rigoureuse; car, si l'on conçoit deux corps mus sur une même droite avec des vitesses égales, et qu'en imprimant à l'un d'eux une

force qui s'ajoute à la première, sa vitesse relativement à l'autre corps
soit la même que si les deux corps étaient primitivement en repos, il
est visible que l'espace décrit par le corps en vertu de sa force primitive et de celle qui lui est ajoutée est alors égal à la somme des espaces
que chacune d'elles eût fait décrire dans le même temps, ce qui suppose la force proportionnelle à la vitesse.

Réciproquement, si la force est proportionnelle à la vitesse, les mouvements relatifs d'un système de corps animés de forces quelconques
sont les mêmes, quel que soit leur mouvement commun; car ce mouvement, décomposé en trois autres parallèles à trois axes fixes, ne fait
qu'accroître d'une même quantité les vitesses partielles de chaque corps
parallèlement à ces axes, et comme la vitesse relative ne dépend que
de la différence de ces vitesses partielles, elle est la même, quel que
soit le mouvement commun à tous les corps. Il est donc impossible alors
de juger du mouvement absolu d'un système dont on fait partie par
les apparences que l'on y observe. C'est ce qui caractérise cette loi,
dont l'ignorance a retardé la connaissance du vrai système du monde,
par la difficulté de concevoir les mouvements relatifs des projectiles
au-dessus de la Terre, emportée par un double mouvement de rotation
sur elle-même et de révolution autour du Soleil.

Mais, vu l'extrême petitesse des mouvements les plus considérables
que nous puissions imprimer aux corps, eu égard au mouvement qui
les emporte avec la Terre, il suffit, pour que les apparences d'un système de corps soient indépendantes de la direction de ce mouvement,
qu'un petit accroissement dans la force dont la Terre est animée soit
à l'accroissement correspondant de sa vitesse dans le rapport de ces
quantités elles-mêmes. Ainsi nos expériences prouvent seulement la
réalité de cette proportion, qui, si elle avait lieu quelle que fût la vitesse de la Terre, donnerait la loi de la vitesse proportionnelle à la
force. Elle donnerait encore cette loi, si la fonction de la vitesse qui
exprime la force n'était composée que d'un seul terme. Il faudrait
donc, si la vitesse n'était pas proportionnelle à la force, supposer que,
dans la nature, la fonction de la vitesse qui exprime la force est formée

de plusieurs termes, ce qui est peu probable. Il faudrait supposer, de plus, que la vitesse de la Terre est exactement celle qui convient à la proportion précédente, ce qui est contre toute vraisemblance. D'ailleurs, la vitesse de la Terre varie dans les diverses saisons de l'année; elle est de $\frac{1}{30}$ environ plus grande en hiver qu'en été. Cette variation est plus considérable encore si, comme tout l'indique, le système solaire est en mouvement dans l'espace; car, selon que ce mouvement progressif est contraire au mouvement terrestre ou conspire avec lui, de grandes variations annuelles doivent en résulter dans le mouvement absolu de la Terre, ce qui devrait altérer la proportion dont il s'agit et le rapport de la force imprimée à la vitesse relative qu'elle produit, si cette proportion et ce rapport n'étaient pas indépendants de la vitesse absolue.

Tous les phénomènes célestes viennent à l'appui de ces preuves. La vitesse de la lumière, déterminée par les éclipses des satellites de Jupiter, se compose avec celle de la Terre exactement comme dans la loi de la proportionnalité de la force à la vitesse, et tous les mouvements du système solaire, calculés d'après cette loi, sont entièrement conformes aux observations.

Voilà donc deux lois du mouvement, savoir la loi d'inertie et celle de la force proportionnelle à la vitesse, qui sont données par l'observation. Elles sont les plus naturelles et les plus simples que l'on puisse imaginer, et sans doute elles dérivent de la nature même de la matière; mais, cette nature étant inconnue, ces lois ne sont pour nous que des faits observés, les seuls, au reste, que la Mécanique emprunte de l'expérience.

La vitesse étant proportionnelle à la force, ces deux quantités peuvent être représentées l'une par l'autre; on aura donc, par ce qui précède, la vitesse d'un point sollicité par un nombre quelconque de forces dont on connaît les directions et les vitesses.

Si le point est sollicité par des forces agissant d'une manière continue, il décrira, d'un mouvement sans cesse variable, une courbe dont la nature dépend des forces qui la font décrire. Pour la déterminer, il faut considérer la courbe dans ses éléments, voir comment ils naissent les uns des autres, et remonter de la loi d'accroissement des coordonnées à leur expression finie. C'est précisément l'objet du Calcul infinitésimal, dont l'heureuse découverte a procuré tant d'avantages à la Mécanique, et l'on sent combien il est utile de perfectionner ce puissant instrument de l'esprit humain.

Nous avons dans la pesanteur un exemple journalier d'une force qui semble agir sans interruption. A la vérité, nous ignorons si ses actions successives sont séparées par des intervalles de temps, dont la durée est insensible; mais, les phénomènes étant à très peu près les mêmes dans cette hypothèse et dans celle d'une action continue, les géomètres ont préféré celle-ci, comme étant plus commode et plus simple. Développons les lois de ces phénomènes.

La pesanteur paraît agir de la même manière sur les corps, dans l'état du repos et dans celui du mouvement. Au premier instant, un corps abandonné à son action acquiert un degré de vitesse infiniment petit; un nouveau degré de vitesse s'ajoute au premier dans le second instant, et ainsi de suite, en sorte que la vitesse augmente en raison du temps.

Si l'on imagine un triangle rectangle, dont un des côtés représente le temps et croisse avec lui, l'autre côté pourra représenter la vitesse. L'élément de la surface de ce triangle étant égal au produit de l'élément du temps par la vitesse, il représentera l'élément de l'espace que la pesanteur fait décrire; cet espace sera ainsi représenté par la surface entière du triangle, qui, croissant comme le carré d'un de ses côtés, fait voir que, dans le mouvement accéléré par la pesanteur, les vitesses augmentent comme les temps, et les hauteurs dont le corps tombe, en partant du repos, croissent comme le carré des temps ou des vitesses. En exprimant donc par l'unité l'espace dont un corps descend dans la première seconde, il descendra de quatre unités en deux secondes, de neuf unités en trois secondes, et ainsi du reste, en sorte qu'à chaque seconde il décrira des espaces croissant comme les nombres impairs, 1, 3, 5, 7, ...

L'espace qu'un corps, en vertu de la vitesse acquise à la fin de sa chute, décrirait pendant un temps égal à sa durée, serait le produit de ce temps par sa vitesse : ce produit est le double de la surface du triangle; ainsi le corps mû uniformément en vertu de sa vitesse acquise décrirait dans un temps égal à celui de sa chute un espace double de celui qu'il a parcouru.

Le rapport de la vitesse acquise au temps est constant pour une même force accélératrice : il augmente ou diminue, suivant que ces forces sont plus ou moins grandes; il peut donc servir à les exprimer. Le double de l'espace parcouru étant le produit du temps par la vitesse, la force accélératrice est égale à ce double espace divisé par le carré du temps. Elle est encore égale au carré de la vitesse divisé par ce double espace. Ces trois manières d'exprimer les forces accélératrices sont utiles dans diverses circonstances; elles ne donnent pas les valeurs absolues de ces forces, mais seulement leurs rapports entre elles, et dans la Mécanique on n'a besoin que de ces rapports.

Sur un plan incliné, l'action de la pesanteur se décompose en deux autres : l'une, perpendiculaire au plan, est détruite par sa résistance; l'autre, parallèle au plan, est à la pesanteur primitive comme la hauteur du plan est à sa longueur. Le mouvement est donc uniformément accéléré sur les plans inclinés, mais les vitesses et les espaces parcourus sont aux vitesses et aux espaces parcourus dans le même temps suivant la verticale dans le rapport de la hauteur du plan à sa longueur. Il suit de là que toutes les cordes d'un cercle qui aboutissent à l'une des extrémités de son diamètre vertical sont décrites par l'action de la pesanteur dans le même temps que son diamètre.

Un projectile lancé suivant une droite quelconque s'en écarte sans cesse, en décrivant une courbe concave vers l'horizon et dont cette droite est la première tangente. Son mouvement, rapporté à cette droite par des lignes verticales, est uniforme; mais il s'accélère suivant ces verticales, conformément aux lois que nous venons d'exposer; en élevant donc de chaque point de la courbe des verticales prolongées jusqu'à la première tangente, elles seront proportionnelles aux carrés

des parties correspondantes de cette tangente, propriété qui caractérise
la parabole. Si la force de projection est dirigée suivant la verticale
elle-même, la parabole se confond alors avec elle; ainsi les formules
du mouvement parabolique embrassent les mouvements accélérés ou
retardés dans la verticale.

Telles sont les lois de la chûte des graves, découvertes par Galilée.
Il nous semble aujourd'hui qu'il était facile d'y parvenir; mais, puisqu'elles avaient échappé aux recherches des philosophes, malgré les
phénomènes qui les reproduisaient sans cesse, il fallait un rare génie
pour les démêler dans ces phénomènes.

On a vu, dans le Livre Ier, qu'un point matériel suspendu à l'extrémité d'une droite sans masse et fixe à son autre extrémité forme le pendule simple. Ce pendule, écarté de la verticale, tend à y revenir par sa
pesanteur, et cette tendance est à très peu près proportionnelle à cet
écart, s'il est peu considérable. Imaginons deux pendules de même
longueur, et partant au même instant, avec des vitesses très petites, de
la situation verticale. Ils décriront au premier instant des arcs proportionnels à ces vitesses. Au commencement d'un second instant, égal
au premier, les vitesses seront retardées proportionnellement aux arcs
décrits, et par conséquent aux vitesses primitives; les arcs décrits dans
cet instant seront donc encore proportionnels à ces vitesses. Il en sera
de même des arcs décrits au troisième instant, au quatrième, etc.
Ainsi, à chaque instant, les vitesses et les arcs mesurés depuis la verticale seront proportionnels aux vitesses primitives; les pendules arriveront donc au même moment à l'état de repos. Ils reviendront ensuite vers la verticale par un mouvement accéléré suivant les mêmes
lois par lesquelles leur vitesse avait été retardée, et ils y parviendront
au même instant et avec leur vitesse primitive. Ils oscilleront de la
même manière de l'autre côté de la verticale, et ils continueraient
d'osciller à l'infini sans les résistances qu'ils éprouvent. Il est visible
que l'étendue de leurs oscillations est proportionnelle à leur vitesse
primitive; mais la durée de ces oscillations est la même, et par conséquent indépendante de leur grandeur. La force qui accélère ou retarde

le pendule n'étant pas exactement en raison de l'arc mesuré depuis la
verticale, cet isochronisme n'est qu'approché relativement aux petites
oscillations d'un corps pesant, mû dans un cercle. Il est rigoureux
dans la courbe sur laquelle la pesanteur, décomposée parallèlement à
la tangente, est proportionnelle à l'arc compté du point le plus bas,
ce qui donne immédiatement son équation différentielle. Huygens, à
qui l'on doit l'application du pendule aux horloges, avait intérêt de
connaître cette courbe et la manière de la faire décrire au pendule.
Il trouva qu'elle est une cycloïde placée verticalement, en sorte que
son sommet soit le point le plus bas, et que, pour la faire décrire à un
corps suspendu à l'extrémité d'un fil inextensible, il suffit de fixer
l'autre extrémité à l'origine commune de deux cycloïdes égales à celle
que l'on veut faire décrire, et placées verticalement en sens contraire,
de manière que le fil, en oscillant, enveloppe alternativement chacune
de ces courbes. Quelque ingénieuses que soient ces recherches, l'expérience a fait préférer le pendule circulaire, comme étant beaucoup plus
simple et d'une précision suffisante, même à l'Astronomie. Mais la
théorie des développées, qu'elles ont fait naître, est devenue très importante par ses applications au Système du monde.

La durée des oscillations fort petites d'un pendule circulaire est au
temps qu'un corps pesant emploierait à tomber d'une hauteur égale au
double de la longueur du pendule comme la demi-circonférence est au
diamètre. Ainsi le temps de la chute le long d'un petit arc terminé par
un diamètre vertical est au temps de la chute le long de ce diamètre,
ou, ce qui revient au même, par la corde de l'arc, comme le quart de la
circonférence est au diamètre ; la droite menée entre deux points donnés n'est donc pas la ligne de la plus vite descente de l'un à l'autre.
La recherche de cette ligne a excité la curiosité des géomètres, et ils
ont trouvé qu'elle est une cycloïde, dont l'origine est au point le plus
élevé.

La longueur du pendule simple qui bat les secondes est au double de
la hauteur dont la pesanteur fait tomber les corps dans la première seconde de leur chute comme le carré du diamètre est au carré de la

circonférence. Cette longueur pouvant être mesurée avec une grande précision, on aura, au moyen de ce théorème, le temps de la chute des corps d'une hauteur déterminée, beaucoup plus exactement que par des expériences directes. On a vu dans le Livre Ier que des expériences très exactes ont donné la longueur du pendule à secondes à Paris de $0^m,741887$, d'où il résulte que la pesanteur y fait tomber les corps de $3^m,66107$ dans la première seconde. Ce passage du mouvement d'oscillation, dont on peut observer avec une grande précision la durée, au mouvement rectiligne des graves est une remarque ingénieuse dont on est encore redevable à Huygens.

Les durées des oscillations fort petites des pendules de longueurs différentes et animés par la même pesanteur sont comme les racines carrées de ces longueurs. Si les pendules sont de même longueur et animés de pesanteurs différentes, les durées des oscillations sont réciproques aux racines carrées des pesanteurs.

C'est au moyen de ces théorèmes que l'on a déterminé la variation de la pesanteur à la surface de la Terre et au sommet des montagnes. Les observations du pendule ont pareillement fait connaitre que la pesanteur ne dépend ni de la surface ni de la figure des corps, mais qu'elle pénètre leurs parties les plus intimes, et qu'elle tend à leur imprimer dans le même temps des vitesses égales. Pour s'en assurer, Newton a fait osciller un grand nombre de corps de même poids, et différents soit par la figure, soit par la matière, en les plaçant dans l'intérieur d'une même surface, afin que la résistance de l'air fût la même. Quelque précision qu'il ait apportée dans ses expériences, il n'a point remarqué de différences sensibles entre les longueurs du pendule simple à secondes, conclues des durées des oscillations de ces corps; d'où il suit que, sans les résistances qu'ils éprouvent, leur vitesse acquise par l'action de la pesanteur serait la même en temps égal.

Nous avons encore dans le mouvement circulaire l'exemple d'une force agissant d'une manière continue. Le mouvement de la matière abandonnée à elle-même étant uniforme et rectiligne, il est clair qu'un corps mû sur une circonférence tend sans cesse à s'éloigner du centre par la tangente. L'effort qu'il fait pour cela se nomme *force centrifuge*, et l'on nomme *force centrale* ou *centripète* toute force dirigée vers un centre. Dans le mouvement circulaire, la force centrale est égale et directement contraire à la force centrifuge; elle tend sans cesse à rapprocher le corps du centre de la circonférence, et, dans un intervalle de temps très court, son effet est mesuré par le sinus verse du petit arc décrit.

On peut, au moyen de ce résultat, comparer à la pesanteur la force centrifuge due au mouvement de rotation de la Terre. A l'équateur les corps décrivent, en vertu de cette rotation, dans chaque seconde de temps, un arc de 40″,1095 de la circonférence de l'équateur terrestre. Le rayon de cet équateur étant 6376606^m à fort peu près, le sinus verse de cet arc est de 0^m,0126559. Pendant une seconde, la pesanteur fait tomber les corps, à l'équateur, de 3^m,64930; ainsi la force centrale nécessaire pour retenir les corps à la surface de la Terre, et par conséquent la force centrifuge due à son mouvement de rotation, est à la pesanteur à l'équateur dans le rapport de l'unité à 288,4. La force centrifuge diminue la pesanteur, et les corps ne tombent à l'équateur qu'en vertu de la différence de ces deux forces; en nommant donc *gravité* la pesanteur entière qui aurait lieu sans la diminution qu'elle éprouve, la force centrifuge à l'équateur est à fort peu près $\frac{1}{289}$ de la gravité. Si la rotation de la Terre était dix-sept fois plus rapide, l'arc décrit dans une seconde à l'équateur serait dix-sept fois plus grand, et son sinus verse serait 289 fois plus considérable; la force centrifuge serait donc alors égale à la gravité, et les corps cesseraient de peser sur la Terre à l'équateur.

En général, l'expression d'une force accélératrice constante, qui agit toujours dans le même sens, est égale au double de l'espace qu'elle fait décrire, divisé par le carré du temps : toute force accélératrice, dans un intervalle de temps très court, peut être supposée constante et agir suivant la même direction; d'ailleurs l'espace que la force centrale fait décrire dans le mouvement circulaire est le sinus verse du petit arc décrit, et ce sinus est à très peu près égal au carré de l'arc, divisé par le diamètre; l'expression de cette force est donc le carré de l'arc décrit, divisé par le carré du temps et par le rayon du cercle. L'arc divisé par le temps est la vitesse même du corps; la force centrale et la force centrifuge sont donc égales au carré de la vitesse divisé par le rayon.

Rapprochons ce résultat de celui que nous avons trouvé précédemment, et suivant lequel la pesanteur est égale au carré de la vitesse acquise divisé par le double de l'espace parcouru suivant la verticale; nous verrons que la force centrifuge est égale à la pesanteur, si la vitesse du corps qui circule est la même que celle acquise par un corps pesant qui tomberait d'une hauteur égale à la moitié du rayon de la circonférence décrite.

Les vitesses de plusieurs corps mus circulairement sont égales aux circonférences qu'elles décrivent, divisées par les temps de leurs révolutions; les circonférences sont comme les rayons; ainsi les carrés des vitesses sont comme les carrés des rayons, divisés par les carrés de ces temps. Les forces centrifuges sont donc entre elles comme les rayons des circonférences divisés par les carrés des temps des révolutions. Il suit de là que, sur divers parallèles terrestres, la force centrifuge due au mouvement de rotation de la Terre est proportionnelle aux rayons de ces parallèles.

Ces beaux théorèmes, découverts par Huygens, ont conduit Newton à la théorie générale du mouvement dans les courbes et à la loi de la pesanteur universelle.

Un corps qui décrit une courbe quelconque tend à s'en écarter par la tangente; or on peut toujours imaginer un cercle qui passe par deux éléments contigus de la courbe, et que l'on nomme *cercle osculateur :* dans deux instants consécutifs, le corps est mû sur la circonférence de ce cercle; sa force centrifuge est donc égale au carré de sa vitesse divisé par le rayon du cercle osculateur; mais la position et la grandeur de ce cercle varient sans cesse.

Si la courbe est décrite en vertu d'une force dirigée vers un point fixe, on peut décomposer cette force en deux, l'une suivant le rayon osculateur, l'autre suivant l'élément de la courbe. La première fait équilibre à la force centrifuge; la seconde augmente ou diminue la vitesse du corps; cette vitesse est donc continuellement variable. Mais elle est toujours telle que *les aires décrites par le rayon vecteur autour de l'origine de la force sont proportionnelles aux temps. Réciproquement, si les aires tracées par le rayon vecteur autour d'un point fixe croissent comme les temps, la force qui les fait décrire est constamment dirigée vers ce point.* Ces propositions, fondamentales dans la théorie du Système du monde, se démontrent aisément de cette manière.

La force accélératrice peut être supposée n'agir qu'au commencement de chaque instant pendant lequel le mouvement du corps est uniforme; le rayon vecteur trace alors un petit triangle. Si la force cessait d'agir dans l'instant suivant, le rayon vecteur tracerait dans ce nouvel instant un nouveau triangle égal au premier, puisque ces deux triangles ayant leur sommet au point fixe origine de la force, leurs bases situées sur une même droite seraient égales, comme étant décrites avec la même vitesse pendant des instants que nous supposons égaux. Mais au commencement du nouvel instant la force accélératrice se combine avec la force tangentielle du corps, et fait décrire la diagonale du parallélogramme dont les côtés représentent ces forces. Le triangle que le rayon vecteur décrit en vertu de cette force combinée est égal à celui qu'il eût décrit sans l'action de la force accélératrice; car ces deux triangles ont pour base commune le rayon vecteur de la fin du premier instant, et leurs sommets sont sur une droite parallèle à cette base; l'aire tracée par le rayon vecteur est donc égale dans deux instants consécutifs égaux, et par conséquent le secteur décrit par ce rayon croît comme le nombre de ces instants ou comme les temps. Il est visible que cela n'a lieu qu'autant que la force accélératrice est dirigée vers le point fixe; autrement, les triangles que nous venons de considérer n'auraient pas même hauteur. Ainsi, la proportionnalité des aires aux temps démontre que la force accélératrice est dirigée constamment vers l'origine du rayon vecteur.

Dans ce cas, si l'on imagine un très petit secteur décrit pendant un intervalle de temps fort court; que de la première extrémité de l'arc

de ce secteur on mène une tangente à la courbe, et que l'on prolonge
jusqu'à cette tangente le rayon mené de l'origine de la force à l'autre
extrémité de l'arc; la partie de ce rayon interceptée entre la courbe et
la tangente sera visiblement l'espace que la force centrale a fait décrire. En divisant le double de cet espace par le carré du temps, on
aura l'expression de la force; or le secteur est proportionnel au temps;
la force centrale est donc comme la partie du rayon vecteur interceptée entre la courbe et la tangente, divisée par le carré du secteur.
A la rigueur, la force centrale dans les divers points de la courbe n'est
pas proportionnelle à ces quotients; mais elle approche d'autant plus
de l'être que les secteurs sont plus petits, en sorte qu'elle est exactement proportionnelle à la limite de ces quotients. L'analyse différentielle donne cette limite en fonction du rayon vecteur, lorsque la nature de la courbe est connue, et alors on a la fonction de la distance
à laquelle la force centrale est proportionnelle.

Si la loi de la force est donnée, la recherche de la courbe qu'elle fait
décrire présente plus de difficulté. Mais, quelles que soient les forces
dont le corps toujours supposé libre est animé, on déterminera facilement de la manière suivante les équations différentielles de son mouvement. Imaginons trois axes fixes perpendiculaires entre eux; la position du corps à un instant quelconque sera déterminée par trois
coordonnées parallèles à ces axes. En décomposant chacune des forces
qui agissent sur le point en trois autres dirigées parallèlement aux
mêmes axes, le produit de la résultante de toutes les forces parallèles
à l'une des coordonnées par l'élément du temps pendant lequel elle
agit exprimera l'accroissement de la vitesse du corps parallèlement à
cette coordonnée; or cette vitesse peut être supposée égale à l'élément
de la coordonnée divisé par l'élément du temps; la différentielle du
quotient de cette division est donc égale au produit précédent. La considération des deux autres coordonnées fournit deux égalités semblables; ainsi la détermination du mouvement du corps devient une
recherche de pure analyse, qui se réduit à l'intégration de ces équations différentielles.

En général, l'élément du temps étant supposé constant, la différence seconde de chaque coordonnée, divisée par le carré de cet élément, représente une force qui, appliquée en sens contraire au point, ferait équilibre à la force qui le sollicite suivant cette coordonnée. En multipliant la différence de ces forces par la variation arbitraire de la coordonnée, et ajoutant les trois produits semblables relatifs aux trois coordonnées, leur somme sera nulle par la condition de l'équilibre. Si le point est libre, les variations des trois coordonnées seront toutes arbitraires, et, en égalant à zéro le coefficient de chacune d'elles, on aura les trois équations différentielles du mouvement du point. Mais, si le point n'est pas libre, on aura entre les trois coordonnées une ou deux relations, qui donneront un pareil nombre d'équations entre leurs variations arbitraires. En éliminant donc à leur moyen autant de ces variations, on égalera les coefficients des variations restantes à zéro, et l'on aura les équations différentielles du mouvement, équations qui, combinées avec les relations des coordonnées, détermineront pour un instant quelconque la position du point.

L'intégration de ces équations est facile quand la force est dirigée vers un centre fixe; mais souvent la nature des forces la rend impossible. Cependant la considération des équations différentielles conduit à quelques principes intéressants de Mécanique, tels que le suivant. La différentielle du carré de la vitesse d'un point soumis à l'action de forces accélératrices est égale au double de la somme des produits de chaque force par le petit espace dont le point s'avance suivant la direction de cette force. Il est aisé d'en conclure que la vitesse acquise par un corps pesant, le long d'une ligne ou d'une surface courbe, est la même que s'il tombait verticalement de la même hauteur.

Plusieurs philosophes, frappés de l'ordre qui règne dans la nature et de la fécondité de ses moyens dans la production des phénomènes, ont pensé qu'elle parvient toujours à son but par les voies les plus simples. En étendant cette manière de voir à la Mécanique, ils ont cherché l'économie que la nature avait eue pour objet dans l'emploi des forces et du temps. Ptolémée avait reconnu que la lumière réfléchie parvient d'un point à un autre par le chemin le plus court, et par conséquent dans le moins de temps possible, en supposant la vitesse du rayon lumineux toujours la même. Fermat, l'un des plus beaux génies dont la France s'honore, généralisa ce principe, en l'étendant à la réfraction de la lumière. Il supposa donc qu'elle parvient d'un point pris au dehors d'un milieu diaphane à un point intérieur dans le temps le plus court; regardant ensuite comme très vraisemblable que sa vitesse devait être plus petite dans ce milieu que dans le vide, il chercha dans ces hypothèses la loi de la réfraction de la lumière. En appliquant à ce problème sa belle méthode *de maximis et de minimis*, que l'on doit regarder comme le véritable germe du Calcul différentiel, il trouva, conformément à l'expérience, que les sinus d'incidence et de réfraction devaient être dans un rapport constant plus grand que l'unité. La manière heureuse dont Newton a déduit ce rapport de l'attraction des milieux fit voir à Maupertuis que la vitesse de la lumière augmente dans les milieux diaphanes, et qu'ainsi ce n'est point, comme Fermat le prétendait, la somme des quotients des espaces décrits dans le vide et dans le milieu et divisés par les vitesses correspondantes, mais la somme des produits de ces quantités, qui doit être un minimum. Euler étendit cette supposition aux mouvements variables à chaque instant, et il prouva par divers exemples que, *parmi toutes les courbes qu'un corps peut décrire en allant d'un point à un autre, il choisit toujours celle dans laquelle l'intégrale du produit de sa masse par sa vitesse et par l'élément de la courbe est un minimum.* Ainsi la vitesse d'un point mû dans une surface courbe, et qui n'est sollicité par aucune force, étant constante, il parvient d'un point à un autre par la ligne la plus courte de cette surface. On a nommé l'intégrale précédente *action d'un corps*, et la réunion des intégrales semblables, relatives à chaque corps d'un système, a été nommée *action du système*. Euler établit donc que cette action est toujours un minimum, en sorte que l'économie de la nature consiste à l'épargner : c'est là ce qui constitue le *principe de la moindre action*, dont on doit regarder Euler comme le véritable inventeur, et que Lagrange ensuite a dérivé des lois primordiales du mouvement.

Ce principe n'est au fond qu'un résultat curieux de ces lois, qui, comme on l'a vu, sont les plus naturelles et les plus simples que l'on puisse imaginer, et qui par là semblent découler de l'essence même de la matière. Il convient à toutes les relations mathématiquement possibles entre la force et la vitesse, pourvu que l'on substitue dans ce principe, au lieu de la vitesse, la fonction de la vitesse par laquelle la force est exprimée. Le principe de la moindre action ne doit donc point être érigé en cause finale, et loin d'avoir donné naissance aux lois du mouvement, il n'a pas même contribué à leur découverte, sans laquelle on disputerait encore sur ce qu'il faut entendre par la moindre action de la nature.

CHAPITRE III.

DE L'ÉQUILIBRE D'UN SYSTÈME DE CORPS.

Le cas le plus simple de l'équilibre de plusieurs corps est celui de deux points matériels qui se rencontrent avec des vitesses égales et directement contraires. Leur impénétrabilité mutuelle, propriété de la matière en vertu de laquelle deux corps ne peuvent pas occuper le même lieu au même instant, anéantit évidemment leurs vitesses et les réduit à l'état du repos. Mais si deux corps de masses différentes viennent à se choquer avec des vitesses opposées, quel est le rapport des vitesses aux masses, dans le cas de l'équilibre? Pour résoudre ce problème, imaginons un système de points matériels contigus, rangés sur une même droite et animés d'une vitesse commune dans sa direction; concevons pareillement un second système de points matériels contigus, disposés sur la même droite et animés d'une vitesse commune et contraire à la précédente, de manière que les deux systèmes se choquent mutuellement en se faisant équilibre. Il est clair que si le premier système n'était composé que d'un seul point matériel, chaque point du second système éteindrait dans le point choquant une partie de sa vitesse égale à la vitesse de ce système; la vitesse du point choquant doit donc être, dans le cas de l'équilibre, égale au produit de la vitesse du second système par le nombre de ses points, et l'on peut substituer au premier système un seul point animé d'une vitesse égale à ce produit. On peut semblablement substituer au second système un point matériel animé d'une vitesse égale au produit de la vitesse du

premier système par le nombre de ses points. Ainsi, au lieu de deux
systèmes, on aura deux points qui se feront équilibre avec des vitesses
contraires, dont l'une sera le produit de la vitesse du premier système
par le nombre de ses points, et dont l'autre sera le produit de la vitesse des points du second système par leur nombre ; ces produits doivent donc être égaux dans le cas de l'équilibre.

La masse d'un corps est la somme de ses points matériels. On nomme
quantité de mouvement le produit de la masse par la vitesse ; c'est aussi
ce que l'on entend par la *force d'un corps*. Pour l'équilibre de deux
corps ou de deux systèmes de points matériels qui se choquent en sens
contraires, les quantités de mouvement ou les forces opposées doivent
être égales, et par conséquent les vitesses doivent être réciproques aux
masses.

Deux points matériels ne peuvent évidemment agir l'un sur l'autre
que suivant la droite qui les joint : l'action que le premier exerce sur
le second lui communique une certaine quantité de mouvement ; or on
peut, avant l'action, concevoir le second corps sollicité par cette quantité et par une autre égale et directement opposée ; l'action du premier
corps se réduit ainsi à détruire cette dernière quantité de mouvement ;
mais pour cela il doit employer une quantité de mouvement égale et
contraire, qui sera détruite. On voit donc généralement que, dans l'action mutuelle des corps, la réaction est toujours égale et contraire à
l'action. On voit encore que cette égalité ne suppose point une force
particulière dans la matière ; elle résulte de ce qu'un corps ne peut
acquérir du mouvement par l'action d'un autre corps sans l'en dépouiller, de même qu'un vase se remplit aux dépens d'un vase plein qui
communique avec lui.

L'égalité de l'action à la réaction se manifeste dans toutes les actions
de la nature : le fer attire l'aimant comme il en est attiré ; on observe
la même chose dans les attractions et dans les répulsions électriques,
et même dans le développement des forces animales ; car, quel que soit
le principe moteur de l'homme et des animaux, il est constant qu'ils
reçoivent, par la réaction de la matière, une force égale et contraire à

celles qu'ils lui communiquent, et qu'ainsi, sous ce rapport, ils sont
assujettis aux mêmes lois que les êtres inanimés.

La réciprocité des vitesses aux masses, dans le cas de l'équilibre, sert
à déterminer le rapport des masses des différents corps. Celles des corps
homogènes sont proportionnelles à leurs volumes, que la Géométrie
apprend à mesurer. Mais tous les corps ne sont pas de même nature,
et les différences qui existent, soit dans leurs molécules intégrantes,
soit dans le nombre et la grandeur des intervalles ou pores qui séparent ces molécules, en apportent de très grandes entre leurs masses
renfermées sous le même volume. La Géométrie devient alors insuffi-
sante pour déterminer le rapport de ces masses, et il est indispensable
de recourir à la Mécanique.

Si l'on imagine deux globes de différentes matières, et que l'on fasse
varier leurs diamètres jusqu'à ce qu'en les animant de vitesses égales
et directement contraires, ils se fassent équilibre, on sera sûr qu'ils
renfermeront le même nombre de points matériels, et par conséquent
des masses égales. On aura donc ainsi le rapport des volumes de ces
substances à égalité de masse; ensuite, à l'aide de la Géométrie, on en
conclura le rapport des masses de deux volumes quelconques des
mêmes substances. Mais cette méthode serait d'un usage très pénible
dans les comparaisons nombreuses qu'exigent à chaque instant les besoins du commerce. Heureusement la nature nous offre dans la pesanteur des corps un moyen très simple de comparer leurs masses.

On a vu, dans le Chapitre précédent, que chaque point matériel dans
le même lieu de la Terre tend à se mouvoir avec la même vitesse par
l'action de la pesanteur; la somme de ces tendances est ce qui constitue
le poids d'un corps; ainsi les poids sont proportionnels aux masses. Il
suit de là que, si deux corps suspendus aux extrémités d'un fil, qui
passe sur une poulie, se font équilibre lorsque les deux parties du fil
sont égales de chaque côté de la poulie, les masses de ces corps sont
égales, puisque, tendant à se mouvoir avec la même vitesse par l'action
de la pesanteur, elles agissent l'une sur l'autre comme si elles se cho-
quaient avec des vitesses égales et directement contraires. On peut en-

core mettre deux corps en équilibre au moyen d'une balance, dont les bras et les bassins sont parfaitement égaux, et alors on sera sûr de l'égalité de leurs masses. On aura ainsi le rapport des masses de différents corps au moyen d'une balance exacte et sensible et d'un grand nombre de petits poids égaux, en déterminant le nombre de ces poids nécessaire pour tenir ces masses en équilibre.

La densité d'un corps dépend du nombre de ses points matériels renfermés sous un volume donné; elle est donc proportionnelle au rapport de la masse au volume. Une substance qui n'aurait point de pores aurait la plus grande densité possible : en lui comparant la densité des autres corps, on aurait la quantité de matière qu'ils renferment. Mais, ne connaissant point de substances semblables, nous ne pouvons avoir que les densités relatives des corps. Ces densités sont en raison des poids sous un même volume, puisque les poids sont proportionnels aux masses; en prenant ainsi pour unité la densité d'une substance quelconque, à une température constante, par exemple, le maximum de densité de l'eau distillée, la densité d'un corps sera le rapport de son poids à celui d'un pareil volume d'eau réduite à ce maximum. Ce rapport est ce que l'on nomme *pesanteur spécifique*.

Tout cela semble supposer que la matière est homogène et que les corps ne diffèrent que par la figure et la grandeur de leurs pores et de leurs molécules intégrantes. Il est cependant possible qu'il y ait des différences essentielles dans la nature même de ces molécules, et il ne répugne point au peu de notions que nous avons de la matière de supposer l'espace céleste plein d'un fluide dénué de pores, et cependant tel qu'il n'oppose qu'une résistance insensible aux mouvements planétaires. On pourrait ainsi concilier l'inaltérabilité de ces mouvements, prouvée par les phénomènes, avec l'opinion de ceux qui regardent le vide comme impossible. Mais cela est indifférent à la Mécanique, qui ne considère dans les corps que l'étendue et le mouvement. On peut alors, sans craindre aucune erreur, admettre l'homogénéité des éléments de la matière, pourvu que l'on entende par masses égales des masses qui, animées de vitesses égales et directement contraires, se font équilibre.

Dans la théorie de l'équilibre et du mouvement des corps, on fait abstraction du nombre et de la figure des pores dont ils sont parsemés. On peut avoir égard à la différence de leurs densités respectives, en les supposant formés de points matériels plus ou moins denses, parfaitement libres dans les fluides, unis entre eux par des droites sans masse, inflexibles dans les corps durs, flexibles et extensibles dans les corps élastiques et mous. Il est clair que, dans ces suppositions, les corps offriraient les apparences qu'ils nous présentent.

Les conditions de l'équilibre d'un système de corps peuvent toujours être déterminées par la loi de la composition des forces, exposée dans le Chapitre Ier de ce Livre. Car on peut concevoir la force dont chaque point matériel est animé appliquée au point de sa direction où vont concourir les forces qui la détruisent, ou qui, en se composant avec elle, forment une résultante qui, dans le cas de l'équilibre, est anéantie par les points fixes du système. Considérons, par exemple, deux points matériels attachés aux extrémités d'un levier inflexible, et supposons ces points sollicités par des forces dont les directions soient dans un plan passant par le levier. En concevant ces forces réunies au point de concours de leurs directions, leur résultante doit, pour l'équilibre, passer par le point d'appui qui peut seul la détruire, et, suivant la loi de la composition des forces, les deux composantes doivent être alors réciproques aux perpendiculaires menées du point d'appui sur leurs directions.

Si l'on imagine deux corps pesants attachés aux extrémités d'un levier inflexible, dont la masse soit supposée infiniment petite par rapport à celle des corps, on pourra concevoir les directions parallèles de la pesanteur réunies à une distance infinie ; dans ce cas, les forces dont chaque corps pesant est animé ou, ce qui revient au même, leurs poids doivent, pour l'équilibre, être réciproques aux perpendiculaires menées du point d'appui sur les directions de ces forces ; ces perpendiculaires sont proportionnelles aux bras du levier ; ainsi les poids de deux corps en équilibre sont réciproques aux bras du levier auquel ils sont attachés.

Un très petit poids peut donc, au moyen du levier et des machines qui s'y rapportent, faire équilibre à un poids très considérable, et l'on peut de cette manière soulever un énorme fardeau avec un léger effort : mais il faut, pour cela, que le bras du levier auquel la puissance est attachée soit fort long par rapport à celui qui soulève le fardeau, et que la puissance parcoure un grand espace pour élever le fardeau à une petite hauteur. Alors on perd en temps ce que l'on gagne en force, et c'est ce qui a lieu généralement dans les machines. Mais souvent on peut disposer du temps à volonté, tandis que l'on ne peut employer qu'une force limitée. Dans d'autres circonstances, où il faut se procurer une grande vitesse, on peut y parvenir au moyen du levier, en appliquant la puissance au bras le plus court. C'est dans la possibilité d'augmenter suivant les besoins la masse ou la vitesse des corps à mouvoir que consiste le principal avantage des machines.

La considération du levier a fait naître l'idée des moments. On nomme *moment* d'une force, pour faire tourner le système autour d'un point, le produit de cette force par la distance du point à sa direction. Ainsi, dans le cas de l'équilibre d'un levier aux extrémités duquel deux forces sont appliquées, les moments de ces forces par rapport au point d'appui doivent être égaux et contraires, ou, ce qui revient au même, la somme des moments doit être nulle relativement à ce point.

La projection d'une force sur un plan mené par un point fixe, multipliée par la distance du point à cette projection, est ce que l'on nomme *moment* de la force pour faire tourner le système autour de l'axe qui, passant par le point fixe, est perpendiculaire au plan.

Le moment de la résultante d'un nombre quelconque de forces, par rapport à un point ou à un axe quelconque, est égal à la somme des moments semblables des forces composantes.

Les forces parallèles pouvant être supposées se réunir à une distance infinie, elles sont réductibles à une résultante égale à leur somme et qui leur est parallèle ; en décomposant donc chaque force d'un système de corps en deux, l'une située dans un plan, l'autre perpendiculaire à ce plan, toutes les forces situées dans le plan seront réductibles à une

seule, ainsi que toutes les forces perpendiculaires au plan. Il existe
toujours un plan passant par le point fixe, et tel que la résultante des
forces qui lui sont perpendiculaires est nulle ou passe par ce point;
dans ces deux cas, le moment de cette résultante est nul relativement
aux axes qui ont ce point pour origine, et le moment des forces du système par rapport à ces axes se réduit au moment de la résultante située
dans le plan dont il s'agit. L'axe autour duquel ce moment est un
maximum est celui qui est perpendiculaire à ce plan, et le moment des
forces du système, relatif à un axe qui, passant par le point fixe, forme
un angle quelconque avec l'axe du plus grand moment, est égal au plus
grand moment du système, multiplié par le cosinus de cet angle; en
sorte que ce moment est nul pour tous les axes situés dans le plan auquel l'axe du plus grand moment est perpendiculaire.

La somme des carrés des cosinus des angles formés par l'axe du plus
grand moment et par trois axes quelconques perpendiculaires entre
eux et passant par le point fixe étant égale à l'unité, les carrés des trois
sommes des moments de forces, relativement à ces axes, sont égaux au
carré du plus grand moment.

Pour l'équilibre d'un système de corps liés invariablement entre eux
et pouvant se mouvoir autour d'un point fixe, la somme des moments
des forces doit être nulle par rapport à un axe quelconque passant par
ce point. Il suit de ce qui précède que cela aura lieu généralement, si
cette somme est nulle relativement à trois axes fixes perpendiculaires
entre eux. S'il n'y a pas de point fixe dans le système, il faut de plus,
pour l'équilibre, que les trois sommes des forces décomposées parallèlement à ces axes soient nulles séparément.

Considérons un système de points pesants attachés fixement ensemble, et rapportés à trois plans perpendiculaires entre eux et liés au
système. En décomposant l'action de la pesanteur parallèlement aux
intersections de ces plans, toutes les forces parallèles au même plan
peuvent se réduire à une seule résultante, parallèle à un plan et
égale à leur somme. Les trois résultantes relatives aux trois plans
doivent concourir au même point, puisque, les actions de la pesanteur

sur les divers points du système étant parallèles, elles ont une résultante unique, que l'on obtient en composant d'abord deux de ces forces, ensuite leur résultante avec une troisième, la résultante des trois forces avec une quatrième, et ainsi du reste. La situation de ce point de concours par rapport au système est indépendante de l'inclinaison des plans sur la direction de la pesanteur; car une inclinaison plus ou moins grande ne fait que changer les valeurs des trois résultantes partielles, sans altérer leur position relative aux plans; en supposant donc ce point fixe, tous les efforts des poids du système seront anéantis dans toutes les positions qu'il peut prendre en tournant autour de ce point que l'on a nommé, par cette raison, *centre de gravité* du système.

Concevons la position de ce centre et celle des divers points du système déterminés par les coordonnées parallèles à trois axes perpendiculaires entre eux. Les actions de la pesanteur étant égales et parallèles, et la résultante de ces actions sur le système passant dans toutes ses positions par son centre de gravité, si l'on suppose cette résultante successivement parallèle à chacun des trois axes, l'égalité du moment de la résultante à la somme des moments des composantes donne l'une quelconque des coordonnées de ce centre, multipliée par la masse entière du système, égale à la somme des produits de la masse de chaque point par sa coordonnée correspondante. Ainsi la détermination du centre de gravité, dont la pesanteur a fait naître l'idée, en est indépendante. La considération de ce centre, étendue à un système de corps pesants ou non pesants, libres ou liés entre eux d'une manière quelconque, est très utile dans la Mécanique.

En généralisant le théorème que nous avons donné, à la fin du Chapitre Ier, sur l'équilibre d'un point, on est conduit au théorème suivant, qui renferme de la manière la plus générale les conditions de l'équilibre d'un système de points matériels animés par des forces quelconques.

Si l'on change infiniment peu la position du système, d'une manière compatible avec la liaison de ses parties, chaque point matériel s'avancera, dans la direction de la force qui le sollicite, d'une quantité égale à la partie de cette direction comprise entre la première position du point et la perpendiculaire abaissée de la seconde position du point sur cette direction. Cela posé, *dans l'état d'équilibre, la somme des produits de chaque force par la quantité dont le point auquel elle est appliquée s'avance dans sa direction est nulle; et réciproquement, si cette somme est nulle, quelle que soit la variation du système, il est en équilibre.* C'est en cela que consiste le principe des vitesses virtuelles, principe dont on est redevable à Jean Bernoulli. Mais, pour en faire usage, il faut observer de prendre négativement les produits que nous venons d'indiquer, relatifs aux points qui, dans le changement de position du système, s'avancent en sens contraire de la direction de leurs forces; il faut se rappeler encore que la force est le produit de la masse d'un point matériel par la vitesse qu'elle lui ferait prendre, s'il était libre.

En concevant la position de chaque point du système déterminée par trois coordonnées rectangles, la somme des produits de chaque force par la quantité dont le point qu'elle sollicite s'avance dans sa direction, lorsqu'on fait varier infiniment peu le système, sera exprimée par une fonction linéaire des variations des coordonnées de ses différents points; ces variations ont entre elles des rapports, résultant de la liaison des parties du système; en réduisant donc, au moyen de ces rapports, les variations arbitraires au plus petit nombre possible, dans la somme précédente, qui doit être nulle pour l'équilibre, il faudra, pour qu'il ait lieu dans tous les sens, égaler séparément à zéro le coefficient de chacune des variations restantes, ce qui donnera autant d'équations qu'il y aura de ces variations arbitraires. Ces équations, réunies à celles que donne la liaison des parties du système, renfermeront toutes les conditions de son équilibre.

Il existe deux états d'équilibre très distincts. Dans l'un, si l'on trouble un peu l'équilibre, tous les corps du système ne font que de petites oscillations autour de leur position primitive, et alors l'équilibre est *ferme* ou *stable*. Cette stabilité est absolue, si elle a lieu quelles que soient les oscillations du système; elle n'est que relative, si elle n'a lieu que par rapport aux oscillations d'une certaine espèce. Dans l'autre état d'équilibre, les corps s'éloignent de plus en plus de leur position primitive, lorsqu'on les en écarte. On aura une juste idée de ces deux états, en considérant une ellipse placée verticalement sur un plan horizontal. Si l'ellipse est en équilibre sur son petit axe, il est clair qu'en l'écartant un peu de cette situation, par un petit mouvement sur elle-même, elle tend à y revenir en faisant des oscillations, que les frottements et la résistance de l'air auront bientôt anéanties. Mais, si l'ellipse est en équilibre sur son grand axe, une fois écartée de cette situation, elle tend à s'en éloigner davantage et finit par se renverser sur son petit axe. La stabilité de l'équilibre dépend donc de la nature des petites oscillations que le système, troublé d'une manière quelconque, fait autour de cet état. Pour déterminer généralement de quelle manière les divers états d'équilibre stable ou non stable se succèdent, considérons une courbe rentrante placée verticalement dans une situation d'équilibre stable. Dérangée un peu de cet état, elle tend à y revenir; cette tendance varie à mesure que l'écartement augmente, et lorsqu'elle devient nulle, la courbe se retrouve dans une situation nouvelle d'équilibre, mais qui n'est point stable, puisque la courbe, avant d'y arriver, tendait encore vers son premier état. Au delà de cette dernière situation, la tendance vers le premier état, et par conséquent vers le second, devient négative jusqu'à ce qu'elle redevienne encore nulle, et alors la courbe est dans une situation d'équilibre stable. En continuant ainsi, on voit que les états d'équilibre stable et non stable se succèdent alternativement, comme les maxima et les minima des ordonnées dans les courbes. Il est facile d'étendre le même raisonnement aux divers états d'équilibre d'un système de corps.

CHAPITRE IV.

DE L'ÉQUILIBRE DES FLUIDES.

La propriété caractéristique des fluides, soit élastiques, soit incompressibles, est l'extrême facilité avec laquelle chacune de leurs molécules obéit à la plus légère pression qu'elle éprouve d'un côté plutôt que d'un autre. Nous allons donc établir sur cette propriété les lois de l'équilibre des fluides, en les considérant comme formés d'un nombre infini de molécules parfaitement mobiles entre elles.

Il suit d'abord de cette mobilité que la force dont une molécule de la surface libre d'un fluide est animée doit être perpendiculaire à cette surface; car, si elle lui était inclinée, en la décomposant en deux autres, l'une perpendiculaire, et l'autre parallèle à cette surface, la molécule glisserait en vertu de cette dernière force; la pesanteur est donc perpendiculaire à la surface des eaux stagnantes, qui par conséquent est horizontale. Par la même raison, la pression que chaque molécule fluide exerce contre une surface doit lui être perpendiculaire.

Chaque molécule intérieure d'une masse fluide éprouve une pression qui, dans l'atmosphère, est mesurée par la hauteur du baromètre, et qui peut l'être d'une manière semblable pour tout autre fluide. En considérant la molécule comme un prisme rectangle infiniment petit, la pression du fluide environnant sera perpendiculaire aux faces de ce prisme, qui tendra, par conséquent, à se mouvoir perpendiculairement à chaque face, en vertu de la différence des pressions que le fluide exerce sur les deux faces opposées. De ces différences de pressions résultent trois forces perpendiculaires entre elles, qu'il faut combiner avec les autres forces qui sollicitent la molécule. Il est facile d'en conclure que la différentielle de la pression est, dans l'état d'équilibre, égale à la densité de la molécule fluide, multipliée par la somme des produits de chaque force par l'élément de sa direction; cette somme est donc une différence exacte, si le fluide est incompressible et homogène; résultat important auquel Clairaut est parvenu le premier, dans son bel ouvrage sur la *Figure de la Terre*.

Quand les forces sont produites par des attractions, qui sont toujours une fonction de la distance aux centres attirants, le produit de chaque force par l'élément de sa direction est une différentielle exacte; la densité de la molécule fluide doit donc être alors une fonction de la pression, puisque la différentielle de la pression, divisée par cette densité, est égale à une différence exacte. Ainsi toutes les couches de la masse fluide dans lesquelles la pression est constante sont de même densité dans toute leur étendue. La résultante de toutes les forces qui animent chaque molécule de la surface de ces couches est perpendiculaire à cette surface, sur laquelle la molécule glisserait, si cette résultante lui était inclinée. Ces couches ont été nommées, par cette raison, *couches de niveau*.

La densité d'une molécule d'air atmosphérique est une fonction de la pression et de la chaleur; sa pesanteur est à très peu près une fonction de sa hauteur au-dessus de la surface de la Terre. Si sa chaleur était pareillement une fonction de cette hauteur, l'équation de l'équilibre de l'atmosphère serait une équation différentielle entre la pression et la hauteur, et par conséquent l'équilibre serait toujours possible. Mais, dans la nature, la chaleur des diverses parties de l'atmosphère dépend encore de la latitude, de la présence du Soleil, et de mille autres causes variables ou constantes, qui doivent exciter dans cette grande masse fluide des mouvements souvent très considérables.

En vertu de la mobilité de ses parties, un fluide pesant peut exercer une pression beaucoup plus grande que son poids : un filet d'eau, par exemple, qui se termine par une large surface horizontale, presse autant la base sur laquelle il repose, qu'un cylindre d'eau de même base et de

même hauteur. Pour rendre sensible la vérité de ce paradoxe, imaginons un vase cylindrique fixe, et dont le fond horizontal soit mobile;
supposons ce vase rempli d'eau, et son fond maintenu en équilibre
par une force égale et contraire à la pression qu'il éprouve. Il est clair
que l'équilibre subsisterait toujours dans le cas où une partie de l'eau
viendrait à se consolider et à s'unir aux parois du vase; car l'équilibre
d'un système de corps n'est point troublé en supposant que, dans cet
état, plusieurs d'entre eux viennent à s'unir ou à s'attacher à des points
fixes. On peut donc former ainsi une infinité de vases de figures différentes, qui tous auront même fond et même hauteur que le vase cylindrique, et dans lesquels l'eau exercera la même pression sur le fond
mobile.

En général, lorsqu'un fluide n'agit que par son poids, la pression
qu'il exerce contre une surface équivaut au poids d'un prisme de ce
fluide, dont la base est égale à la surface pressée, et dont la hauteur est
la distance du centre de gravité de cette surface au plan de niveau du
fluide.

Un corps plongé dans un fluide y perd une partie de son poids égale
au poids du volume de fluide déplacé; car, avant l'immersion, le fluide
environnant faisait équilibre au poids de ce volume de fluide qui, sans
troubler l'équilibre, pouvait être supposé former une masse solide; la
résultante de toutes les actions du fluide sur cette masse doit donc faire
équilibre à son poids et passer par son centre de gravité; or il est clair
que ses actions sont les mêmes sur le corps qui en occupe la place;
l'action du fluide détruit donc une partie du poids de ce corps égale au
poids du volume de fluide déplacé. Ainsi les corps pèsent moins dans
l'air que dans le vide; la différence, très peu sensible pour la plupart,
n'est point à négliger dans des expériences délicates.

On peut, au moyen d'une balance qui porte à l'extrémité d'un de ses
fléaux un corps que l'on plonge dans un fluide, mesurer exactement la
diminution de poids que ce corps éprouve dans cette immersion, et
déterminer sa pesanteur spécifique ou sa densité relative à celle du
fluide. Cette pesanteur est le rapport du poids du corps dans le vide à

la diminution de ce poids, lorsque le corps est entièrement plongé dans
le fluide. C'est ainsi que l'on a déterminé les pesanteurs spécifiques
des corps, comparées au maximum de densité de l'eau distillée.

Pour qu'un corps plus léger qu'un fluide soit en équilibre à sa surface, il faut que son poids soit égal à celui du volume de fluide déplacé. Il faut de plus que les centres de gravité de cette portion du
fluide et du corps soient sur une même verticale ; car la résultante des
actions de la pesanteur sur toutes les molécules du corps passe par son
centre de gravité, et la résultante de toutes les actions du fluide sur
ce corps passe par le centre de gravité du volume de fluide déplacé :
ces résultantes devant être sur la même ligne pour se détruire, les
centres de gravité sont sur la même verticale. Mais il est nécessaire,
pour la stabilité de l'équilibre, de joindre d'autres conditions aux deux
précédentes. On pourra toujours la déterminer par la règle suivante.

Si, par le centre de gravité de la section à fleur d'eau d'un corps
flottant, on conçoit un axe horizontal, tel que la somme des produits
de chaque élément de la section par le carré de sa distance à cet axe
soit plus petite que relativement à tout autre axe horizontal mené par
le même centre, l'équilibre est stable dans tous les sens, lorsque cette
somme surpasse le produit du volume de fluide déplacé par la hauteur
du centre de gravité du corps au-dessus du centre de gravité de ce volume. Cette règle est principalement utile dans la construction des
vaisseaux, auxquels il importe de donner une stabilité suffisante pour
résister aux efforts des vagues et des vents. Dans un vaisseau, l'axe
mené de la poupe à la proue est celui par rapport auquel la somme
dont on vient de parler est un minimum ; il est donc facile, au moyen
de la règle précédente, d'en déterminer la stabilité.

Deux fluides renfermés dans un vase s'y disposent de manière que
le plus pesant occupe le fond du vase, et que la surface qui les sépare
soit horizontale.

Si deux fluides communiquent au moyen d'un tube recourbé, la surface qui les sépare, dans l'état d'équilibre, est à très peu près horizontale, lorsque le tube est fort large ; leurs hauteurs au-dessus de cette

surface sont réciproques à leurs pesanteurs spécifiques. En supposant donc à toute l'atmosphère la densité de l'air à la température de la glace fondante et comprimé par une colonne de mercure de $0^m,76$, sa hauteur serait de 7963^m. Mais, parce que la densité des couches atmosphériques diminue à mesure qu'elles sont plus élevées au-dessus du niveau des mers, la hauteur de l'atmosphère est beaucoup plus grande.

CHAPITRE V.

DU MOUVEMENT D'UN SYSTÈME DE CORPS.

Considérons d'abord l'action de deux points matériels de masses différentes, et qui, mus sur une même droite, viennent à se rencontrer. On peut concevoir, immédiatement avant le choc, leurs mouvements décomposés de manière qu'ils aient une vitesse commune et deux vitesses contraires telles qu'en vertu d'elles seules ils se feraient mutuellement équilibre. La vitesse commune aux deux points n'est pas altérée par leur action mutuelle; cette vitesse doit donc subsister après le choc. Pour la déterminer, nous observerons que la quantité de mouvement des deux points en vertu de cette commune vitesse, plus la somme des quantités de mouvement dues aux vitesses détruites, représente la somme des quantités de mouvement avant le choc, pourvu que l'on prenne avec des signes contraires les quantités de mouvement dues aux vitesses contraires; mais, par la condition de l'équilibre, la somme des quantités de mouvement dues aux vitesses détruites est nulle; la quantité de mouvement due à la vitesse commune est donc égale à celle qui existait primitivement dans les deux points; par conséquent, cette vitesse est égale à la somme des quantités de mouvement divisée par la somme des masses.

Le choc de deux points matériels est purement idéal; mais il est facile d'y ramener celui de deux corps quelconques, en observant que, si ces corps se choquent suivant une droite passant par leurs centres de gravité et perpendiculaire à leurs surfaces de contact, ils agissent l'un sur l'autre comme si leurs masses étaient réunies à ces centres; le mouvement se communique donc alors entre eux comme entre deux points matériels dont les masses seraient respectivement égales à ces corps.

La démonstration précédente suppose qu'après le choc les deux corps doivent avoir la même vitesse. On conçoit que cela doit être pour les corps mous dans lesquels la communication du mouvement a lieu successivement et par nuances insensibles ; car il est visible que, dès l'instant où le corps choqué a la même vitesse que le corps choquant, toute action cesse entre eux. Mais entre deux corps d'une dureté absolue le choc est instantané, et il ne paraît pas nécessaire qu'après leur vitesse soit la même : leur impénétrabilité mutuelle exige seulement que la vitesse du corps choquant soit la plus petite; d'ailleurs elle est indéterminée. Cette indétermination prouve l'absurdité de l'hypothèse d'une dureté absolue. En effet, dans la nature, les corps les plus durs, s'ils ne sont pas élastiques, ont une mollesse imperceptible, qui rend leur action mutuelle successive, quoique sa durée soit insensible.

Quand les corps sont parfaitement élastiques, il faut, pour avoir leur vitesse après le choc, ajouter ou retrancher, de la vitesse commune qu'ils prendraient s'ils étaient sans ressort, la vitesse qu'ils acquerraient ou qu'ils perdraient dans cette hypothèse ; car l'élasticité parfaite double ces effets, par le rétablissement des ressorts que le choc comprime; on aura donc la vitesse de chaque corps après le choc, en retranchant sa vitesse avant le choc du double de cette vitesse commune.

De là il est aisé de conclure que la somme des produits de chaque masse par le carré de sa vitesse est la même avant et après le choc des deux corps, ce qui a lieu généralement dans le choc d'un nombre quelconque de corps parfaitement élastiques, de quelque manière qu'ils agissent les uns sur les autres.

Telles sont les lois de la communication du mouvement, lois que l'expérience confirme, et qui dérivent mathématiquement des deux lois fondamentales du mouvement que nous avons exposées dans le Chapitre II de ce Livre. Plusieurs philosophes ont essayé de les déterminer par la considération des causes finales. Descartes, persuadé que la quantité de mouvement devait se conserver toujours la même dans l'univers, sans égard à sa direction, a déduit de cette fausse hypothèse de fausses lois de la communication du mouvement, qui sont un exemple remarquable des erreurs auxquelles on s'expose en cherchant à deviner les lois de la nature par les vues qu'on lui suppose.

Lorsqu'un corps reçoit une impulsion suivant une direction qui passe par son centre de gravité, toutes ses parties se meuvent avec une égale vitesse. Si cette direction passe à côté de ce point, les diverses parties du corps ont des vitesses inégales, et de cette inégalité résulte un mouvement de rotation du corps autour de son centre de gravité, en même temps que ce centre est transporté avec la vitesse qu'il aurait prise si la direction de l'impulsion eût passé par ce point. Ce cas est celui de la Terre et des planètes. Ainsi, pour expliquer le double mouvement de rotation et de translation de la Terre, il suffit de supposer qu'elle a reçu primitivement une impulsion dont la direction a passé à une petite distance de son centre de gravité, distance qui, dans l'hypothèse de l'homogénéité de cette planète, est à peu près la cent soixantième partie de son rayon. Il est infiniment peu probable que la projection primitive des planètes, des satellites et des comètes ait passé exactement par leurs centres de gravité : tous ces corps doivent donc tourner sur eux-mêmes. Par une raison semblable, le Soleil, qui tourne sur lui-même, doit avoir reçu une impulsion, qui, n'ayant point passé par son centre de gravité, le transporte dans l'espace, avec le système planétaire, à moins qu'une impulsion dans un sens contraire n'ait anéanti ce mouvement, ce qui n'est pas vraisemblable.

L'impulsion donnée à une sphère homogène, suivant une direction qui ne passe point par son centre, la fait tourner constamment autour du diamètre perpendiculaire au plan mené par son centre et par la direction de la force imprimée. De nouvelles forces qui sollicitent tous ses points et dont la résultante passe par son centre n'altèrent point le parallélisme de son axe de rotation. C'est ainsi que l'axe de la Terre reste toujours à très peu près parallèle à lui-même dans sa révolution autour du Soleil, sans qu'il soit nécessaire de supposer avec Copernic

un mouvement annuel des pôles de la Terre autour de ceux de l'écliptique.

Si le corps a une figure quelconque, son axe de rotation peut varier
à chaque instant; la recherche de ces variations, quelles que soient les
forces qui agissent sur le corps, est le problème le plus intéressant de
la Mécanique des corps durs, par ses rapports avec la précession des
équinoxes et avec la libration de la Lune. En le résolvant, on a été
conduit à ce résultat curieux et très utile, savoir, que dans tout corps
il existe trois axes perpendiculaires entre eux, passant par son centre
de gravité, et autour desquels il peut tourner d'une manière uniforme
et invariable, quand il n'est point sollicité par des forces étrangères.
Ces axes ont été, pour cela, nommés *axes principaux de rotation.* Ils ont
cette propriété, que la somme des produits de chaque molécule du
corps par le carré de sa distance à l'axe est un maximum par rapport à
deux de ces axes, et un minimum par rapport au troisième (¹). Si l'on
conçoit le corps tournant autour d'un axe fort peu incliné à l'un ou à
l'autre des deux premiers, l'axe instantané de rotation du corps s'en
écartera toujours d'une quantité très petite : ainsi la rotation est stable
relativement à ces deux premiers axes; elle ne l'est pas relativement
au troisième, et pour peu que l'axe instantané de rotation s'en écarte,
il fera autour de lui de grandes oscillations.

Un corps ou un système de corps pesants, de figure quelconque,
oscillant autour d'un axe fixe et horizontal, forme un pendule composé.
Il n'en existe point d'autres dans la nature, et les pendules simples
dont nous avons parlé ci-dessus ne sont que de purs concepts géométriques propres à simplifier les objets. Il est facile d'y rapporter les
pendules composés dont tous les points sont attachés fixement ensemble.
Si l'on multiplie la longueur du pendule simple, dont les oscillations
sont de même durée que celle du pendule composé, par la masse de ce
dernier pendule et par la distance de son centre de gravité à l'axe d'oscillation, le produit sera égal à la somme des produits de chaque molé-

---

(¹) Il y a dans cette phrase une inexactitude de rédaction que le lecteur corrigera aisément.   V. P.

cule du pendule composé par le carré de sa distance au même axe. C'est au moyen de cette règle, trouvée par Huygens, que les expériences sur les pendules composés ont fait connaitre la longueur du pendule simple qui bat les secondes.

Imaginons un pendule faisant de très petites oscillations dans un même plan, et supposons qu'au moment où il est le plus éloigné de la verticale, on lui imprime une petite force perpendiculaire au plan de son mouvement; il décrira une ellipse autour de la verticale. Pour se représenter son mouvement, on peut concevoir un pendule fictif qui continue d'osciller comme l'eût fait le pendule réel sans la nouvelle force qui a été imprimée, tandis que ce pendule réel oscille, en vertu de cette force, de chaque côté du pendule idéal comme si ce pendule fictif était immobile et vertical. Ainsi le mouvement du pendule réel est le résultat de deux oscillations simples, coexistantes et perpendiculaires l'une à l'autre.

Cette manière d'envisager les petites oscillations des corps peut être étendue à un système quelconque. Si l'on suppose le système dérangé de son état d'équilibre par de très petites impulsions, et qu'ensuite on vienne à lui en donner de nouvelles, il oscillera, par rapport aux états successifs qu'il aurait pris en vertu des premières impulsions, de la même manière qu'il oscillerait par rapport à son état d'équilibre, si les nouvelles impulsions lui étaient seules imprimées dans cet état. Les oscillations très petites d'un système de corps, quelque composées qu'elles soient, peuvent donc être considérées comme étant formées d'oscillations simples, parfaitement semblables à celle du pendule. En effet, si l'on conçoit le système primitivement en repos et très peu dérangé de son état d'équilibre, en sorte que la force qui sollicite chaque corps tende à le ramener au point qu'il occuperait dans cet état, et, de plus, soit proportionnelle à la distance du corps à ce point, il est clair que cela aura lieu pendant l'oscillation du système, et qu'à chaque instant les vitesses des différents corps seront proportionnelles à leurs distances à la position d'équilibre; ils arriveront donc tous au même instant à cette position, et ils oscilleront de la même manière

qu'un pendule simple. Mais l'état de dérangement que nous venons de
supposer au système n'est pas unique. Si l'on éloigne un des corps de
sa position d'équilibre, et que l'on cherche les situations des autres
corps qui satisfont aux conditions précédentes, on parvient à une équation d'un degré égal au nombre des corps du système mobiles entre
eux, ce qui donne pour chaque corps autant d'espèces d'oscillations
simples qu'il y a de corps. Concevons au système la première espèce
d'oscillations, et à un instant quelconque éloignons par la pensée tous
les corps de leur position, proportionnellement aux quantités relatives
à la seconde espèce d'oscillations. En vertu de la coexistence des oscillations, le système oscillera par rapport aux états successifs qu'il
aurait eus par la première espèce d'oscillations, comme il aurait oscillé
par la seconde espèce seule autour de son état d'équilibre; son mouvement sera donc formé des deux premières espèces d'oscillations. On
peut semblablement combiner avec ce mouvement la troisième espèce
d'oscillations, et en continuant ainsi de combiner toutes ces espèces de
la manière la plus générale, on peut composer par la synthèse tous les
mouvements possibles du système, pourvu qu'ils soient très petits.
Réciproquement, on peut, par l'analyse, décomposer les mouvements
en oscillations simples. De là résulte un moyen facile de reconnaitre la
stabilité absolue de l'équilibre d'un système de corps. Si, dans toutes
les positions relatives à chaque espèce d'oscillations, les forces tendent
à ramener les corps à l'état d'équilibre, cet état sera stable; il ne le
sera pas, ou il n'aura qu'une stabilité relative, si dans quelqu'une de
ces positions les forces tendent à en éloigner les corps.

Il est visible que cette manière d'envisager les mouvements très
petits d'un système de corps peut s'étendre aux fluides eux-mêmes,
dont les oscillations sont le résultat d'oscillations simples, existantes
à la fois, et souvent en nombre infini.

On a un exemple sensible de la coexistence des oscillations très petites, dans les ondes. Quand on agite légèrement un point de la surface d'une eau stagnante, on voit des ondes circulaires se former et
s'étendre autour de lui. En agitant la surface dans un autre point, de

nouvelles ondes se forment et se mêlent aux premières; elles se superposent à la surface agitée par les premières ondes, comme elles se seraient disposées sur cette surface, si elle eût été tranquille, en sorte qu'on les distingue parfaitement dans leur mélange. Ce que l'œil aperçoit relativement aux ondes, l'oreille le sent par rapport aux sons ou aux vibrations de l'air, qui se propagent simultanément sans s'altérer et font des impressions très distinctes.

Le principe de la coexistence des oscillations simples, que l'on doit à Daniel Bernoulli, est un de ces résultats généraux qui plaisent à l'imagination, par la facilité qu'ils lui donnent, de se représenter les phénomènes et leurs changements successifs. On le déduit aisément de la théorie analytique des petites oscillations d'un système de corps. Ces oscillations dépendent d'équations différentielles linéaires, dont les intégrales complètes sont la somme des intégrales particulières. Ainsi les oscillations simples se superposent les unes aux autres pour former le mouvement du système, comme les intégrales particulières qui les expriment s'ajoutent ensemble pour former les intégrales complètes. Il est intéressant de suivre ainsi dans les phénomènes de la nature les vérités intellectuelles de l'analyse. Cette correspondance, dont le système du monde offrira de nombreux exemples, fait l'un des plus grands charmes attachés aux spéculations mathématiques.

Il est naturel de ramener à un principe général les lois du mouvement des corps, comme on a renfermé dans le seul principe des vitesses virtuelles les lois de leur équilibre. Pour y parvenir, considérons le mouvement d'un système de corps agissant les uns sur les autres, sans être sollicités par des forces accélératrices. Leurs vitesses changent à chaque instant; mais on peut concevoir chacune de ces vitesses dans un instant quelconque, comme étant composée de celle qui a lieu dans l'instant suivant et d'une autre vitesse qui doit être détruite au commencement de ce second instant. Si cette vitesse détruite était connue, il serait facile, par la loi de la décomposition des forces, d'en conclure la vitesse des corps au second instant; or il est clair que, si les corps n'étaient animés que des vitesses détruites, ils se feraient mutuellement équilibre; ainsi les lois de l'équilibre donneront les rapports des vitesses perdues, et il sera aisé d'en conclure les vitesses restantes et leurs directions; on aura donc, par l'analyse infinitésimale, les variations successives du mouvement du système et sa position à tous les instants.

Il est clair que, si les corps sont animés de forces accélératrices, on pourra toujours employer la même décomposition de vitesses; mais alors l'équilibre doit avoir lieu entre les vitesses détruites et ces forces.

Cette manière de ramener les lois du mouvement à celles de l'équilibre, dont on est principalement redevable à d'Alembert, est générale et très lumineuse. On aurait lieu d'être surpris qu'elle ait échappé aux géomètres qui s'étaient occupés avant lui de Dynamique, si l'on ne savait pas que les idées les plus simples sont presque toujours celles qui s'offrent les dernières à l'esprit humain.

Il restait encore à unir le principe que nous venons d'exposer à celui des vitesses virtuelles, pour donner à la Mécanique toute la perfection dont elle paraît susceptible. C'est ce que Lagrange a fait, et par ce moyen il a réduit la recherche du mouvement d'un système quelconque de corps à l'intégration des équations différentielles. Alors l'objet de la Mécanique est rempli, et c'est à l'Analyse pure à achever la solution des problèmes. Voici la manière la plus simple de former les équations différentielles du mouvement d'un système quelconque.

Si l'on imagine trois axes fixes perpendiculaires entre eux, et qu'à un instant quelconque on décompose la vitesse de chaque point matériel d'un système de corps en trois autres parallèles à ces axes, on pourra considérer chaque vitesse partielle comme étant uniforme pendant cet instant; on pourra ensuite concevoir, à la fin de l'instant, le point animé, parallèlement à l'un de ces axes, de trois vitesses, savoir : de sa vitesse dans cet instant, de la petite variation qu'elle reçoit dans l'instant suivant, et de cette même variation appliquée en sens contraire. Les deux premières de ces vitesses subsistent dans l'instant suivant; la troisième doit donc être détruite par les forces qui sollicitent le point et par l'action des autres points du système. Ainsi, en concevant les variations instantanées des vitesses partielles de chaque point du système appliquées à ce point en sens contraire, le système doit être en équilibre en vertu de toutes ces variations et des forces qui l'animent. On aura, par le principe des vitesses virtuelles, les équations de cet équilibre, et, en les combinant avec celles de la liaison des parties du système, on aura les équations différentielles du mouvement de chacun de ses points.

Il est visible que l'on peut ramener de la même manière les lois du mouvement des fluides à celles de leur équilibre. Dans ce cas, les conditions relatives à la liaison des parties du système se réduisent à ce que le volume d'une molécule quelconque du fluide reste toujours le même, si le fluide est incompressible, et qu'il dépende de la pression suivant une loi donnée, si le fluide est élastique et compressible. Les équations qui expriment ces conditions et les variations du mouvement du fluide renferment les différences partielles des coordonnées de la molécule, prises soit par rapport au temps, soit par rapport aux coordonnées primitives. L'intégration de ce genre d'équations offre de grandes difficultés, et l'on n'a pu y réussir encore que dans quelques cas particuliers relatifs au mouvement des fluides pesants dans des vases, à la théorie du son et aux oscillations de la mer et de l'atmosphère.

La considération des équations différentielles du mouvement d'un système de corps a fait découvrir plusieurs principes de Mécanique très utiles, et qui sont une extension de ceux que nous avons présentés sur le mouvement d'un point, dans le Chapitre II de ce Livre.

Un point matériel se meut uniformément en ligne droite, s'il n'éprouve pas l'action de causes étrangères. Dans un système de corps agissant les uns sur les autres sans éprouver l'action de causes extérieures, le centre commun de gravité se meut uniformément en ligne droite, et son mouvement est le même que si, tous les corps étant supposés réunis à ce point, toutes les forces qui les animent lui étaient immédiatement appliquées, en sorte que la direction et la quantité de leur résultante restent constamment les mêmes.

On a vu que le rayon vecteur d'un corps sollicité par une force dirigée vers un point fixe décrit des aires proportionnelles aux temps. Si l'on suppose un système de corps agissant les uns sur les autres d'une manière quelconque et sollicités par une force dirigée vers un point fixe, si de ce point on mène à chacun d'eux des rayons vecteurs, que l'on projette sur un plan invariable passant par ce point, la somme des produits de la masse de chaque corps par l'aire que trace la projection de son rayon vecteur est proportionnelle au temps. C'est en cela que consiste le principe de la *conservation des aires*.

S'il n'y a pas de point fixe vers lequel le système soit attiré et qu'il ne soit soumis qu'à l'action mutuelle de ses parties, on peut prendre alors tel point que l'on veut pour origine des rayons vecteurs.

Le produit de la masse d'un corps par l'aire que décrit la projection de son rayon vecteur pendant une unité de temps est égal à la projection de la force entière de ce corps multipliée par la perpendiculaire abaissée du point fixe sur la direction de la force ainsi projetée; ce dernier produit est le moment de la force pour faire tourner le système autour de l'axe qui, passant par le point fixe, est perpendiculaire au plan de projection; le principe de la conservation des aires revient donc à ce que la somme des moments des forces finies pour faire tourner le système autour d'un axe quelconque, passant par le point fixe, somme qui dans l'état d'équilibre est nulle, est constante dans l'état de mouvement. Présenté de cette manière, ce principe convient à toutes les lois possibles entre la force et la vitesse.

On nomme *force vive* d'un système la somme des produits de la masse de chaque corps par le carré de sa vitesse. Lorsqu'un corps se meut sur une courbe ou sur une surface sans éprouver d'action étrangère, sa force vive est toujours la même, puisque sa vitesse est constante. Si les corps d'un système n'éprouvent d'autres actions que leurs tractions et pressions mutuelles, soit immédiatement, soit par l'entremise de verges et de fils inextensibles et sans ressort, la force vive du système est constante, dans le cas même où plusieurs de ces corps sont astreints à se mouvoir sur des lignes ou sur des surfaces courbes. Ce principe, que l'on a nommé *principe de la conservation des forces vives*, s'étend à toutes les lois possibles entre la force et la vitesse, si l'on désigne par *force vive* d'un corps le double de l'intégrale du produit de sa vitesse par la différentielle de la force finie dont il est animé.

Dans le mouvement d'un corps sollicité par des forces quelconques, la variation de la force vive est égale à deux fois le produit de la masse du corps par la somme des forces accélératrices multipliées respectivement par les quantités élémentaires dont le corps s'avance vers leurs origines. Dans le mouvement d'un système de corps, le double de la somme de tous ces produits est la variation de la force vive du système.

Concevons que, dans le mouvement du système, tous les corps arrivent au même instant dans la position où il serait en équilibre en vertu des forces accélératrices qui le sollicitent; la variation de la force vive y sera nulle, par le principe des vitesses virtuelles; la force vive sera donc alors à son maximum ou à son minimum. Si le système n'était mû que par une seule espèce de ses oscillations simples, les corps, en partant de la situation d'équilibre, tendraient à y revenir si l'équilibre est stable; leurs vitesses diminueraient donc à mesure qu'ils s'en éloigneraient, et par conséquent la force vive serait, dans cette position, un maximum. Mais si l'équilibre n'était point stable, les corps, en s'éloignant de cet état, tendraient à s'en éloigner davantage, et leurs vitesses iraient en croissant; leur force vive serait donc alors un minimum. De là on peut conclure que, si la force vive est constamment un maximum lorsque les corps parviennent au même instant à la position d'équilibre, quelle que soit leur vitesse, l'équilibre est stable, et qu'au contraire, il n'a ni stabilité absolue, ni stabilité relative, si la force vive, dans cette position du système, est constamment un minimum.

Enfin, on a vu, dans le Chapitre II, que la somme des intégrales du produit de chaque force finie du système par l'élément de sa direction, somme qui, dans l'état d'équilibre, est nulle, devient un minimum dans l'état du mouvement. C'est en cela que consiste le principe de la moindre action, principe qui diffère de ceux du mouvement uniforme du centre de gravité, de la conservation des aires et des forces vives,

en ce que ces principes sont de véritables intégrales des équations différentielles du mouvement des corps, au lieu que celui de la moindre
action n'est qu'une combinaison singulière de ces mêmes équations.

La force finie d'un corps étant le produit de sa masse par sa vitesse,
et la vitesse multipliée par l'espace décrit dans un élément du temps
étant égale au produit de cet élément par le carré de la vitesse, le principe de la moindre action peut s'énoncer ainsi : l'intégrale de la force
vive d'un système, multipliée par l'élément du temps, est un minimum,
en sorte que la véritable économie de la nature est celle de la force
vive. C'est aussi l'économie que l'on doit se proposer dans la construction des machines, qui sont d'autant plus parfaites qu'elles emploient
moins de force vive pour produire un effet donné. Si les corps ne sont
sollicités par aucune force accélératrice, la force vive du système est
constante ; le système parvient donc d'une position à une autre quelconque dans le temps le plus court.

On doit faire une remarque importante sur l'étendue de ces divers
principes. Celui du mouvement uniforme du centre de gravité et le
principe de la conservation des aires subsistent dans le cas même où,
par l'action mutuelle des corps, il survient des changements brusques
dans leurs mouvements, et cela rend ces principes très utiles dans beaucoup de circonstances ; mais le principe de la conservation des forces
vives et celui de la moindre action exigent que les variations du mouvement du système se fassent par des nuances insensibles.

Si le système éprouve des changements brusques par l'action mutuelle des corps ou par la rencontre d'obstacles, la force vive reçoit, à
chacun de ces changements, une diminution égale à la somme des produits de chaque corps par le carré de sa vitesse détruite, en concevant
sa vitesse avant le changement décomposée en deux, l'une qui subsiste,
l'autre qui est anéantie et dont le carré est évidemment égal à la somme
des carrés des variations que le changement fait éprouver à la vitesse
décomposée parallèlement à trois axes quelconques perpendiculaires
entre eux.

Tous ces principes subsisteraient encore, eu égard au mouvement

relatif des corps du système, s'il était emporté d'un mouvement général
et commun aux foyers des forces, que nous avons supposés fixes. Ils
ont pareillement lieu dans le mouvement relatif des corps sur la Terre ;
car il est impossible, comme nous l'avons déjà observé, de juger du
mouvement absolu d'un système de corps par les seules apparences de
son mouvement relatif.

Quels que soient le mouvement du système et les variations qu'il
éprouve par l'action mutuelle de ses parties, la somme des produits de
chaque corps par l'aire que sa projection trace autour du centre commun de gravité, sur un plan qui, passant par ce point, reste toujours
parallèle à lui-même, est constante. Le plan sur lequel cette somme
est un maximum conserve une situation parallèle pendant le mouvement du système ; la même somme est nulle par rapport à tout plan
qui, passant par le centre de gravité, est perpendiculaire à celui dont
nous venons de parler, et les carrés de trois sommes semblables relatives à trois plans quelconques menés par le centre de gravité et perpendiculaires entre eux sont égaux au carré de la somme, qui est un
maximum. Le plan correspondant à cette somme jouit encore de cette
propriété remarquable, savoir, que la somme des projections des aires
tracées par les corps les uns autour des autres et multipliées respectivement par le produit des masses des deux corps que joint chaque
rayon vecteur, est un maximum sur ce plan et sur tous ceux qui lui
sont parallèles. On peut donc ainsi retrouver à tous les instants un plan
qui, passant par l'un quelconque des points du système, conserve toujours une situation parallèle, et comme, en y rapportant le mouvement des corps, deux des constantes arbitraires de ce mouvement
disparaissent, il est aussi naturel de choisir ce plan pour celui des
coordonnées que d'en fixer l'origine au centre de gravité du système.

LIVRE IV.

DE LA THÉORIE DE LA PESANTEUR UNIVERSELLE.

Opinionum commenta delet dies, naturæ judicia confirmat.
Cic., *De nat. deor.*

Après avoir exposé dans les Livres précédents les lois des mouvements célestes et celles de l'action des causes motrices, il reste à les comparer, pour reconnaître les forces qui animent les corps du système solaire et pour s'élever, sans hypothèse et par une suite de raisonnements géométriques, au principe général de la pesanteur dont elles dérivent. C'est dans l'espace céleste que les lois de la Mécanique s'observent avec le plus de précision ; tant de circonstances en compliquent les résultats sur la Terre qu'il est difficile de les démêler et plus difficile encore de les assujettir au calcul. Mais les corps du système solaire, séparés par d'immenses distances et soumis à l'action d'une force principale dont il est facile de calculer les effets, ne sont troublés, dans leurs mouvements respectifs, que par des forces assez petites pour que l'on ait pu embrasser dans des formules générales tous les changements que la suite des temps a produits et doit amener dans ce système. Il ne s'agit point ici de causes vagues, impossibles à soumettre à l'Analyse, et que l'imagination modifie à son gré pour expliquer les phénomènes. La loi de la pesanteur universelle a le précieux avantage de pouvoir être réduite au calcul et d'offrir, dans la comparaison de ces résultats aux observations, le plus sûr moyen d'en constater l'existence. On verra que cette grande loi de la nature représente tous les phénomènes célestes jusque dans les plus petits détails ; qu'il n'y a pas une seule de leurs inégalités qui n'en découle avec une précision admirable, et qu'elle a souvent devancé les observations, en nous dévoilant la cause de plusieurs mouvements singuliers, entrevus par les astronomes, mais qui, vu leur complication et leur extrême lenteur, n'auraient pu être déterminés par l'observation seule qu'après un grand nombre de siècles. Par son moyen, l'empirisme a été banni entièrement de l'Astronomie, qui maintenant est un grand problème de Mécanique, dont les éléments du mouvement des astres, leurs figures et leurs masses sont les arbitraires, seules données indispensables que cette science doive tirer des observations. La plus profonde Géométrie a été nécessaire pour la solution de ce problème et pour en déduire les théories des divers phénomènes que les cieux nous présentent. Je les ai rassemblées dans mon *Traité de Mécanique céleste*; je me bornerai ici à exposer les principaux résultats de cet Ouvrage, en indiquant la route que les géomètres ont suivie pour y parvenir et en essayant d'en faire sentir les raisons, autant que cela se peut, sans le secours de l'Analyse.

CHAPITRE PREMIER.

DU PRINCIPE DE LA PESANTEUR UNIVERSELLE.

Parmi les phénomènes du système solaire, le mouvement elliptique des planètes et des comètes semble le plus propre à nous conduire à la loi générale des forces dont il est animé. L'observation a fait connaître que les aires tracées autour du Soleil par les rayons vecteurs des planètes et des comètes sont proportionnelles aux temps; or on a vu, dans le Livre précédent, qu'il faut pour cela que la force qui détourne sans cesse chacun de ces corps de la ligne droite soit dirigée constamment vers l'origine des rayons vecteurs; la tendance des planètes et des comètes vers le Soleil est donc une suite nécessaire de la proportionnalité des aires décrites par les rayons vecteurs aux temps employés à les décrire.

Pour déterminer la loi de cette tendance, supposons les planètes mues dans des orbes circulaires, ce qui s'éloigne peu de la vérité. Les carrés de leurs vitesses réelles sont alors proportionnels aux carrés des rayons de ces orbes, divisés par les carrés des temps de leurs révolutions; mais, par les lois de Kepler, les carrés de ces temps sont entre eux comme les cubes des mêmes rayons; les carrés des vitesses sont donc réciproques à ces rayons. On a vu précédemment que les forces centrales de plusieurs corps mus circulairement sont comme les carrés des vitesses divisés par les rayons des circonférences décrites; les tendances des planètes vers le Soleil sont donc réciproques aux carrés des rayons de leurs orbes supposés circulaires. Cette hypothèse, il est vrai, n'est pas rigoureuse; mais le rapport constant des carrés des temps des révolutions des planètes aux cubes des grands axes de leurs orbes étant indépendant des excentricités, il est naturel de penser qu'il subsisterait encore dans le cas où ces orbes seraient circulaires. Ainsi la loi de la pesanteur vers le Soleil, réciproque au carré des distances, est clairement indiquée par ce rapport.

L'analogie nous porte à penser que cette loi, qui s'étend d'une planète à l'autre, a également lieu pour la même planète dans ses diverses distances au Soleil; son mouvement elliptique ne laisse aucun doute à cet égard. Pour le faire voir, suivons ce mouvement en faisant partir la planète du périhélie. Sa vitesse est alors à son maximum, et, sa tendance à s'éloigner du Soleil l'emportant sur sa pesanteur vers cet astre, son rayon vecteur augmente et forme des angles obtus avec la direction de son mouvement; la pesanteur vers le Soleil, décomposée suivant cette direction, diminue donc de plus en plus la vitesse, jusqu'à ce que la planète ait atteint son aphélie. A ce point, le rayon vecteur redevient perpendiculaire à la courbe; la vitesse est à son minimum, et, la tendance à s'éloigner du Soleil étant moindre que la pesanteur solaire, la planète s'en rapproche en décrivant la seconde partie de son ellipse. Dans cette partie, sa pesanteur vers le Soleil accroit sa vitesse, comme auparavant elle l'avait diminuée; la planète se retrouve au périhélie avec sa vitesse primitive et recommence une nouvelle révolution semblable à la précédente. Maintenant, la courbure de l'ellipse étant la même au périhélie et à l'aphélie, les rayons osculateurs y sont les mêmes, et par conséquent les forces centrifuges dans ces deux points sont comme les carrés des vitesses. Les secteurs décrits pendant le même élément du temps étant égaux, les vitesses périhélie et aphélie sont réciproquement comme les distances correspondantes de la planète au Soleil; les carrés de ces vitesses sont donc réciproques aux carrés des mêmes distances; or, au périhélie et à l'aphélie, les forces centrifuges dans les circonférences osculatrices sont évidemment égales aux pesanteurs de la planète vers le Soleil; ces pesanteurs sont donc en raison inverse du carré des distances à cet astre.

Ainsi les théorèmes d'Huygens sur la force centrifuge suffisaient pour reconnaître la loi de la tendance des planètes vers le Soleil ; car il est très vraisemblable qu'une loi, qui a lieu d'une planète à l'autre, et qui se vérifie, pour chaque planète, au périhélie et à l'aphélie, s'étend à tous les points des orbes planétaires et généralement à toutes les distances du Soleil. Mais, pour l'établir d'une manière incontestable, il fallait avoir l'expression de la force qui, dirigée vers le foyer d'une ellipse, fait décrire cette courbe à un projectile ; Newton trouva qu'en effet cette force est réciproque au carré du rayon vecteur. Il fallait encore démontrer rigoureusement que la pesanteur vers le Soleil ne varie d'une planète à l'autre qu'à raison de la distance à cet astre. Ce grand géomètre fit voir que cela suit de la loi des carrés des temps des révolutions proportionnels aux cubes des grands axes des orbites. En supposant donc toutes les planètes en repos à la même distance du Soleil et abandonnées à leur pesanteur vers son centre, elles descendraient de la même hauteur en temps égaux, résultat que l'on doit étendre aux comètes, quoique les grands axes de leurs orbes soient inconnus ; car on a vu, dans le Livre II, que la grandeur des aires décrites par leurs rayons vecteurs suppose la loi des carrés des temps de leurs révolutions proportionnels aux cubes de ces axes.

L'analyse, qui dans ses généralités embrasse tout ce qui peut résulter d'une loi donnée, nous montre que non seulement l'ellipse, mais toute section conique peut être décrite en vertu de la force qui retient les planètes dans leurs orbes ; une comète peut donc se mouvoir dans une hyperbole ; mais alors elle ne serait qu'une fois visible, et après son apparition elle s'éloignerait au delà des limites du système solaire, et s'approcherait de nouveaux soleils pour s'en éloigner encore, en parcourant ainsi les divers systèmes répandus dans l'immensité des cieux. Il est probable, vu l'infinie variété de la nature, qu'il existe des astres semblables ; leurs apparitions doivent être fort rares, et nous ne devons observer le plus souvent que des comètes qui, mues dans des orbes rentrants, reviennent, à des intervalles plus ou moins longs, dans les régions de l'espace voisines du Soleil.

Les satellites éprouvent la même tendance que les planètes vers ce

grand corps. Si la Lune n'était pas soumise à son action, au lieu de
décrire un orbe presque circulaire autour de la Terre, elle finirait bientôt par l'abandonner; et si ce satellite et ceux de Jupiter n'étaient pas
sollicités vers le Soleil suivant la même loi que les planètes, il en résulterait dans leurs mouvements des inégalités sensibles que l'observation ne fait point apercevoir. Les comètes, les planètes et les satellites
sont donc assujettis à la même loi de pesanteur vers cet astre. En
même temps que les satellites se meuvent autour de leur planète, le
système entier de la planète et de ses satellites est emporté d'un mouvement commun dans l'espace, et retenu par la même force autour du
Soleil. Ainsi le mouvement relatif de la planète et de ses satellites est
à peu près le même que si la planète était en repos et n'éprouvait aucune action étrangère.

Nous voilà donc conduits, sans aucune hypothèse et par une suite
nécessaire des lois des mouvements célestes, à regarder le centre du
Soleil comme le foyer d'une force qui s'étend indéfiniment dans l'espace, en diminuant en raison du carré des distances, et qui attire semblablement tous les corps. Chacune des lois de Kepler nous découvre
une propriété de cette force attractive : la loi des aires proportionnelles
aux temps nous montre qu'elle est constamment dirigée vers le centre
du Soleil; la figure elliptique des orbes planétaires nous prouve que
cette force diminue comme le carré de la distance augmente; enfin la
loi des carrés des temps des révolutions proportionnels aux cubes des
grands axes des orbites nous apprend que la pesanteur de tous les corps
vers le Soleil est la même à distances égales. Nous nommerons cette
pesanteur *attraction solaire;* car, sans en connaître la cause, nous pouvons, par un de ces concepts dont les géomètres font souvent usage,
supposer cette force produite par un pouvoir attractif qui réside dans
le Soleil.

Les erreurs dont les observations sont susceptibles et les petites altérations du mouvement elliptique des planètes laissant un peu d'incertitude sur les résultats que nous venons tirer des lois de ce mouvement,
on peut douter que la pesanteur solaire diminue exactement en raison

inverse du carré des distances. Mais, pour peu qu'elle s'écartât de cette loi, la différence serait très sensible dans les mouvements des périhélies des orbes planétaires. Le périhélie de l'orbe terrestre aurait un mouvement annuel de 200″, si l'on augmentait seulement d'un dix-millième la puissance de la distance à laquelle la pesanteur solaire est réciproquement proportionnelle; ce mouvement n'est que de 36″,4 suivant les observations, et nous en verrons ci-après la cause; la loi de la pesanteur réciproque au carré des distances est donc au moins extrêmement approchée, et sa grande simplicité doit la faire admettre, tant que les observations ne forceront pas de l'abandonner. Sans doute il ne faut pas mesurer la simplicité des lois de la nature par notre facilité à les concevoir; mais, lorsque celles qui nous paraissent les plus simples s'accordent parfaitement avec tous les phénomènes, nous sommes bien fondés à les regarder comme étant rigoureuses.

La pesanteur des satellites vers le centre de la planète est un résultat nécessaire de la proportionnalité des aires décrites par leurs rayons vecteurs aux temps employés à les décrire, et la loi de la diminution de cette force en raison du carré des distances est indiquée par l'ellipticité de leurs orbes. Cette ellipticité est peu sensible dans les orbes des satellites de Jupiter, de Saturne et d'Uranus, ce qui rend la loi de la diminution de la pesanteur difficile à constater par le mouvement de chaque satellite. Mais le rapport constant des carrés des temps de leurs révolutions aux cubes des grands axes de leurs orbes l'indique avec évidence, en nous montrant que, d'un satellite à l'autre, la pesanteur vers la planète est réciproque au carré des distances à son centre.

Cette preuve nous manque pour la Terre, qui n'a qu'un satellite; on peut y suppléer par les considérations suivantes.

La pesanteur s'étend au sommet des plus hautes montagnes, et le peu de diminution qu'elle y éprouve ne permet pas de douter qu'à des hauteurs beaucoup plus grandes son action serait encore sensible. N'est-il pas naturel de l'étendre jusqu'à la Lune et de penser que cet astre est retenu dans son orbite par sa pesanteur vers la Terre, de même que les planètes sont maintenues dans leurs orbes respectifs par la pesanteur solaire? En effet, ces deux forces paraissent être de la même nature; elles pénètrent l'une et l'autre les parties intimes de la matière et les animent de la même vitesse si leurs masses sont égales; car on vient de voir que la pesanteur solaire sollicite également tous les corps placés à la même distance du Soleil, comme la pesanteur terrestre les fait tomber dans le vide, en temps égal, de la même hauteur.

Un projectile lancé horizontalement avec force, d'une grande hauteur, retombe au loin sur la terre, en décrivant une courbe parabolique, et, si sa vitesse de projection était d'environ 7000^m dans une seconde et n'était point éteinte par la résistance de l'atmosphère, il ne retomberait point et circulerait comme un satellite autour de la Terre, sa force centrifuge étant alors égale à sa pesanteur. Pour former la Lune de ce projectile, il ne faut que l'élever à la même hauteur que cet astre et lui donner le même mouvement de projection.

Mais ce qui achève de démontrer l'identité de la tendance de la Lune vers la Terre, avec la pesanteur, c'est qu'il suffit, pour avoir cette tendance, de diminuer la pesanteur terrestre suivant la loi générale des forces attractives des corps célestes. Entrons dans les détails convenables à l'importance de cet objet.

La force qui écarte à chaque instant la Lune de la tangente de son orbite lui fait parcourir dans une seconde un espace égal au sinus verse de l'arc qu'elle décrit dans le même temps, puisque ce sinus est la quantité dont la Lune, à la fin de la seconde, s'est éloignée de la direction qu'elle avait au commencement. On peut le déterminer par la distance de la Lune à la Terre, distance que la parallaxe lunaire donne en parties du rayon terrestre. Mais, pour avoir un résultat indépendant des inégalités du mouvement de la Lune, il faut prendre pour sa parallaxe moyenne la partie de cette parallaxe indépendante de ces inégalités et qui correspond au demi-grand axe de l'ellipse lunaire. Bürg a déterminé, par l'ensemble d'un grand nombre d'observations, la parallaxe lunaire, et il en résulte que la partie dont nous venons de parler est de $10541''$, sur le parallèle dont le carré du sinus de latitude est $\frac{1}{3}$,

Nous choisissons ce parallèle, parce que l'attraction de la Terre sur les points correspondants de sa surface est, à très peu près, comme à la distance de la Lune, égale à la masse de la Terre, divisée par le carré de sa distance à son centre de gravité. Le rayon mené d'un point quelconque de ce parallèle au centre de gravité de la Terre est de 6369809^m; il est facile d'en conclure que la force qui sollicite la Lune vers la Terre la fait tomber, dans une seconde, de $0^m,00101728$. On verra ci-après que l'action du Soleil diminue la pesanteur lunaire de sa 358e partie; il faut donc augmenter de $\frac{1}{358}$ la hauteur précédente pour la rendre indépendante de l'action du Soleil, et alors elle devient $0^m,00102012$. Mais, dans son mouvement relatif autour de la Terre, la Lune est sollicitée par une force égale à la somme des masses de la Terre et de la Lune divisée par le carré de leur distance mutuelle; ainsi, pour avoir la hauteur dont la Lune tomberait dans une seconde par l'action seule de la Terre, il faut multiplier l'espace précédent par le rapport de la masse de la Terre à la somme des masses de la Terre et de la Lune; or l'ensemble des phénomènes qui dépendent de l'action de la Lune m'a donné sa masse égale à $\frac{1}{75}$ de celle de la Terre; en multipliant donc cet espace par $\frac{75}{76}$, on aura $0^m,00100067$ pour la hauteur dont l'attraction de la Terre fait tomber la Lune pendant une seconde.

Comparons cette hauteur à celle qui résulte des observations du pendule. Sur le parallèle que nous considérons, la hauteur dont la pesanteur fait tomber les corps dans la première seconde est, par le Chapitre XIV du Livre Ier, égale à $3^m,65631$; mais sur ce parallèle l'attraction de la Terre est plus petite que la gravité des deux tiers de la force centrifuge due au mouvement de rotation à l'équateur, et cette force est $\frac{1}{288}$ de la pesanteur; il faut donc augmenter l'espace précédent de sa 432e partie pour avoir l'espace dû à l'action seule de la Terre, action qui, sur ce parallèle, est égale à la masse de cette planète divisée par le carré de son rayon. La valeur de cet espace sera ainsi $3^m,66477$. A la distance de la Lune, il doit être diminué dans le rapport du carré du rayon du sphéroïde terrestre au carré de la distance de cet astre, et il est visible qu'il suffit pour cela de le multiplier par le carré du sinus

de la parallaxe lunaire ou de 10541″; on aura donc 0ᵐ,00100464 pour
la hauteur dont la Lune doit tomber dans une seconde par l'attraction
de la Terre. Cette hauteur, donnée par les expériences du pendule,
diffère extrêmement peu de celle qui résulte de l'observation directe
de la parallaxe, et, pour les faire coïncider, il ne faudrait altérer que
de 2″ environ sa valeur précédente. Une aussi petite variation étant dans
les limites des erreurs des observations et des éléments employés dans
le calcul, il est certain que la force principale qui retient la Lune dans
son orbite est la pesanteur terrestre, affaiblie en raison du carré de la
distance. Ainsi la loi de la diminution de la pesanteur, qui, pour les
planètes accompagnées de plusieurs satellites, est prouvée par la comparaison de leurs distances et des durées de leurs révolutions, est démontrée, pour la Lune, par la comparaison de son mouvement avec
celui des projectiles à la surface de la Terre. Déjà les observations du
pendule, faites au sommet des montagnes, indiquaient cette diminution de la pesanteur terrestre; mais elles étaient insuffisantes pour en
découvrir la loi, l'élévation du sommet des plus hautes montagnes étant
toujours fort petite par rapport au rayon de la Terre; il fallait un astre
éloigné de nous, comme la Lune, pour rendre cette loi très sensible et
pour nous convaincre que la pesanteur sur la Terre n'est qu'un cas
particulier d'une force répandue dans tout l'univers.

Chaque phénomène éclaire d'une lumière nouvelle les lois de la
nature et les confirme. C'est ainsi que la comparaison des expériences
sur la pesanteur avec le mouvement lunaire nous montre clairement
que l'on doit fixer l'origine des distances aux centres de gravité du
Soleil et des planètes dans le calcul de leurs forces attractives; car il
est visible que cela a lieu pour la Terre, dont la force attractive est de
la même nature que celle du Soleil et des planètes.

Une forte analogie nous porte à étendre cette propriété attractive
aux planètes mêmes qui ne sont point accompagnées de satellites.
La sphéricité commune à tous ces corps indique évidemment que leurs
molécules sont réunies autour de leurs centres de gravité, par une
force qui, à distances égales, les sollicite également vers ces points.

Cette force se manifeste encore dans les perturbations qu'elle fait
éprouver aux mouvements planétaires; mais la considération suivante
ne laisse sur son existence aucun doute. On a vu que, si les planètes
et les comètes étaient placées à la même distance du Soleil, leurs poids
vers cet astre seraient proportionnels à leurs masses; or c'est une loi
générale de la nature, que la réaction est égale et contraire à l'action;
tous ces corps réagissent donc sur le Soleil et l'attirent en raison de
leurs masses; par conséquent ils sont doués d'une force attractive
proportionnelle aux masses et réciproque au carré des distances. Par
le même principe, les satellites attirent les planètes et le Soleil suivant
la même loi; cette propriété attractive est donc commune à tous les
corps célestes.

Elle ne trouble point le mouvement elliptique d'une planète autour
du Soleil, lorsque l'on ne considère que leur action mutuelle. En effet,
le mouvement relatif des corps d'un système ne change point, quand
on leur donne une vitesse commune; en imprimant donc, en sens contraire, au Soleil et à la planète le mouvement du premier de ces deux
corps et l'action qu'il éprouve de la part du second, le Soleil pourra
être regardé comme immobile; mais alors la planète sera sollicitée
vers lui par une force réciproque au carré des distances et proportionnelle à la somme de leurs masses; son mouvement autour du Soleil
sera donc elliptique, et l'on voit, par le même raisonnement, qu'il
le serait encore, en supposant le système de la planète et du Soleil
emporté d'un mouvement commun dans l'espace. Il est pareillement
visible que le mouvement elliptique d'un satellite n'est point troublé
par le mouvement de translation de sa planète, et qu'il ne le serait
point par l'action du Soleil, si cette action était exactement la même
sur la planète et sur le satellite.

Cependant l'action d'une planète sur le Soleil influe sur la durée
de sa révolution, qui devient plus courte quand la planète est plus
considérable; en sorte que le rapport du cube du grand axe de l'orbite au carré du temps de la révolution est proportionnel à la somme
des masses du Soleil et de la planète. Mais, puisque ce rapport est

à très peu près le même pour toutes les planètes, leurs masses
doivent être fort petites eu égard à celle du Soleil, ce qui est également vrai pour les satellites comparés à leur planète principale : c'est
ce que confirment les volumes de ces différents corps.

La propriété attractive des corps célestes ne leur appartient pas
seulement en masse, mais elle est propre à chacune de leurs molécules. Si le Soleil n'agissait que sur le centre de la Terre, sans attirer
chacune de ses parties, il en résulterait dans l'Océan des oscillations
incomparablement plus grandes et très différentes de celles qu'on y
observe ; la pesanteur de la Terre vers le Soleil est donc le résultat des
pesanteurs de toutes ces molécules, qui par conséquent attirent le Soleil en raison de leurs masses respectives. D'ailleurs chaque corps sur
la Terre pèse vers le centre de cette planète proportionnellement à
sa masse ; il réagit donc sur elle et l'attire suivant le même rapport :
si cela n'était pas et si une partie de la Terre, quelque petite qu'on
la suppose, n'attirait pas l'autre partie comme elle en est attirée, le
centre de gravité de la Terre serait mû dans l'espace en vertu de la
pesanteur, ce qui est inadmissible.

Les phénomènes célestes, comparés aux lois du mouvement, nous
conduisent donc à ce grand principe de la nature, savoir, que *toutes
les molécules de la matière s'attirent mutuellement, en raison des masses,
et réciproquement au carré des distances.* Déjà l'on entrevoit dans
cette gravitation universelle la cause perturbatrice des mouvements
elliptiques ; car, les planètes et les comètes étant soumises à leur
action réciproque, elles doivent s'écarter un peu des lois de ce mouvement, qu'elles suivraient exactement si elles n'obéissaient qu'à l'action du Soleil. Les satellites, troublés dans leurs mouvements autour
de leurs planètes par leur attraction mutuelle et par celle du Soleil,
s'écartent pareillement de ces lois. On voit encore que les molécules
de chaque corps céleste, réunies par leur attraction, doivent former
une masse à peu près sphérique, et que la résultante de leur action à
la surface du corps doit y produire tous les phénomènes de la pesanteur. On voit pareillement que le mouvement de rotation des corps

célestes doit altérer un peu la sphéricité de leur figure et l'aplatir aux pôles, et qu'alors, la résultante de leurs actions mutuelles ne passant point exactement par leurs centres de gravité, elle doit produire dans leurs axes de rotation des mouvements semblables à ceux que l'observation y fait apercevoir. Enfin on entrevoit que les molécules de l'Océan, inégalement attirées par le Soleil et la Lune, doivent avoir un mouvement d'oscillation pareil au flux et reflux de la mer. Mais il convient de développer ces divers effets du principe général de la pesanteur, pour lui donner toute la certitude dont les vérités physiques sont susceptibles.

CHAPITRE II.

DES PERTURBATIONS DU MOUVEMENT ELLIPTIQUE DES PLANÈTES.

Si les planètes n'obéissaient qu'à l'action du Soleil, elles décriraient autour de lui des orbes elliptiques. Mais elles agissent les unes sur les autres; elles agissent également sur le Soleil, et de ces attractions diverses il résulte, dans leurs mouvements elliptiques, des perturbations que les observations font entrevoir, et qu'il est nécessaire de déterminer pour avoir des Tables exactes des mouvements planétaires. La solution rigoureuse de ce problème surpasse les moyens actuels de l'Analyse, et nous sommes forcés de recourir aux approximations. Heureusement la petitesse des masses des planètes eu égard à celle du Soleil et le peu d'excentricité et d'inclinaison mutuelle de la plupart de leurs orbites donnent de grandes facilités pour cet objet. Néanmoins, il reste encore très compliqué, et l'Analyse la plus délicate et la plus épineuse est indispensable pour démêler, dans le nombre infini des inégalités auxquelles les planètes sont assujetties, celles qui sont sensibles et pour assigner leurs valeurs.

Les perturbations du mouvement elliptique des planètes peuvent être partagées en deux classes très distinctes : les unes affectent les éléments du mouvement elliptique et croissent avec une extrême lenteur; on les a nommées *inégalités séculaires*. Les autres dépendent de la configuration des planètes, soit entre elles, soit à l'égard de leurs nœuds et de leurs périhélies, et se rétablissent toutes les fois que ces configurations redeviennent les mêmes; elles ont été nommées *inégalités périodiques*, pour les distinguer des inégalités séculaires qui sont également périodiques, mais dont les périodes beaucoup plus longues sont indépendantes de la configuration mutuelle des planètes.

La manière la plus simple d'envisager ces diverses perturbations consiste à imaginer une planète mue, conformément aux lois du mouvement elliptique, sur une ellipse dont les éléments varient par des nuances insensibles, et à concevoir, en même temps, que la vraie planète oscille autour de cette planète fictive, dans un très petit orbe dont la nature dépend de ses perturbations périodiques.

Considérons d'abord les inégalités séculaires, qui, en se développant avec les siècles, doivent changer à la longue la forme et la position de tous les orbes planétaires. La plus importante de ces inégalités est celle qui peut affecter les moyens mouvements des planètes. En comparant entre elles les observations faites depuis le renouvellement de l'Astronomie, le mouvement de Jupiter a paru plus rapide, et celui de Saturne plus lent que par la comparaison de ces mêmes observations aux observations anciennes. Les astronomes en ont conclu que le premier de ces mouvements s'accélère, tandis que le second se ralentit de siècle en siècle, et, pour avoir égard à ces changements, ils ont introduit dans les Tables de ces planètes deux équations séculaires croissantes comme les carrés des temps, l'une additive au moyen mouvement de Jupiter, et l'autre soustractive de celui de Saturne. Suivant Halley, l'équation séculaire de Jupiter est de 106″ pour le premier siècle, à partir de 1700; l'équation correspondante de Saturne est de 256″,94. Il était naturel d'en chercher la cause dans l'action mutuelle de ces planètes, les plus considérables de notre système. Euler, qui s'en occupa le premier, trouva une équation séculaire égale pour ces deux planètes, et additive à leurs moyens mouvements, ce qui répugne aux observations. Lagrange obtint ensuite des résultats qui leur sont plus conformes; d'autres géomètres trouvèrent d'autres équations. Frappé de ces différences, j'examinai de nouveau cet objet et, en apportant le plus grand soin à sa discussion, je parvins à la véritable expression analytique du mouvement séculaire des planètes. En y substituant les valeurs numériques des quantités relatives

à Jupiter et à Saturne, je fus surpris de voir qu'elle devenait nulle.
Je soupçonnai que cela n'était point particulier à ces planètes, et que,
si l'on mettait cette expression sous la forme la plus simple dont elle
est susceptible, en réduisant au plus petit nombre les diverses quantités qu'elle renferme, au moyen des relations qui existent entre
elles, tous ces termes se détruiraient mutuellement. Le calcul confirma
ce soupçon, et m'apprit qu'en général les moyens mouvements des
planètes et leurs distances moyennes au Soleil sont invariables, du
moins quand on néglige les quatrièmes puissances des excentricités et
des inclinaisons des orbites et les carrés des masses perturbatrices,
ce qui est plus que suffisant pour les besoins actuels de l'Astronomie.
Lagrange a confirmé, depuis, ce résultat, en faisant voir, par une très
belle méthode, qu'il a lieu en ayant même égard aux puissances et
aux produits d'un ordre quelconque des excentricités et des inclinaisons, et M. Poisson a fait voir, par une savante analyse, que le même
résultat subsiste en étendant les approximations aux carrés et aux
produits des masses des planètes. Ainsi les variations observées dans
les moyens mouvements de Jupiter et de Saturne ne dépendent point
de leurs inégalités séculaires.

La constance des moyens mouvements des planètes et des grands
axes de leurs orbites est un des phénomènes les plus remarquables
du système du monde. Tous les autres éléments des ellipses planétaires sont variables; ces ellipses s'approchent ou s'éloignent insensi-
blement de la forme circulaire; leurs inclinaisons sur un plan fixe et
sur l'écliptique augmentent ou diminuent; leurs périhélies et leurs
nœuds sont en mouvement. Ces variations produites par l'action mutuelle des planètes s'exécutent avec tant de lenteur que, pendant plusieurs siècles, elles sont à peu près proportionnelles aux temps. Déjà
les observations les ont fait apercevoir : on a vu, dans le Livre Ier,
que le périhélie de l'orbe terrestre a présentement un mouvement
annuel direct de 36″, et que la diminution séculaire de l'inclinaison de cet orbe à l'équateur est de 148″. Euler a développé, le
premier, la cause de cette diminution, que toutes les planètes con-

courent maintenant à produire par la situation respective des plans
de leurs orbes. Ces variations de l'orbe terrestre ont fait coïncider le
périgée du Soleil avec l'équinoxe du printemps à une époque à laquelle on peut remonter par l'Analyse, et que je trouve antérieure à
notre ère de 4089 ans. Il est remarquable que cette époque astronomique soit à peu près celle où la plupart des chronologistes placent
la création du monde. Les observations anciennes ne sont pas assez
précises, et les observations modernes sont trop rapprochées pour
fixer avec exactitude la quantité des grands changements des orbes
planétaires; cependant elles se réunissent à prouver leur existence et
à faire voir que leur marche est celle qui dérive de la loi de la pesanteur universelle. On pourrait donc, par la théorie, devancer les observations et assigner les vraies valeurs des inégalités séculaires des planètes, si l'on avait leurs masses, et l'un des plus sûrs moyens de les
obtenir sera le développement de ces inégalités par la suite des temps.
Alors on pourra remonter par la pensée aux changements successifs
que le système planétaire a éprouvés; on pourra prévoir ceux que les
siècles à venir offriront aux observateurs, et le géomètre embrassera
d'un coup d'œil dans ses formules tous les états passés et futurs de
ce système.

Ici se présentent plusieurs questions intéressantes. Les ellipses
planétaires ont-elles toujours été et seront-elles toujours à peu près
circulaires? Quelques-unes des planètes n'ont-elles pas été originairement des comètes dont les orbes ont peu à peu approché du cercle,
par l'attraction des autres planètes? La diminution de l'obliquité de
l'écliptique continuera-t-elle au point de faire coïncider l'écliptique
avec l'équateur, ce qui produirait l'égalité constante des jours et des
nuits sur toute la Terre? L'Analyse répond à ces questions diverses
d'une manière satisfaisante. Je suis parvenu à démontrer que, quelles
que soient les masses des planètes, par cela seul qu'elles se meuvent
toutes dans le même sens et dans des orbes peu excentriques et peu
inclinés les uns aux autres, leurs inégalités séculaires sont périodiques
et renfermées dans d'étroites limites, en sorte que le système plané-

taire ne fait qu'osciller autour d'un état moyen dont il ne s'écarte jamais que d'une très petite quantité. Les ellipses des planètes ont donc toujours été et seront toujours presque circulaires; d'où il suit qu'aucune planète n'a été primitivement une comète, du moins si l'on n'a égard qu'à l'action mutuelle des corps du système planétaire. L'écliptique ne coïncidera jamais avec l'équateur, et l'étendue entière des variations de son inclinaison ne peut pas excéder 3°.

Les mouvements des orbes planétaires et des étoiles embarrasseront un jour les astronomes, lorsqu'ils chercheront à comparer des observations précises, séparées par de longs intervalles de temps. Déjà cet embarras commence à se faire sentir; il est donc intéressant de pouvoir retrouver, au milieu de tous ces changements, un plan invariable ou qui conserve toujours une situation parallèle. Nous avons exposé, à la fin du Livre précédent, un moyen simple pour déterminer un plan semblable dans le mouvement d'un système de corps qui ne sont soumis qu'à leur action mutuelle : ce moyen, appliqué au système solaire, donne la règle suivante :

« Si, à un instant quelconque, et sur un plan passant par le centre du Soleil, on mène de ce point des droites aux nœuds ascendants des orbes planétaires avec ce dernier plan ; si l'on prend sur ces droites, à partir du centre du Soleil, des lignes qui représentent les tangentes des inclinaisons des orbes sur ce plan ; si l'on suppose ensuite aux extrémités de ces lignes des masses proportionnelles aux masses des planètes multipliées respectivement par les racines carrées des paramètres des orbes et par les cosinus de leurs inclinaisons ; enfin, si l'on détermine le centre de gravité de ce nouveau système de masses, la droite menée de ce point au centre du Soleil représentera la tangente de l'inclinaison du plan invariable sur le plan donné, et en la prolongeant au delà de ce point jusqu'au ciel, elle y marquera la position de son nœud ascendant. »

Quels que soient les changements que la suite des siècles amène dans les orbes planétaires et le plan auquel on les rapporte, le plan déterminé par cette règle conservera toujours une situation parallèle. Sa position dépend, à la vérité, des masses des planètes ; mais elles seront bientôt suffisamment connues pour la fixer avec exactitude. En adoptant les valeurs de ces masses que nous donnerons dans le Chapitre suivant, on trouve que la longitude du nœud ascendant du plan invariable était de 114°,7008 au commencement du dix-neuvième siècle, et que son inclinaison à l'écliptique était de 1°,7565, à la même époque.

Nous faisons ici abstraction des comètes, qui cependant doivent influer sur la position de ce plan invariable, puisqu'elles font partie du système solaire. Il serait facile d'y avoir égard par la règle précédente si leurs masses et les éléments de leurs orbes étaient connus. Mais, dans l'ignorance où nous sommes sur ces objets, nous supposons les masses des comètes assez petites pour que leur action sur le système planétaire soit insensible ; et cela parait fort vraisemblable, puisque la théorie de l'attraction mutuelle des planètes suffit pour représenter toutes les inégalités observées dans leurs mouvements. Au reste, si l'action des comètes est sensible à la longue, elle doit principalement altérer la position du plan que nous supposons invariable, et sous ce nouveau point de vue la considération de ce plan sera encore utile, si l'on parvient à reconnaitre ses variations, ce qui présentera de grandes difficultés.

La théorie des inégalités séculaires et périodiques du mouvement des planètes, fondée sur la théorie de la pesanteur universelle, a été confirmée par son accord avec toutes les observations anciennes et modernes. C'est surtout dans la théorie de Jupiter et de Saturne que ces inégalités sont sensibles ; elles s'y présentent sous une forme si compliquée et la durée de leurs périodes est-si considérable qu'il eût fallu plusieurs siècles pour en déterminer les lois par les seules observations, que sur ce point la théorie a devancées.

Après avoir reconnu l'invariabilité des moyens mouvements planétaires, je soupçonnai que les altérations observées dans ceux de Jupiter et de Saturne venaient de l'action des comètes. Lalande avait remarqué dans le mouvement de Saturne des irrégularités qui ne parais-

saient pas dépendre de l'action de Jupiter; il trouvait ses retours à
l'équinoxe du printemps plus prompts dans le dernier siècle que ses
retours à l'équinoxe d'automne, quoique les positions de Jupiter et de
Saturne, soit entre eux, soit à l'égard de leurs périhélies, fussent à
peu près les mêmes. Lambert avait encore observé que le moyen mouvement de Saturne, qui, par la comparaison des observations modernes
aux anciennes, paraissait se ralentir de siècle en siècle, semblait au
contraire s'accélérer, par la comparaison des observations modernes
entre elles, tandis que le mouvement moyen de Jupiter offrait des phénomènes opposés. Tout cela portait à croire que des causes indépendantes de l'action de Jupiter et de Saturne avaient altéré leurs mouvements. Mais, en y réfléchissant davantage, la marche des variations
observées dans les moyens mouvements de ces deux planètes me parut
si bien d'accord avec celle qui devait résulter de leur attraction mutuelle que je ne balançai point à rejeter l'hypothèse d'une action
étrangère.

C'est un résultat remarquable de l'action réciproque des planètes
que, si l'on n'a égard qu'aux inégalités qui ont de très longues périodes, la somme des masses de chaque planète, divisées respectivement par les grands axes de leurs orbes considérés comme des ellipses
variables, est toujours à très peu près constante. De là il suit que, les
carrés des moyens mouvements étant réciproques aux cubes de ces
axes, si le mouvement de Saturne se ralentit par l'action de Jupiter,
celui de Jupiter doit s'accélérer par l'action de Saturne, ce qui est
conforme à ce que l'on observe. Je voyais de plus que le rapport de
ces variations était le même que suivant les observations. En supposant, avec Halley, le retardement de Saturne de 256″,94 pour le premier siècle, à partir de 1700, l'accélération correspondante de Jupiter
serait de 104″,91, et Halley avait trouvé 106″,02 par les observations.
Il était donc fort probable que les variations observées dans les moyens
mouvements de Jupiter et de Saturne sont un effet de leur action
mutuelle, et, puisqu'il est certain que cette action ne peut y produire
aucunes inégalités, soit constamment croissantes, soit périodiques,

mais d'une période indépendante de la configuration de ces planètes, et qu'elle n'y cause que des inégalités relatives à cette configuration, il était naturel de penser qu'il existe dans leur théorie une inégalité considérable de ce genre, dont la période est fort longue et d'où naissent ces variations.

Les inégalités de cette espèce, quoique très petites et presque insensibles dans les équations différentielles, augmentent considérablement par les intégrations, et peuvent acquérir de grandes valeurs dans l'expression de la longitude des planètes. Il me fut aisé de reconnaitre de semblables inégalités dans les équations différentielles des mouvements de Jupiter et de Saturne. Ces mouvements approchent beaucoup d'être commensurables, et cinq fois le mouvement de Saturne est, à très peu près, égal à deux fois celui de Jupiter. De là je conclus que les termes qui ont pour argument cinq fois la longitude moyenne de Saturne moins deux fois celle de Jupiter pouvaient devenir très sensibles par les intégrations, quoiqu'ils fussent multipliés par les cubes et les produits de trois dimensions des excentricités et des inclinaisons des orbites. Je regardai conséquemment ces termes comme une cause fort vraisemblable des variations observées dans les moyens mouvements de ces planètes. La probabilité de cette cause et l'importance de l'objet me déterminèrent à entreprendre le calcul pénible, nécessaire pour m'en assurer. Le résultat de ce calcul confirma pleinement ma conjecture, en me faisant voir : 1° qu'il existe dans la théorie de Saturne une grande inégalité de $8895'',7$, dans son maximum, dont la période est de 929 ans, et qui doit être appliquée au moyen mouvement de cette planète; 2° que le mouvement de Jupiter est pareillement soumis à une inégalité correspondante dont la période est à très peu près la même, mais qui, affectée d'un signe contraire, ne s'élève qu'à $3662'',4$. La grandeur des coefficients de ces inégalités et la durée de leur période ne sont pas toujours les mêmes ; elles participent aux variations séculaires des éléments des orbites dont elles dépendent : j'ai déterminé avec un soin particulier ces coefficients et leur diminution séculaire. C'est à ces deux grandes inégalités, aupa-

ravant inconnues, que l'on doit attribuer le ralentissement apparent
de Saturne et l'accélération apparente de Jupiter. Ces phénomènes
ont atteint leur maximum vers 1560; depuis cette époque, les moyens
mouvements apparents de ces deux planètes se sont rapprochés des
véritables, et ils leur ont été égaux en 1790. Voilà pourquoi Halley,
en comparant les observations modernes aux anciennes, trouva le
moyen mouvement de Saturne plus lent, et celui de Jupiter plus
rapide que par la comparaison des observations modernes entre elles,
au lieu que ces dernières ont indiqué à Lambert une accélération
dans le mouvement de Saturne et un retardement dans celui de Jupiter, et il est remarquable que les quantités de ces phénomènes, déduites des seules observations par Halley et Lambert, soient à très
peu près celles qui résultent des deux grandes inégalités dont je viens
de parler. Si l'Astronomie eût été renouvelée quatre siècles et demi
plus tard, les observations auraient présenté des phénomènes contraires; les moyens mouvements que l'Astronomie d'un peuple assigne
à Jupiter et à Saturne peuvent donc nous éclairer sur le temps où
elle a été fondée. On trouve ainsi que les Indiens ont déterminé les
moyens mouvements de ces planètes dans la partie de la période des
inégalités précédentes où le moyen mouvement apparent de Saturne
était le plus lent et celui de Jupiter le plus rapide; deux de leurs
principales époques, dont l'une remonte à l'an 3102 avant l'ère chré-
tienne et dont l'autre se rapporte à l'an 1491, remplissent à peu près
cette condition.

Le rapport presque commensurable des mouvements de Jupiter et
de Saturne donne naissance à d'autres inégalités très sensibles. La
plus considérable affecte le mouvement de Saturne; elle se confondrait avec l'équation du centre, si cinq fois le moyen mouvement de
cette planète était exactement égal au double de celui de Jupiter.
C'est elle principalement qui, dans le dernier siècle, a rendu les retours de Saturne à l'équinoxe du printemps plus prompts que ses
retours à l'équinoxe d'automne. En général, lorsque j'eus reconnu
ces diverses inégalités et déterminé, avec plus de soin qu'on ne l'a-

vait fait encore, celles que l'on avait déjà soumises au calcul, je vis
tous les phénomènes observés dans le mouvement de ces deux planètes s'adapter d'eux-mêmes à la théorie; ils semblaient auparavant
faire exception à la loi de la pesanteur universelle, et maintenant,
ils en sont une des preuves les plus frappantes. Tel a été le sort de
cette brillante découverte de Newton, que chaque difficulté qui s'est
élevée a été pour elle le sujet d'un nouveau triomphe, ce qui est le
plus sûr caractère du vrai système de la nature. Les formules auxquelles je suis parvenu pour représenter les mouvements de Jupiter et
de Saturne satisfont avec une précision remarquable aux oppositions de ces deux planètes, observées par les plus habiles astronomes, au moyen des meilleures lunettes méridiennes et des plus grands
quarts de cercle; l'erreur n'a jamais atteint 40″, et il n'y a pas vingt
ans que les erreurs des meilleures Tables surpassaient quelquefois
4000″. Ces formules représentent encore, avec l'exactitude des observations mêmes, les observations de Flamsteed, celles des Arabes et les
observations citées par Ptolémée. Cette grande précision, avec laquelle
les deux plus grosses planètes de notre système planétaire ont obéi
depuis les temps les plus reculés aux lois de leur attraction mutuelle,
prouve la stabilité de ce système, puisque Saturne, dont l'attraction
par le Soleil est environ cent fois moindre que l'attraction de la Terre
par le même astre, n'a cependant éprouvé, depuis Hipparque jusqu'à
nous, aucune action sensible de la part des causes étrangères.

Je ne puis m'empêcher ici de comparer les effets réels du rapport
qui existe entre les moyens mouvements de Jupiter et de Saturne avec
ceux que l'Astrologie lui avait attribués. En vertu de ce rapport, les
conjonctions mutuelles de ces deux planètes se renouvellent dans l'intervalle d'environ vingt années; mais le point du ciel où elles arrivent
rétrograde à peu près d'un tiers du zodiaque, en sorte que, si la conjonction arrive dans le premier point d'Ariès, elle aura lieu vingt ans
après dans le signe du Sagittaire; vingt ans encore après, elle arrivera dans le signe du Lion, pour revenir ensuite au signe du Bélier à
10° de distance de sa position primitive. Elle continuera ainsi d'a-

voir lieu dans ces trois signes pendant près de deux cents ans;
ensuite elle parcourra de la même manière, dans les deux cents années suivantes, les trois signes du Taureau, du Capricorne et de la
Vierge; elle emploiera pareillement deux siècles à parcourir les signes
des Gémeaux, du Verseau et de la Balance; enfin dans les deux siècles
suivants, elle parcourra les signes de l'Écrevisse, des Poissons et du
Scorpion, pour recommencer après dans le signe d'Ariès. De là se
compose une grande année dont chaque saison a deux siècles. On attribuait une température différente à ces diverses saisons ainsi qu'aux
signes qui leur répondent; l'ensemble de ces trois signes se nommait
trigone : le premier trigone était celui du feu; le second, celui de la
terre; le troisième, celui de l'air, et le quatrième, celui de l'eau. On
conçoit que l'Astrologie a dû faire un grand usage de ces trigones,
que Kepler lui-même a expliqués avec beaucoup de détail dans plusieurs Ouvrages. Mais il est remarquable que la saine Astronomie,
en faisant disparaître cette influence imaginaire du rapport qu'ont
entre eux les moyens mouvements de Jupiter et de Saturne, ait reconnu dans ce rapport la source des grandes perturbations du système
planétaire.

La planète Uranus, quoique récemment découverte, offre déjà des
indices incontestables des perturbations qu'elle éprouve de la part de
Jupiter et de Saturne. Les lois du mouvement elliptique ne satisfont
point exactement à ses positions observées, et pour les représenter, il
faut avoir égard à ses perturbations. Leur théorie, par un accord singulier, la place dans les années 1769, 1756 et 1690, aux mêmes
points du ciel où Le Monnier, Mayer et Flamsteed avaient déterminé
la position de trois petites étoiles que l'on ne retrouve plus aujour-
d'hui, ce qui ne laisse aucun doute sur l'identité de ces astres avec
Uranus.

Les petites planètes que l'on vient de découvrir sont assujetties à
de très grandes inégalités, qui répandront un nouveau jour sur la
théorie des attractions célestes et donneront lieu de la perfectionner;
mais il n'a pas encore été possible de reconnaître ces inégalités par

les observations. Il n'y a pas trois siècles que Copernic introduisit le premier dans les Tables astronomiques le mouvement des planètes autour du Soleil; environ un siècle après, Kepler y fit entrer les lois du mouvement elliptique, qu'il avait trouvées par les observations de Tycho Brahe et qui ont conduit Newton à la découverte de la gravitation universelle. Depuis ces trois époques, à jamais mémorables dans l'histoire des sciences, les progrès de l'Analyse infinitésimale nous ont mis à portée de soumettre au calcul les nombreuses inégalités des planètes, qui naissent de leurs attractions mutuelles, et par ce moyen, les Tables ont acquis une précision inattendue. Auparavant leurs erreurs étaient de plusieurs minutes; maintenant elles se réduisent à un petit nombre de secondes, et souvent il est probable que leurs écarts sont dus aux erreurs inévitables des observations.

CHAPITRE III.

DES MASSES DES PLANÈTES ET DE LA PESANTEUR A LEUR SURFACE.

Le rapport de la masse d'une planète à celle du Soleil étant le principal élément de la théorie des perturbations qu'elle fait éprouver, la comparaison de cette théorie avec un grand nombre d'observations très précises doit le faire connaître d'autant plus exactement que les perturbations dont il est la cause sont plus considérables. C'est ainsi que l'on a déterminé les valeurs suivantes des masses de Vénus, de Mars, de Jupiter et de Saturne. Celles de Jupiter et de Saturne et des planètes qui ont des satellites peuvent encore être déterminées de la manière suivante.

Il résulte des théorèmes sur la force centrifuge, exposés dans le Livre précédent, que la pesanteur d'un satellite vers sa planète est à la pesanteur de la Terre vers le Soleil comme le rayon même de l'orbe du satellite, divisé par le carré du temps de sa révolution sidérale, est à la moyenne distance de la Terre au Soleil, divisée par le carré de l'année sidérale. Pour ramener ces pesanteurs à la même distance des corps qui les produisent, il faut les multiplier respectivement par les carrés des rayons des orbes qu'elles font décrire, et comme à distances égales les masses sont proportionnelles à leurs attractions, la masse de la planète est à celle du Soleil comme le cube du rayon moyen de l'orbe du satellite, divisé par le carré du temps de sa révolution sidérale, est au cube de la distance moyenne de la Terre au Soleil, divisé par le carré de l'année sidérale. Ce résultat suppose que l'on néglige la masse du satellite relativement à celle de la planète, et la masse de la planète eu égard à celle du Soleil, ce que l'on peut faire sans erreur sensible ; il deviendra plus exact si l'on y substitue, au lieu de la masse de la planète, la somme des masses de la planète et de son satellite, et au lieu de la masse du Soleil, la somme des masses du Soleil et de la planète, parce que la force qui retient un corps dans son orbite relative autour de celui qui l'attire dépend de la somme de leurs masses.

Appliquons le résultat précédent à Jupiter. Le rayon moyen de l'orbe du quatrième satellite, tel que nous l'avons donné dans le Livre II, paraîtrait sous un angle de 7964″,75, s'il était observé de la moyenne distance de la Terre au Soleil ; le rayon du cercle renferme 636619″,8 ; les rayons moyens des orbes du quatrième satellite et de la Terre sont donc le rapport de ces deux nombres. La durée de la révolution sidérale du quatrième satellite est de 16ʲ,6890, et l'année sidérale est de 365ʲ,2564. En partant de ces données, on trouve $\dfrac{1}{1067,09}$ pour la masse de Jupiter, celle du Soleil étant prise pour unité. Il faut, pour plus d'exactitude, diminuer d'une unité le dénominateur de cette fraction, qui devient ainsi $\dfrac{1}{1066,09}$.

J'ai trouvé, par le même procédé, la masse de Saturne égale à $\dfrac{1}{3359,4}$, et celle d'Uranus égale à $\dfrac{1}{19504}$.

Les perturbations que ces trois grosses planètes éprouvent par leurs attractions réciproques offrent le moyen d'obtenir avec une grande précision les valeurs de leurs masses. M. Bouvard, en comparant à mes formules de la *Mécanique céleste* un très grand nombre d'observations qu'il a discutées avec un soin particulier, a construit de nouvelles Tables très exactes de Jupiter, de Saturne et d'Uranus ; il a formé, pour ce travail important, des équations de condition, dans lesquelles il a laissé comme indéterminées les masses de ces planètes, et, en résolvant ces équations, il a obtenu les valeurs suivantes de ces masses $\dfrac{1}{1070,5}$, $\dfrac{1}{3512}$, $\dfrac{1}{17918}$. Si l'on considère la difficulté de mesurer les élongations des satellites de Saturne et d'Uranus, et l'ignorance où nous sommes de l'ellipticité des orbes de ces satellites, on sera étonné du peu de différence qui existe entre les valeurs conclues de ces élongations et celles qui résultent des perturbations. Ces dernières valeurs embrassent pour chaque planète sa masse et celles de ses satellites, auxquelles il faut ajouter, pour Saturne, la masse de son anneau. Mais tout porte à croire que la masse de la planète est fort supérieure à celles des corps qui l'environnent, du moins cela est certain à l'égard de la Terre et de Jupiter. En appliquant mon Analyse des probabilités aux équations de condition de M. Bouvard, on a trouvé qu'il y a un million à parier contre un que la valeur de la masse de Jupiter à laquelle il est parvenu n'est pas en erreur d'un centième de cette valeur. Il y a onze mille à parier contre un que cela est vrai pour la masse de Saturne. Les perturbations qu'Uranus produit dans le mouvement de Saturne étant peu considérables, il faut attendre un plus grand nombre d'observations pour avoir sa masse avec la même probabilité; mais, dans l'état actuel des observations, il y a plus de deux mille cinq cents à parier contre un que la valeur précédente n'est pas en erreur de sa quatrième partie.

Les perturbations que la Terre éprouve par les attractions de Vénus et de Mars sont assez sensibles pour faire connaître les masses de ces deux planètes. M. Burckhardt, à qui l'on doit d'excellentes Tables du Soleil, fondées sur quatre mille observations, a conclu les valeurs de ces masses égales à $\frac{1}{405871}$ et $\frac{1}{2546320}$.

On peut obtenir de la manière suivante la masse de la Terre. Si l'on prend pour unité sa moyenne distance au Soleil, l'arc qu'elle décrit pendant une seconde de temps sera le rapport de la circonférence au rayon, divisé par le nombre des secondes de l'année sidérale ou par $365256236'',1$; en divisant le carré de cet arc par le diamètre, on aura $\frac{1479565}{10^{20}}$ pour son sinus verse; c'est la quantité dont la Terre tombe vers le Soleil dans une seconde, en vertu de son mouvement relatif autour de cet astre. On a vu dans le Chapitre précédent que, sur le parallèle terrestre dont le carré du sinus de latitude est $\frac{1}{3}$, l'attraction de la Terre fait tomber les corps dans une seconde de $3^{m},66477$. Pour réduire cette attraction à la moyenne distance de la Terre au Soleil, il faut la multiplier par le carré du sinus de la parallaxe solaire, et diviser le produit par le nombre de mètres que renferme cette distance ; or le rayon terrestre, sur le parallèle que nous considérons, est de 6369809^{m} ; en divisant donc ce nombre par le sinus de la parallaxe solaire, supposée de $26'',54$, on aura le rayon moyen de l'orbe terrestre exprimé en mètres. Il suit de là que l'effet de l'attraction de la Terre, à la distance moyenne de cette planète au Soleil, est égal au produit de la fraction $\frac{3,66477}{6369809}$ par le cube du sinus de $26'',54$; il est par conséquent égal à $\frac{4,16856}{10^{20}}$; en retranchant cette fraction de $\frac{1479565}{10^{20}}$, on aura $\frac{1479560,8}{10^{20}}$ pour l'effet de l'attraction du Soleil à la même distance. Les masses du Soleil et de la Terre sont donc dans le rapport des nombres $1479560,8$ et $4,16856$; d'où il suit que la masse de la Terre est $\frac{1}{354936}$.

Si la parallaxe du Soleil est un peu différente de celle que nous venons de supposer, la valeur de la masse de la Terre doit varier comme le cube de cette parallaxe, comparé à celui de $26'',54$.

La valeur de la masse de Mercure a été déterminée par son volume, en supposant les densités de cette planète et de la Terre réciproques à leurs moyennes distances au Soleil, hypothèse, à la vérité, fort précaire, mais qui satisfait assez bien aux densités respectives de la Terre, de Jupiter et de Saturne ; il faudra rectifier toutes ces valeurs, quand le temps aura mieux fait connaître les variations séculaires des mouvements célestes.

Masses des planètes, celle du Soleil étant prise pour unité.

Mercure	$\frac{1}{2025810}$
Vénus	$\frac{1}{405871}$
La Terre	$\frac{1}{354936}$

Mars............ .... $\dfrac{1}{2546320}$

Jupiter.. $\dfrac{1}{1070,5}$

Saturne.. $\dfrac{1}{3512}$

Uranus.. $\dfrac{1}{17918}$

Les densités des corps sont proportionnelles aux masses divisées
par les volumes, et quand les masses sont à peu près sphériques, leurs
volumes sont comme les cubes de leurs rayons; les densités sont donc
alors comme les masses divisées par les cubes des rayons. Mais, pour
plus d'exactitude, il faut prendre pour le rayon d'une planète celui
qui correspond au parallèle dont le carré du sinus de latitude est $\frac{1}{3}$.

On a vu, dans le Livre Ier, que le demi-diamètre du Soleil, vu
de sa distance moyenne à la Terre, sous-tend un angle de 2966″; à la
même distance, le rayon terrestre paraîtrait sous un angle de 26″,54.
Il est facile d'en conclure que, la moyenne densité du globe solaire
étant prise pour unité, celle de la Terre est 3,9326. Cette valeur est
indépendante de la parallaxe du Soleil; car le volume et la masse de
la Terre croissent l'un et l'autre comme le cube de cette parallaxe.

Le demi-diamètre de l'équateur de Jupiter, vu de sa moyenne distance au Soleil, est, suivant les mesures précises de M. Arago, égal
à 56″,702; le demi-axe passant par ses pôles est de 53″,497; le rayon
du sphéroïde de Jupiter, correspondant au parallèle dont le carré du
sinus de latitude est $\frac{1}{3}$, serait donc vu à la même distance sous un
angle de 53″,967, et, vu de la moyenne distance de la Terre au Soleil,
il serait de 291″,185. Il est facile d'en conclure la densité de Jupiter,
égale à 0,99239.

On peut déterminer de la même manière la densité des autres planètes; mais les erreurs dont les mesures de leurs diamètres apparents
et les évaluations de leurs masses sont encore susceptibles répandent
beaucoup d'incertitude sur les résultats du calcul. Si l'on suppose le
diamètre apparent de Saturne, vu de sa distance moyenne au Soleil,

égal à 5o″, on aura o,55 pour sa densité, celle du Soleil étant toujours prise pour unité.

En comparant les densités respectives de la Terre, de Jupiter et de Saturne, on voit qu'elles sont plus petites pour les planètes plus distantes du Soleil. Kepler parvint au même résultat par des idées de convenance et d'harmonie, et il supposa les densités des planètes réciproques aux racines carrées de leurs distances. Mais il jugea, par les mêmes considérations, que le Soleil était le plus dense de tous les astres, ce qui n'est pas. La planète Uranus, dont la densité paraît surpasser celle de Saturne, s'écarte de la règle précédente ; mais l'incertitude des mesures de son diamètre apparent et des plus grandes élongations de ses satellites ne permet pas de prononcer sur cet objet.

Pour avoir l'intensité de la pesanteur à la surface du Soleil et des planètes, considérons que, si Jupiter et la Terre étaient exactement sphériques et sans mouvement de rotation, les pesanteurs à leur équateur seraient proportionnelles aux masses de ces corps divisées par les carrés de leurs diamètres; or, à la distance moyenne du Soleil à la Terre, le demi-diamètre de Jupiter serait vu sous un angle de 291″,185, et celui de l'équateur terrestre paraîtrait sous un angle de 26″,54; en représentant donc par l'unité le poids d'un corps à ce dernier équateur, le poids de ce corps transporté sur l'équateur de Jupiter serait 2,716; mais il faut le diminuer d'environ $\frac{1}{7}$, pour avoir égard aux effets des forces centrifuges dues à la rotation de ces planètes. Le même corps pèserait 27,9 à l'équateur du Soleil, et les corps y parcourent 102ᵐ dans la première seconde de leur chute.

L'intervalle immense qui nous sépare de ces grands corps semblait devoir dérober pour toujours à l'esprit humain la connaissance des effets de la pesanteur à leur surface. Mais l'enchaînement des vérités conduit à des résultats, qui paraissaient inaccessibles quand le principe dont ils dépendent était inconnu. C'est ainsi que la mesure de l'intensité de la pesanteur à la surface du Soleil et des planètes est devenue possible par la découverte de la gravitation universelle.

CHAPITRE IV.

DES PERTURBATIONS DU MOUVEMENT ELLIPTIQUE DES COMÈTES.

L'action planétaire produit, dans le mouvement des comètes, des inégalités principalement sensibles sur les intervalles de leurs retours au périhélie. Halley ayant remarqué que les éléments des orbites des comètes observées en 1531, 1607 et 1682 étaient à fort peu près les mêmes, il en conclut qu'ils appartenaient à la même comète, qui, dans l'espace de 151 ans, avait fait deux révolutions. A la vérité, la durée de sa révolution a été de treize mois plus longue de 1531 à 1607 que de 1607 à 1682; mais ce grand astronome crut avec raison que l'attraction des planètes, et principalement celle de Jupiter et de Saturne, avait pu occasionner cette différence, et d'après une estime vague de cette action pendant le cours de la période suivante, il jugea qu'elle devait retarder le prochain retour de la comète, et il le fixa à la fin de 1758 ou au commencement de 1759. Cette annonce était trop importante par elle-même, elle était liée trop intimement à la théorie de la pesanteur universelle, dont les géomètres vers le milieu du dernier siècle s'occupaient à étendre les applications, pour ne pas exciter la curiosité de tous ceux qui s'intéressaient au progrès des sciences, et en particulier d'une théorie qui déjà s'accordait avec un grand nombre de phénomènes. Les astronomes, incertains de l'époque à laquelle la comète devait reparaître, la cherchèrent dès l'année 1757 et Clairaut, qui l'un des premiers avait résolu le problème des trois corps, appliqua sa solution à la recherche des altérations que le mouvement de la comète avait éprouvées par l'action de Jupiter et de

Saturne. Le 14 novembre 1758, il annonça à l'Académie des Sciences que la durée du retour de la comète à son périhélie serait d'environ 618 jours plus longue dans la période actuelle que dans la précédente, et qu'en conséquence la comète passerait à son périhélie vers le milieu d'avril 1759. Il observa en même temps que les petites quantités négligées dans ses approximations pouvaient avancer ou reculer ce terme d'un mois : il remarqua d'ailleurs « qu'un corps qui passe dans des régions aussi éloignées, et qui échappe à nos yeux pendant des intervalles aussi longs, pourrait être soumis à des forces totalement inconnues, telles que l'action des autres comètes, ou même *de quelque planète toujours trop distante du Soleil, pour être jamais aperçue* ». Le géomètre eut la satisfaction de voir sa prédiction accomplie : la comète passa au périhélie le 12 mars 1759, dans les limites des erreurs dont il croyait son résultat susceptible. Après une nouvelle revision de ses calculs, Clairaut a fixé ce passage au 4 avril, et il l'aurait avancé jusqu'au 24 mars, c'est-à-dire à douze jours seulement de distance de l'observation, s'il eût employé la valeur de la masse de Saturne donnée dans le Chapitre précédent. Cette différence paraîtra bien petite, si l'on considère le grand nombre des quantités négligées et l'influence qu'a pu avoir la planète Uranus, dont l'existence, au temps de Clairaut, était inconnue.

Remarquons, à l'avantage des progrès de l'esprit humain, que cette comète, qui dans le dernier siècle a excité le plus vif intérêt parmi les géomètres et les astronomes, avait été vue d'une manière bien différente, quatre révolutions auparavant, en 1456. La longue queue qu'elle traînait après elle répandit la terreur dans l'Europe, déjà consternée par les succès rapides des Turcs, qui venaient de renverser le Bas-Empire, et le pape Calixte ordonna des prières publiques, dans lesquelles on conjurait la comète et les Turcs. On était loin de penser, dans ces temps d'ignorance, que la nature obéit toujours à des lois immuables. Suivant que les phénomènes arrivaient et se succédaient avec régularité ou sans ordre apparent, on les faisait dépendre des causes finales ou du hasard, et lorsqu'ils offraient quelque chose d'extraordinaire et semblaient contrarier l'ordre naturel, on les regardait comme autant de signes de la colère céleste.

Aux frayeurs qu'inspirait alors l'apparition des comètes a succédé la crainte que, dans le grand nombre de celles qui traversent dans tous les sens le système planétaire, l'une d'elles ne bouleverse la Terre. Elles passent si rapidement près de nous que les effets de leur attraction ne sont point à redouter; ce n'est qu'en choquant la Terre qu'elles peuvent y produire de funestes ravages. Mais ce choc, quoique possible, est si peu vraisemblable dans le cours d'un siècle, il faudrait un hasard si extraordinaire pour la rencontre de deux corps aussi petits relativement à l'immensité de l'espace dans lequel ils se meuvent, que l'on ne peut concevoir à cet égard aucune crainte raisonnable. Cependant la petite probabilité d'une pareille rencontre peut, en s'accumulant pendant une longue suite de siècles, devenir très grande. Il est facile de se représenter les effets de ce choc sur la Terre. L'axe et le mouvement de rotation changés, les mers abandonnant leur ancienne position pour se précipiter vers le nouvel équateur, une grande partié des hommes et des animaux noyés dans ce déluge universel ou détruits par la violente secousse imprimée au globe terrestre, des espèces entières anéanties, tous les monuments de l'industrie humaine renversés, tels sont les désastres que le choc d'une comète a dû produire, si sa masse a été comparable à celle de la Terre. On voit alors pourquoi l'Océan a recouvert de hautes montagnes, sur lesquelles il a laissé des marques incontestables de son séjour, on voit comment les animaux et les plantes du Midi ont pu exister dans les climats du Nord, où l'on retrouve leurs dépouilles et leurs empreintes; enfin on explique la nouveauté du monde moral, dont les monuments certains ne remontent pas au delà de cinq mille ans. L'espèce humaine réduite à un petit nombre d'individus et à l'état le plus déplorable, uniquement occupée pendant très longtemps du soin de se conserver, a dû perdre entièrement le souvenir des sciences et des arts, et quand les progrès de la civilisation en ont fait sentir de nouveau les besoins, il a fallu tout recommencer, comme si les hommes eussent été placés nouvellement sur la Terre. Quoi qu'il en soit de cette cause assignée par quelques philosophes à ces phénomènes, je le répète, on doit être rassuré sur un aussi terrible événement pendant le court intervalle de la vie, d'autant plus qu'il paraît que les masses des comètes sont d'une petitesse extrême, et qu'ainsi leur choc ne produirait que des révolutions locales. Mais l'homme est tellement disposé à recevoir l'impression de la crainte que l'on a vu, en 1773, la plus vive frayeur se répandre dans Paris et de là se communiquer dans toute la France, sur la simple annonce d'un Mémoire dans lequel Lalande déterminait celles des comètes observées qui peuvent le plus approcher de la Terre : tant il est vrai que les erreurs, les superstitions, les vaines terreurs et tous les maux qu'entraîne l'ignorance se reproduiraient promptement, si la lumière des sciences venait à s'éteindre.

Les observations de la comète aperçue la première, en 1770, ont conduit les astronomes à un résultat très singulier. Après avoir inutilement tenté d'assujettir ces observations aux lois du mouvement parabolique, qui jusqu'alors avait représenté à fort peu près celui des comètes, ils ont enfin reconnu qu'elle a décrit pendant son apparition une ellipse, dans laquelle la durée de sa révolution n'a pas surpassé six années. Lexell, qui le premier fit cette curieuse remarque, satisfit de cette manière à l'ensemble des observations de la comète. Mais une aussi courte durée ne pouvait être admise que d'après des preuves incontestables, fondées sur une discussion nouvelle et approfondie des observations de la comète et des positions des étoiles auxquelles on l'a comparée. L'Institut proposa donc cette discussion pour sujet d'un prix, que M. Burckhardt a remporté, et ses recherches l'ont conduit à fort peu près au résultat de Lexell, sur lequel il ne doit maintenant rester aucun doute. Une comète dont la révolution est aussi prompte devrait souvent reparaître; cependant elle n'avait point été observée avant 1770, et depuis on ne l'a point revue. Pour expliquer ce double phénomène, Lexell a remarqué qu'en 1767 et 1779 cette comète a fort approché de Jupiter dont l'attraction puissante a diminué en 1767 la distance périhélie de son orbite, de manière à rendre cet astre visible en 1770, d'invisible qu'il était auparavant, et ensuite a augmenté en 1779 cette même distance, au point de rendre la comète pour toujours invisible. Mais il fallait démontrer la possibilité de ces deux effets de l'attraction de Jupiter, en faisant voir que les éléments de l'ellipse décrite par la comète pouvaient y satisfaire. C'est ce que j'ai fait, en soumettant cet objet à l'Analyse, et par ce moyen l'explication précédente est devenue vraisemblable.

De toutes les comètes observées, celle-ci a le plus approché de la Terre, qui, par conséquent, aurait dû en éprouver une action sensible, si la masse de cet astre était comparable à celle du globe terrestre. En supposant ces deux masses égales, l'action de la comète aurait accru de 11612^s la durée de l'année sidérale. Nous sommes certains, par les nombreuses comparaisons des observations que MM. Delambre et Burckhardt ont faites pour construire leurs Tables du Soleil, que, depuis 1770, l'année sidérale n'a pas augmenté de 3^s; la masse de la comète n'est donc pas $\frac{1}{5000}$ de celle de la Terre, et si l'on considère que cet astre, en 1767 et 1779, a traversé le système des satellites de Jupiter sans y causer le plus léger trouble, on verra qu'elle est moindre encore. La petitesse des masses des comètes est généralement indiquée par leur influence insensible sur les mouvements du système planétaire. Ces mouvements sont représentés par la seule action des corps de ce système avec une précision telle qu'on peut attribuer aux seules erreurs des approximations et des observations les petits écarts de nos meilleures Tables. Mais des observations très exactes, continuées pendant plusieurs siècles et comparées à la théorie, peuvent seules éclairer ce point important du Système du monde.

CHAPITRE V.

DES PERTURBATIONS DU MOUVEMENT DE LA LUNE.

La Lune est à la fois attirée par le Soleil et par la Terre; mais son mouvement autour de la Terre n'est troublé que par la différence des actions du Soleil sur ces deux corps. Si le Soleil était à une distance infinie, il agirait sur eux également et suivant des droites parallèles : leur mouvement relatif ne serait donc point troublé par cette action, qui leur serait commune. Mais sa distance, quoique très grande par rapport à celle de la Lune, ne peut pas être supposée infinie; la Lune est alternativement plus près et plus loin du Soleil que la Terre, et la droite qui joint son centre à celui du Soleil forme des angles plus ou moins aigus avec le rayon vecteur terrestre. Ainsi le Soleil agit inégalement et suivant des directions différentes sur la Terre et sur la Lune, et de cette diversité d'actions il doit résulter dans le mouvement lunaire des inégalités dépendantes des positions respectives du Soleil et de la Lune. C'est dans leur recherche que consiste le fameux problème des trois corps, dont la solution rigoureuse surpasse les forces de l'Analyse, mais que la proximité de la Lune, eu égard à sa distance au Soleil, et la petitesse de sa masse par rapport à celle de la Terre permettent de résoudre par approximation. Cependant l'Analyse la plus délicate est nécessaire pour démêler tous les termes dont l'influence est sensible. Leur discussion est le point le plus important de cette Analyse, lorsqu'on se propose de la faire concourir à la perfection des Tables lunaires, ce qui doit être son but principal. On peut facilement imaginer un grand nombre de moyens différents de mettre en équation le problème des trois corps; mais sa vraie difficulté consiste à distinguer dans les équations différentielles et à déterminer exactement les termes qui, quoique très petits en eux-mêmes, acquièrent une valeur sensible par les intégrations successives, ce qui exige un choix avantageux de coordonnées, des considérations délicates sur la nature des intégrales, des approximations bien conduites et des calculs faits avec soin et vérifiés plusieurs fois. Je me suis attaché à remplir ces conditions dans la théorie de la Lune que j'ai donnée dans ma *Mécanique céleste*, et j'ai eu la satisfaction de voir mes résultats coïncider avec ceux que Mason et Bürg ont trouvés par la comparaison de près de cinq mille observations de Bradley et de Maskelyne, et qui ont donné aux Tables lunaires une précision qu'il sera difficile de surpasser, et à laquelle la Géographie et l'Astronomie nautique sont principalement redevables de leurs progrès. On doit à Mayer, l'un des plus grands astronomes qui aient existé, la justice d'observer qu'il a, le premier, porté ces Tables au degré d'exactitude nécessaire pour cet important objet. Mason et Bürg ont adopté la forme qu'il leur avait donnée; ils ont rectifié les coefficients de ses inégalités, et ils en ont ajouté quelques autres indiquées par sa théorie. Mayer a de plus, par l'invention du cercle répétiteur, perfectionné considérablement par Borda, donné aux observations sur mer la même précision qu'il avait apportée dans les Tables lunaires. Enfin M. Burckhardt vient de perfectionner les Tables lunaires, en donnant à leurs arguments une forme plus simple et plus commode, et en déterminant leurs coefficients par l'ensemble de toutes les observations modernes. L'objet de ma théorie a été de montrer dans la seule loi de la pesanteur universelle la source de toutes les inégalités du mouvement lunaire, et de me servir ensuite de cette loi pour en perfectionner les Tables et pour en conclure plusieurs éléments importants du Système du monde, tels que les équations séculaires de la Lune, sa parallaxe, celle du Soleil et l'aplatissement de la Terre. Heureusement, lorsque je m'occupais de ces recherches, Bürg, de son côté, travaillait à perfectionner les Tables lunaires. Mon analyse lui a fourni plusieurs équations nouvelles et très sensibles, et la comparaison qu'il en a faite avec un grand nombre d'observations en a constaté l'existence, et a répandu un grand jour sur les éléments dont je viens de parler.

Les mouvements des nœuds et du périgée de la Lune sont les principaux effets des perturbations que ce satellite éprouve. Une première approximation n'avait donné d'abord aux géomètres que la moitié du second de ces mouvements. Clairaut en conclut que la loi de l'attraction n'est pas aussi simple qu'on l'avait cru jusqu'alors, et qu'elle est composée de deux parties, dont la première, réciproque au carré des distances, est seule sensible aux grandes distances des planètes au Soleil, et dont la seconde, croissant dans un plus grand rapport quand la distance diminue, devient sensible à la distance de la Lune à la Terre. Cette conséquence fut vivement attaquée par Buffon : il se fondait sur ce que, les lois primordiales de la nature devant être les plus simples, elles ne peuvent dépendre que d'un seul module, et leur expression ne peut renfermer qu'un seul terme. Cette considération doit nous porter sans doute à ne compliquer la loi de l'attraction que dans un besoin extrême; mais l'ignorance où nous sommes de la nature de cette force ne permet pas de prononcer avec assurance sur la simplicité de son expression. Quoi qu'il en soit, le métaphysicien eut raison cette fois vis-à-vis du géomètre, qui reconnut lui-même son erreur et fit l'importante remarque, qu'en poussant plus loin l'approximation la loi de la pesanteur donne le mouvement du périgée lunaire exactement conforme aux observations, ce qui a été confirmé depuis par tous ceux qui se sont occupés de cet objet. Le mouvement que j'ai conclu de ma théorie ne diffère pas du véritable de sa quatre-cent-quarantième partie; la différence n'est pas d'un trois-cent-cinquantième à l'égard du mouvement des nœuds.

Quoique l'Analyse soit indispensable pour faire sentir les rapports de toutes les inégalités du mouvement de la Lune à l'action du Soleil combinée avec celle de la Terre sur ce satellite, cependant on peut, sans y recourir, expliquer les causes de l'équation annuelle de la Lune et de son équation séculaire. Je m'arrêterai d'autant plus volontiers à les exposer que l'on en verra naître les plus grandes inégalités lunaires, qui jusqu'à présent ont été peu sensibles, mais que la suite des siècles doit développer aux observateurs.

Dans ses conjonctions avec le Soleil, la Lune en est plus près que la Terre, et en éprouve une action plus considérable; la différence des attractions du Soleil sur ces deux corps tend donc alors à diminuer la pesanteur de la Lune vers la Terre. Pareillement, dans les oppositions de la Lune au Soleil, ce satellite, plus éloigné du Soleil que la Terre, en est plus faiblement attiré; la différence des actions du Soleil tend donc encore à diminuer la pesanteur de la Lune. Dans ces deux cas, cette diminution est à très peu près la même, et égale à deux fois le produit de la masse du Soleil par le quotient du rayon de l'orbe lunaire divisé par le cube de la distance du Soleil à la Terre. Dans les quadratures, l'action du Soleil sur la Lune, décomposée suivant le rayon vecteur lunaire, tend à augmenter la pesanteur de la Lune vers la Terre; mais l'accroissement de cette pesanteur n'est que la moitié de la diminution qu'elle éprouve dans les syzygies. Ainsi, de toutes les actions du Soleil sur la Lune, dans le cours de sa révolution synodique, il résulte une force moyenne, dirigée suivant le rayon vecteur lunaire, qui diminue la pesanteur de ce satellite, et qui est égale à la moitié du produit de la masse du Soleil par le quotient de ce rayon divisé par le cube de la distance du Soleil à la Terre.

Pour avoir le rapport de ce produit à la pesanteur de la Lune, nous observons que cette force, qui la retient dans son orbite, est à très peu près égale à la somme des masses de la Terre et de la Lune, divisée par le carré de leur distance mutuelle, et que la force qui retient la Terre dans son orbite égale à fort peu près la masse du Soleil divisée par le carré de sa distance à la Terre. Suivant la théorie des forces centrales, exposée dans le Livre III, ces deux forces sont comme les rayons des orbes de la Lune et du Soleil, divisés respectivement par les carrés des temps des révolutions de ces astres : d'où il suit que le produit précédent est à la pesanteur de la Lune comme le carré du temps de la révolution sidérale de la Lune est au carré du temps de la révolution sidérale de la Terre; ce produit est donc à fort peu près $\frac{1}{179}$ de cette pesanteur, que l'action moyenne du Soleil diminue ainsi de sa 358ᵉ partie.

En vertu de cette diminution, la Lune est soutenue à une plus grande distance de la Terre que si elle était abandonnée à l'action entière de sa pesanteur; le secteur décrit par son rayon vecteur autour de la Terre n'en est point altéré, puisque la force qui la produit est dirigée suivant ce rayon. Mais la vitesse réelle et le mouvement angulaire de cet astre sont diminués, et il est facile de voir qu'en éloignant la Lune de manière que sa force centrifuge soit égale à sa pesanteur diminuée par l'action du Soleil, et que son rayon vecteur décrive un secteur égal à celui qu'il eût décrit dans le même temps sans cette action, ce rayon sera augmenté de sa 358ᵉ partie et le mouvement angulaire sera diminué de $\frac{1}{179}$.

Ces quantités varient réciproquement aux cubes des distances du Soleil à la Terre. Quand le Soleil est périgée, son action, devenue plus puissante, dilate l'orbe de la Lune; mais cet orbe se contracte à mesure que le Soleil s'avance vers son apogée. La Lune décrit donc une suite d'épicycloïdes, dont les centres sont sur l'orbe terrestre, et qui se dilatent ou se resserrent, suivant que la Terre s'approche ou s'éloigne du Soleil. De là résulte dans son mouvement angulaire une inégalité semblable à l'équation du centre du Soleil, avec cette différence qu'elle ralentit ce mouvement quand celui du Soleil augmente, et qu'elle l'accélère quand le mouvement du Soleil diminue, en sorte que ces deux équations sont affectées d'un signe contraire. Le mouvement angulaire du Soleil est, comme on l'a vu dans le Livre Iᵉʳ, réciproque au carré de sa distance : dans le périgée, cette distance étant de $\frac{1}{60}$ plus petite que sa grandeur moyenne, la vitesse angulaire est augmentée de $\frac{1}{30}$; la diminution de $\frac{1}{179}$ produite par l'action du Soleil dans le mouvement lunaire étant proportionnelle à l'augmentation du cube de la distance du Soleil à la Terre, elle est alors plus grande de $\frac{1}{20}$; l'accroissement de cette diminution est donc la 3580ᵉ partie de ce mouvement. De là il suit que l'équation du centre du Soleil est à l'équation annuelle de la Lune comme $\frac{1}{30}$ du mouvement solaire est à $\frac{1}{3580}$ du mouvement lunaire, ce qui donne 2398" pour l'équation annuelle. Elle est de $\frac{1}{8}$ environ plus petite, suivant les observations; cette différence dépend des quantités négligées dans ce premier calcul.

Un cause semblable à celle de l'équation annuelle produit l'équation séculaire de la Lune. Halley a remarqué le premier cette équation, que Dunthorne et Mayer ont confirmée par une discussion approfondie des observations. Ces deux savants astronomes ont reconnu que le même moyen mouvement lunaire ne peut pas satisfaire aux observations modernes et aux éclipses observées par les Chaldéens et par les Arabes. Ils ont essayé de les représenter, en ajoutant aux longitudes moyennes de ce satellite une quantité proportionnelle au carré du nombre des siècles avant ou après 1700. Suivant Dunthorne, cette quantité est de 3o",9 pour le premier siècle; Mayer l'a faite de 21",6 dans ses premières Tables de la Lune, et l'a portée à 27",8 dans les dernières. Enfin, Lalande, par une discussion nouvelle de cet objet, a été conduit au résultat de Dunthorne.

Les observations arabes dont on a principalement fait usage sont deux éclipses de Soleil et une éclipse de Lune, observées au Caire par Ebn-Junis vers la fin du xe siècle, et depuis longtemps extraites d'un manuscrit de cet astronome, existant dans la Bibliothèque de Leide. On avait élevé des doutes sur la réalité de ces éclipses; mais la traduction que Caussin vient de faire de la partie de ce précieux manuscrit qui renferme les observations a dissipé ces doutes; de plus, elle nous a fait connaitre vingt-cinq autres éclipses observées par les Arabes, et qui confirment l'accélération du moyen mouvement de la Lune. Il suffit d'ailleurs, pour l'établir, de comparer les observations modernes à celles des Grecs et des Chaldéens. En effet, Delambre, Bouvard et Bürg ayant déterminé au moyen d'un grand nombre d'observations des deux siècles précédents le mouvement séculaire actuel, avec une précision qui ne laisse qu'une très légère incertitude, ils l'ont trouvé de six ou sept cents secondes plus grand que par les observations modernes comparées aux anciennes; le mouvement lunaire s'est donc accéléré depuis les Chaldéens, et les observations arabes, faites dans l'intervalle qui nous en sépare, venant à l'appui de ce résultat, il est impossible de le révoquer en doute.

Maintenant quelle est la cause de ce phénomène? La gravitation universelle, qui nous a fait si bien connaître les nombreuses inégalités de la Lune, rend-elle également raison de son inégalité séculaire? Ces questions sont d'autant plus intéressantes à résoudre que, si l'on y parvient, on aura la loi des variations séculaires du mouvement de la Lune ; car on sent que l'hypothèse d'une accélération proportionnelle au temps, admise par les astronomes, n'est qu'approchée et ne doit pas s'étendre à un temps illimité.

Cet objet a beaucoup exercé les géomètres; mais leurs recherches pendant longtemps infructueuses n'ayant fait découvrir, soit dans l'action du Soleil et des planètes sur la Lune, soit dans les figures non sphériques de ce satellite et de la Terre, rien qui puisse altérer sensiblement son mouvement moyen, quelques-uns avaient pris le parti de rejeter son équation séculaire ; d'autres, pour l'expliquer, avaient eu recours à divers moyens, tels que l'action des comètes, la résistance de l'éther et la transmission successive de la gravité. Cependant la correspondance des autres phénomènes célestes avec la théorie de la pesanteur est si parfaite, que l'on ne peut voir sans regret l'équation séculaire de la Lune se refuser à cette théorie et faire seule exception à une loi générale et simple, dont la découverte, par la grandeur et la variété des objets qu'elle embrasse, fait tant d'honneur à l'esprit humain. Cette réflexion m'ayant déterminé à considérer de nouveau ce phénomène, après quelques tentatives, je suis enfin parvenu à découvrir sa cause.

L'équation séculaire de la Lune est due à l'action du Soleil sur ce satellite, combinée avec la variation séculaire de l'excentricité de l'orbe terrestre. Pour nous former une idée juste de cette cause, rappelons-nous que les éléments de l'orbe de la Terre éprouvent des altérations par l'action des planètes; son grand axe reste toujours le même, mais son excentricité, son inclinaison sur un plan fixe, la position de ses nœuds et de son périhélie varient sans cesse. Rappelons-nous encore que l'action du Soleil sur la Lune diminue de $\frac{1}{119}$ sa vitesse angulaire, et que son coefficient numérique varie réciproquement au cube de la distance de la Terre au Soleil; or, en développant la puissance cubique inverse de cette distance dans une série ordonnée par rapport aux sinus et aux cosinus du moyen mouvement de la Terre et de ses multiples, le démi-grand axe de l'orbe terrestre étant pris pour unité, on trouve que cette série contient un terme égal à trois fois la moitié du carré de l'excentricité de cet orbe; la diminution de la vitesse angulaire de la Lune renferme donc le produit de ce terme par $\frac{1}{119}$ de cette vitesse. Ce produit se confondrait avec la vitesse moyenne angulaire de la Lune, si l'excentricité de l'orbe terrestre était constante; mais sa variation, quoique très petite, a une influence sensible à la longue sur le mouvement lunaire. Il est visible qu'il accélère ce mouvement quand l'excentricité diminue, ce qui a eu lieu depuis les observations anciennes jusqu'à nos jours; cette accélération se changera en retardement, quand l'excentricité, parvenue à son minimum, cessera de diminuer pour commencer à croître.

Dans l'intervalle de 1750 à 1850, le carré de l'excentricité de l'orbe terrestre a diminué de 0,00000140595; l'accroissement correspondant de la vitesse angulaire de la Lune a donc été 0,0000000117821 de cette vitesse. Cet accroissement ayant eu lieu successivement et proportionnellement au temps, son effet sur le mouvement de la Lune a été de moitié moindre que si, dans tout le cours du siècle, il eût été le même qu'à la fin; il faut donc, pour déterminer cet effet ou l'équation séculaire de la Lune à la fin d'un siècle à partir de 1801, multiplier le mouvement séculaire de la Lune par la moitié d'un très petit accroissement de sa vitesse angulaire; or dans un siècle le mouvement de la Lune est de 53474054O6″; on aura ainsi 31″,5017 pour son équation séculaire.

Tant que la diminution du carré de l'excentricité de l'orbe terrestre pourra être supposée proportionnelle au temps, l'équation séculaire de la Lune croîtra sensiblement comme le carré du temps; il suffira donc de multiplier 31″,5017 par le carré du nombre des siècles écoulés

entre le temps pour lequel on calcule et le commencement du XIXe
siècle. Mais j'ai reconnu qu'en remontant aux observations chaldéennes, le terme proportionnel au cube du temps, dans l'expression en
série de l'équation séculaire de la Lune, devenait sensible. Ce terme est
égal à $o'',o57214$ pour le premier siècle; il doit être multiplié par le
cube du nombre des siècles à partir de 1801, ce produit étant négatif
pour les siècles antérieurs.

L'action moyenne du Soleil sur la Lune dépend encore de l'inclinaison de l'orbe lunaire à l'écliptique, et l'on pourrait croire que, la
position de l'écliptique étant variable, il doit en résulter dans le mouvement de ce satellite des inégalités séculaires semblables à celle qu'y
produit l'excentricité de l'orbe terrestre. Mais j'ai reconnu par l'Analyse
que l'orbe lunaire est ramené sans cesse, par l'action du Soleil, à la
même inclinaison sur celui de la Terre, en sorte que les plus grandes
et les plus petites déclinaisons de la Lune sont assujetties, en vertu
des variations séculaires de l'obliquité de l'écliptique, aux mêmes changements que les déclinaisons semblables du Soleil. Cette constance
dans l'inclinaison de l'orbe lunaire est confirmée par toutes les observations anciennes et modernes. L'excentricité de l'orbe lunaire et son
grand axe n'éprouvent pareillement que des altérations insensibles par
les changements de l'excentricité de l'orbe terrestre.

Il n'en est pas ainsi des variations du mouvement des nœuds et du
périgée lunaire. En soumettant ces variations à l'Analyse, j'ai trouvé
que l'influence des termes dépendant du carré de la force perturbatrice et qui, comme on l'a vu, doublent le moyen mouvement du périgée, est plus grande encore sur la variation de ce mouvement. Le
résultat de cette épineuse Analyse m'a donné une équation séculaire,
triple de l'équation séculaire du moyen mouvement de la Lune et soustractive de la longitude moyenne de son périgée, en sorte que le moyen
mouvement du périgée se ralentit lorsque celui de la Lune s'accélère.
J'ai trouvé semblablement, dans le mouvement des nœuds de l'orbe
lunaire sur l'écliptique vraie, une équation séculaire additive à leur
longitude moyenne et égale à 735 millièmes de l'équation séculaire du

moyen mouvement. Ainsi le mouvement des nœuds se ralentit comme celui du périgée, quand celui de la Lune augmente, et les équations séculaires de ces trois mouvements sont constamment dans le rapport des nombres $0,735$; 3 et 1. Il est facile d'en conclure que les trois mouvements de la Lune par rapport au Soleil, à son périgée et à ses nœuds vont en s'accélérant et que leurs équations séculaires sont comme les nombres 1; 4; $0,265$.

Les siècles à venir développeront ces grandes inégalités, qui produiront un jour des variations au moins égales au $\frac{1}{10}$ de la circonférence dans le mouvement séculaire de la Lune, et au $\frac{1}{13}$ de la circonférence dans celui du périgée. Ces inégalités ne sont pas toujours croissantes ; elles sont périodiques, comme celles de l'excentricité de l'orbe terrestre, dont elles dépendent, et ne se rétablissent qu'après des millions d'années. Elles doivent altérer à la longue les périodes imaginées pour embrasser des nombres entiers de révolutions de la Lune par rapport à ses nœuds, à son périgée et au Soleil, périodes qui varient sensiblement dans les diverses parties de l'immense période de l'équation séculaire. La période lunisolaire de six cents ans a été rigoureuse à une époque à laquelle il serait facile de remonter par l'Analyse, si les masses des planètes étaient exactement connues; mais cette connaissance, si désirable pour la perfection des théories astronomiques, nous manque encore. Heureusement Jupiter, dont on a bien déterminé la masse, est celle des planètes qui a le plus d'influence sur l'équation séculaire de la Lune, et les valeurs des autres masses planétaires sont assez approchées pour que l'on n'ait point à craindre sur la grandeur de cette équation une erreur très sensible.

Déjà, les observations anciennes, malgré leur imperfection, confirment ces inégalités, et l'on peut en suivre la marche, soit dans les observations, soit dans les Tables astronomiques qui se sont succédé jusqu'à nos jours. On a vu que les anciennes éclipses avaient fait connaître l'accélération du mouvement de la Lune, avant que la théorie de la pesanteur en eût développé la cause. En comparant à cette théorie les observations modernes et les éclipses observées par les Arabes, les

Grecs et les Chaldéens, on trouve entre elles un accord qui parait surprenant, quand on considère l'imperfection des observations anciennes et l'incertitude que laisse encore sur les variations de l'excentricité de l'orbe de la Terre, celle où nous sommes sur les masses de Vénus et de Mars. Le développement des équations séculaires de la Lune sera une des données les plus propres à déterminer ces masses.

Il était surtout intéressant de vérifier la théorie de la pesanteur, relativement à l'équation séculaire du périgée de l'orbe lunaire, ou à celle de l'anomalie, quatre fois plus grande que l'équation séculaire du moyen mouvement. Sa découverte me fit juger qu'il fallait diminuer de quinze à seize minutes le mouvement séculaire actuel du périgée, employé par les astronomes, et qu'ils avaient conclu par la comparaison des observations modernes aux anciennes. En effet, n'ayant point eu égard à son équation séculaire, ils ont dû trouver ce mouvement trop rapide : de même qu'ils assignaient un moyen mouvement trop petit à la Lune, lorsqu'ils ne tenaient point compte de son équation séculaire. C'est ce que MM. Bouvard et Bürg ont confirmé, en déterminant le mouvement séculaire actuel du périgée lunaire au moyen d'un très grand nombre d'observations modernes. M. Bouvard a, de plus, retrouvé le même mouvement par les observations les plus anciennes et par celles des Arabes, en ayant égard à son équation séculaire, dont il a ainsi prouvé l'existence d'une manière incontestable.

Les moyens mouvements et les époques des Tables de l'*Almageste* et des Arabes indiquent évidemment ces trois équations séculaires des mouvements de la Lune. Les Tables de Ptolémée sont le résultat d'immenses calculs faits par cet astronome et par Hipparque. Le travail d'Hipparque ne nous est point parvenu ; nous savons seulement, par le témoignage de Ptolémée, qu'il avait mis le plus grand soin à choisir les éclipses les plus avantageuses à la détermination des éléments qu'il cherchait à connaitre. Ptolémée, après deux siècles et demi d'observations nouvelles, ne changea que très peu ces éléments ; il est donc certain que ceux qu'il a employés dans ses Tables ont été déterminés par un très grand nombre d'éclipses dont il n'a rapporté que celles qui

lui paraissaient les plus conformes aux résultats moyens qu'Hipparque
et lui avaient obtenus. Les éclipses ne font bien connaître que le moyen
mouvement synodique de la Lune et ses distances à ses nœuds et à son
périgée ; on ne peut donc compter que sur ces éléments dans les Tables
de l'*Almageste*; or, en remontant à la première époque de ces Tables
au moyen des mouvements déterminés par les seules observations modernes, on ne retrouve point les moyennes distances de la Lune à ses
nœuds, à son périgée et au Soleil, que ces Tables donnent à cette
époque. Les quantités qu'il faut ajouter à ces distances sont à fort peu
près celles qui résultent des équations séculaires; les éléments de ces
Tables confirment donc à la fois l'existence de ces équations et les valeurs que je leur ai assignées.

Les mouvements de la Lune par rapport à son périgée et au Soleil,
plus lents dans les Tables de l'*Almageste* que de nos jours, indiquent
encore dans ces mouvements une accélération, pareillement indiquée
soit par les corrections qu'Albaténius, huit siècles après Ptolémée, fit
aux éléments de ces Tables, soit par les époques des Tables qu'Ebn-
Junis construisit vers l'an mil, sur l'ensemble des observations chaldéennes, grecques et arabes.

Il est remarquable que la diminution de l'excentricité de l'orbe terrestre soit beaucoup plus sensible dans les mouvements de la Lune que
par elle-même. Cette diminution qui, depuis l'éclipse la plus ancienne
dont nous ayons connaissance, n'a pas altéré de quinze minutes l'é-
quation du centre du Soleil, a produit une variation de 2° dans la
longitude de la Lune et de 8° dans son anomalie moyenne; on pouvait à peine la soupçonner d'après les observations d'Hipparque et
de Ptolémée; celles des Arabes l'indiquaient avec beaucoup de vraisemblance; mais les anciennes éclipses, comparées à la théorie de
la pesanteur, ne laissent aucun doute à cet égard. Cette réflexion,
si je puis ainsi dire, des variations séculaires de l'orbe terrestre par
le mouvement de la Lune, en vertu de l'action du Soleil, a lieu même
pour les inégalités périodiques. C'est ainsi que l'équation du centre de
l'orbe terrestre reparait dans le mouvement lunaire avec un signe con-

traire et réduite environ au dixième de sa valeur; pareillement l'inégalité causée par l'action lunaire dans le mouvement de la Terre se reproduit dans celui de la Lune, mais affaiblie à peu près dans le rapport d'un à deux. Enfin l'action du Soleil, en transmettant à la Lune les inégalités que les planètes font éprouver au mouvement de la Terre, rend cette action indirecte des planètes sur la Lune plus considérable que leur action directe sur ce satellite.

Ici nous voyons un exemple de la manière dont les phénomènes, en se développant, nous éclairent sur leurs véritables causes. Lorsque la seule accélération du moyen mouvement de la Lune était connue, on pouvait l'attribuer à la résistance de l'éther ou à la transmission successive de la gravité. Mais l'Analyse nous montre que ces deux causes ne peuvent produire aucune altération sensible dans les moyens mouvements des nœuds et du périgée lunaire, et cela seul suffirait pour les exclure, quand même la vraie cause des variations observées dans ces mouvements serait encore ignorée. L'accord de la théorie avec les observations nous prouve que, si les moyens mouvements de la Lune sont altérés par des causes étrangères à la pesanteur universelle, leur influence est très petite et jusqu'à présent insensible.

Cet accord établit d'une manière certaine la constance de la durée du jour, élément essentiel de toutes les théories astronomiques. Si cette durée surpassait maintenant, d'un centième de seconde, celle du temps d'Hipparque, la durée du siècle actuel serait plus grande qu'alors de $365^s,25$; dans cet intervalle, la Lune décrit un arc de $534'',6$; le moyen mouvement séculaire actuel de la Lune en paraîtrait donc augmenté de cette quantité, ce qui augmenterait de $13'',51$ son équation séculaire pour le premier siècle, à partir de 1801, et qui, par ce qui précède, est de $31'',5017$. Les observations ne permettent pas de supposer une augmentation aussi considérable; on peut donc assurer que, depuis Hipparque, la durée d'un jour n'a pas varié d'un centième de seconde.

Une des équations les plus importantes de la théorie lunaire, en ce qu'elle dépend de l'aplatissement de la Terre, est relative au mouvement de la Lune en latitude. Cette inégalité est proportionnelle au sinus de la longitude vraie de ce satellite. Elle est le résultat d'une nutation dans l'orbe lunaire, produite par l'action du sphéroïde terrestre et correspondante à celle que la Lune produit dans notre équateur, de manière que l'une de ces nutations est la réaction de l'autre, et si toutes les molécules de la Terre et de la Lune étaient liées fixement entre elles par des droites inflexibles et sans masse, le système entier serait en équilibre autour du centre de gravité de la Terre, en vertu des forces qui produisent ces deux nutations, la force qui anime la Lune compensant sa petitesse par la longueur du levier auquel elle serait attachée. On peut représenter cette inégalité en latitude, en concevant que l'orbe lunaire, au lieu de se mouvoir uniformément sur l'écliptique avec une inclinaison constante, se meut avec les mêmes conditions sur un plan très peu incliné à l'écliptique, et passant constamment par les équinoxes, entre l'écliptique et l'équateur, phénomène qui se reproduit d'une manière plus sensible dans les mouvements des satellites de Jupiter, en vertu de l'aplatissement considérable de cette planète. Ainsi cette inégalité diminue l'inclinaison de l'orbe lunaire à l'écliptique, lorsque son nœud ascendant coïncide avec l'équinoxe du printemps ; elle l'augmente lorsque ce nœud coïncide avec l'équinoxe d'automne, ce qui, ayant eu lieu en 1755, a rendu trop grande l'inclinaison que Mason a déterminée par les observations de Bradley de 1750 à 1760. En effet, M. Bürg, qui l'a déterminée par des observations faites pendant un plus long intervalle et en ayant égard à l'inégalité précédente, a trouvé une inclinaison plus petite de $11''\frac{1}{4}$. Cet astronome a bien voulu, à ma prière, déterminer le coefficient de cette inégalité par un très grand nombre d'observations, et il l'a trouvé égal à $-24'',6914$; M. Burckhardt, en employant à cet objet un nombre plus grand encore d'observations, vient de retrouver le même résultat qui donne $\frac{1}{301,6}$ pour l'aplatissement de la Terre.

On peut encore déterminer cet aplatissement au moyen de l'inégalité du mouvement lunaire en longitude, qui dépend de la longitude du nœud de la Lune. L'observation l'avait indiquée à Mayer, et Mason l'avait fixée à $23'',765$; mais, comme elle ne paraissait pas résulter de

la théorie de la pesanteur, la plupart des astronomes la négligeaient.
Cette théorie m'a fait voir qu'elle a pour cause l'aplatissement de la
Terre. MM. Bürg et Burckhardt l'ont fixée, par un grand nombre d'observations, à $20'',987$, ce qui répond à l'aplatissement $\frac{1}{305,05}$, le même
à très peu près que donne l'inégalité précédente du mouvement en
latitude. Ainsi la Lune, par l'observation de ses mouvements, rend
sensible à l'Astronomie perfectionnée l'ellipticité de la Terre, dont elle
fit connaître la rondeur aux premiers Astronomes par ses éclipses.

Les deux inégalités précédentes méritent toute l'attention des observateurs; elles ont sur les mesures géodésiques l'avantage de donner
l'aplatissement de la Terre d'une manière moins dépendante des irrégularités de sa figure. Si la Terre était homogène, elles seraient beaucoup plus grandes que suivant les observations, qui, par conséquent,
excluent cette homogénéité. Il en résulte encore que la pesanteur de
la Lune vers la Terre se compose des attractions de toutes les molécules
de cette planète, ce qui fournit une nouvelle preuve de l'attraction de
toutes les parties de la matière.

La théorie, combinée avec les expériences du pendule et les mesures
des degrés terrestres, donne, comme on l'a vu dans le Chapitre Ier de
ce Livre, la parallaxe de la Lune, à très peu près conforme aux observations ; en sorte que l'on pourrait réciproquement conclure de ces
observations la grandeur de la Terre.

Enfin, la parallaxe solaire peut être déterminée avec précision, au
moyen d'une équation lunaire en longitude, qui dépend de la simple
distance angulaire de la Lune au Soleil. Pour cela, j'ai calculé avec un
soin particulier le coefficient de cette équation, et, en l'égalant à celui
que MM. Burckhardt et Bürg ont trouvé par la comparaison d'une longue série d'observations, j'en ai conclu la parallaxe moyenne du Soleil
de $26'',58$, la même que plusieurs astronomes ont déduite du dernier
passage de Vénus.

Il est très remarquable qu'un Astronome, sans sortir de son observatoire, en comparant seulement ses observations à l'Analyse, eût pu
déterminer exactement la grandeur et l'aplatissement de la Terre, et sa

distance au Soleil et à la Lune, éléments dont la connaissance a été le fruit de longs et pénibles voyages dans les deux hémisphères. L'accord des résultats obtenus par ces deux méthodes est une des preuves les plus frappantes de la gravitation universelle.

Nos meilleures Tables lunaires sont fondées sur la théorie et sur les observations. Elles empruntent de la théorie les arguments des inégalités, qu'il eût été très difficile de connaître par les observations seules. J'ai déterminé, dans mon *Traité de Mécanique céleste*, les coefficients de ces arguments d'une manière fort approchée; mais le peu de convergence des approximations, et la difficulté de démêler, dans le nombre immense des termes que l'Analyse développe, ceux qui peuvent acquérir par les intégrations une valeur sensible, rendent très épineuse la recherche de ces coefficients. La nature elle-même nous offre dans les recueils d'observations les résultats de ces intégrations, si difficiles à obtenir par l'Analyse. MM. Burckhardt et Bürg ont employé à les déterminer plusieurs milliers d'observations, et ils ont ainsi donné une grande précision à leurs Tables lunaires. Désirant d'en bannir tout empirisme et de voir discuter par d'autres géomètres plusieurs points délicats de la théorie auxquels je suis parvenu le premier, tels que les équations séculaires des mouvements de la Lune, j'obtins de l'Académie des Sciences qu'elle proposerait, pour le sujet de son prix de Mathématiques de l'année 1820, la formation par la seule théorie de Tables lunaires aussi parfaites que celles que l'on a formées par le concours de la théorie et des observations. Deux pièces ont été couronnées par l'Académie : l'auteur de l'une d'elles, M. Damoiseau, l'avait accompagnée de Tables qui, comparées aux observations, les ont représentées avec l'exactitude de nos meilleures Tables. Les auteurs des deux pièces s'accordent sur les inégalités périodiques et séculaires des mouvements de la Lune. Ils diffèrent peu de mon résultat sur l'équation séculaire du moyen mouvement; mais, au lieu des nombres 1; 4; 0,265 par lesquels j'ai représenté les rapports des équations séculaires du mouvement de la Lune, relativement au Soleil, au périgée de l'orbe lunaire et à ses nœuds, ils ont trouvé les nombres 1; 4,6776; 0,391. M. Damoiseau dans sa pièce, avait donné le second de ces nombres à fort peu près égal à 4 ; mais, ayant revu ses calculs avec un soin particulier, il est parvenu au résultat de MM. Plana et Carlini, auteurs de l'autre pièce. Comme ils ont porté fort loin les approximations, leurs nombres paraissent préférables à ceux que j'avais déterminés. Enfin, ces approximations leur ont donné les moyens mouvements du périgée et des nœuds de l'orbe lunaire exactement conformes aux observations.

Il suit incontestablement de ce qu'on vient de voir que la loi de la gravitation universelle est la cause unique de toutes les inégalités de la Lune, et si l'on considère le grand nombre et l'étendue de ces inégalités et la proximité de ce satellite à la Terre, on jugera qu'il est de tous les corps célestes le plus propre à établir cette grande loi de la nature et la puissance de l'Analyse, de ce merveilleux instrument sans lequel il eût été impossible à l'esprit humain de pénétrer dans une théorie aussi compliquée, et qui peut être employé comme un moyen de découvertes, aussi certain que l'observation elle-même.

Quelques partisans des causes finales ont imaginé que la Lune avait été donnée à la Terre pour l'éclairer pendant les nuits. Dans ce cas, la nature n'aurait point atteint le but qu'elle se serait proposé, puisque souvent nous sommes privés à la fois de la lumière du Soleil et de celle de la Lune. Pour y parvenir, il eût suffi de mettre, à l'origine, la Lune en opposition avec le Soleil, dans le plan même de l'écliptique, à une distance de la Terre égale à la centième partie de la distance de la Terre au Soleil, et de donner à la Lune et à la Terre des vitesses parallèles proportionnelles à leurs distances à cet astre. Alors la Lune, sans cesse en opposition au Soleil, eût décrit autour de lui une ellipse semblable à celle de la Terre ; ces deux astres se seraient succédé l'un à l'autre sur l'horizon, et comme, à cette distance, la Lune n'eût point été éclipsée, sa lumière aurait constamment remplacé celle du Soleil.

D'autres philosophes, frappés de l'opinion singulière des Arcadiens, qui se croyaient plus anciens que la Lune, ont pensé que ce satellite était primitivement une comète, qui, passant fort près de la Terre, avait été forcée par son attraction de l'accompagner. Mais, en remontant par l'Analyse aux temps les plus reculés, on voit toujours la Lune se mouvoir dans un orbe presque circulaire, comme les planètes autour du Soleil. Ainsi ni la Lune, ni aucun satellite n'a été originairement une comète.

La pesanteur à la surface de la Lune étant beaucoup plus petite qu'à la surface de la Terre, et cet astre n'ayant point d'atmosphère qui puisse opposer une résistance sensible au mouvement des projectiles, on conçoit qu'un corps, lancé avec une grande force par l'explosion d'un volcan lunaire, peut atteindre et dépasser la limite où l'attraction de la Terre commence à l'emporter sur l'attraction de la Lune. Il suffit pour cela que sa vitesse initiale suivant la verticale soit de 2500^m par seconde. Alors, au lieu de retomber sur la Lune, il devient un satellite de la Terre, et décrit autour d'elle une orbite plus ou moins allongée. Son impulsion primitive peut être tellement dirigée qu'il aille rencontrer directement l'atmosphère terrestre ; il peut aussi ne l'atteindre qu'après plusieurs et même un très grand nombre de révolutions ; car il est visible que l'action du Soleil, qui change d'une manière très sensible les distances de la Lune à la Terre, doit produire, dans le rayon vecteur d'un satellite mû dans un orbe fort excentrique, des variations beaucoup plus considérables, et peut diminuer à la longue la distance périgée du satellite, en sorte qu'il pénètre dans notre atmosphère. Ce corps, en la traversant avec une grande vitesse, éprouverait une très forte résistance et finirait bientôt par se précipiter sur la Terre ; le frottement de l'air contre sa surface suffirait pour l'enflammer et le faire détoner, s'il renfermait des matières propres à ces effets, et alors il nous offrirait tous les phénomènes que présentent les aérolithes. S'il était bien prouvé qu'ils ne sont point des produits des volcans ou de l'atmosphère et qu'il faut en chercher la cause au delà, dans l'espace céleste, l'hypothèse précédente, qui d'ailleurs explique l'identité de composition observée dans les aérolithes par celle de leur origine, ne serait point destituée de vraisemblance.

CHAPITRE VI.

DES PERTURBATIONS DES SATELLITES DE JUPITER.

De tous les satellites, les plus intéressants, après celui de la Terre, sont les satellites de Jupiter. Les observations de ces astres, les premiers que le télescope a fait découvrir dans les cieux, ne remontent pas à deux siècles; on ne doit même compter qu'un siècle et demi d'observations de leurs éclipses. Mais, dans ce court intervalle, ils nous ont offert, par la promptitude de leurs révolutions, tous les grands changements que le temps ne développe qu'avec une extrême lenteur dans le système planétaire, dont celui des satellites est l'image. Les inégalités produites par leur attraction mutuelle sont peu différentes de celles des planètes et de la Lune; cependant les rapports qu'ont entre eux les moyens mouvements des trois premiers satellites donnent à quelques-unes de ces inégalités des valeurs considérables, qui ont une grande influence sur toute leur théorie. On a vu, dans le Livre II, que ces mouvements sont à peu près en progression sous-double, et qu'ils sont assujettis à des inégalités très sensibles dont les périodes, différentes entre elles, se transforment, dans les éclipses, en une seule de $437^{\text{j}},659$. Ces inégalités se présentent les premières dans la théorie des satellites, comme elles se sont, les premières, offertes aux observateurs. Non seulement la théorie détermine ces inégalités; elle nous montre, de plus, ce que les observations indiquaient avec beaucoup de vraisemblance, savoir que l'inégalité du second satellite est le résultat de deux inégalités, dont l'une, ayant pour cause l'action du premier satellite, varie comme le sinus de l'excès de la longitude du premier satel-

lite sur celle du second, et dont l'autre, produite par l'action du troisième
satellite, varie comme le sinus du double de l'excès de la longitude du
second satellite sur celle du troisième. Ainsi le second satellite éprouve
de la part du premier une perturbation semblable à celle qu'il fait
éprouver au troisième, et il éprouve de la part du troisième une perturbation semblable à celle qu'il fait éprouver au premier. Ces deux inégalités se confondent dans une seule, en vertu des rapports qui existent
entre les moyens mouvements et les longitudes moyennes des trois premiers satellites, et suivant lesquels le moyen mouvement du premier,
plus deux fois celui du troisième, est égal à trois fois celui du second,
et la longitude moyenne du premier satellite, moins trois fois celle du
second, plus deux fois celle du troisième, est constamment égale à la
demi-circonférence. Mais ces rapports subsisteront-ils toujours, ou ne
sont-ils qu'approchés, et les deux inégalités du second satellite,
aujourd'hui confondues, se sépareront-elles dans la suite des temps?
C'est ce que la théorie va nous apprendre.

L'approximation avec laquelle les Tables donnaient les rapports précédents me fit soupçonner qu'ils sont rigoureux, et que les petites quantités dont elles s'en éloignaient encore dépendaient des erreurs dont
elles étaient susceptibles. Il était contre toute vraisemblance de supposer que le hasard a placé originairement les trois premiers satellites
aux distances et dans les positions convenables à ces rapports, et il
était extrêmement probable qu'ils sont dus à une cause particulière :
je cherchai donc cette cause dans l'action mutuelle des satellites.
L'examen approfondi de cette action me fit voir qu'elle a rendu ces
rapports rigoureux; d'où je conclus qu'en déterminant de nouveau,
par la discussion d'un très grand nombre d'observations éloignées entre
elles, les moyens mouvements et les longitudes moyennes des trois
premiers satellites, on trouverait qu'ils approchent encore plus de ces
rapports auxquels les Tables doivent être rigoureusement assujetties.
J'ai eu la satisfaction de voir cette conséquence de la théorie confirmée
avec une précision remarquable par les recherches que Delambre a
faites sur les satellites de Jupiter. Il n'est pas nécessaire que ces rap-

ports aient eu lieu exactement à l'origine; il faut seulement que les
mouvements et les longitudes des trois premiers satellites s'en soient
peu écartés, et alors l'action mutuelle de ces satellites a suffi pour les
établir et pour les maintenir en rigueur. Mais la petite différence entre
eux et les rapports primitifs a donné lieu à une inégalité d'une étendue
arbitraire, qui se partage entre les trois satellites et que j'ai désignée
sous le nom de *libration*. Les deux constantes arbitraires de cette inégalité remplacent ce que les deux rapports précédents font disparaître
d'arbitraire dans les moyens mouvements et dans les époques des longitudes moyennes des trois premiers satellites; car le nombre des
arbitraires que renferme la théorie d'un système de corps est nécessairement sextuple du nombre de ces corps. La discussion des observations n'ayant point fait reconnaître cette inégalité, elle doit être fort
petite et même insensible.

Les rapports précédents subsisteront toujours, quoique les moyens
mouvements des satellites soient assujettis à des équations séculaires,
analogues à celle du mouvement de la Lune. Ils subsisteraient encore
dans le cas même où ces mouvements seraient altérés par la résistance
d'un milieu éthéré, ou par d'autres causes dont les effets ne seraient
sensibles qu'à la longue. Dans tous ces cas, les équations séculaires de
ces mouvements se coordonnent entre elles par l'action réciproque des
satellites, de manière que l'équation séculaire du premier, plus deux
fois celle du troisième, est égale à trois fois celle du second; leurs
inégalités mêmes, qui croissent avec une extrême lenteur, approchent
d'autant plus de se coordonner ainsi, que leurs périodes sont plus longues. Cette libration, par laquelle les mouvements des trois premiers
satellites se balancent dans l'espace suivant les lois que nous venons
d'énoncer, s'étend à leurs mouvements de rotation, si, comme les observations l'indiquent, ces mouvements sont égaux à ceux de révolution.
L'attraction de Jupiter maintient alors cette inégalité, en donnant aux
mouvements de rotation les mêmes équations séculaires qui affectent les
mouvements de révolution. Ainsi les trois premiers satellites de Jupiter
forment un système de corps liés entre eux par les inégalités et par les

rapports précédents, que leur action mutuelle maintiendra sans cesse, à moins qu'une cause étrangère ne vienne déranger brusquement leurs mouvements et leurs positions respectives. Telle serait une comète qui, traversant ce système, comme la première comète de 1770 paraît l'avoir fait, choquerait l'un de ces corps. Il est vraisemblable que de pareilles rencontres ont eu lieu dans l'immensité des siècles écoulés depuis l'origine du système planétaire; le choc d'une comète dont la masse eût été seulement la cent-millième partie de celle de la Terre aurait suffi pour rendre sensible la libration des satellites. Cette inégalité n'ayant point été reconnue, malgré tous les soins que Delambre a pris pour la démêler dans les observations, on doit en conclure que les masses des comètes qui peuvent avoir rencontré l'un des trois satellites de Jupiter sont extrêmement petites, ce qui confirme ce que nous avons déjà observé sur la petitesse des masses des comètes.

Si l'on considère le peu de différence qui existe entre cinq fois le moyen mouvement de Saturne et deux fois celui de Jupiter, on voit qu'un léger changement dans les distances moyennes primitives de ces deux planètes eût suffi pour la rendre nulle. Mais cela même n'était pas nécessaire à cet objet; car l'attraction mutuelle des deux planètes eût rendu cette différence constamment nulle, dans le cas où elle ne l'aurait pas été à l'origine, pourvu qu'elle eût été contenue dans d'étroites limites. L'Analyse fait voir que ces limites sont plus ou moins quatre dixièmes de la différence observée, et que, pour la faire tomber dans ces limites, il suffirait d'augmenter de $\frac{1}{330}$ la moyenne distance de Saturne au Soleil et de diminuer de $\frac{1}{1300}$ celle de Jupiter. Il s'en est donc fallu bien peu que les deux plus grosses planètes du système solaire aient offert un phénomène analogue à celui des trois premiers satellites de Jupiter, mais qui eût été bien plus compliqué par sa grande influence sur les variations séculaires de leurs orbites.

Les orbes des satellites éprouvent des changements analogues aux grandes variations des orbes planétaires; leurs mouvements sont pareillement assujettis à des équations séculaires semblables à celle de la Lune. Le développement de toutes ces inégalités par la suite des temps fournira les données les plus avantageuses pour la détermination des masses de satellites et de l'aplatissement de Jupiter. L'influence considérable de ce dernier élément sur les mouvements des nœuds fixe sa valeur avec autant de précision que les mesures directes. On trouve par ce moyen le rapport du petit axe de Jupiter au diamètre de son équateur égal à 0,9368, ce qui diffère très peu du rapport de seize à dix-sept, que donnent, par un milieu, les mesures les plus précises de l'aplatissement de cette planète. Cet accord est une nouvelle preuve que la pesanteur des satellites vers la planète principale se compose des attractions de toutes ses molécules.

L'un des plus curieux résultats de la théorie des satellites de Jupiter est la connaissance de leurs masses, connaissance que leur petitesse extrême et l'impossibilité de mesurer leurs diamètres semblaient nous interdire. J'ai choisi, pour cet objet, les données qui, dans l'état actuel de l'Astronomie, m'ont paru les plus avantageuses, et j'ai lieu de penser que les valeurs suivantes, que j'en ai conclues, sont fort approchées.

Masses des satellites de Jupiter, celle de la planète étant prise pour unité.

Premier satellite...................	0,0000173281
Deuxième satellite................	0,0000232355
Troisième satellite................	0,0000884972
Quatrième satellite...............	0,0000426591

On rectifiera ces valeurs, quand la suite des temps aura fait mieux connaître encore les variations séculaires des orbites.

Quelle que soit la perfection de la théorie, il reste à l'astronome une tâche immense à remplir pour convertir en Tables les formules analytiques. Ces formules renferment trente et une constantes indéterminées, savoir, les vingt-quatre arbitraires des douze équations différentielles du mouvement des satellites, les masses de ces astres, l'aplatissement de Jupiter, l'inclinaison de son équateur et la position de ses nœuds. Pour avoir les valeurs de toutes ces inconnues, il fallait discuter un très grand nombre d'éclipses de chaque satellite, et les combiner de la manière la plus propre à déterminer chaque élément. Delambre a exécuté ce travail important avec le plus grand succès, et ses Tables, qui représentent les observations avec l'exactitude des observations mêmes, offrent au navigateur un moyen sûr et facile pour avoir sur-le-champ, par les éclipses des satellites et surtout par celles du premier, la longitude des lieux où il atterrit. Voici les principaux éléments de la théorie de chaque satellite, qui résultent de la comparaison que Delambre a faite de mes formules avec les observations.

L'orbe du premier satellite se meut uniformément, avec une inclinaison constante, sur un plan fixe qui passe constamment entre l'équateur et l'orbite de Jupiter, par l'intersection mutuelle de ces deux derniers plans, dont l'inclinaison respective est, suivant les observations, égale à 3°,4352. L'inclinaison de ce plan fixe à l'équateur de Jupiter n'est que de 20″, par la théorie ; elle est par conséquent insensible. L'inclinaison de l'orbe du satellite sur ce plan est pareillement insensible par les observations ; ainsi l'on peut supposer le premier satellite en mouvement sur l'équateur même de Jupiter. On n'a point reconnu d'excentricité propre à son orbe, qui seulement participe un peu des excentricités des orbes du troisième et du quatrième satellite ; car, en vertu de l'action mutuelle de tous ces corps, l'excentricité propre à chaque orbe se répand sur les autres, mais plus faiblement à mesure qu'ils en sont plus éloignés. La seule inégalité sensible de ce satellite est celle qui a pour argument le double de l'excès de la longitude moyenne du premier satellite sur celle du second, et qui produit dans le retour de ses éclipses l'inégalité de 437ʲ,659 ; elle est une des données dont j'ai fait usage pour avoir les masses des satellites, et comme elle n'est due qu'à l'action du second, elle détermine la valeur de sa masse avec beaucoup d'exactitude.

Les éclipses du premier satellite de Jupiter ont fait découvrir le mouvement successif de la lumière, qu'ensuite le phénomène de l'aberration a mieux fait connaître. Il m'a paru que, la théorie de ce satellite étant aujourd'hui perfectionnée et les observations de ses éclipses étant devenues très nombreuses, leur discussion devait déterminer la quantité de l'aberration avec plus de précision encore que l'observation directe.

Delambre a bien voulu entreprendre cette discussion à ma prière; il a
trouvé 62″,5 pour l'aberration entière, valeur exactement la même que
Bradley avait conclue de ses observations. Il est satisfaisant de voir un
accord aussi parfait entre des résultats tirés de méthodes aussi différentes. Il suit de cet accord que la vitesse de la lumière est uniforme
dans tout l'espace compris par l'orbe terrestre. En effet, la vitesse de
la lumière, donnée par l'aberration, est celle qui a lieu sur la circonférence de l'orbe terrestre, et qui, se combinant avec le mouvement de
la Terre, produit ce phénomène. La vitesse de la lumière, conclue des
éclipses des satellites de Jupiter, est déterminée par le temps que la
lumière emploie à traverser l'orbe terrestre; ainsi, ces deux vitesses
étant les mêmes, la vitesse de la lumière est uniforme dans toute la longueur du diamètre de l'orbe de la Terre. Il résulte même de ces éclipses
que cette vitesse est uniforme dans l'espace compris par l'orbe de Jupiter; car, à raison de l'excentricité de cet orbe, l'effet de la variation
de ses rayons vecteurs est très sensible sur les éclipses des satellites, et
la discussion de ces éclipses a prouvé que cet effet correspond exactement à l'uniformité du mouvement de la lumière.

Si la lumière est une émanation des corps lumineux, l'égalité de la
vitesse de leurs rayons exige qu'ils soient lancés par chacun d'eux avec
une force qui soit la même, et que leurs mouvements ne soient point
sensiblement retardés par les attractions qu'ils éprouvent de la part des
corps étrangers. Si l'on fait consister la lumière dans les vibrations
d'un fluide élastique, l'uniformité de sa vitesse exige que la densité de
ce fluide dans toute l'étendue du système planétaire soit proportionnelle à son ressort. Mais l'extrême simplicité avec laquelle l'aberration
des astres et les phénomènes de la réfraction de la lumière, en passant
d'un milieu dans un autre, s'expliquent en considérant la lumière
comme une émanation des corps lumineux, rend cette hypothèse au
moins très vraisemblable.

L'orbe du second satellite se meut uniformément, avec une inclinaison
constante, sur un plan fixe qui passe constamment entre l'équateur et
l'orbite de Jupiter, par leur intersection mutuelle, et dont l'inclinaison

à cet équateur est de 201″. L'orbe du satellite est incliné de 5152″ à
son plan fixe, et ses nœuds ont sur ce plan un mouvement tropique
rétrograde, dont la période est de 29^{ans},9142; cette période est une des
données qui m'ont servi à déterminer les masses des satellites. L'observation n'a point fait connaitre d'excentricité propre à cet orbe; mais
il participe un peu des excentricités des orbes du troisième et du quatrième satellite. Les deux inégalités principales du second satellite
dépendent des actions du premier et du troisième; le rapport qu'ont
entre elles les longitudes des trois premiers satellites réunit pour toujours ces inégalités en une seule, dont la période dans le retour des
éclipses est de 437^j,659, et dont la valeur est la troisième donnée que
j'ai employée à la détermination des masses.

L'orbe du troisième satellite se meut uniformément, avec une inclinaison constante, sur un plan fixe qui passe constamment entre l'é-
quateur et l'orbite de Jupiter, par leur intersection mutuelle, et dont
l'inclinaison sur cet équateur est de 931″. L'orbe du satellite est incliné
de 2284″ à son plan fixe, et ses nœuds ont sur ce plan un mouvement
tropique rétrograde, dont la période est de 141^{ans},739. Les astronomes
supposaient les orbes des trois premiers satellites en mouvement sur
l'équateur même de Jupiter; mais ils trouvaient une plus petite inclinaison à cet équateur sur l'orbite de la planète par les éclipses du
troisième que par celles des deux autres. Cette différence, dont ils
ignoraient la cause, vient de ce que les orbes des satellites ne se meuvent
point avec une inclinaison constante sur cet équateur, mais sur des
plans divers et qui lui sont d'autant plus inclinés que les satellites sont
plus éloignés de la planète. La Lune nous offre un résultat semblable,
comme on l'a vu dans le Chapitre précédent; c'est de là que dépend
l'inégalité lunaire en latitude, dont la valeur donne l'aplatissement de
la Terre, plus exactement peut-être que les mesures des degrés du méridien.

L'excentricité de l'orbe du troisième satellite présente des anomalies
singulières, dont la théorie m'a fait connaitre la cause. Elles dépendent
de deux équations du centre distinctes. L'une, propre à cet orbe, se

rapporte à un périjove dont le mouvement annuel et sidéral est de
29010″; l'autre, que l'on peut considérer comme une émanation de
l'équation du centre du quatrième satellite, se rapporte au périjove de
ce dernier corps. Elle est une des données qui m'ont servi à déterminer
les masses. Ces deux équations forment, en se combinant, une équation
du centre variable et qui se rapporte à un périjove dont le mouvement
n'est pas uniforme. Elles coïncidaient et s'ajoutaient en 1682, et leur
somme s'élevait à 2458″; en 1777, elles se retranchaient l'une de l'autre
et leur différence n'était que de 949″. Wargentin essaya de représenter
ces variations au moyen de deux équations du centre; mais, n'ayant pas
rapporté l'une d'elles au périjove du quatrième satellite, il fut contraint
par les observations d'abandonner son hypothèse, et il eut recours à
celle d'une équation du centre variable et dont il détermina les changements par les observations, ce qui le conduisit à peu près aux résultats que nous venons d'indiquer.

Enfin l'orbe du quatrième satellite se meut uniformément, avec une
inclinaison constante, sur un plan fixe incliné de 4457″ à l'équateur de
Jupiter, et qui passe par la ligne des nœuds de cet équateur, entre ce
dernier plan et celui de l'orbite de la planète; l'inclinaison de l'orbe du
satellite à son plan fixe est de 2772″, et ses nœuds sur ce plan ont un
mouvement tropique rétrograde dont la période est de 531 ans. En
vertu de ce mouvement, l'inclinaison de l'orbe du quatrième satellite
sur l'orbite de Jupiter varie sans cesse. Parvenue à son minimum vers le
milieu du dernier siècle, elle a été à peu près stationnaire et d'environ
2°,7, depuis 1680 jusqu'en 1760, et dans cet intervalle ses nœuds sur
l'orbite de Jupiter ont eu un mouvement annuel direct de 8′ à peu près.
Cette circonstance, que l'observation a présentée, a été saisie par les
astronomes, qui l'ont employée longtemps avec succès dans les Tables
de ce satellite; elle est une suite de la théorie qui donne l'inclinaison
et le mouvement du nœud à très peu près les mêmes que les astronomes avaient trouvés par la discussion des éclipses. Mais dans ces
dernières années l'inclinaison de l'orbe a pris un accroissement très
sensible, dont il eût été difficile de connaître la loi sans le secours de

l'Analyse. Il est curieux de voir sortir ainsi des formules analytiques
ces phénomènes singuliers que l'observation a fait entrevoir, mais qui,
résultant de la combinaison de plusieurs inégalités simples, sont trop
compliqués pour que les astronomes en aient pu découvrir les lois.
L'excentricité de l'orbe du quatrième satellite est beaucoup plus grande
que celle des autres orbes; son périjove a un mouvement annuel direct
de 7959″ : c'est la cinquième donnée dont j'ai fait usage pour déterminer les masses.

Chaque orbe participe un peu du mouvement des autres. Les plans
fixes auxquels nous les avons rapportés ne le sont pas rigoureusement;
ils se meuvent très lentement avec l'équateur et l'orbite de Jupiter, en
passant toujours par l'intersection mutuelle de ces derniers plans, et
en conservant sur l'équateur de Jupiter des inclinaisons qui, quoique
variables, sont entre elles et avec l'inclinaison de l'orbite de la planète
sur son équateur dans un rapport constant.

Tels sont les principaux résultats de la théorie des satellites de Jupiter, comparée aux observations nombreuses de leurs éclipses. Les
observations de l'entrée et de la sortie de leurs ombres sur le disque de
Jupiter répandraient beaucoup de lumière sur plusieurs éléments de
cette théorie. Ce genre d'observations, jusqu'ici trop négligé par les
astronomes, me paraît devoir fixer leur attention; car il semble que les
contacts intérieurs des ombres doivent déterminer l'instant de la conjonction avec plus d'exactitude encore que les éclipses. La théorie des
satellites est maintenant assez avancée pour que ce qui lui manque ne
puisse être déterminé que par des observations très précises; il devient donc nécessaire d'essayer de nouveaux moyens d'observation, ou
du moins de s'assurer que ceux dont on fait usage méritent la préférence.

CHAPITRE VII.

DES SATELLITES DE SATURNE ET D'URANUS.

L'extrême difficulté des observations des satellites de Saturne rend leur théorie si imparfaite que l'on connaît à peine avec quelque précision leurs révolutions et leurs distances moyennes au centre de cette planète ; il est donc inutile, jusqu'à présent, de considérer leurs perturbations. Mais la position de leurs orbes présente un phénomène digne de l'attention des géomètres et des astronomes. Les orbes des six premiers satellites paraissent être dans le plan de l'anneau, tandis que l'orbe du septième s'en écarte sensiblement. Il est naturel de penser que cela dépend de l'action de Saturne, qui, en vertu de son aplatissement, retient les six premiers orbes et ses anneaux dans le plan de son équateur. L'action du Soleil tend à les en écarter; mais cet écart croissant très rapidement et à peu près comme la cinquième puissance du rayon de l'orbe, il ne devient sensible que pour le dernier satellite. Les orbes des satellites de Saturne se meuvent comme ceux des satellites de Jupiter, sur des plans qui passent constamment entre l'équateur et l'orbite de la planète, par leur intersection mutuelle, et qui sont d'autant plus inclinés à cet équateur, que les satellites sont plus éloignés de Saturne. Cette inclinaison est considérable relativement au dernier satellite, et d'environ $24°,0$, si l'on s'en rapporte aux observations déjà faites; l'orbe du satellite est incliné de $16°,96$ à ce plan, et le mouvement annuel de ses nœuds sur le même plan est de $9'40''$. Mais ces observations étant fort incertaines, ces résultats ne peuvent être qu'une approximation très imparfaite.

Nous sommes moins instruits encore à l'égard des satellites d'Uranus. Il parait seulement, d'après les observations d'Herschel, qu'ils se meuvent tous sur un même plan, presque perpendiculaire à celui de l'orbite de la planète, ce qui indique évidemment une position semblable dans le plan de son équateur. L'Analyse fait voir que l'aplatissement de la planète, combiné avec l'action des satellites, peut maintenir à très peu près dans ce plan leurs orbes divers. Voilà tout ce que l'on peut dire sur ces astres, qui, par leur éloignement et leur petitesse, se refuseront longtemps à des recherches plus étendues.

CHAPITRE VIII.

DE LA FIGURE DE LA TERRE ET DES PLANÈTES ET DE LA LOI DE LA PESANTEUR
A LEUR SURFACE.

Nous avons exposé, dans le Livre Iᵉʳ, ce que les observations ont
appris sur la figure de la Terre et des planètes : comparons ces résultats avec ceux de la pesanteur universelle.

La gravité vers les planètes se compose des attractions de toutes
leurs molécules. Si leurs masses étaient fluides et sans mouvement de
rotation, leur figure et celles de leurs différentes couches seraient sphériques, les couches les plus voisines du centre étant les plus denses.
La pesanteur à la surface extérieure et au dehors à une distance quelconque serait exactement la même que si la masse entière de la planète
était réunie à son centre de gravité, propriété remarquable, en vertu
de laquelle le Soleil, les planètes, les comètes et les satellites agissent
à très peu près les uns sur les autres comme autant de points matériels.

A de grandes distances, l'attraction des molécules d'un corps de
figure quelconque les plus éloignées du point attiré et celle des molécules les plus voisines se composent de manière que l'attraction totale
est à peu près la même que si ces molécules étaient réunies à leur
centre de gravité, et si l'on considère comme une très petite quantité
du premier ordre le rapport des dimensions du corps à sa distance au
point attiré, ce résultat est exact aux quantités près du second ordre.
Mais il est rigoureux pour la sphère, et pour un sphéroïde qui en diffère très peu, l'erreur est du même ordre que le produit de son excen-

tricité par le carré du rapport de son rayon à sa distance au point qu'il attire.

La propriété dont jouit la sphère, d'attirer comme si sa masse était réunie à son centre, contribue donc à la simplicité des mouvements célestes. Elle ne convient pas exclusivement à la loi de la nature; elle appartient encore à la loi de l'attraction proportionnelle à la simple distance, et elle ne peut convenir qu'aux lois formées par l'addition de ces deux lois simples. Mais de toutes les lois qui rendent la pesanteur nulle à une distance infinie, celle de la nature est la seule dans laquelle la sphère a cette propriété.

Suivant cette loi, un corps placé au dedans d'une couche sphérique, partout de la même épaisseur, est également attiré de toutes parts, en sorte qu'il resterait en repos au milieu des attractions qu'il éprouve. La même chose a lieu au dedans d'une couche elliptique dont les surfaces intérieure et extérieure sont semblables et semblablement situées. En supposant donc que les planètes soient des sphères homogènes, la pesanteur dans leur intérieur diminue comme la distance à leur centre; car l'enveloppe extérieure au corps attiré ne contribue point à sa pesanteur, qui n'est ainsi produite que par l'attraction d'une sphère d'un rayon égal à la distance de ce corps au centre de la planète; or cette attraction est proportionnelle à la masse de la sphère, divisée par le carré de son rayon, et la masse est comme le cube de ce même rayon; la pesanteur du corps est donc proportionnelle à ce rayon. Mais les couches des planètes étant probablement plus denses à mesure qu'elles sont plus près du centre, la pesanteur au dedans diminue dans un moindre rapport que dans le cas de leur homogénéité.

Le mouvement de rotation des planètes les écarte un peu de la figure sphérique; la force centrifuge due à ce mouvement les renfle à l'équateur et les aplatit aux pôles. Considérons d'abord les effets de cet aplatissement dans le cas très simple où, la Terre étant une masse fluide homogène, la gravité serait dirigée vers son centre et réciproque au carré de la distance à ce point. Il est facile de prouver qu'alors le sphéroïde terrestre est un ellipsoïde de révolution; car, si l'on conçoit deux colonnes fluides se communiquant à son centre et aboutissant l'une au pôle et l'autre à un point quelconque de sa surface, il est clair que ces deux colonnes doivent se faire mutuellement équilibre. La force centrifuge n'altère point le poids de la colonne dirigée au pôle; elle diminue le poids de l'autre colonne. Cette force est nulle au centre de la Terre; à la surface, elle est proportionnelle au rayon du parallèle terrestre ou, à fort peu près, au cosinus de la latitude; mais elle n'est pas employée tout entière à diminuer la gravité. Ces deux forces faisant entre elles un angle égal à la latitude, la force centrifuge, décomposée suivant la direction de la gravité, est affaiblie dans le rapport du cosinus de cet angle au rayon; ainsi, à la surface de la Terre, la force centrifuge diminue la gravité sur un parallèle quelconque du produit de la force centrifuge à l'équateur par le carré du cosinus de la latitude; la valeur moyenne de cette diminution dans la longueur de la colonne fluide est donc la moitié de ce produit, et comme la force centrifuge est $\frac{1}{289}$ de la gravité à l'équateur, cette valeur est $\frac{1}{578}$ de la gravité multipliée par le carré du cosinus de la latitude. Il faut, pour l'équilibre, que la colonne, par sa longueur, compense la diminution de sa pesanteur; elle doit donc surpasser la colonne du pôle de $\frac{1}{578}$ de sa grandeur, multipliée par le carré du même cosinus. Ainsi les accroissements des rayons terrestres du pôle à l'équateur sont proportionnels à ce carré, d'où il est facile de conclure que la Terre est alors un ellipsoïde de révolution, dans lequel l'axe des pôles est à celui de l'équateur comme 577 est à 578.

Il est visible que l'équilibre de la masse fluide subsisterait encore, en supposant qu'une partie vienne à se consolider, pourvu que la force de la gravité reste la même.

Pour déterminer la loi de la pesanteur à la surface de la Terre, nous observerons que la gravité à un point quelconque de cette surface est plus petite qu'au pôle, à raison du plus grand éloignement du centre; cette diminution est à très peu près le double de l'accroissement du rayon terrestre; elle est donc égale au produit de $\frac{1}{289}$ de la gravité par le carré du cosinus de la latitude. La force centrifuge diminue encore

la pesanteur, de la même quantité; ainsi, par la réunion de ces deux
causes, la diminution de la pesanteur du pôle à l'équateur est égale à
0,00694 multiplié par le carré du cosinus de la latitude, la gravité à
l'équateur étant prise pour unité.

On a vu, dans le Livre Ier, que les mesures des degrés des méridiens
donnent à la Terre un aplatissement plus grand que $\frac{1}{578}$, et que les mesures du pendule indiquent une diminution dans la pesanteur, des pôles
à l'équateur, moindre que 0,00694 et égale à 0,0054; les mesures des
degrés et du pendule concourent donc à faire voir que la gravité n'est
pas dirigée vers un seul point, ce qui confirme *a posteriori* ce que nous
avons démontré précédemment, savoir, qu'elle se compose des attractions de toutes les molécules de la Terre.

Dans ce cas, la loi de la gravité dépend de la figure du sphéroïde
terrestre, qui dépend elle-même de la loi de la gravité. Cette dépendance mutuelle des deux quantités inconnues rend très difficile la
recherche de la figure de la Terre. Heureusement, la figure elliptique,
la plus simple de toutes les figures rentrantes après la sphère, satisfait
à l'équilibre d'une masse fluide douée d'un mouvement de rotation et
dont toutes les molécules s'attirent réciproquement au carré des distances. Newton se contenta de le supposer, et en partant de cette
hypothèse et de celle de l'homogénéité de la Terre, il trouva que les
deux axes de cette planète sont entre eux comme 229 est à 230.

Il est facile d'en conclure la loi de la variation de la pesanteur sur
la Terre. Pour cela, considérons différents points situés sur un même
rayon mené du centre à la surface d'une masse fluide homogène en
équilibre. Toutes les couches elliptiques semblables qui recouvrent
l'un quelconque d'entre eux ne contribuent point à sa pesanteur, et
la résultante des attractions qu'il éprouve est uniquement due à l'attraction d'un sphéroïde elliptique semblable au sphéroïde entier et
dont la surface passe par ce point. Les molécules semblables et semblablement placées de ces deux sphéroïdes attirent respectivement ce
point et le point correspondant de la surface extérieure, proportionnellement aux masses divisées par les carrés des distances; les masses

sont comme les cubes des dimensions semblables des deux sphéroïdes, et les carrés des distances sont comme les carrés des mêmes dimensions; les attractions des molécules semblables sont donc proportionnelles à ces dimensions, d'où il suit que les attractions entières des deux sphéroïdes sont dans le même rapport et leurs directions sont parallèles. Les forces centrifuges des deux points que nous considérons sont encore proportionnelles aux mêmes dimensions; leurs pesanteurs, qui sont les résultantes de toutes les forces, sont donc comme leurs distances au centre de la masse fluide.

Maintenant, si l'on conçoit deux colonnes fluides dirigées du centre du sphéroïde, l'une au pôle et l'autre à un point quelconque de la surface, il est clair que, si le sphéroïde est très peu aplati, les pesanteurs décomposées suivant les directions de ces colonnes seront à très peu près les mêmes que les pesanteurs totales; en partageant donc les longueurs des colonnes dans le même nombre de parties infiniment petites proportionnelles à ces longueurs, les poids des parties correspondantes seront entre eux comme les produits des longueurs des colonnes par les pesanteurs aux points de la surface où elles aboutissent; les poids entiers de ces colonnes fluides seront donc dans le même rapport. Ces poids doivent être égaux pour l'équilibre; les pesanteurs à la surface sont, par conséquent, réciproques aux longueurs des colonnes. Ainsi, le rayon de l'équateur surpassant de $\frac{1}{230}$ celui du pôle, la pesanteur au pôle doit surpasser de $\frac{1}{230}$ la pesanteur à l'équateur.

Cela suppose que la figure elliptique satisfait à l'équilibre d'une masse fluide homogène : c'est ce que Maclaurin a démontré par une très belle méthode, de laquelle il résulte que l'équilibre est alors rigoureusement possible et que, si l'ellipsoïde est très peu aplati, l'ellipticité est égale à cinq quarts du rapport de la force centrifuge à la pesanteur, à l'équateur.

Au même mouvement de rotation répondent deux figures différentes d'équilibre; mais l'équilibre ne peut pas subsister avec tous ces mouvements. La plus petite durée de rotation d'un fluide homogène en équilibre, de même densité que la moyenne densité de la Terre, est de o⁴, 1009, et cette limite varie réciproquement à la racine carrée de la densité. Quand la rotation est plus rapide, la masse fluide s'aplatit à ses pôles; par là, sa durée de rotation devient moindre et tombe dans les limites convenables à l'état d'équilibre. Après un grand nombre d'oscillations, le fluide, en vertu des frottements et des résistances qu'il éprouve, se fixe à cet état, qui est unique et déterminé par le mouvement primitif, et, quelles que soient les forces primitives des molécules, l'axe mené par le centre de gravité de la masse fluide et par rapport auquel le moment des forces était un maximum à l'origine devient l'axe de rotation.

Les résultats précédents fournissent un moyen simple de vérifier l'hypothèse de l'homogénéité de la Terre. L'irrégularité des degrés mesurés des méridiens laisse trop d'incertitude sur l'aplatissement de la Terre pour reconnaître s'il est tel à peu près que l'exige cette hypothèse; mais l'accroissement assez régulier de la pesanteur, de l'équateur aux pôles, peut nous éclairer sur cet objet. En prenant pour unité la pesanteur à l'équateur, son accroissement au pôle est 0,00433, dans le cas de l'homogénéité de la Terre; par les observations du pendule, cet accroissement est 0,0054; la Terre n'est donc point homogène. Il est, en effet, naturel de penser que la densité de ses couches augmente de la surface au centre; il est même nécessaire, pour la stabilité de l'équilibre des mers, que leur densité soit plus petite que la moyenne densité de la Terre; autrement leurs eaux, agitées par les vents et par d'autres causes, sortiraient souvent de leurs limites pour inonder les continents.

L'homogénéité de la Terre étant ainsi exclue par les observations, il faut, pour déterminer sa figure, considérer la mer comme recouvrant un noyau dont les couches diminuent de densité du centre à la surface. Clairaut a démontré, dans son bel Ouvrage sur la figure de la Terre, que l'équilibre est encore possible, en supposant une figure elliptique à sa surface et aux couches du noyau intérieur. Dans les hypothèses les plus vraisemblables sur la loi des densités et des ellipticités de ces couches, l'aplatissement de la Terre est moindre que dans le cas de l'homogénéité, et plus grand que si la gravité était dirigée vers un seul point; l'accroissement de la pesanteur de l'équateur aux pôles est plus grand que dans le premier cas et plus petit que dans le second. Mais il existe, entre l'accroissement total de la pesanteur prise pour unité à l'équateur et l'ellipticité de la Terre, ce rapport remarquable, savoir que, dans toutes les hypothèses sur la constitution du noyau que recouvre la mer, autant l'ellipticité de la Terre entière est au-dessous de celle qui a lieu dans le cas de l'homogénéité, autant l'accroissement total de la pesanteur est au-dessus de celui qui a lieu dans le même cas, et réciproquement; en sorte que la somme de cet accroissement et de l'ellipticité est toujours la même et égale à cinq fois la moitié du rapport de la force centrifuge à la pesanteur à l'équateur, ce qui, pour la Terre, revient à $\frac{1}{115,2}$.

En supposant donc la figure des couches du sphéroïde terrestre elliptique, l'accroissement de ses rayons et de la pesanteur et la diminution des degrés des méridiens des pôles à l'équateur sont proportionnels au carré du cosinus de la latitude, et ils sont liés à l'ellipticité de la Terre, de manière que l'accroissement total des rayons est égal à cette ellipticité; la diminution totale des degrés est égale à l'ellipticité multipliée par trois fois le degré de l'équateur, et l'accroissement total de la pesanteur est égal à la pesanteur à l'équateur multipliée par l'excès de $\frac{1}{115,2}$ sur cette ellipticité. Ainsi l'on peut déterminer l'ellipticité de la Terre, soit par les mesures des degrés, soit par les observations du pendule. L'ensemble de ces observations donne $0,0054$ pour l'accroissement de la pesanteur de l'équateur aux pôles; en retranchant cette quantité de $\frac{1}{115,2}$, on a $\frac{1}{304,8}$ pour l'aplatissement de la Terre. Si l'hypothèse d'une figure elliptique est dans la nature, cet aplatissement doit satisfaire aux mesures des degrés; mais il y suppose, au contraire, des erreurs considérables, et cela, joint à la difficulté d'assujettir toutes ces mesures à un même méridien elliptique, semble indiquer une figure de la Terre plus composée qu'on ne l'avait cru d'abord, ce qui ne paraîtra point étonnant, si l'on considère l'irrégularité de la profondeur des mers, l'élévation des continents et des îles au-dessus de leur niveau, la hauteur des montagnes, et l'inégale densité des eaux et des diverses substances qui sont à la surface de cette planète.

Pour embrasser avec la plus grande généralité la théorie de la figure de la Terre et des planètes, il fallait déterminer l'attraction des sphéroïdes peu différents de la sphère et formés de couches variables de figure et de densité suivant des lois quelconques; il fallait encore déterminer la figure qui convient à l'équilibre d'un fluide répandu à leur surface; car on doit imaginer les planètes recouvertes, comme la Terre, d'un fluide en équilibre; autrement leur figure serait entièrement arbitraire. D'Alembert a donné pour cet objet une méthode ingénieuse, qui s'étend à un grand nombre de cas; mais elle manque de cette simplicité si désirable dans des recherches aussi compliquées et qui en fait le principal mérite. Une équation remarquable aux différences partielles et relative aux attractions des sphéroïdes m'a conduit, sans le secours des intégrations et uniquement par des différentiations, aux expressions générales des rayons des sphéroïdes, de leurs attractions sur des points quelconques placés dans leur intérieur, à leur surface ou au dehors, des conditions de l'équilibre des fluides qui les recouvrent, de la loi de la pesanteur et de la variation des degrés à la surface de ces fluides. Toutes ces quantités sont liées les unes aux autres par des rapports très simples, et il en résulte un moyen facile de vérifier les hypothèses que l'on peut faire pour représenter soit les variations observées de la pesanteur, soit les mesures des degrés des méridiens. Ainsi Bouguer, dans la vue de représenter les degrés mesurés en Laponie, en France et à l'équateur, ayant supposé que la Terre est un sphéroïde de révolution sur lequel l'accroissement des degrés du méridien, de l'équateur aux pôles, est proportionnel à la quatrième puissance du sinus de la latitude, on trouve que cette hypothèse ne peut pas satisfaire à l'accroissement de la pesanteur, de l'équateur à Pello, accroissement qui, suivant les observations, est égal à $\frac{45}{10000}$ de la pesanteur totale, et qui n'en serait que $\frac{27}{10000}$ dans cette hypothèse.

Les expressions dont je viens de parler donnent une solution directe

et générale du problème qui consiste à déterminer la figure d'une
masse fluide en équilibre, en la supposant douée d'un mouvement de
rotation et composée d'une infinité de fluides de densités quelconques,
dont toutes les molécules s'attirent en raison des masses et réciproquement au carré des distances. M. Legendre avait déjà résolu ce problème
par une analyse fort ingénieuse, en supposant la masse homogène. Dans
le cas général, le fluide prend nécessairement la figure d'un ellipsoïde
de révolution, dont toutes les couches sont elliptiques et diminuent de
densité, tandis que leur ellipticité croît du centre à la surface. Les
limites de l'aplatissement de l'ellipsoïde entier sont $\frac{5}{4}$ et $\frac{1}{2}$ du rapport
de la force centrifuge à la pesanteur à l'équateur, la première limite
étant relative à l'homogénéité de la masse, et la seconde se rapportant
au cas où, les couches infiniment voisines du centre étant infiniment
denses, toute la masse du sphéroïde peut être considérée comme étant
réunie à ce point. Dans ce dernier cas, la pesanteur serait dirigée vers
un seul point et réciproque au carré des distances; la figure de la Terre
serait donc celle que nous avons déterminée ci-dessus; mais, dans le
cas général, la ligne qui détermine la direction de la pesanteur depuis
le centre jusqu'à la surface du sphéroïde est une courbe dont chaque
élément est perpendiculaire à la couche qu'il traverse.

L'Analyse dont je viens de parler suppose le sphéroïde terrestre entièrement recouvert par la mer; mais, ce fluide laissant à découvert
une partie considérable de ce sphéroïde, cette Analyse, malgré sa généralité, ne représente pas exactement la nature, et il est nécessaire de
modifier les résultats obtenus dans l'hypothèse d'une inondation générale. A la vérité, la théorie mathématique de la figure de la Terre
présente alors plus de difficultés; mais le progrès de l'Analyse, surtout
dans cette partie, fournit le moyen de les surmonter et de considérer
les continents et les mers tels que l'observation les présente. En se rapprochant ainsi de la nature, on entrevoit les causes de plusieurs phénomènes importants que l'Histoire naturelle et la Géologie nous offrent,
ce qui peut répandre un grand jour sur ces deux sciences, en les rattachant à la théorie du système du monde. Voici les principaux résultats

de mon Analyse. L'un des plus intéressants est le théorème suivant, qui établit incontestablement l'hétérogénéité des couches du sphéroïde terrestre :

Si à la longueur du pendule à secondes, observée sur un point quelconque de la surface du sphéroïde terrestre, on ajoute le produit de cette longueur par la moitié de la hauteur de ce point au-dessus du niveau de l'Océan déterminée par l'observation du baromètre et divisée par le demi-axe du pôle, l'accroissement de cette longueur ainsi corrigée sera, de l'équateur aux pôles, dans l'hypothèse d'une densité de la Terre constante au-dessous d'une profondeur peu considérable, le produit de cette longueur à l'équateur par le carré du sinus de la latitude et par cinq quarts du rapport de la force centrifuge à la pesanteur à l'équateur ou par $\frac{13}{10000}$.

Ce théorème, auquel j'ai été conduit par une équation différentielle du premier ordre qui a lieu à la surface des sphéroïdes homogènes peu différents de la sphère, est généralement vrai, quelles que soient la densité de la mer et la manière dont elle recouvre en partie la Terre. Il est remarquable en ce qu'il ne suppose point la connaissance de la figure du sphéroïde terrestre ni celle de la mer, figures qu'il serait impossible d'obtenir.

Les expériences du pendule, faites dans les deux hémisphères, s'accordent à donner au carré du sinus de la latitude un coefficient plus grand que $\frac{13}{10000}$, et à fort peu près égal à $\frac{54}{10000}$ de la longueur du pendule à l'équateur. Il est donc bien prouvé par ces expériences que la Terre n'est point homogène dans son intérieur. On voit de plus, en les comparant à l'Analyse, que les densités des couches terrestres vont en croissant de la surface au centre.

La régularité avec laquelle la variation observée des longueurs du pendule à secondes suit la loi du carré du sinus de la latitude prouve que ces couches sont disposées régulièrement autour du centre de gravité de la Terre, et que leur forme est à peu près elliptique et de révolution.

L'ellipticité du sphéroïde terrestre peut être déterminée par la mesure des degrés du méridien. Les diverses mesures que l'on a faites, comparées deux à deux, donnent des ellipticités sensiblement différentes, en sorte que la variation des degrés ne suit pas aussi exactement que celle de la pesanteur la loi du carré du sinus de la latitude. Cela tient aux secondes différentielles du rayon terrestre, que renferment les expressions des degrés du méridien et du rayon osculateur, tandis que l'expression de la pesanteur ne contient que les premières différentielles de ce rayon, dont les petits écarts d'un rayon elliptique s'accroissent par les différentiations successives. Mais si l'on compare des degrés éloignés, tels que ceux de France et de l'équateur, leurs anomalies doivent être peu sensibles sur leur différence, et l'on trouve par cette comparaison l'ellipticité du sphéroïde terrestre égale à $\frac{1}{308}$.

Mais un moyen plus précis d'avoir cette ellipticité consiste, comme on l'a vu précédemment, à comparer avec un grand nombre d'observations les deux inégalités lunaires dues à l'aplatissement de la Terre, l'une en longitude, et l'autre en latitude. Elles s'accordent à donner l'aplatissement du sphéroïde terrestre à très peu près égal à $\frac{1}{305}$, et, ce qui est digne de remarque, chacune des deux inégalités conduit à ce résultat qui, comme on voit, diffère très peu de celui que donne la comparaison des degrés de France et de l'équateur.

La densité de la mer n'étant qu'un cinquième, à peu près, de la densité moyenne de la Terre, ce fluide doit avoir peu d'influence sur les variations des degrés et de la pesanteur et sur les deux inégalités lunaires dont je viens de parler. Son influence est encore diminuée par la petitesse de sa profondeur moyenne, que l'on prouve ainsi. En concevant le sphéroïde terrestre dépouillé de l'Océan, et supposant que dans cet état sa surface devienne fluide et soit en équilibre, on aura son ellipticité en retranchant de cinq fois la moitié du rapport de la force centrifuge à la pesanteur à l'équateur le coefficient que les expériences donnent au carré du sinus de la latitude dans l'expression de la longueur du pendule à secondes, cette longueur à l'équateur étant prise pour l'unité. On trouve par là $\frac{1}{301.8}$ pour l'aplatissement du sphéroïde terrestre, en négligeant la petite influence de l'action de la mer sur la

variation de la pesanteur. Le peu de différence de cet aplatissement à
ceux que donnent les mesures des degrés terrestres et les inégalités
lunaires prouve que la surface de ce sphéroïde serait à fort peu près
celle de l'équilibre, si elle devenait fluide. De là et de ce que la mer
laisse à découvert de vastes continents, on conclut qu'elle doit être peu
profonde, et que sa profondeur moyenne est du même ordre que la hauteur moyenne des continents et des îles au-dessus de son niveau, hauteur
qui ne surpasse pas 1000^m. Cette profondeur est donc une petite fraction de l'excès du rayon de l'équateur sur celui du pôle, excès qui
surpasse 20000^m. Mais de même que de hautes montagnes recouvrent
quelques parties des continents, de même il peut y avoir de grandes
cavités dans le bassin des mers. Cependant, il est naturel de penser
que leur profondeur est plus petite que l'élévation des hautes montagnes, les dépôts des fleuves et les dépouilles des animaux marins
entraînés par les courants devant remplir à la longue ces cavités.

Ce résultat est important pour l'Histoire naturelle et pour la Géologie.
On ne peut douter que la mer n'ait recouvert une grande partie de nos
continents, sur lesquels elle a laissé des traces incontestables de son
séjour. Les affaissements successifs des îles d'alors et d'une partie des
continents, suivis d'affaissements étendus du bassin des mers qui ont
découvert les parties précédemment submergées, paraissent indiqués
par les divers phénomènes que la surface et les couches des continents
actuels nous présentent. Pour expliquer ces affaissements, il suffit de
supposer plus d'énergie à des causes semblables à celles qui ont produit les affaissements dont l'histoire a conservé le souvenir. L'affaisse-
ment d'une partie du bassin de la mer en découvre une autre partie,
d'autant plus étendue que la mer est moins profonde. Ainsi de vastes
continents ont pu sortir de l'Océan sans de grands changements dans la
figure du sphéroïde terrestre. La propriété dont jouit cette figure, de
différer peu de celle que prendrait sa surface en devenant fluide, exige
que l'abaissement du niveau de la mer n'ait été qu'une petite fraction
de la différence des deux axes du pôle et de l'équateur. Toute hypothèse
fondée sur un déplacement considérable des pôles à la surface de la

Terre doit être rejetée, comme incompatible avec la propriété dont je viens de parler. On avait imaginé ce déplacement pour expliquer l'existence des éléphants dont on trouve les ossements fossiles en si grande abondance dans les climats du nord, où les éléphants actuels ne pourraient pas vivre. Mais un éléphant, que l'on suppose avec vraisemblance contemporain du dernier cataclysme, et que l'on a trouvé dans une masse de glace bien conservé avec ses chairs et dont la peau était recouverte d'une grande quantité de poils, a prouvé que cette espèce d'éléphants était garantie par ce moyen du froid des climats septentrionaux qu'elle pouvait habiter et même rechercher. La découverte de cet animal a donc confirmé ce que la théorie mathématique de la Terre nous apprend, savoir que dans les révolutions qui ont changé la surface de la Terre et détruit plusieurs espèces d'animaux et de végétaux, la figure du sphéroïde terrestre et la position de son axe de rotation sur sa surface n'ont subi que de légères variations.

Maintenant, quelle est la cause qui a donné aux couches du sphéroïde terrestre des formes à très peu près elliptiques et de densités croissantes de la surface au centre; qui les a disposées régulièrement autour de leur centre commun de gravité, et qui a rendu sa surface très peu différente de celle qu'il eût prise, si elle avait été primitivement fluide ? Si les diverses substances qui composent la Terre ont eu primitivement, par l'effet d'une grande chaleur, l'état fluide, les plus denses ont dû se porter vers le centre; toutes ont pris des formes elliptiques, et la surface a été en équilibre. En se consolidant, ces couches n'ont changé que très peu de figure, et alors la Terre doit offrir présentement les phénomènes dont je viens de parler. Ce cas a été amplement discuté par les géomètres. Mais la Terre homogène dans le sens chimique, ou formée d'une seule substance dans son intérieur, pourrait encore nous présenter ces phénomènes. On conçoit, en effet, que le poids immense des couches supérieures peut augmenter considérablement la densité des couches inférieures. Jusqu'ici les géomètres n'ont point fait entrer dans leurs recherches sur la figure de la Terre la compressibilité des substances dont elle est formée, quoique Daniel

Bernoulli, dans sa pièce sur le flux et le reflux de la mer, eût déjà indiqué cette cause de l'accroissement de densité des couches du sphéroïde terrestre. L'Analyse que j'ai appliquée à cet objet, dans le Livre XI de la *Mécanique céleste*, m'a fait voir qu'il est possible de satisfaire à tous les phénomènes connus, en supposant la Terre formée d'une seule substance dans son intérieur. La loi des densités que la compression donne aux couches de cette substance n'étant pas connue, on ne peut faire à cet égard que des hypothèses.

On sait que la densité des gaz croît proportionnellement à leur compression, lorsque la température reste la même. Mais cette loi ne paraît pas convenir aux corps liquides et solides; il est naturel de penser que ces corps résistent d'autant plus à la compression qu'ils sont plus comprimés. C'est, en effet, ce que les expériences confirment, en sorte que le rapport de la différentielle de la pression à la différentielle de la densité, au lieu d'être constant comme dans les gaz, croît avec la densité. L'expression la plus simple de ce rapport, supposé variable, est le produit de la densité par une constante. C'est la loi que j'ai adoptée, parce qu'elle réunit à l'avantage de représenter de la manière la plus simple ce que nous savons sur la compression des corps, celui de se prêter facilement au calcul dans la recherche de la figure de la Terre; mon objet dans ce calcul n'étant que de montrer que cette manière de considérer la constitution intérieure de la Terre peut se concilier avec tous les phénomènes qui dépendent de cette constitution, du moins si le sphéroïde terrestre a été primitivement fluide. Dans l'état solide, l'adhérence des molécules diminue extrêmement leur compression mutuelle, et elle empêcherait la masse entière de prendre la figure régulière qu'elle aurait dans l'état fluide, si elle s'en était primitivement écartée. Ainsi, dans cette hypothèse même sur la constitution de la Terre comme dans toutes les autres, la fluidité primitive de la Terre me paraît nécessairement indiquée par la régularité de la pesanteur et de la figure de sa surface.

Toute l'Astronomie repose sur l'invariabilité de l'axe de rotation de la Terre à la surface du sphéroïde terrestre et sur l'uniformité de cette rotation. La durée d'une révolution de la Terre autour de son axe est l'étalon du temps; il est donc bien important d'apprécier l'influence de toutes les causes qui peuvent altérer cet élément. L'axe terrestre se meut autour des pôles de l'écliptique; mais depuis l'époque où l'application du télescope aux instruments astronomiques a donné le moyen d'observer avec précision les latitudes terrestres, on n'a reconnu dans ces latitudes aucune variation qui ne puisse être attribuée aux erreurs des observations, ce qui prouve que l'axe de rotation a, depuis cette époque, répondu à très peu près au même point de la surface terrestre; il paraît donc que cet axe est invariable. L'existence d'axes semblables dans les corps solides est connue depuis longtemps. On sait que chacun de ces corps a trois axes principaux rectangulaires, autour desquels il peut tourner uniformément, l'axe de rotation demeurant invariable. Mais cette propriété remarquable est-elle commune aux corps qui, comme la Terre, sont recouverts en partie d'un fluide? La condition de l'équilibre du fluide s'ajoute alors aux conditions des axes principaux: elle change la figure de la surface, lorsque l'on fait changer l'axe de rotation. Il s'agit donc de savoir si, parmi tous les changements possibles, il en est un dans lequel l'axe de rotation et l'équilibre du fluide sont invariables. L'Analyse prouve que, si l'on fait passer très près du centre de gravité du sphéroïde terrestre un axe fixe autour duquel il puisse tourner librement, la mer pourra toujours prendre sur la surface du sphéroïde un état constant d'équilibre. J'ai donné dans le Livre XI cité, pour déterminer cet état, une méthode d'approximation ordonnée suivant les puissances du rapport de la densité de la mer à la moyenne densité de la Terre, rapport qui, n'étant que $\frac{1}{5}$, rend l'approximation convergente. L'irrégularité de la profondeur de la mer et de son contour ne permet pas d'obtenir cette approximation. Mais il suffit d'en reconnaître la possibilité pour être assuré de l'existence d'un état d'équilibre de la mer. La position de l'axe fixe de rotation étant arbitraire, il est naturel de penser que, parmi tous les changements que l'on peut faire subir à cette position, il en est un dans lequel l'axe passe par le centre commun de gravité de la mer et du sphéroïde qu'elle

recouvre, de manière que, ce fluide étant en équilibre et congelé dans
cet état, cet axe soit un axe principal de rotation de l'ensemble du sphéroïde terrestre et de la mer; il est visible qu'en rendant à la masse con-
gelée sa fluidité, l'axe sera toujours un axe invariable de la Terre
entière. Je fais voir par l'Analyse qu'un tel axe est toujours possible,
et je donne les équations qui déterminent sa position. En appliquant
ces équations au cas où la mer recouvre en entier le sphéroïde, je suis
parvenu à ce théorème :

*Si l'on imagine la densité de chaque couche du sphéroïde terrestre dimi-
nuée de la densité de la mer, et si, par le centre de gravité de ce sphéroïde
imaginaire, on conçoit un axe principal de rotation de ce sphéroïde, en
faisant tourner la Terre autour de cet axe, la mer étant en équilibre, cet
axe sera l'axe principal de la Terre entière, dont le centre de gravité sera
celui du sphéroïde imaginaire.*

Ainsi, la mer qui recouvre en partie le sphéroïde terrestre, non seulement ne rend pas impossible l'existence d'un axe principal, mais encore, par sa mobilité et par les résistances que ses oscillations éprouvent,
elle rendrait à la Terre un état permanent d'équilibre, si des causes
quelconques venaient à le troubler.

Si la mer était assez profonde pour recouvrir la surface du sphéroïde
terrestre, en le supposant tourner successivement autour des trois axes
principaux du sphéroïde imaginaire dont nous venons de parler, chacun de ces axes serait un axe principal de la Terre entière. Mais la
stabilité de l'axe de rotation n'a lieu, comme dans un corps solide, que
relativement aux deux axes principaux pour lesquels le moment
d'inertie est un maximum ou un minimum. Il y a cependant entre un
corps solide et la Terre cette différence, savoir qu'en changeant d'axe
de rotation, le corps solide ne change pas de figure, au lieu que, par
ce changement, la surface de la mer prend une autre figure. Les trois
figures que prend cette surface, en tournant successivement avec une
même vitesse angulaire de rotation autour de chacun des trois axes de
rotation du sphéroïde imaginaire, ont des rapports fort simples, que je

détermine, et il résulte de mon Analyse que le rayon moyen entre les rayons des trois surfaces de la mer, correspondants au même point de la surface du sphéroïde terrestre, est égal au rayon de la surface de la mer en équilibre sur ce sphéroïde privé de tout mouvement de rotation.

J'ai discuté, dans le Livre V de la *Mécanique céleste*, l'influence des causes intérieures, telles que les volcans, les tremblements de terre, les vents, les courants de la mer, etc., sur la durée de la rotation de la Terre, et j'ai fait voir, au moyen du principe des aires, que cette influence est insensible, et qu'il faudrait, pour produire un effet sensible, qu'en vertu de ces causes des masses considérables eussent été transportées à de grandes distances, ce qui n'a point eu lieu depuis les temps historiques. Mais il existe une cause intérieure d'altération de la durée du jour que l'on n'a point encore considérée, et qui, vu l'importance de cet élément, mérite une discussion spéciale. Cette cause est la chaleur du sphéroïde terrestre. Si, comme tout porte à le croire, la Terre entière a été primitivement fluide, ses dimensions ont diminué successivement avec sa température; sa vitesse angulaire de rotation a augmenté graduellement, et elle continuera de s'accroître, jusqu'à ce que la Terre soit parvenue à l'état constant de température moyenne de l'espace où elle se meut. Pour avoir une idée juste de cet accroissement de vitesse angulaire, que l'on imagine, dans un espace d'une température donnée, un globe de matière homogène, tournant sur son axe dans un jour. Si l'on transporte ce globe dans un espace dont la température soit moindre d'un degré centésimal, et si l'on suppose que sa rotation ne soit altérée ni par la résistance d'un milieu, ni par le frottement, ses dimensions diminueront par la diminution de la température, et lorsqu'à la longue il aura pris la température du nouvel espace, son rayon sera diminué d'une quantité, que je supposerai être $\frac{1}{100000}$, ce qui a lieu à peu près pour un globe de verre et ce que l'on peut admettre pour la Terre. Le poids de la chaleur a été inappréciable dans toutes les expériences que l'on a faites pour le mesurer; elle parait donc, comme la lumière, n'apporter aucune variation sensible dans la masse des corps; ainsi, dans le nouvel espace, deux choses peuvent être supposées les mêmes que dans le premier, savoir, la masse du globe, et la somme des aires décrites dans un temps donné par chacune de ses molécules rapportées au plan de son équateur. Les molécules se rapprochent du centre du globe, de $\frac{1}{100000}$ de leur distance à ce point. L'aire qu'elles décrivent sur le plan de l'équateur, étant proportionnelle au carré de cette distance, diminuerait donc à fort peu près de $\frac{1}{50000}$, si la vitesse angulaire de rotation n'augmentait pas; d'où il suit que, pour la constance de la somme des aires dans un temps donné, l'accroissement de cette vitesse et par conséquent la diminution de la durée de la rotation doivent être de $\frac{1}{50000}$: telle est donc la diminution finale de cette durée. Mais, avant de parvenir à son état final, la température du globe diminue sans cesse, et plus lentement au centre qu'à la surface, en sorte que, par les observations de cette diminution, comparées à la théorie de la chaleur, on pourrait déterminer l'époque où le globe a été transporté dans le nouvel espace. La Terre paraît être dans un état semblable. Cela résulte des observations thermométriques faites dans des mines profondes, et qui indiquent un accroissement de chaleur très sensible, à mesure que l'on pénètre dans l'intérieur de la Terre. La moyenne des accroissements observés paraît être d'un degré centésimal pour un enfoncement de 32^m; mais un très grand nombre d'observations fera connaître exactement sa valeur, qui peut n'être pas la même dans tous les climats ([1]).

Il était nécessaire, pour avoir l'accroissement de la rotation de la Terre, de connaître la loi de diminution de la chaleur du centre à la surface. C'est ce que j'ai fait, dans le Livre XI de la *Mécanique céleste*, pour un globe primitivement échauffé d'une manière quelconque et de plus soumis à l'action échauffante d'une cause extérieure. La loi dont

([1]) Imaginons, au-dessous d'un plateau d'une grande étendue et à la profondeur d'environ 3000^m, un vaste réservoir d'eau entretenu par les eaux pluviales. Elles acquièrent à cette profondeur, par la chaleur terrestre, une température à peu près égale à celle de l'eau bouillante. Supposons ensuite que par la pression des colonnes d'eau adjacentes, ou par les vapeurs qui s'élèvent du réservoir, les eaux remontent jusqu'à la hauteur de la partie inférieure du plateau d'où elles s'écoulent ensuite; elles formeront une source d'eau chaude imprégnée de substances solubles des couches qu'elle aura traversées : ce qui donne une explication vraisemblable des eaux thermales.

il s'agit, que j'ai publiée en 1819 dans le recueil de la *Connaissance des Temps*, et que M. Poisson a confirmée depuis par une savante analyse, est représentée par une suite infinie de termes qui ont pour facteurs des quantités constantes successivement plus petites que l'unité, et dont les exposants croissent proportionnellement au temps. La longueur du temps fait ainsi disparaître ces termes les uns après les autres, en sorte qu'avant l'établissement de la température finale, il n'y a de sensible qu'un seul de ces termes qui produit l'accroissement de température dans l'intérieur du globe. J'ai supposé la Terre parvenue à cet état, dont elle est peut-être encore fort éloignée. Mais, ne cherchant ici qu'à présenter un aperçu de l'influence de la diminution de sa chaleur intérieure sur la durée du jour, j'ai adopté cette hypothèse, et j'en ai conclu l'accroissement de la vitesse de rotation. Il fallait, pour réduire cet accroissement en nombres, déterminer numériquement deux constantes arbitraires, dépendantes l'une de la faculté conductrice de la Terre pour la chaleur, l'autre de l'élévation de température de sa couche superficielle au-dessus de la température de l'espace qui l'environne. J'ai déterminé la première constante au moyen des variations de la chaleur annuelle à diverses profondeurs, et, pour cela, j'ai fait usage des expériences de M. de Saussure, que ce savant a citées dans le n° 1422 de son *Voyage dans les Alpes*. Dans ces expériences, la variation annuelle de la chaleur à la surface a été réduite à $\frac{1}{17}$, à la profondeur de $9^m,6$. J'ai supposé ensuite que, dans nos mines, l'accroissement de la chaleur est d'un degré centésimal pour un enfoncement de 32^m, et que la dilatation linéaire des couches terrestres est de $\frac{1}{100000}$ pour chaque degré de température. Je trouve au moyen de ces données que la durée du jour n'a pas augmenté d'un demi-centième de seconde centésimale depuis deux mille ans, ce qui est dû principalement à la grandeur du rayon terrestre.

A la vérité, j'ai supposé la Terre homogène, et il est incontestable que les densités de ses couches croissent de la surface au centre. Mais on doit observer ici que la quantité de chaleur et son mouvement seraient les mêmes dans une substance hétérogène, si, dans les parties correspondantes des deux corps, la chaleur et la propriété de la conduire étaient les mêmes. La matière peut être ici considérée comme un véhicule de la chaleur qui peut être le même dans des substances de densités différentes. Il n'en est pas ainsi des propriétés dynamiques, qui dépendent de la masse des molécules. Ainsi nous pouvons, dans cet aperçu des effets de la chaleur terrestre sur la durée du jour, étendre à la Terre hétérogène les données sur la chaleur relative à la Terre homogène. On trouve ainsi que l'accroissement de densité des couches du sphéroïde terrestre diminue l'effet de la chaleur sur la durée du jour, effet qui, depuis Hipparque, n'a pas augmenté cette durée de $\frac{1}{300}$ de seconde.

Le terme dont dépend l'accroissement de la chaleur intérieure de la Terre n'ajoute pas maintenant un cinquième de degré à la température moyenne de sa surface. Son anéantissement, qu'une très longue suite de siècles doit produire, ne fera donc disparaître aucune des espèces d'êtres organisés actuellement existantes, du moins tant que la chaleur propre du Soleil et sa distance à la Terre n'éprouveront point d'altération sensible.

Au reste, je suis fort éloigné de penser que les suppositions précédentes sont dans la nature; d'ailleurs, les valeurs observées des deux constantes dont j'ai parlé dépendent de la nature du sol, qui dans diverses contrées n'a pas les mêmes qualités relatives à la chaleur. Mais l'aperçu que je viens de présenter suffit pour faire voir que les phénomènes observés sur la chaleur de la Terre peuvent se concilier avec le résultat que j'ai déduit de la comparaison de la théorie des inégalités séculaires de la Lune et des observations des anciennes éclipses, savoir que, depuis Hipparque, la durée du jour n'a pas varié de $\frac{1}{100}$ de seconde.

Mais quel est le rapport de la moyenne densité de la Terre à celle d'une substance connue de sa surface? L'effet de l'attraction des montagnes sur les oscillations du pendule et sur la direction du fil à plomb peut nous conduire à la solution de ce problème intéressant. A la vérité, les plus hautes montagnes sont toujours fort petites par rapport à la Terre; mais nous pouvons approcher fort près du centre de leur action, et cela, joint à la précision des observations modernes, doit rendre leurs effets sensibles. Les montagnes très élevées du Pérou semblaient propres à cet objet; Bouguer ne négligea point une observation aussi importante, dans son voyage entrepris pour la mesure des degrés du méridien à l'équateur. Mais ces grands corps étant volcaniques et creux dans leur intérieur, l'effet de leur attraction s'est trouvé beaucoup moindre que celui auquel on devait s'attendre à raison de leur grosseur. Cependant il a été sensible; la diminution de la pesanteur au sommet du Pichincha aurait été 0,00149, sans l'attraction de la montagne, et elle n'a été observée que de 0,00118; l'effet de la déviation du fil à plomb par l'action d'une autre montagne a surpassé 20″. M. Maskelyne a mesuré, depuis, avec un soin extrême un effet semblable produit par l'action d'une montagne d'Écosse; il en résulte que la moyenne densité de la Terre est environ double de celle de la montagne, et quatre ou cinq fois plus grande que celle de l'eau commune. Cette curieuse observation mérite d'être répétée sur différentes montagnes dont la constitution intérieure soit bien connue. Cavendish a déterminé cette densité par l'attraction de deux globes métalliques d'un grand diamètre, et qu'il est parvenu à rendre sensible au moyen d'un procédé fort ingénieux. Il résulte de ses expériences que la densité moyenne de la Terre est à celle de l'eau à fort peu près dans le rapport de 11 à 2, ce qui s'accorde avec le rapport précédent, aussi bien qu'on doit l'attendre d'observations et d'expériences aussi délicates.

Je vais présenter ici quelques considérations sur le niveau de la mer et sur les réductions de ce niveau. Imaginons autour de la Terre un fluide très rare, partout de la même densité, très peu élevé, mais qui cependant embrasse les plus hautes montagnes : telle serait à fort peu près notre atmosphère réduite à sa moyenne densité. L'Analyse fait voir que les points correspondants des deux surfaces de la mer et de ce fluide sont séparés par le même intervalle. En prolongeant donc, par la pensée, la surface de la mer au-dessous des continents et de la surface du fluide, de manière que les deux surfaces soient toujours sépa-

rées par cet intervalle, elle sera ce que je nomme *niveau de la mer*.
C'est l'ellipticité de ces deux surfaces que les mesures des degrés déterminent : c'est encore la variation de la pesanteur à la surface du
fluide supposé, qui, ajoutée à l'ellipticité de cette surface, donne une
somme constante égale à $\frac{5}{2}$ du rapport de la force centrifuge à la pesanteur à l'équateur. C'est donc à cette surface, ou à la surface de la mer
prolongée comme on vient de le dire, qu'il faut rapporter les mesures
des degrés et du pendule, observées sur les continents. Or on prouve
facilement que la pesanteur ne varie sensiblement, du point du continent au point correspondant de la surface du fluide supposé, qu'à
raison de la distance de ces deux points, lorsque la pente jusqu'à la mer est
peu considérable. On ne doit donc, dans la réduction de la longueur du
pendule au niveau de la mer, avoir égard alors qu'à la hauteur au-
dessus de ce niveau tel que nous venons de le définir. Pour rendre
cela sensible par les résultats du calcul dans un cas que j'ai soumis à
l'Analyse (¹), concevons que la Terre soit un ellipsoïde de révolution
recouvert en partie par la mer, dont nous supposerons la densité très
petite par rapport à la moyenne densité de la Terre. Si l'ellipticité du
sphéroïde terrestre est moindre que celle qui convient à l'équilibre de
sa surface supposée fluide, la mer recouvrira l'équateur terrestre
jusqu'à une certaine latitude. Les degrés mesurés sur les continents,
et augmentés dans le rapport de leur distance à la surface du fluide
supposé, le rayon terrestre étant pris pour unité, seront ceux que l'on
mesurerait à cette surface. La longueur du pendule à secondes, diminuée suivant le double de ce rapport, sera celle que l'on observerait à
cette même surface, et l'ellipticité déterminée par la mesure des degrés
sera la même que l'on obtiendrait en retranchant de $\frac{5}{2}$ du rapport de
la force centrifuge à la pesanteur à l'équateur, l'excès de la pesanteur
polaire sur la pesanteur équatoriale prise pour unité de pesanteur.

Appliquons la théorie précédente à Jupiter. La force centrifuge, due
au mouvement de rotation de cette planète, est à fort peu près $\frac{1}{12}$ de la

____

(¹) Livre XI du *Traité de Mécanique céleste.*

pesanteur à son équateur, du moins si l'on adopte la distance du quatrième satellite à son centre, donnée dans le Livre II. Si Jupiter était
homogène, on aurait le diamètre de son équateur en ajoutant à son
petit axe, pris pour unité, $\frac{1}{4}$ de la fraction précédente ; ces deux axes
seraient donc dans le rapport de 10 à 9,06. Suivant les observations,
leur rapport est celui de 10 à 9,43 ; Jupiter n'est donc pas homogène.
En le supposant formé de couches dont les densités diminuent du centre
à la surface, son ellipticité doit être comprise entre $\frac{1}{24}$ et $\frac{5}{48}$. L'ellipticité observée, tombant dans ces limites, nous prouve l'hétérogénéité
de ces couches et, par analogie, celle des couches du sphéroïde terrestre, déjà reconnue par les mesures du pendule, et qui a été
confirmée par les inégalités de la Lune dépendantes de l'aplatissement
de la Terre.

CHAPITRE IX.

DE LA FIGURE DE L'ANNEAU DE SATURNE.

L'anneau de Saturne est, comme on l'a vu dans le Livre Ier, formé de deux anneaux concentriques d'une très mince épaisseur.

Par quel mécanisme ces anneaux se soutiennent-ils autour de cette planète? Il n'est pas probable que ce soit par la simple adhérence de leurs molécules ; car alors leurs parties voisines de Saturne, sollicitées par l'action toujours renaissante de la pesanteur, se seraient à la longue détachées des anneaux, qui, par une dégradation insensible, auraient fini par se détruire, ainsi que tous les ouvrages de la nature qui n'ont point eu les forces suffisantes pour résister à l'action des causes étrangères. Ces anneaux se maintiennent donc sans effort et par les seules lois de l'équilibre; mais il faut pour cela leur supposer un mouvement de rotation autour d'un axe perpendiculaire à leur plan et passant par le centre de Saturne, afin que leur pesanteur vers la planète soit balancée par leur force centrifuge due à ce mouvement.

Imaginons un fluide homogène, répandu en forme d'anneau autour de Saturne, et voyons quelle doit être sa figure pour qu'il soit en équilibre en vertu de l'attraction mutuelle de ses molécules, de leur pesanteur vers Saturne et de leur force centrifuge. Si par le centre de la planète on fait passer un plan perpendiculaire à la surface de l'anneau, la section de l'anneau par ce plan est ce que je nomme *courbe génératrice*. L'Analyse fait voir que, si la largeur de l'anneau est peu considérable par rapport à sa distance au centre de Saturne, l'équilibre du fluide est possible quand la courbe génératrice est une ellipse

dont le grand axe est dirigé vers le centre de la planète. La durée de
la rotation de l'anneau est à peu près la même que celle de la révolution d'un satellite mû circulairement à la distance du centre de
l'ellipse génératrice, et cette durée est d'environ quatre heures et un
tiers pour l'anneau intérieur. Herschel a confirmé, par l'observation,
ce résultat, auquel j'avais été conduit par la théorie de la pesanteur.

L'équilibre du fluide subsisterait encore en supposant l'ellipse génératrice variable de grandeur et de position dans l'étendue de la circonférence de l'anneau, pourvu que ces variations ne soient sensibles
qu'à des distances beaucoup plus grandes que l'axe de la section
génératrice. Ainsi, l'anneau peut être supposé d'une largeur inégale
dans ses diverses parties; on peut même le supposer à double courbure.
Ces inégalités sont indiquées par les apparitions et les disparitions de
l'anneau de Saturne, dans lesquelles les deux bras de l'anneau ont
présenté des phénomènes différents; elles sont même nécessaires pour
maintenir l'anneau en équilibre autour de la planète; car, s'il était
parfaitement semblable dans toutes ses parties, son équilibre serait
troublé par la force la plus légère, telle que l'attraction d'un satellite,
et l'anneau finirait par se précipiter sur la planète.

Les anneaux dont Saturne est environné sont, par conséquent, des
solides irréguliers d'une largeur inégale dans les divers points de leur
circonférence, en sorte que leurs centres de gravité ne coïncident pas
avec leurs centres de figure. Ces centres de gravité peuvent être considérés comme autant de satellites, qui se meuvent autour du centre de
Saturne, à des distances dépendantes des inégalités des anneaux et
avec des vitesses angulaires égales aux vitesses de rotation de leurs
anneaux respectifs.

On conçoit que ces anneaux, sollicités par leur action mutuelle, par
celle du Soleil et des satellites de Saturne, doivent osciller autour du
centre de cette planète et produire ainsi des phénomènes de lumière,
dont la période embrasse plusieurs années. On pourrait croire que, ces
anneaux obéissant à des forces différentes, ils doivent cesser d'être dans
un même plan; mais Saturne ayant un mouvement rapide de rotation,

et le plan de son équateur étant le même que celui de l'anneau et des six premiers satellites, son action maintient dans ce plan le système de ces différents corps. L'action du Soleil et du septième satellite ne fait que changer la position du plan de l'équateur de Saturne, qui, dans ce mouvement, entraine les anneaux et les orbes des six premiers satellites.

CHAPITRE X.

DES ATMOSPHÈRES DES CORPS CÉLESTES.

Un fluide rare, transparent, compressible et élastique, qui environne un corps, en s'appuyant sur lui, est ce que l'on nomme son *atmosphère*. Nous concevons autour de chaque corps céleste une pareille atmosphère, dont l'existence, vraisemblable pour tous, est, relativement au Soleil et à Jupiter, indiquée par les observations. A mesure que le fluide atmosphérique s'élève au-dessus du corps, il devient plus rare, en vertu de son ressort, qui le dilate d'autant plus qu'il est moins comprimé; mais, si les parties de sa surface extérieure étaient élastiques, il s'étendrait sans cesse et finirait par se dissiper dans l'espace; il est donc nécessaire que le ressort du fluide atmosphérique diminue dans un plus grand rapport que le poids qui le comprime, et qu'il existe un état de rareté dans lequel ce fluide soit sans ressort. C'est dans cet état qu'il doit être à la surface de l'atmosphère.

Toutes les couches atmosphériques doivent prendre à la longue un même mouvement angulaire de rotation, commun au corps qu'elles environnent; car le frottement de ces couches les unes contre les autres et contre la surface du corps doit accélérer les mouvements les plus lents et retarder les plus rapides, jusqu'à ce qu'il y ait entre eux une parfaite égalité. Dans ces changements, et généralement dans tous ceux que l'atmosphère éprouve, la somme des produits des molécules du corps et de son atmosphère, multipliées respectivement par les aires que décrivent autour de leur centre commun de gravité leurs rayons vecteurs projetés sur le plan de l'équateur, reste toujours la même en temps égal. En supposant donc que, par une cause quelconque, l'atmosphère vienne à se resserrer, ou qu'une partie se condense à la surface du corps, le mouvement de rotation du corps et de l'atmosphère en sera accéléré; car les rayons vecteurs des aires décrites par les molécules de l'atmosphère primitive devenant plus petits, la somme des produits de toutes les molécules par les aires correspondantes ne peut pas rester la même, à moins que la vitesse de rotation n'augmente.

A la surface extérieure de l'atmosphère, le fluide n'est retenu que par sa pesanteur, et la figure de cette surface est telle que la résultante de la force centrifuge et de la force attractive du corps lui est perpendiculaire. L'atmosphère est aplatie vers ses pôles et renflée à son équateur; mais cet aplatissement a des limites et, dans le cas où il est le plus grand, le rapport des axes du pôle et de l'équateur est celui de deux à trois.

L'atmosphère ne peut s'étendre à l'équateur que jusqu'au point où la force centrifuge balance exactement la pesanteur; car il est clair qu'au delà de cette limite le fluide doit se dissiper. Relativement au Soleil, ce point est éloigné de son centre du rayon de l'orbe d'une planète qui fait sa révolution dans un temps égal à celui de la rotation du Soleil. L'atmosphère solaire ne s'étend donc pas jusqu'à l'orbe de Mercure, et par conséquent elle ne produit point la lumière zodiacale qui paraît s'étendre au delà même de l'orbe terrestre. D'ailleurs cette atmosphère, dont l'axe des pôles doit être au moins les deux tiers de celui de son équateur, est fort éloignée d'avoir la forme lenticulaire que les observations donnent à la lumière zodiacale.

Le point où la force centrifuge balance la pesanteur est d'autant plus près du corps que le mouvement de rotation est plus rapide. En concevant que l'atmosphère s'étende jusqu'à cette limite et qu'ensuite elle se resserre et se condense par le refroidissement à la surface du corps, le mouvement de rotation deviendra de plus en plus rapide, et la plus grande limite de l'atmosphère se rapprochera sans cesse de son centre. L'atmosphère abandonnera donc successivement, dans le plan de son équateur, des zones fluides qui continueront de circuler autour du corps, puisque leur force centrifuge est égale à leur pesanteur; mais cette égalité n'ayant point lieu relativement aux molécules de l'atmosphère éloignées de l'équateur, elles ne cesseront point de lui appartenir. Il est vraisemblable que les anneaux de Saturne sont des zones pareilles, abandonnées par son atmosphère.

Si d'autres corps circulent autour de celui que nous considérons, ou si lui-même circule autour d'un autre corps, la limite de son atmosphère est le point où sa force centrifuge, réunie à l'attraction des corps étrangers, balance exactement sa pesanteur; ainsi, la limite de l'atmosphère de la Lune est le point où la force centrifuge due à son mouvement de rotation, jointe à la force attractive de la Terre, est en équilibre avec l'attraction de ce satellite. La masse de la Lune étant $\frac{1}{75}$ de celle de la Terre, ce point est donc éloigné du centre de la Lune de $\frac{1}{9}$ environ de la distance de la Lune à la Terre. Si à cette distance l'atmosphère primitive de la Lune n'a point été privée de son ressort, elle se sera portée vers la Terre, qui a pu ainsi l'aspirer : c'est peut-être la cause pour laquelle cette atmosphère est aussi peu sensible.

CHAPITRE XI.

DU FLUX ET DU REFLUX DE LA MER.

Newton a donné, le premier, la vraie théorie du flux et du reflux de la mer, en la rattachant à son grand principe de la pesanteur universelle. Kepler avait bien reconnu la tendance des eaux de la mer vers les centres du Soleil et de la Lune; mais, ignorant la loi de cette tendance et les méthodes nécessaires pour la soumettre au calcul, il n'a pu donner sur cet objet qu'un aperçu fort vraisemblable. Galilée, dans ses *Dialogues sur le Système du Monde,* exprime son étonnement et ses regrets de ce que cet aperçu, qui lui semblait ramener dans la philosophie naturelle les qualités occultes des anciens, eût été présenté par un homme tel que Kepler. Il expliqua le flux et le reflux par les changements diurnes que la rotation de la Terre, combinée avec sa révolution autour du Soleil, produit dans le mouvement absolu de chaque molécule de la mer. Son explication lui parut tellement incontestable qu'il la donna comme l'une des preuves principales du système de Copernic, dont la défense lui suscita tant de persécutions. Les découvertes ultérieures ont confirmé l'aperçu de Kepler, et détruit l'explication de Galilée, qui répugne aux lois de l'équilibre et du mouvement des fluides.

La théorie de Newton parut en 1687, dans son ouvrage des *Principes mathématiques de la Philosophie naturelle.* Il y considère la mer comme un fluide de même densité que la Terre, qu'il recouvre totalement, et qui prend à chaque instant la figure où il serait en équilibre sous l'action du Soleil. En supposant ensuite que cette figure est celle d'un ellipsoïde de révolution, dont le grand axe est dirigé vers le Soleil, il détermine le rapport des deux axes par le même procédé qui lui avait donné le rapport des axes de la Terre aplatie par la force centrifuge de son mouvement de rotation. Le grand axe de l'ellipsoïde aqueux étant dirigé constamment vers le Soleil, la plus grande hauteur de la mer dans chaque port, quand le Soleil est à l'équateur, doit arriver à midi et à minuit; le plus grand abaissement doit avoir lieu au lever et au coucher de cet astre.

Développons la manière dont le Soleil agit sur la mer pour troubler son équilibre. Il est visible que, si le Soleil animait de forces égales et parallèles le centre de gravité de la Terre et toutes les molécules de la mer, le système entier du sphéroïde terrestre et des eaux qui le recouvrent obéirait à ces forces d'un mouvement commun, et l'équilibre des eaux ne serait point troublé; cet équilibre n'est donc altéré que par la différence de ces forces et par l'inégalité de leurs directions. Une molécule de la mer, placée au-dessous du Soleil, en est plus attirée que le centre de la Terre; elle tend ainsi à se séparer de sa surface; mais elle y est retenue par sa pesanteur, que cette tendance diminue. Un demi-jour après, cette molécule se trouve en opposition avec le Soleil, qui l'attire alors plus faiblement que le centre de la Terre; la surface du globe terrestre tend donc à s'en séparer; mais la pesanteur de la molécule l'y retient attachée; cette force est donc encore diminuée par l'attraction solaire, et il est facile de s'assurer que, la distance du Soleil à la Terre étant fort grande relativement au rayon du globe terrestre, la diminution de la pesanteur dans ces deux cas est à très peu près la même. Une simple décomposition de l'action du Soleil sur les molécules de la mer suffit pour faire voir que, dans toute autre position de cet astre par rapport à ces molécules, son action pour troubler leur équilibre redevient la même après un demi-jour.

La loi suivant laquelle la mer s'élève et s'abaisse peut se déterminer ainsi. Concevons un cercle vertical, dont la circonférence représente un demi-jour, et dont le diamètre soit égal à la marée totale, c'est-à-dire, à la différence des hauteurs de la pleine et de la basse mer;

supposons que les arcs de cette circonférence, à partir du point le plus bas, expriment les temps écoulés depuis la basse mer; les sinus verses de ces arcs seront les hauteurs de la mer, qui correspondent à ces temps : ainsi la mer, en s'élevant, baigne en temps égal des arcs égaux de cette circonférence.

Plus une mer est vaste, plus les phénomènes des marées doivent être sensibles. Dans une masse fluide, les impressions que reçoit chaque molécule se communiquent à la masse entière; c'est par là que l'action du Soleil, qui est insensible sur une molécule isolée, produit sur l'Océan des effets remarquables. Imaginons un canal courbé sur le fond de la mer et terminé à l'une de ses extrémités par un tube vertical, qui s'élève au-dessus de sa surface et dont le prolongement passe par le centre du Soleil. L'eau s'élèvera dans ce tube par l'action directe de l'astre qui diminue la pesanteur de ses molécules, et surtout par la pression des molécules renfermées dans le canal, et qui toutes font un effort pour se réunir au-dessous du Soleil. L'élévation de l'eau dans le tube au-dessus du niveau naturel de la mer est l'intégrale de ces efforts infiniment petits; si la longueur du canal augmente, cette intégrale sera plus grande, parce qu'elle s'étendra sur un plus long espace et parce qu'il y aura plus de différence dans la direction et dans la quantité des forces dont les molécules extrêmes seront animées. On voit par cet exemple l'influence de l'étendue des mers sur le phénomène des marées, et la raison pour laquelle le flux et le reflux sont insensibles dans les petites mers, telles que la mer Noire et la mer Caspienne.

La grandeur des marées dépend beaucoup des circonstances locales : les ondulations de la mer, resserrées dans un détroit, peuvent devenir fort grandes; la réflexion des eaux par les côtes opposées peut les augmenter encore. C'est ainsi que les marées, généralement fort petites dans les iles de la mer du Sud, sont très considérables dans nos ports.

Si l'Océan recouvrait un sphéroïde de révolution, et s'il n'éprouvait dans ses mouvements aucune résistance, l'instant de la pleine mer serait celui du passage du Soleil au méridien supérieur ou inférieur;

mais il n'en est pas ainsi dans la nature, et les circonstances locales font varier considérablement l'heure des marées dans des ports même fort voisins. Pour avoir une juste idée de ces variétés, imaginons un large canal communiquant avec la mer et s'avançant fort loin dans les terres ; il est visible que les ondulations qui ont lieu à son embouchure se propageront successivement dans toute sa longueur, en sorte que la figure de sa surface sera formée d'une suite de grandes ondes en mouvement, qui se renouvelleront sans cesse et qui parcourront leur longueur dans l'intervalle d'un demi-jour. Ces ondes produiront à chaque point du canal un flux et un reflux, qui suivront les lois précédentes ; mais les heures du flux retarderont à mesure que les points seront plus éloignés de l'embouchure. Ce que nous disons d'un canal peut s'appliquer aux fleuves, dont la surface s'élève et s'abaisse par des ondes semblables, malgré le mouvement contraire de leurs eaux. On observe ces ondes dans toutes les rivières près de leur embouchure ; elles se propagent fort loin dans les grands fleuves, et au détroit de Pauxis, dans la rivière des Amazones, à quatre-vingts myriamètres de la mer, elles sont encore sensibles.

L'action de la Lune sur la mer y produit un ellipsoïde semblable à celui que produit l'action du Soleil ; mais il est plus allongé, parce que l'action lunaire est plus puissante. Le peu d'excentricité de ces ellipsoïdes permet de les concevoir superposés l'un à l'autre, en sorte que le rayon de la surface de la mer soit la demi-somme des rayons correspondants de leurs surfaces.

De là naissent les principales variétés du flux et du reflux de la mer. Dans les syzygies, les deux grands axes coïncident, et la plus grande hauteur de la mer arrive aux instants de midi et de minuit ; le plus grand abaissement a lieu au lever et au coucher des astres. Dans les quadratures, le grand axe de l'ellipsoïde lunaire et le petit axe de l'ellipsoïde solaire coïncident ; la pleine mer a donc lieu au lever et au coucher des astres, et elle est le minimum des pleines mers ; la basse mer arrive aux instants de midi et de minuit, et elle est le maximum des basses mers. En exprimant donc l'action de chaque astre par la différence des deux demi-axes de son ellipsoïde, qui lui est évidemment proportionnelle, on voit que, si le port est situé à l'équateur, l'excès de la plus haute mer syzygie sur la basse mer syzygie exprimera la somme des actions lunaires et solaires, et l'excès de la plus haute mer quadrature sur la plus basse mer quadrature exprimera la différence de ces actions. Si le port n'est pas à l'équateur, il faut multiplier ces excès par le carré du cosinus de sa latitude. On peut donc, par l'observation des hauteurs des marées syzygies et quadratures, déterminer le rapport de l'action de la Lune à celle du Soleil. Newton conclut de quelques observations faites à Bristol que ce rapport est celui de quatre et demi à l'unité. Les distances des astres au centre de la Terre influent sur tous ces effets, l'action de chaque astre étant réciproque au cube de sa distance.

Quant à l'intervalle des pleines mers d'un jour à l'autre, Newton observe qu'il est le plus petit dans les syzygies, qu'il croît en allant d'une syzygie à la quadrature suivante, que dans le premier octant il est égal à un jour lunaire, et qu'il est à son maximum dans la quadrature; qu'ensuite il diminue, qu'à l'octant suivant il redevient égal au jour lunaire, et qu'enfin, dans la syzygie, il reprend son minimum. Sa valeur moyenne est un jour lunaire, en sorte qu'il y a autant de pleines mers que de passages de la Lune au méridien supérieur et inférieur.

Tels seraient, suivant la théorie de Newton, les phénomènes des marées, si le Soleil et la Lune se mouvaient dans le plan de l'équateur. Mais l'observation a fait connaître que les plus hautes mers n'arrivent point au moment même de la syzygie, mais un jour et demi après. Newton attribue ce retard au mouvement d'oscillation de la mer, qui se conserverait encore quelque temps, si l'action des astres venait à cesser. La théorie exacte des ondulations de la mer produites par cette action fait voir que, sans les circonstances accessoires, les plus hautes pleines mers coïncideraient avec la syzygie et que les pleines mers les plus basses coïncideraient avec la quadrature. Ainsi leur retard sur les instants de ces phases ne peut être attribué à la cause que Newton lui

assigne; il dépend, ainsi que l'heure de la pleine mer dans chaque
port, des circonstances accessoires. Cet exemple nous montre combien
on doit se défier des aperçus même les plus vraisemblables, quand ils
ne sont point vérifiés par une rigoureuse analyse.

Cependant la considération de deux ellipsoïdes superposés l'un à
l'autre peut encore représenter les marées, pourvu que l'on dirige le
grand axe de l'ellipsoïde solaire vers un Soleil fictif, toujours également éloigné du vrai Soleil. Le grand axe de l'ellipsoïde lunaire doit
être pareillement dirigé vers une Lune fictive, toujours également éloignée de la véritable, mais à une distance telle que la conjonction des
deux astres fictifs n'arrive qu'un jour et demi après la syzygie.

Cette considération de deux ellipsoïdes, étendue au cas où les astres
se meuvent dans des orbes inclinés à l'équateur, ne peut se concilier
avec les observations. Si le port est situé à l'équateur, elle donne, vers
le maximum des marées, les deux pleines mers du matin et du soir à
très peu près égales, quelle que soit la déclinaison des astres; seulement l'action de chaque astre est diminuée dans le rapport du carré du
cosinus de sa déclinaison à l'unité. Mais, si le port a une latitude, ces
deux pleines mers pourraient être fort différentes, et quand la déclinaison des astres est égale à l'obliquité de l'écliptique, la marée du soir
à Brest serait environ huit fois plus grande que celle du matin. Cependant les observations très multipliées dans ce port font voir qu'alors
ces deux marées y sont presque égales, et que leur plus grande différence n'est pas un trentième de leur somme. Newton attribue la petitesse de cette différence à la même cause par laquelle il avait expliqué
le retard de la plus haute mer sur l'instant de la syzygie, savoir au
mouvement d'oscillation de la mer, qui, suivant lui, reportant une
grande partie de la marée du soir sur la haute mer suivante du matin,
rend ces deux marées presque égales. Mais la théorie des ondulations
de la mer fait voir encore que cette explication n'est pas exacte, et que,
sans les circonstances accessoires, les deux marées consécutives ne
seraient égales que dans le cas où la mer aurait partout la même
profondeur.

En 1738, l'Académie des Sciences proposa la cause du flux et du reflux de la mer pour le sujet du prix de Mathématiques qu'elle décerna en 1740. Quatre pièces furent couronnées : les trois premières, fondées sur le principe de la pesanteur universelle, étaient de Daniel Bernoulli, d'Euler et de Maclaurin. Le jésuite Cavalléri, auteur de la quatrième, avait adopté le système des tourbillons. Ce fut le dernier honneur rendu à ce système par l'Académie, qui se remplissait alors de jeunes géomètres dont les heureux travaux devaient contribuer si puissamment au progrès de la Mécanique céleste.

Les trois pièces qui ont pour base la loi de la pesanteur universelle sont des développements de la théorie de Newton. Elles s'appuient non seulement sur cette loi, mais encore sur l'hypothèse adoptée par ce grand géomètre, savoir que la mer prend à chaque instant la figure où elle serait en équilibre sous l'astre qui l'attire.

La pièce de Bernoulli est celle qui contient les développements les plus étendus. Bernoulli attribue, comme Newton, le retard des maxima et minima des marées sur les instants des syzygies et des quadratures, à l'inertie des eaux de la mer, et peut-être, ajoute-t-il, une partie de ce retard dépend du temps que l'action de la Lune emploie à parvenir à la Terre. Mais j'ai reconnu que l'attraction universelle se transmet entre les corps célestes avec une vitesse qui, si elle n'est pas infinie, surpasse plusieurs millions de fois la vitesse de la lumière, et l'on sait que la lumière de la Lune parvient en moins de deux secondes à la Terre.

D'Alembert, dans son Traité sur la cause générale des vents, qui remporta, en 1746, le prix proposé sur cet objet par l'Académie des Sciences de Prusse, considéra les oscillations de l'atmosphère produites par les attractions du Soleil et de la Lune. En supposant la Terre privée de son mouvement de rotation, dont il jugeait la considération inutile dans ces recherches, et supposant l'atmosphère partout également dense et soumise à l'attraction d'un astre en repos, il détermina les oscillations de ce fluide. Mais lorsqu'il voulut traiter le cas où l'astre est en mouvement, la difficulté du problème le força de recourir, pour le simplifier, à des hypothèses précaires, dont les résultats ne peuvent pas même être considérés comme des approximations. Ses formules donnent un vent constant d'orient en occident, mais dont l'expression dépend de l'état initial de l'atmosphère; or les quantités dépendantes de cet état ont dû disparaître depuis longtemps, par toutes les causes qui rétabliraient l'équilibre de l'atmosphère, si l'action des astres venait à cesser; on ne peut donc pas expliquer ainsi les vents alizés. Le Traité de d'Alembert est remarquable par les solutions de quelques problèmes sur le Calcul intégral aux différences partielles, solutions dont il fit, un an après, l'application la plus heureuse au mouvement des cordes vibrantes.

Le mouvement des fluides qui recouvrent les planètes était donc un sujet presque entièrement neuf, lorsque j'entrepris en 1772 de le traiter. Aidé par les découvertes que l'on venait de faire sur le calcul aux différences partielles et sur la théorie du mouvement des fluides, découvertes auxquelles d'Alembert eut beaucoup de part, je publiai, dans les *Mémoires de l'Académie des Sciences* pour l'année 1775, les équations différentielles du mouvement des fluides qui, recouvrant la Terre, sont attirés par le Soleil et la Lune. J'appliquai d'abord ces équations au problème que d'Alembert avait tenté inutilement de résoudre, celui des oscillations d'un fluide qui recouvrait la Terre, supposée sphérique et sans rotation, en considérant l'astre attirant en mouvement autour de cette planète. Je donnai la solution générale de ce problème, quels que soient la densité du fluide et son état initial, en supposant même que chaque molécule fluide éprouve une résistance proportionnelle à sa vitesse, ce qui me fit voir que les conditions primitives du mouvement sont anéanties à la longue par le frottement et par la petite viscosité du fluide. Mais l'inspection des équations différentielles me fit bientôt reconnaître la nécessité d'avoir égard au mouvement de rotation de la Terre. Je considérai donc ce mouvement, et je m'attachai spécialement à déterminer les oscillations du fluide indépendantes de son état initial et les seules qui soient permanentes. Ces oscillations sont de trois espèces. Celles de la première espèce sont indépendantes du mouvement de rotation de la Terre, et leur détermination offre peu de difficultés. Les oscillations dépendantes de la rotation de la Terre, et dont la période est d'environ un jour, forment la seconde espèce; enfin la troisième espèce est composée des oscillations dont la période est à peu près d'un demi-jour. Elles surpassent considérablement les autres dans nos ports. Je déterminai ces diverses oscillations, exactement dans les cas où cela se peut, et par des approximations très convergentes dans les autres cas. L'excès de deux pleines mers consécutives l'une sur l'autre, dans les solstices, dépend des oscillations de la seconde espèce. Cet excès, très peu sensible à Brest, y serait fort grand suivant la théorie de Newton. Ce grand géomètre et ses successeurs attribuaient, comme je l'ai dit, cette différence entre leurs formules et les observations à l'inertie des eaux de la mer. Mais l'Analyse me fit voir qu'elle dépend de la loi de profondeur de la mer. Je cherchai donc la loi qui rendrait nul cet excès, et je trouvai que la profondeur de la mer devait être pour cela constante. En supposant ensuite la figure de la Terre elliptique, ce qui donne pareillement à la mer une figure elliptique d'équilibre, je donnai l'expression générale des inégalités de la seconde espèce, et j'en conclus cette proposition remarquable, savoir, que les mouvements de l'axe terrestre sont les mêmes que si la mer formait une masse solide avec la Terre; ce qui était contraire à l'opinion des géomètres, et spécialement de d'Alembert, qui, dans son important ouvrage sur la précession des équinoxes, avait avancé que la fluidité de la mer lui ôtait toute influence sur ce phénomène. Mon analyse me fit encore reconnaître la condition générale de la stabilité de l'équilibre de la mer. Les géomètres, en considérant l'équilibre d'un fluide placé sur un sphéroïde elliptique, avaient remarqué qu'en aplatissant un peu sa figure, il ne tendait à revenir à son premier état que dans le cas où le rapport de sa densité à celle du sphéroïde serait au-dessous de $\frac{2}{5}$, et ils avaient fait de cette condition celle de la stabilité de l'équilibre du fluide. Mais il ne suffit pas dans cette recherche de considérer un état de repos du fluide, très voisin de l'état d'équilibre; il faut supposer à ce fluide un mouvement initial

quelconque très petit, et déterminer la condition nécessaire pour que
le mouvement reste toujours contenu dans d'étroites limites. En envisageant le problème sous ce point de vue général, je trouvai que, si la
densité moyenne de la Terre surpasse celle de la mer, ce fluide, dérangé, par des causes quelconques, de son état d'équilibre, ne s'en
écartera jamais que de quantités très petites, mais que les écarts pourraient être fort grands, si cette condition n'était pas remplie. Enfin je
déterminai les oscillations de l'atmosphère sur l'Océan qu'elle recouvre,
et je trouvai que les attractions du Soleil et de la Lune ne peuvent
produire le mouvement constant d'orient en occident, que l'on observe
sous le nom de *vents alizés*. Les oscillations de l'atmosphère produisent
dans la hauteur du baromètre de petites oscillations, dont l'étendue
à l'équateur est d'un demi-millimètre, et qui méritent l'attention des
observateurs.

Les recherches précédentes, quoique fort générales, sont encore loin
de représenter les observations des marées dans nos ports. Elles supposent la surface du sphéroïde terrestre régulière et recouverte entièrement par la mer, et l'on sent que les grandes irrégularités de cette surface doivent modifier considérablement le mouvement des eaux dont
elle n'est qu'en partie recouverte. L'expérience montre, en effet, que
les circonstances accessoires produisent des variétés considérables dans
les hauteurs et dans les heures des marées des ports même très rapprochés. Il est impossible de soumettre au calcul ces variétés, parce
que les circonstances dont elles dépendent ne sont pas connues, et
quand même elles le seraient, l'extrême difficulté du problème empêcherait de le résoudre. Cependant, au milieu des modifications nombreuses du mouvement de la mer, dues aux circonstances, ce mouvement
conserve avec les forces qui le produisent des rapports propres à
indiquer la nature de ces forces et à vérifier la loi des attractions du
Soleil et de la Lune sur la mer. La recherche de ces rapports des causes
à leurs effets n'est pas moins utile dans la Philosophie naturelle que la
solution directe des problèmes, soit pour vérifier l'existence de ces
causes, soit pour déterminer les lois de leurs effets; on peut en faire

souvent usage, et elle est, ainsi que le calcul des probabilités, un
heureux supplément à l'ignorance et à la faiblesse de l'esprit humain.
Dans la question présente, je suis parti du principe suivant, qui peut
être utile dans d'autres occasions :

*L'état d'un système de corps, dans lequel les conditions primitives du
mouvement ont disparu par les résistances que ce mouvement éprouve, est
périodique comme les forces qui animent ce système.*

De là j'ai conclu que, si la mer est sollicitée par une force périodique,
exprimée par le cosinus d'un angle qui croît proportionnellement au
temps, il en résulte un flux partiel, exprimé par le cosinus d'un angle
croissant de la même manière, mais dont la constante renfermée sous
le signe cosinus et le coefficient de ce cosinus peuvent être, en vertu
des circonstances accessoires, très différents des mêmes constantes dans
l'expression de la force, et ne sont déterminés que par l'observation.
L'expression des actions du Soleil et de la Lune sur la mer peut être
développée dans une série convergente de pareils cosinus. De là naissent
autant de flux partiels, qui, par le principe de la coexistence des petites
oscillations, s'ajoutent ensemble pour former le flux total que l'on
observe dans un port. C'est sous ce point de vue que j'ai envisagé les
marées dans le Livre IV de la *Mécanique céleste*. Pour lier entre elles les
diverses constantes des flux partiels, j'ai considéré chaque flux comme
produit par l'action d'un astre qui se meut uniformément dans le plan
de l'équateur; les flux dont la période est d'environ un demi-jour sont
dus à l'action d'astres dont le mouvement propre est fort lent par
rapport au mouvement de rotation de la Terre, et comme l'angle du
cosinus qui exprime l'action d'un de ces astres est un multiple de la
rotation de la Terre, plus ou moins un multiple du mouvement propre
de l'astre, et que d'ailleurs les constantes des cosinus qui expriment les
flux de deux astres auraient les mêmes rapports aux constantes des
cosinus qui expriment leurs actions, si les mouvements propres étaient
égaux, j'ai supposé que les rapports varient d'un astre à l'autre proportionnellement à la différence des mouvements propres. L'erreur de

cette hypothèse, s'il y en a une, n'a point d'influence sensible sur les principaux résultats de mes calculs.

Les plus grandes variations de la hauteur des marées dans nos ports sont dues à l'action du Soleil et de la Lune, supposés mus uniformément dans leurs orbites et toujours à la même distance de la Terre. Mais, pour avoir la loi de ces variations, il faut combiner les observations de manière que toutes les autres variations disparaissent de leur résultat. C'est ce que l'on obtient en considérant les hauteurs des pleines mers au-dessus des basses mers voisines, dans les syzygies ou les quadratures, prises en nombre égal vers chaque équinoxe et vers chaque solstice. Par ce moyen, les flux indépendants de la rotation de la Terre et ceux dont la période est d'environ un jour disparaissent, ainsi que les flux produits par la variation de la distance du Soleil à la Terre. En considérant trois syzygies ou trois quadratures consécutives, et en doublant l'intermédiaire, on fait disparaître les flux que produit la variation de la distance de la Lune, parce que, si cet astre est périgée dans l'une des phases, il est à peu près apogée dans l'autre phase, et la compensation est d'autant plus exacte que l'on emploie un plus grand nombre d'observations. Par ce procédé, l'influence des vents sur le résultat des observations devient presque nulle; car, si le vent élève la hauteur d'une pleine mer, il élève à peu près autant la basse mer voisine, et son effet disparaît dans la différence des deux hauteurs. C'est ainsi qu'en combinant les observations de manière que leur ensemble ne présente qu'un seul élément, on parvient à déterminer successivement tous les éléments des phénomènes. L'Analyse des probabilités fournit pour obtenir ces éléments une méthode plus sûre encore et que l'on peut désigner par le nom de *méthode la plus avantageuse*. Elle consiste à former entre les éléments autant d'équations de condition qu'il y a d'observations. On réduit, par les règles de cette méthode, le nombre de ces équations à celui des éléments que l'on détermine en résolvant les équations ainsi réduites. C'est par ce procédé que M. Bouvard a construit ses excellentes Tables de Jupiter, de Saturne et d'Uranus. Mais les observations des marées étant loin d'atteindre la précision des observations astronomiques, le très grand nombre de celles qu'il faut employer pour que leurs erreurs se compensent ne permet pas de leur appliquer la méthode la plus avantageuse.

Sur l'invitation de l'Académie des Sciences, on fit, au commencement du dernier siècle, dans le port de Brest, des observations des marées pendant six années consécutives. C'est à ces observations, publiées par Lalande, que j'ai comparé, dans le Livre cité, mes formules. La situation de ce port est très favorable à ce genre d'observations. Il communique avec la mer par un vaste canal, au fond duquel on l'a construit. Les irrégularités du mouvement de la mer parviennent ainsi dans le port très affaiblies, à peu près comme les oscillations que le mouvement irrégulier d'un vaisseau produit dans le baromètre sont atténuées par un étranglement fait au tube de cet instrument. D'ailleurs, les marées étant considérables à Brest, les variations accidentelles n'en sont qu'une faible partie. Aussi l'on remarque dans les observations de ces marées, pour peu qu'on les multiplie, une grande régularité, que n'altère point la petite rivière qui vient se perdre dans la rade immense de ce port. Frappé de cette régularité, je proposai au Gouvernement d'ordonner que l'on fît à Brest une nouvelle suite d'observations des marées, et qu'elle fût continuée au moins pendant une période du mouvement des nœuds de l'orbite lunaire. C'est ce que l'on a entrepris. Ces nouvelles observations datent du 1er juin de l'année 1806, et depuis cette époque elles ont été continuées chaque jour, sans interruption. On a considéré celles de l'année 1807 et des quinze années suivantes. Je dois au zèle infatigable de M. Bouvard pour tout ce qui intéresse l'Astronomie les calculs immenses que la comparaison de mon analyse avec les observations a exigés. Il y a employé près de six mille observations. Pour avoir les hauteurs des pleines mers et leur variation, qui près du maximum et du minimum est proportionnelle au carré du temps, on a considéré vers chaque équinoxe et vers chaque solstice trois syzygies consécutives, entre lesquelles l'équinoxe ou le solstice étaient compris; on a doublé les résultats de la syzygie intermédiaire, pour détruire les effets de la parallaxe lunaire.

On a pris dans chaque syzygie la hauteur de la pleine mer du soir au-
dessus de la basse mer du matin du jour qui précède la syzygie, du
jour même de la syzygie et des quatre jours qui la suivent, parce que le
maximum des marées tombe à peu près au milieu de cet intervalle.
Les observations de ces hauteurs, faites pendant le jour, en deviennent
plus sûres et plus exactes. On a fait pour chacune des seize années
une somme des hauteurs des jours correspondants dans les syzygies
équinoxiales et une pareille somme relativement aux syzygies solsticiales, et l'on en a conclu les maxima des hauteurs des pleines mers
près des syzygies soit équinoxiales, soit solsticiales, et les variations
de ces hauteurs près de leurs maxima. L'inspection de ces hauteurs
et de leurs variations montre la régularité de ce genre d'observations
dans le port de Brest.

Dans les quadratures, on a suivi un procédé semblable, avec la
seule différence que l'on a pris l'excès de la haute mer du matin sur la
basse mer du soir du jour de la quadrature et des trois jours qui la
suivent. L'accroissement des marées quadratures à partir de leur minimum étant beaucoup plus rapide que la diminution des marées syzygies à partir de leur maximum, on a dû restreindre à un plus petit
intervalle la loi de variation proportionnelle au carré du temps.

Toutes ces hauteurs montrent avec évidence l'influence des déclinaisons du Soleil et de la Lune, non seulement sur les hauteurs absolues des marées, mais encore sur leurs variations. Plusieurs savants, et
spécialement Lalande, avaient révoqué en doute cette influence, parce
qu'au lieu de considérer un grand ensemble d'observations, ils s'étaient
attachés à quelques observations isolées, où la mer, par l'effet de causes
accidentelles, s'était élevée à une grande hauteur vers les solstices.
Mais l'application la plus simple du Calcul des probabilités aux résultats de M. Bouvard suffit pour voir que la probabilité de l'influence de
la déclinaison des astres est immense et bien supérieure à celle d'un
grand nombre de faits sur lesquels on ne se permet aucun doute.

On a conclu, des variations des marées près de leurs maxima et de
leurs minima, l'intervalle dont ces maxima et ces minima suivent les

syzygies et les quadratures, et l'on a trouvé cet intervalle d'un jour et demi à fort peu près, ce qui est parfaitement d'accord avec ce que les observations anciennes m'ont donné dans le Livre IV de la *Mécanique céleste*. Le même accord a lieu relativement aux grandeurs de ces maxima et de ces minima, et par rapport aux variations des hauteurs des marées à partir de ces points, en sorte que la nature, après un siècle, s'est retrouvée conforme à elle-même. L'intervalle dont je viens de parler dépend des constantes renfermées sous les signes cosinus dans les expressions des deux flux principaux dus aux actions du Soleil et de la Lune. Les constantes correspondantes de l'expression des forces sont différemment modifiées par les circonstances accessoires : au moment de la syzygie, le flux lunaire précède le flux solaire, et ce n'est qu'un jour et demi après que, le flux lunaire retardant chaque jour sur le flux solaire, ces deux flux coïncident et produisent ainsi le maximum des marées. On se formera une idée juste du retard des plus hautes marées sur l'instant de la syzygie, si l'on conçoit dans le plan d'un méridien un canal à l'embouchure duquel la plus haute marée arrive au moment de la syzygie, et emploie un jour et demi à parvenir au port situé à l'extrémité de ce canal. Une modification semblable a lieu dans les constantes qui multiplient les cosinus, et il en résulte un accroissement dans l'action des astres sur la mer. J'ai donné dans le Livre IV de la *Mécanique céleste* le moyen de reconnaître cet accroissement, que j'avais trouvé de $\frac{1}{15}$ par les observations anciennes; mais, quoique les observations des marées quadratures s'accordassent sur ce point avec les observations des marées syzygies, j'avais dit qu'un élément aussi délicat exigeait un bien plus grand nombre d'observations. Les calculs de M. Bouvard ont confirmé l'existence de cet accroissement et l'ont porté à un quart à fort peu près pour la Lune. La détermination de ce rapport est nécessaire pour conclure des observations des marées les rapports véritables des actions du Soleil et de la Lune dont dépendent les phénomènes de la précession des équinoxes et de la nutation de l'axe terrestre. En corrigeant les actions des astres sur la mer de leurs accroissements dus aux circonstances accessoires, on trouve, en secondes sexagésimales, 9″,4 pour la nutation, 6″,8 pour l'équation lunaire des Tables du Soleil, et la masse de la Lune $\frac{1}{75}$ de celle de la Terre. Ces résultats sont à très peu près ceux que donne la discussion des observations astronomiques. L'accord des valeurs obtenues par des moyens si divers est bien remarquable.

C'est en comparant à mes formules les maxima et les minima des hauteurs observées des marées que les actions du Soleil et de la Lune sur la mer et leurs accroissements ont été déterminés. Les variations des hauteurs des marées près de ces points en sont une suite nécessaire; en substituant donc les valeurs de ces actions dans mes formules, on doit retrouver à fort peu près les variations observées. C'est ce que l'on retrouve en effet. Cet accord est une grande confirmation de la loi de la pesanteur universelle. Elle reçoit une nouvelle confirmation des observations des marées syzygies vers l'apogée et vers le périgée de la Lune. Je n'avais considéré, dans l'Ouvrage cité, que la différence des hauteurs des marées dans ces deux positions de la Lune. Ici je considère de plus la variation de ces hauteurs à partir de leurs maxima, et sur ces deux points mes formules représentent les observations.

Les heures des marées et leurs retards d'un jour à l'autre offrent les mêmes variétés que leurs hauteurs. M. Bouvard en a formé des tableaux pour les marées qu'il avait employées dans la détermination des hauteurs. On y voit évidemment l'influence des déclinaisons des astres et de la parallaxe lunaire. Ces observations, comparées à mes formules, offrent le même accord que les observations des hauteurs. On ferait sans doute disparaitre les petites anomalies que ces comparaisons présentent encore, en déterminant convenablement les constantes de chaque flux partiel; le principe par lequel j'ai lié entre elles ces constantes diverses peut n'être pas rigoureusement exact. Peut-être encore les quantités que l'on néglige en adoptant le principe de la coexistence des oscillations deviennent sensibles dans les grandes marées. Je me suis ici contenté de noter ces anomalies légères, afin de diriger ceux qui voudront reprendre ces calculs, lorsque les observations des marées que l'on continue à Brest, et qui sont déposées à l'Observatoire royal, seront assez nombreuses pour donner la certitude que ces anomalies ne sont point dues aux erreurs des observations. Mais, avant que de modifier les principes dont j'ai fait usage, il faudra porter plus loin les approximations analytiques.

Enfin j'ai considéré le flux dont la période est d'environ un jour. En comparant les différences de deux hautes mers et de deux basses mers consécutives dans un grand nombre de syzygies solsticiales, j'ai déterminé la grandeur de ce flux et l'heure de son maximum dans le port de Brest. J'ai trouvé $\frac{1}{3}$ de mètre, à fort peu près, pour sa grandeur, et $\frac{1}{10}$ de jour environ pour le temps dont il précède, à Brest, l'heure du maximum de la marée semi-diurne. Quoique sa grandeur ne soit pas $\frac{1}{10}$ de la grandeur du flux semi-diurne, cependant les forces génératrices de ces deux flux sont à peu près égales, ce qui montre combien différemment les circonstances accessoires influent sur la grandeur des marées. On n'en sera point surpris, si l'on considère que, dans le cas même où la surface de la Terre serait régulière et recouverte entièrement par la mer, le flux diurne disparaîtrait si la profondeur de la mer était constante.

Les circonstances accessoires peuvent encore faire disparaître dans un port les inégalités semi-diurnes et rendre très sensibles les inégalités diurnes. Alors il n'y a chaque jour qu'une marée, qui disparaît lorsque les astres sont dans l'équateur. C'est ce que l'on a observé à Batsham, port du royaume de Tonquin, et dans quelques îles de la mer du Sud.

J'observerai, relativement à ces circonstances, que les unes s'étendent à la mer entière et se rapportent à des causes très éloignées du port où l'on observe les marées; on ne peut douter, par exemple, que les ondulations de l'océan Atlantique et de la mer du Sud, réfléchies par la côte orientale de l'Amérique, qui s'étend presque d'un pôle à l'autre, n'aient une grande influence sur les marées du port de Brest. C'est principalement de ces circonstances que dépendent les phénomènes qui sont à peu près les mêmes dans nos ports. Tel paraît être le retard de la plus haute marée sur l'instant de la syzygie. D'autres circonstances plus rapprochées du port, telles que des côtes ou des détroits voisins, produisent les différences que l'on observe entre les hauteurs et les heures des marées, dans des ports peu distants entre eux. De là il suit qu'un flux partiel n'a point, avec la latitude du port, le rapport indiqué par la force qui le produit, puisqu'il dépend de flux semblables correspondants à des latitudes fort éloignées, et même à un autre hémisphère. On ne peut donc déterminer que par l'observation le signe et la grandeur de ce flux.

Les phénomènes des marées, dont je viens de parler, dépendent des termes du développement de l'action des astres, divisés par le cube de leurs distances à la Terre, les seuls que l'on ait considérés jusqu'ici. Mais la Lune est assez rapprochée de la Terre pour que les termes de l'expression de son action, divisés par la quatrième puissance de sa distance, soient sensibles dans les résultats d'un grand nombre d'observations; car on sait, par la théorie des probabilités, que le nombre des observations supplée à leur défaut de précision et fait connaître des inégalités beaucoup moindres que les erreurs dont chaque observation est susceptible. On peut même, par cette théorie, assigner le nombre d'observations nécessaires pour acquérir une grande probabilité que l'erreur du résultat obtenu est renfermée dans des limites données. J'ai donc pensé que l'influence des termes de l'action de la Lune, divisés par la quatrième puissance de sa distance à la Terre, pourrait se manifester dans l'ensemble des nombreuses observations discutées par M. Bouvard. Les flux correspondants aux termes divisés par le cube de la distance ne donnent aucune différence entre les marées des nouvelles lunes et celles des pleines lunes. Mais ceux qui ont pour diviseur la quatrième puissance de la distance mettent une différence entre ces marées. Ils produisent un flux, dont la période est d'environ un tiers de jour; les observations discutées sous ce point de vue indiquent, avec une grande probabilité, l'existence de ce flux partiel. Elles établissent encore sans aucun doute que l'action de la Lune pour élever la mer à Brest est plus grande lorsque sa déclinaison est australe que lorsqu'elle est boréale, ce qui ne peut être dû qu'aux termes de l'action lunaire divisés par la quatrième puissance de la distance.

On voit par cet exposé que la recherche des rapports généraux entre les phénomènes des marées et les actions du Soleil et de la Lune sur la mer supplée heureusement à l'impossibilité d'intégrer les équations différentielles de ce mouvement et à l'ignorance des données nécessaires pour déterminer les fonctions arbitraires qui entrent dans leurs intégrales; il en résulte une certitude entière que ces phénomènes ont pour unique cause l'attraction de ces deux astres, conformément à la loi de la pesanteur universelle.

Si la Terre n'avait point de satellite et si son orbe était circulaire et situé dans le plan de l'équateur, nous n'aurions, pour reconnaitre l'action du Soleil sur l'Océan, que l'heure, toujours la même, de la pleine mer et la loi suivant laquelle la marée s'élève. Mais l'action de la Lune, en se combinant avec celle du Soleil, produit dans les marées des variétés relatives à ses phases, et dont l'accord avec les observations ajoute une grande probabilité à la théorie de la pesanteur. Toutes les inégalités du mouvement, de la déclinaison et de la distance de ces deux astres donnent naissance à un grand nombre de phénomènes, que l'observation a fait connaitre et qui mettent cette théorie hors d'atteinte : c'est ainsi que les variétés dans l'action des causes en établissent l'existence. L'action du Soleil et de la Lune sur la mer, suite nécessaire de l'attraction universelle démontrée par tous les phénomènes célestes, étant confirmée directement par les phénomènes des marées, elle ne doit laisser aucun doute. Elle est portée maintenant à un tel degré d'évidence qu'il existe sur cet objet un accord unanime entre les savants instruits de ces phénomènes et suffisamment versés dans la Géométrie et dans la Mécanique pour en saisir les rapports avec la loi de la pesanteur. Une longue suite d'observations, encore plus précises que celles qui ont été faites, rectifiera les éléments déjà connus, fixera la valeur de ceux qui sont incertains et développera des phénomènes jusqu'ici enveloppés dans les erreurs des observations. Les marées ne sont pas moins intéressantes à connaitre que les inégalités des mouvements célestes. On a négligé pendant longtemps de les suivre avec une exactitude convenable, à cause des irrégularités qu'elles présentent; mais ces irrégularités disparaissent en multipliant les observations; leur nombre ne doit pas même être pour cela fort considérable à Brest, dont la position est très favorable à l'observation de ces phénomènes.

Il me reste à parler de la méthode de déterminer l'heure de la marée à un jour quelconque. Chacun de nos ports peut être considéré, à cet égard, comme étant à l'extrémité d'un canal à l'embouchure duquel les marées partielles arrivent au moment même du passage des astres au méridien, et emploient un jour et demi à parvenir à son extrémité, supposée plus orientale que son embouchure d'un certain nombre d'heures : ce nombre est ce que je nomme *heure fondamentale* du port. On peut facilement la conclure de l'heure de l'établissement du port, en considérant que celle-ci est l'heure de la marée, lorsqu'elle coïncide avec la syzygie. Le retard des marées d'un jour à l'autre étant alors de 2705^s, ce retard sera de 3951^s pour un jour et demi; c'est la quantité qu'il faut ajouter à l'heure de l'établissement, pour avoir l'heure fondamentale. Maintenant, si l'on augmente les heures des marées à l'embouchure de quinze heures, plus l'heure fondamentale, on aura les heures des marées correspondantes dans le port. Ainsi le problème se réduit à déterminer les heures des marées dans un lieu dont la longitude est connue, en supposant que les marées partielles arrivent à l'instant du passage des astres au méridien. L'Analyse donne, pour cet objet, des formules très simples et faciles à réduire en Tables.

Les grandes marées ont souvent produit, dans les ports et sur les côtes, de fâcheux effets, que l'on aurait prévenus, si l'on avait été d'avance averti de la hauteur de ces marées. Les vents peuvent avoir sur ces phénomènes une influence considérable, qu'il est impossible de prévoir. Mais on peut prédire avec certitude l'influence du Soleil et de la Lune, et cela suffit le plus souvent pour se mettre à l'abri des accidents que les hautes marées doivent occasionner, lorsque l'impulsion des vents se joint à l'action des causes régulières. Pour faire jouir les départements maritimes de ce bienfait des sciences, le Bureau des Longitudes publie chaque année, dans ses Éphémérides, le tableau des marées syzygies, en prenant pour unité leur hauteur moyenne dans les syzygies des équinoxes.

J'ai insisté particulièrement sur le flux et le reflux de la mer, parce qu'il est de tous les effets de l'attraction des corps célestes le plus près de nous et le plus sensible; d'ailleurs, il m'a paru très propre à montrer comment on peut reconnaître et déterminer par un grand nombre d'observations, même peu précises, les lois et les causes des phénomènes dont il est impossible d'obtenir les expressions analytiques par la formation et l'intégration de leurs équations différentielles. Tels sont les effets de la chaleur solaire sur l'atmosphère, dans la production des vents alizés et des moussons, et dans les variations régulières, soit diurnes, soit annuelles, du baromètre et du thermomètre.

CHAPITRE XII.

DE LA STABILITÉ DE L'ÉQUILIBRE DES MERS.

Plusieurs causes irrégulières, telles que les vents et les tremblements de Terre, agitent la mer, la soulèvent à de grandes hauteurs, et la font quelquefois sortir de ses limites. Cependant, l'observation nous montre qu'elle tend à reprendre son état d'équilibre, et que les frottements et les résistances de tout genre finiraient bientôt par l'y ramener, sans l'action du Soleil et de la Lune. Cette tendance constitue l'équilibre *ferme* ou *stable*, dont on a parlé dans le Livre III. On a vu que la stabilité de l'équilibre d'un système de corps peut être absolue, ou avoir lieu, quel que soit le petit dérangement qu'il éprouve ; elle peut n'être que relative et dépendre de la nature de son ébranlement primitif. De quelle espèce est la stabilité de l'équilibre des mers? C'est ce que les observations ne peuvent pas nous apprendre avec une entière certitude ; car, quoique dans la variété presque infinie des ébranlements que l'Océan éprouve par l'action des causes irrégulières il paraisse toujours tendre vers son état d'équilibre, on peut craindre cependant qu'une cause extraordinaire ne vienne à lui communiquer un ébranlement qui, peu considérable dans son origine, augmente de plus en plus et l'élève au-dessus des plus hautes montagnes, ce qui expliquerait plusieurs phénomènes d'Histoire naturelle. Il est donc intéressant de rechercher les conditions nécessaires à la stabilité absolue de l'équilibre des mers, et d'examiner si ces conditions ont lieu dans la nature. En soumettant cet objet à l'Analyse, je me suis assuré que l'équilibre de l'Océan est stable, si sa densité est moindre que la moyenne densité de la Terre, ce

qui est fort vraisemblable; car il est naturel de penser que ses couches
sont d'autant plus denses qu'elles sont plus voisines de son centre. On
a vu d'ailleurs que cela est prouvé par les mesures du pendule et des
degrés des méridiens, et par l'attraction observée des montagnes. La
mer est donc dans un état ferme d'équilibre, et si, comme il est difficile d'en douter, elle a recouvert autrefois des continents, aujourd'hui
fort élevés au-dessus de son niveau, il faut en chercher la cause ailleurs
que dans le défaut de stabilité de son équilibre. L'Analyse m'a fait voir
encore que cette stabilité cesserait d'avoir lieu, si la moyenne densité
de la mer surpassait celle de la Terre, en sorte que la stabilité de
l'équilibre de l'Océan et l'excès de la densité du globe terrestre sur
celle des eaux qui le recouvrent sont liés réciproquement l'un à l'autre.

CHAPITRE XIII.

DES OSCILLATIONS DE L'ATMOSPHÈRE.

Pour arriver à l'Océan, l'action du Soleil et de la Lune traverse l'atmosphère, qui doit par conséquent en éprouver l'influence et être assujettie à des mouvements semblables à ceux de la mer. De là résultent des variations périodiques dans la hauteur du baromètre, et des vents dont la direction et l'intensité sont périodiques. Ces vents sont peu considérables et presque insensibles dans une atmosphère d'ailleurs fort agitée ; l'étendue des oscillations du baromètre n'est pas d'un millimètre, à l'équateur même où elle est la plus grande.

J'ai donné, dans le Livre IV de la *Mécanique céleste*, la théorie de toutes ces variations, et j'ai provoqué sur cet objet l'attention des observateurs. C'est à l'équateur qu'il semble le plus convenable d'observer les variations dans la hauteur du baromètre ; non seulement elles y sont les plus grandes, mais encore les changements dus aux causes irrégulières y sont les plus petits. Cependant, comme les circonstances accessoires augmentent considérablement les hauteurs des marées dans nos ports, elles peuvent semblablement accroître les oscillations de l'atmosphère, ainsi que les variations correspondantes du baromètre, et il est intéressant de s'en assurer par les observations.

Le flux atmosphérique est produit par les trois causes suivantes : la première est l'action directe du Soleil et de la Lune sur l'atmosphère ; la seconde est l'élévation et l'abaissement périodique de l'Océan, base mobile de l'atmosphère ; la troisième enfin est l'attraction de ce fluide par la mer, dont la figure varie périodiquement. Ces trois causes dérivant des mêmes forces attractives du Soleil et de la Lune, elles ont,

ainsi que leurs effets, les mêmes périodes que ces forces, conformément au principe sur lequel j'ai fondé ma théorie des marées. Le flux
atmosphérique est donc soumis aux mêmes lois que le flux de l'Océan;
il est, comme lui, la combinaison de deux flux partiels produits, l'un
par l'action du Soleil, l'autre par l'action de la Lune. La période du
flux atmosphérique solaire est d'un demi-jour solaire, et celle du flux
lunaire est d'un demi-jour lunaire. L'action de la Lune sur la mer à
Brest étant triple de celle du Soleil, le flux lunaire atmosphérique est
au moins double du flux solaire. Ces considérations doivent nous guider
dans le choix des observations propres à déterminer d'aussi petites
quantités, et dans la manière de les combiner pour se soustraire, le
plus qu'il est possible, à l'influence des causes qui produisent les
grandes variations du baromètre.

Depuis plusieurs années, on observe, chaque jour, à l'Observatoire
royal, les hauteurs du baromètre et du thermomètre, à 9 heures sexagésimales du matin, à midi, à 3 heures après midi et à 9 heures du
soir. Ces observations, faites avec les mêmes instruments et presque
toutes par le même observateur, sont, par leur précision et par leur
grand nombre, propres à indiquer le flux atmosphérique, s'il est sensible. On voit avec évidence la variation diurne du baromètre dans les
résultats de ces observations; un seul mois suffit pour la manifester.
L'excès de la plus grande hauteur du baromètre observée, qui répond
à 9 heures du matin, sur la plus petite, qui répond à 3 heures du soir,
est à Paris de $\frac{8}{10}$ de millimètre, par le résultat moyen des observations faites chaque jour pendant six années consécutives.

La hauteur du baromètre due au flux solaire redevenant chaque jour
la même à la même heure, ce flux se confond avec la variation diurne
qu'il modifie, et il n'en peut être distingué par les observations faites
à l'Observatoire royal. Il n'en est pas ainsi des hauteurs barométriques
dues au flux lunaire, et qui, se réglant sur les heures lunaires, ne redeviennent les mêmes aux mêmes heures solaires qu'après un demi-mois
d'intervalle. Les observations dont je viens de parler, comparées de
demi-mois en demi-mois, sont disposées de la manière la plus favo-

rable pour indiquer le flux lunaire. Si, par exemple, le maximum de ce flux arrive à 9 heures du matin le jour de la syzygie, son minimum arrivera vers 3 heures du soir. Le contraire aura lieu le jour de la quadrature. Ce flux augmentera donc la variation diurne du premier de ces jours; il diminuera la variation diurne du second, et la différence de ces variations sera le double de la grandeur du flux lunaire atmosphérique. Mais, le maximum de ce flux n'arrivant pas à 9 heures du matin dans la syzygie, il faut, pour déterminer sa grandeur et l'heure de son arrivée, employer les observations barométriques de 9 heures du matin, de midi et de 3 heures du soir, faites chaque jour, soit de la syzygie, soit de la quadrature. On peut également faire usage des observations de jours qui précèdent ou qui suivent ces phases du même nombre de jours, et faire concourir à la détermination d'éléments aussi délicats toutes les observations de l'année.

On doit faire ici une remarque importante, sans laquelle il serait impossible de reconnaître une aussi petite quantité que le flux lunaire, au milieu de grandes variations du baromètre. Plus les observations sont rapprochées, moins l'effet de ces variations est sensible; il est presque nul sur un résultat conclu d'observations faites le même jour et dans le court intervalle de six heures. Le baromètre varie presque toujours avec assez de lenteur pour ne pas troubler sensiblement l'effet des causes régulières. Voilà pourquoi le résultat moyen des variations diurnes de chaque année est toujours le même à fort peu près, quoiqu'il y ait des différences de plusieurs millimètres dans les hauteurs moyennes absolues barométriques des diverses années, en sorte que, si l'on comparait la hauteur moyenne de 9 heures du matin d'une année à la hauteur moyenne de 3 heures du soir d'une autre année, on aurait une variation diurne souvent très fautive, quelquefois même d'un signe contraire à la véritable. Il importe donc, pour déterminer de très petites quantités, de les déduire d'observations faites le même jour, et de prendre une moyenne entre un grand nombre de valeurs ainsi obtenues. On ne peut conséquemment déterminer le flux lunaire que par un système d'observations faites chaque jour, au moins à trois heures différentes, conformément au système suivi à l'Observatoire.

M. Bouvard a bien voulu relever sur ses registres les observations barométriques du jour même de chaque syzygie et de chaque quadrature, du jour qui précède ces phases et des premier et second jours qui les suivent. Elles embrassent les huit années écoulées depuis le 1er octobre 1815 jusqu'au 1er octobre 1823. J'ai employé les observations de 9 heures du matin, de midi et de 3 heures du soir; je n'ai point considéré les observations de 9 heures du soir, pour diminuer le plus qu'il est possible l'intervalle des observations. D'ailleurs, celles des trois premières heures ont été faites plus exactement aux heures indiquées que celles de 9 heures du soir, et, le baromètre étant éclairé par la lumière du jour dans ces premières heures, la différence qui peut venir de la manière diverse dont les instruments sont éclairés disparaît. En comparant à mes formules les résultats de ces nombreuses observations qui correspondent à 1584 jours, je trouve $\frac{1}{18}$ de millimètre pour la grandeur du flux lunaire atmosphérique, et trois heures et un tiers pour l'heure de son maximum du soir, le jour de la syzygie.

C'est ici surtout que se fait sentir la nécessité d'employer un très grand nombre d'observations, de les combiner de la manière la plus avantageuse, et d'avoir une méthode pour déterminer la probabilité que l'erreur des résultats obtenus est renfermée dans d'étroites limites, méthode sans laquelle on est exposé à présenter comme lois de la nature les effets des causes irrégulières, ce qui est arrivé souvent en Météorologie. J'ai donné cette méthode dans ma *Théorie analytique des probabilités*. En l'appliquant aux observations, j'ai déterminé la loi des anomalies de la variation diurne du baromètre, et j'ai reconnu que l'on ne peut pas, sans quelque invraisemblance, attribuer les résultats précédents à ces anomalies seules; il est probable que le flux lunaire atmosphérique diminue la variation diurne dans les syzygies, qu'il l'augmente dans les quadratures, mais dans des limites telles que ce flux ne fait pas varier la hauteur du baromètre de $\frac{1}{18}$ de millimètre en plus ou en moins, ce qui montre combien peu l'action de la Lune sur l'atmosphère est sensible à Paris. Quoique ces résultats aient été conclus de 4752 observations, la méthode dont je viens de parler fait voir que, pour leur donner une probabilité suffisante et pour obtenir avec exactitude un aussi petit élément que le flux lunaire atmosphérique, il faut employer au moins 40000 observations. L'un des principaux avantages de cette méthode est de faire connaître jusqu'à quel point on doit multiplier les observations pour qu'il ne reste aucun doute raisonnable sur leurs résultats.

Il résulte de la loi des anomalies de la variation diurne du baromètre à laquelle je suis parvenu qu'il y a une probabilité égale à $\frac{1}{4}$ ou de un contre un que la variation diurne de 9 heures à 3 heures du soir sera constamment positive par le résultat moyen de chaque mois de 30 jours pendant 75 mois consécutifs. J'ai prié M Bouvard d'examiner si cela est arrivé pour chacun des 72 mois des six années écoulées depuis le 1er janvier 1817 jusqu'au 1er janvier 1823, et d'où il a conclu la variation diurne moyenne égale à $0^{mm},801$. Il a trouvé le résultat le plus probable, savoir, que la variation moyenne de chaque mois a toujours été positive.

Quelle est sur le flux lunaire l'influence respective des trois causes du flux atmosphérique que j'ai citées? Il est difficile de répondre à cette question. Cependant le peu de densité de la mer, par rapport à la moyenne densité de la Terre, ne permet pas d'attribuer un effet sensible au changement périodique de sa figure. Sans les circonstances accessoires, l'effet direct de l'action de la Lune serait insensible sous nos latitudes. Ces circonstances ont, il est vrai, une grande influence sur la hauteur des marées dans nos ports; mais le fluide atmosphérique étant répandu autour de la Terre beaucoup moins irrégulièrement que la mer, leur influence sur le flux atmosphérique doit être beaucoup moindre que sur le flux de l'Océan. Ces considérations me portent à regarder comme cause principale du flux lunaire atmosphérique, dans nos climats, l'élévation et l'abaissement périodiques de la mer. Des observations barométriques faites chaque jour, dans les ports où la marée s'élève à une grande hauteur, éclairciraient ce point curieux de Météorologie.

Nous remarquerons ici que l'attraction du Soleil et de la Lune ne produit ni dans la mer ni dans l'atmosphère aucun mouvement constant d'orient en occident; celui que l'on observe dans l'atmosphère entre les tropiques, sous le nom de *vents alizés*, a donc une autre cause : voici la plus vraisemblable.

Le Soleil, que nous supposons, pour plus de simplicité, dans le plan de l'équateur, y raréfie par sa chaleur les colonnes d'air et les élève au-dessus de leur véritable niveau; elles doivent donc retomber par leur poids, et se porter vers les pôles dans la partie supérieure de l'atmosphère : mais en même temps il doit survenir dans la partie inférieure un nouvel air frais qui, arrivant des climats situés vers les pôles, remplace celui qui a été raréfié à l'équateur. Il s'établit ainsi deux courants d'air opposés, l'un dans la partie inférieure et l'autre dans la partie supérieure de l'atmosphère; or la vitesse réelle de l'air, due à la rotation de la Terre, est d'autant moindre qu'il est plus près du pôle; il doit donc, en s'avançant vers l'équateur, tourner plus lentement que les parties correspondantes de la Terre, et les corps placés à la surface terrestre doivent le frapper avec l'excès de leur vitesse et en éprouver, par sa réaction, une résistance contraire à leur mouvement de rotation. Ainsi, pour l'observateur qui se croit immobile, l'air parait souffler dans un sens opposé à celui de la rotation de la Terre, c'est-à-dire d'orient en occident : c'est en effet la direction des vents alizés.

Si l'on considère toutes les causes qui troublent l'équilibre de l'atmosphère, sa grande mobilité due à sa fluidité et à son ressort, l'influence du froid et de la chaleur sur son élasticité, l'immense quantité de vapeurs dont elle se charge et se décharge alternativement, enfin les changements que la rotation de la Terre produit dans la vitesse relative de ses molécules par cela seul qu'elles se déplacent dans le sens des méridiens, on ne sera point étonné de la variété de ses mouvements, qu'il sera très difficile d'assujettir à des lois certaines.

CHAPITRE XIV.

DE LA PRÉCESSION DES ÉQUINOXES ET DE LA NUTATION DE L'AXE DE LA TERRE.

Tout est lié dans la nature, et ses lois générales enchaînent les uns aux autres les phénomènes qui semblent les plus disparates : ainsi la rotation du sphéroïde terrestre l'aplatit à ses pôles, et cet aplatissement, combiné avec l'action du Soleil et de la Lune, donne naissance à la précession des équinoxes, qui, avant la découverte de la pesanteur universelle, ne paraissait avoir aucun rapport au mouvement diurne de la Terre.

Imaginons que cette planète soit un sphéroïde homogène renflé à son équateur : on peut alors la considérer comme étant formée d'une sphère d'un diamètre égal à l'axe des pôles, et d'un ménisque qui recouvre cette sphère et dont la plus grande épaisseur est à l'équateur du sphéroïde. Les molécules de ce ménisque peuvent être regardées comme autant de petites lunes adhérentes entre elles et faisant leurs révolutions dans un temps égal à celui de la rotation de la Terre ; les nœuds de toutes leurs orbites doivent donc rétrograder par l'action du Soleil, comme les nœuds de l'orbe lunaire, et de ces mouvements rétrogrades il doit se composer, en vertu de la liaison de tous ces corps, un mouvement dans le ménisque, qui fait rétrograder ses points d'intersection avec l'écliptique ; mais ce ménisque, adhérant à la sphère qu'il recouvre, partage avec elle son mouvement rétrograde, qui, par là, est considérablement ralenti ; l'intersection de l'équateur avec l'écliptique, c'est-à-dire les équinoxes doivent donc, par l'action

du Soleil, avoir un mouvement rétrograde. Essayons d'en approfondir
les lois et la cause.

Pour cela considérons l'action du Soleil sur un anneau situé dans le
plan de l'équateur. Si l'on imagine la masse de cet astre distribuée
uniformément sur la circonférence de son orbe, supposé circulaire, il
est visible que l'action de cet orbe solide représentera l'action moyenne
du Soleil. Cette action sur chacun des points de l'anneau élevés au-
dessus de l'écliptique étant décomposée en deux, l'une située dans le
plan de l'anneau et l'autre perpendiculaire à ce plan, il est facile de
voir que la résultante de ces dernières actions, relatives à tous ces
points, est perpendiculaire au même plan et placée sur le diamètre de
l'anneau perpendiculaire à la ligne de ses nœuds. L'action de l'orbe solaire sur la partie de l'anneau inférieure à l'écliptique produit semblablement une résultante perpendiculaire au plan de l'anneau et située
dans la partie inférieure du même diamètre. Ces deux résultantes
tendent à rapprocher l'anneau de l'écliptique, en le faisant mouvoir
sur la ligne de ses nœuds; son inclinaison à l'écliptique diminuerait
donc par l'action moyenne du Soleil et ses nœuds seraient fixes, sans
le mouvement de rotation de l'anneau que nous supposons ici tourner
en même temps que la Terre. Mais ce mouvement conserve à l'anneau
une inclinaison constante à l'écliptique, et change l'effet de l'action
du Soleil dans un mouvement rétrograde des nœuds; il fait passer à
ces nœuds une variation qui, sans lui, serait dans l'inclinaison, et il
donne à l'inclinaison la constance qui serait dans les nœuds. Pour
concevoir la raison de ce singulier changement, faisons varier infiniment peu la situation de l'anneau, de manière que les plans de ses
deux positions se coupent suivant le diamètre perpendiculaire à la
ligne des nœuds. On peut décomposer, à la fin d'un instant quelconque, le mouvement de chacun de ses points en deux, l'un qui doit
subsister seul dans l'instant suivant, l'autre perpendiculaire au plan
de l'anneau et qui doit être détruit; il est clair que la résultante de
ces seconds mouvements relatifs à tous les points de la partie supérieure de l'anneau sera perpendiculaire à son plan et placée sur le dia-

mètre que nous venons de considérer, ce qui a également lieu par rapport à la partie inférieure de l'anneau. Pour que cette résultante soit détruite par l'action de l'orbe solaire, et afin que l'anneau, en vertu de ces forces, soit en équilibre autour de son centre, il faut qu'elles soient contraires et que leurs moments par rapport à ce point soient égaux. La première de ces conditions exige que le changement de position supposé à l'anneau soit rétrograde; la seconde condition détermine la quantité de ce changement et par conséquent la vitesse du mouvement rétrograde de ses nœuds. Il est aisé de voir que cette vitesse est proportionnelle à la masse du Soleil, divisée par le cube de sa distance à la Terre et multipliée par le cosinus de l'obliquité de l'écliptique.

Le plan de l'anneau, dans deux positions consécutives, se coupant suivant un diamètre perpendiculaire à la ligne des nœuds, il en résulte que l'inclinaison de ces deux plans à l'écliptique est constante; l'inclinaison de l'anneau ne varie donc point par l'action moyenne du Soleil.

Ce que l'on vient de voir relativement à un anneau, l'Analyse le démontre par rapport à un sphéroïde quelconque peu différent d'une sphère. L'action moyenne du Soleil produit dans les équinoxes un mouvement proportionnel à la masse de cet astre, divisée par le cube de sa distance et multipliée par le cosinus de l'obliquité de l'écliptique. Ce mouvement est rétrograde quand le sphéroïde est aplati à ses pôles; sa vitesse dépend de l'aplatissement du sphéroïde; mais l'inclinaison de l'équateur à l'écliptique reste toujours la même.

L'action de la Lune fait pareillement rétrograder les nœuds de l'équateur terrestre sur le plan de son orbite; mais, la position de ce plan et son inclinaison à l'équateur variant sans cesse par l'action du Soleil, et le mouvement rétrograde des nœuds de l'équateur sur l'orbite lunaire, produit par l'action de la Lune, étant proportionnel au cosinus de cette inclinaison, ce mouvement est variable. D'ailleurs, en le supposant uniforme, il ferait varier, suivant la position de l'orbite lunaire, le mouvement rétrograde des équinoxes et l'inclinaison de l'équateur à l'é-

cliptique. Un calcul assez simple suffit pour voir que, de l'action de la
Lune, combinée avec le mouvement du plan de son orbite, il résulte :
1° un moyen mouvement dans les équinoxes égal à celui que cet astre
produirait, s'il se mouvait sur le plan même de l'écliptique; 2° une
inégalité soustractive de ce mouvement rétrograde et proportionnelle
au sinus de la longitude du nœud ascendant de l'orbite lunaire; 3° une
diminution dans l'obliquité de l'écliptique, proportionnelle au cosinus
du même angle. Ces deux inégalités sont représentées à la fois par le
mouvement de l'extrémité de l'axe terrestre prolongé jusqu'au ciel,
sur une petite ellipse, conformément aux lois exposées dans le Chapitre XII du Livre Ier, le grand axe de cette ellipse étant à son petit
axe comme le cosinus de l'obliquité de l'écliptique est au cosinus du
double de cette obliquité.

On conçoit, par ce qui vient d'être dit, la cause de la précession des
équinoxes et de la nutation de l'axe terrestre; mais un calcul rigoureux et la comparaison de ses résultats avec les observations sont la
pierre de touche d'une théorie. Celle de la pesanteur est redevable à
d'Alembert de l'avantage d'avoir été ainsi vérifiée relativement aux
deux phénomènes précédents. Ce grand géomètre a déterminé le premier, par une très belle méthode, le mouvement de l'axe de la Terre,
en supposant aux couches du sphéroïde terrestre une figure et une
densité quelconques; et non seulement il a trouvé des résultats conformes aux observations : il a de plus fait connaître les vraies dimensions de la petite ellipse que décrit le pôle de la Terre, sur lesquelles
les observations de Bradley laissaient quelque incertitude. Son Traité
de la *Précession des équinoxes,* qui parut un an et demi après la découverte de Bradley sur la nutation de l'axe terrestre, n'est pas moins
remarquable dans l'histoire de la Mécanique que cette découverte
dans les annales de l'Astronomie.

Les influences d'un astre sur le mouvement de l'axe terrestre et sur
celui des mers sont proportionnelles à la masse de l'astre divisée par le
cube de sa distance à la Terre. La nutation de cet astre étant uniquement due à l'action de la Lune, tandis que la précession moyenne des

équinoxes est le résultat des actions réunies de la Lune et du Soleil, il est visible que les quantités observées de ces deux phénomènes doivent donner le rapport de ces actions. En supposant, avec Bradley, la précession annuelle des équinoxes de $154'',4$, et l'étendue entière de la nutation égale à $55'',6$, on trouve l'action de la Lune à très peu près double de celle du Soleil. Mais une légère différence dans l'étendue de la nutation en produit une considérable dans le rapport des actions de ces deux astres. Les observations les plus précises donnent $58'',02$ pour cette étendue, d'où résulte $\frac{1}{75}$ pour le rapport de la masse de la Lune à celle de la Terre.

Les phénomènes de la précession et de la nutation répandent une nouvelle lumière sur la constitution du sphéroïde terrestre ; ils donnent une limite de l'aplatissement de la Terre, supposée elliptique, et il en résulte que cet aplatissement n'est pas au-dessus de $\frac{1}{211,7}$, ce qui est conforme aux expériences du pendule. On a vu, dans le Chapitre VII, qu'il existe dans l'expression du rayon du sphéroïde terrestre des termes qui, peu sensibles en eux-mêmes et sur la longueur du pendule, écartent très sensiblement les degrés des méridiens de la figure elliptique. Ces termes disparaissent entièrement des valeurs de la précession et de la nutation, et c'est pour cela que ces phénomènes sont d'accord avec les expériences du pendule. L'existence de ces termes concilie donc les observations de la parallaxe lunaire, celles du pendule et des degrés des méridiens, et les phénomènes de la précession et de la nutation.

Quelles que soient la figure et la densité que l'on suppose aux diverses couches de la Terre, qu'elle soit ou non un solide de révolution, pourvu qu'elle diffère peu d'une sphère, on peut toujours assigner un solide elliptique de révolution avec lequel la précession et la nutation seraient les mêmes. Ainsi, dans l'hypothèse de Bouguer dont on a parlé dans le Chapitre VII et suivant laquelle les accroissements des degrés sont proportionnels à la quatrième puissance du sinus de la latitude, ces phénomènes sont exactement les mêmes que si la Terre était un ellipsoïde d'une ellipticité égale à $\frac{1}{133}$, et l'on vient de voir que les observations ne permettent pas de lui supposer une ellipticité plus grande que $\frac{1}{247,7}$; ces observations concourent donc avec celles du pendule à faire rejeter cette hypothèse.

On a supposé, dans ce qui précède, que la Terre est entièrement solide; mais cette planète étant recouverte en grande partie par les eaux de la mer, leur action ne doit-elle pas changer les phénomènes de la précession et de la nutation? C'est ce qu'il importe d'examiner.

Les eaux de la mer cédant, en vertu de leur fluidité, aux attractions du Soleil et de la Lune, il semble au premier coup d'œil que leur réaction ne doit point influer sur les mouvements de l'axe de la Terre; aussi d'Alembert et tous les géomètres qui se sont occupés après lui de ces mouvements l'ont entièrement négligée; ils sont même partis de là pour concilier les quantités observées de la précession et de la nutation avec les mesures des degrés terrestres. Cependant un plus profond examen de cette matière nous montre que la fluidité des eaux n'est pas une raison suffisante pour négliger leur effet sur la précession des équinoxes; car, si d'un côté elles obéissent à l'action du Soleil et de la Lune, d'un autre côté la pesanteur les ramène sans cesse vers l'état d'équilibre et ne leur permet de faire que de très petites oscillations; il est donc possible que, par leur attraction et leur pression sur le sphéroïde qu'elles recouvrent, elles rendent, au moins en partie, à l'axe de la Terre les mouvements qu'il en recevrait, si elles venaient à se consolider. On peut d'ailleurs s'assurer, par un raisonnement fort simple, que leur réaction est du même ordre que l'action directe du Soleil et de la Lune sur la partie solide de la Terre.

Imaginons que cette planète soit homogène et de même densité que la mer; supposons, de plus, que les eaux prennent à chaque instant la figure qui convient à l'équilibre des forces qui les animent. Si dans ces hypothèses la Terre devenait tout à coup entièrement fluide, elle conserverait la même figure, et toutes ses parties se feraient mutuellement équilibre; l'axe de rotation n'aurait donc aucune tendance à se mouvoir, et il est visible que cela doit subsister encore dans le cas où une partie de cette masse formerait, en se consolidant, le sphéroïde que recouvre la mer. Les hypothèses précédentes servent de fondement aux théories de Newton sur la figure de la Terre et sur le flux et le reflux de la mer ; il est assez remarquable que, dans le nombre infini de celles que l'on peut faire sur les mêmes objets, ce grand géomètre en ait choisi deux qui ne donnent ni précession ni nutation, la réaction des eaux détruisant alors l'effet de l'action du Soleil et de la Lune sur le noyau terrestre, quelle que soit sa figure. Il est vrai que ces deux hypothèses, et surtout la dernière, ne sont pas conformes à la nature ; mais on voit *a priori* que l'effet de la réaction des eaux, quoique différent de celui qui a lieu dans les hypothèses de Newton, est cependant du même ordre.

Les recherches que j'ai faites sur les oscillations de la mer m'ont donné le moyen de déterminer cet effet de la réaction des eaux dans les véritables hypothèses de la nature ; elles m'ont conduit à ce théorème remarquable, savoir que, *quelles que soient la loi de la profondeur de la mer et la figure du sphéroïde qu'elle recouvre, les phénomènes de la précession et de la nutation sont les mêmes que si la mer formait une masse solide avec ce sphéroïde.*

Si le Soleil et la Lune agissaient seuls sur la Terre, l'inclinaison moyenne de l'écliptique à l'équateur serait constante ; mais on a vu que l'action des planètes change continuellement la position de l'orbe terrestre, et qu'il en résulte dans son obliquité sur l'équateur une diminution confirmée par toutes les observations anciennes et modernes. La même cause donne aux équinoxes un mouvement annuel direct de o″,9659 ; ainsi la précession annuelle produite par l'action du Soleil et de la Lune est diminuée de cette quantité par l'action des planètes, et, sans cette action, elle serait de 155″,5927. Ces effets de l'action des planètes sont indépendants de l'aplatissement du sphéroïde terrestre ; mais l'action du Soleil et de la Lune sur ce sphéroïde doit les modifier et en changer les lois.

Rapportons à un plan fixe la position de l'orbe de la Terre et le mouvement de son axe de rotation. Il est clair que l'action du Soleil produira dans cet axe, en vertu des variations de l'écliptique, un mou-

vement d'oscillation analogue à la nutation, avec cette différence que,
la période de ces variations étant incomparablement plus longue que
celle des variations du plan de l'orbe lunaire, l'étendue de l'oscillation
correspondante dans l'axe de la Terre est beaucoup plus grande que
celle de la nutation. L'action de la Lune produit dans ce même axe une
oscillation semblable, parce que l'inclinaison moyenne de son orbe sur
celui de la Terre est constante. Le déplacement de l'écliptique, en se
combinant avec l'action du Soleil et de la Lune sur la Terre, produit
donc, dans son obliquité sur l'équateur, une variation très différente
de ce qu'elle serait en vertu de ce déplacement seul; l'étendue entière de cette variation serait, par ce déplacement, d'environ 12°, et
l'action du Soleil et de la Lune la réduit à peu près à 3°.

La variation du mouvement des équinoxes, produite par les mêmes
causes, change la durée de l'année tropique dans les différents siècles.
Cette durée diminue quand ce mouvement augmente, ce qui a lieu
présentement, et l'année actuelle est plus courte d'environ 13ˢ qu'au
temps d'Hipparque. Mais cette variation dans la longueur de l'année
a des limites, qui sont encore restreintes par l'action du Soleil et de la
Lune sur le sphéroïde terrestre. L'étendue de ces limites serait d'environ 500ˢ par le déplacement seul de l'écliptique, et elle est réduite à
120ˢ par cette action.

Enfin, le jour lui-même, tel que nous l'avons défini dans le Livre Iᵉʳ,
est assujetti par le déplacement de l'écliptique combiné avec l'action
du Soleil et de la Lune, à de très petites variations indiquées par la
théorie, mais qui seront toujours insensibles aux observateurs. Suivant cette théorie, la rotation de la Terre est uniforme, et la durée
moyenne du jour peut être supposée constante, résultat très important
pour l'Astronomie, puisque cette durée sert de mesure au temps et aux
révolutions des corps célestes. Si elle venait à changer, on le recon-
naitrait par les durées de ces révolutions, qui augmenteraient ou diminueraient proportionnellement; mais l'action des corps célestes n'y
cause aucune altération sensible.

Cependant on pourrait croire que les vents alizés, qui soufflent con-

stamment d'orient en occident entre les tropiques, diminuent la vitesse
de rotation de la Terre par leur action sur les continents et sur les
montagnes. Il est impossible de soumettre cette action à l'Analyse ;
heureusement, on peut démontrer que son influence sur la rotation de
la Terre est nulle, au moyen du principe de la conservation des aires,
que nous avons exposé dans le Livre III. Suivant ce principe, la somme
de toutes les molécules de la Terre, des mers et de l'atmosphère, multipliées respectivement par les aires que décrivent autour du centre de
gravité de la Terre leurs rayons vecteurs projetés sur le plan de l'équateur, est constante en temps égal. La chaleur du Soleil n'y produit
point de changement, puisqu'elle dilate également les corps dans tous
les sens ; or il est visible que, si la rotation de la Terre venait à diminuer, cette somme serait plus petite ; les vents alizés produits par la
chaleur solaire n'altèrent donc point cette rotation. Le même raisonnement nous prouve que les courants de la mer ne doivent y apporter
aucun changement sensible. Pour en faire varier sensiblement la durée,
il faudrait un déplacement considérable dans les parties du sphéroïde
terrestre. Ainsi, une grande masse transportée des pôles à l'équateur
rendrait cette durée plus longue ; elle deviendrait plus courte, si des
corps denses se rapprochaient du centre ou de l'axe de la Terre. Mais
nous ne voyons aucune cause qui puisse déplacer à de grandes distances des masses assez fortes pour qu'il en résulte une variation sensible dans la durée du jour, que tout nous autorise à regarder comme
l'un des éléments les plus constants du système du monde. Il en est
de même des points où l'axe de rotation de la Terre rencontre sa surface. Si cette planète tournait successivement autour de divers diamètres formant entre eux des angles considérables, l'équateur et les
pôles changeraient de place sur la Terre, et les mers, en se portant vers
le nouvel équateur, couvriraient et découvriraient alternativement de
hautes montagnes. Mais toutes les recherches que j'ai faites sur le déplacement des pôles de rotation à la surface de la Terre m'ont prouvé
qu'il est insensible.

CHAPITRE XV.

DE LA LIBRATION DE LA LUNE.

Il nous reste enfin à expliquer la cause de la libration de la Lune et du mouvement des nœuds de son équateur. La Lune, en vertu de son mouvement de rotation, est un peu aplatie à ses pôles; mais l'attraction de la Terre a dû allonger son axe dirigé vers cette planète. Si la Lune était homogène et fluide, elle prendrait, pour être en équilibre, la forme d'un ellipsoïde, dont le plus petit axe passerait par les pôles de rotation; le plus grand axe serait dirigé vers la Terre, et dans le plan de l'équateur lunaire, et l'axe moyen, situé dans le même plan, serait perpendiculaire aux deux autres. L'excès du plus grand sur le plus petit axe serait quadruple de l'excès de l'axe moyen sur le petit axe, et environ $\frac{1}{27610}$, le petit axe étant pris pour unité.

On conçoit aisément que, si le grand axe de la Lune s'écarte un peu de la direction du rayon vecteur qui joint son centre à celui de la Terre, l'attraction terrestre tend à le ramener sur ce rayon, de même que la pesanteur ramène un pendule vers la verticale. Si le mouvement de rotation de ce satellite eût été primitivement assez rapide pour vaincre cette tendance, la durée de sa rotation n'aurait pas été parfaitement égale à la durée de sa révolution, et leur différence nous eût découvert successivement tous les points de sa surface. Mais dans l'origine, les mouvements angulaires de rotation et de révolution de la Lune ayant été peu différents, la force avec laquelle le grand axe de la Lune s'éloignait de son rayon vecteur n'a pas suffi pour surmonter la tendance du même axe vers ce rayon, due à la pesanteur terrestre, qui,

de cette manière, a rendu ces mouvements rigoureusement égaux; et
de même qu'un pendule, écarté par une très petite force de la verticale, y revient sans cesse en faisant de chaque côté de petites oscillations, ainsi le grand axe du sphéroïde lunaire doit osciller de chaque
côté du rayon vecteur moyen de son orbite. De là résulte un mouvement de libration, dont l'étendue dépend de la différence primitive
des deux mouvements angulaires de rotation et de révolution de la
Lune. Cette libration est très petite, puisque les observations ne l'ont
point fait connaître.

On voit donc que la théorie de la pesanteur explique d'une manière
satisfaisante l'égalité rigoureuse des deux moyens mouvements angulaires de rotation et de révolution de la Lune. Il serait contre toute
vraisemblance de supposer qu'à l'origine ces deux mouvements ont été
parfaitement égaux; mais, pour l'explication de ce phénomène, il suffit que leur différence primitive ait été très petite, et alors l'attraction
de la Terre a établi la parfaite égalité que l'on observe.

Le moyen mouvement de la Lune étant assujetti à de grandes inégalités séculaires qui s'élèvent à plusieurs circonférences, il est clair
que, si son moyen mouvement de rotation était parfaitement uniforme,
ce satellite, en vertu de ces inégalités, découvrirait successivement à
la Terre tous les points de sa surface; son disque apparent changerait
par des nuances insensibles, à mesure que ces inégalités se dévelop-
peraient; les mêmes observateurs le verraient toujours à très peu près
le même, et il ne paraitrait sensiblement différer qu'à des observateurs
séparés par l'intervalle de plusieurs siècles. Mais la cause qui a établi
une parfaite égalité entre les moyens mouvements de rotation et de
révolution de la Lune ôte pour jamais aux habitants de la Terre l'espoir de découvrir les parties de sa surface opposées à l'hémisphère
qu'elle nous présente. L'attraction terrestre, en ramenant sans cesse
vers nous le grand axe de la Lune, fait participer son mouvement de
rotation aux inégalités séculaires de son mouvement de révolution, et
dirige constamment le même hémisphère vers la Terre. La même théo-

ric doit être étendue à tous les satellites dans lesquels on a observé l'égalité des mouvements de rotation et de révolution autour de leur planète.

Le phénomène singulier de la coïncidence des nœuds de l'équateur de la Lune avec ceux de son orbite est encore une suite de l'attraction terrestre. C'est ce que Lagrange a fait voir le premier, par une très belle analyse, qui l'a conduit à l'explication complète de tous les mouvements observés dans le sphéroïde lunaire. Les plans de l'équateur et de l'orbite de la Lune et le plan mené par son centre parallèlement à l'écliptique ont toujours à fort peu près la même intersection ; j'ai reconnu que les mouvements séculaires de l'écliptique n'altèrent ni la coïncidence des nœuds de ces trois plans, ni leur inclinaison moyenne, que l'attraction de la Terre maintient constamment la même.

Observons ici que les phénomènes précédents ne peuvent pas subsister avec l'hypothèse dans laquelle la Lune, primitivement fluide et formée de couches de densités quelconques, aurait pris la figure qui convient à leur équilibre ; ils indiquent entre les axes du sphéroïde lunaire de plus grandes différences que celles qui ont lieu dans cette hypothèse. Les hautes montagnes, que l'on observe à la surface de la Lune, ont sans doute sur ces phénomènes une influence très sensible, et d'autant plus grande que son aplatissement est fort petit et sa masse peu considérable.

Quand la nature assujettit les moyens mouvements célestes à des conditions déterminées, ils sont toujours accompagnés d'oscillations, dont l'étendue est arbitraire : ainsi, l'égalité des moyens mouvements de rotation et de révolution de la Lune est accompagnée d'une libration réelle de ce satellite. Pareillement, la coïncidence des nœuds moyens de l'équateur et de l'orbite lunaire est accompagnée d'une libration des nœuds de cet équateur autour de ceux de l'orbite, libration très petite, puisqu'elle a échappé jusqu'ici aux observations. On a vu que la libration réelle du grand axe de la Lune est insensible, et nous avons observé, dans le Chapitre VI, que la libration des trois premiers satellites de Jupiter est pareillement insensible. Il est très remarquable que ces librations, dont l'étendue est arbitraire et pourrait être considérable, soient cependant fort petites; ce que l'on peut attribuer aux mêmes causes qui, dans l'origine, ont établi les conditions dont elles dépendent. Mais relativement aux arbitraires qui tiennent au mouvement initial de rotation des corps célestes, il est naturel de penser que, sans les attractions étrangères, toutes leurs parties, en vertu des frottements et des résistances qu'elles opposent à leurs mouvements réciproques, auraient pris à la longue un état constant d'équilibre, qui ne peut exister qu'avec un mouvement de rotation uniforme autour d'un axe invariable, en sorte que les observations ne doivent plus offrir dans ce mouvement que les inégalités dues à ces attractions. C'est ce qui a lieu pour la Terre, comme on s'en est assuré par les observations les plus précises; le même résultat s'étend à la Lune et probablement à tous les corps célestes.

Si la Lune a été rencontrée par quelque comète (ce qui, suivant la théorie des chances, a dû arriver dans l'immensité des temps), leurs masses ont dû être d'une petitesse extrême; car le choc d'une comète qui ne serait qu'un cent-millième de la Terre eût suffi pour rendre sensible la libration réelle de ce satellite, qui cependant n'a pu être aperçue par les observations. Cette considération, jointe à celles que nous avons présentées dans le Chapitre IV, doit rassurer les astronomes qui peuvent craindre que les éléments de leurs Tables ne soient changés par l'action de ces corps.

L'égalité des mouvements de rotation et de révolution de la Lune fournit à l'astronome qui veut en décrire la surface un méridien universel, donné par la nature et facile à retrouver dans tous les temps, avantage que n'a point la géographie dans la description de la Terre. Ce méridien est celui qui passe par les pôles de la Lune, et par l'extrémité de son grand axe, toujours à fort peu près dirigé vers nous. Quoique cette extrémité ne soit distinguée par aucune tache, cependant on peut en fixer la position à chaque instant, en considérant qu'elle coïncide avec la ligne des nœuds moyens de l'orbite lunaire, quand cette ligne coïncide elle-même avec le lieu moyen de la Lune. La situation des principales taches de sa surface a ainsi été déterminée aussi exactement que celle de beaucoup de lieux remarquables de la Terre.

CHAPITRE XVI.

DES MOUVEMENTS PROPRES DES ÉTOILES.

Après avoir considéré les mouvements des corps du système solaire,
il nous reste à examiner ceux des étoiles, qui toutes, en vertu de la
pesanteur universelle, doivent graviter les unes vers les autres et décrire des orbes immenses. Déjà les observations ont fait reconnaître ces
grands mouvements qui probablement sont en partie des apparences
dues au mouvement de translation du système solaire, mouvement que,
d'après les lois de l'Optique, nous transportons en sens contraire aux
étoiles. Lorsque l'on en considère un grand nombre, leurs mouvements
réels ayant lieu dans tous les sens, ils doivent disparaitre dans l'expression du mouvement du Soleil, conclu de l'ensemble de leurs mouvements propres observés. C'est ainsi que l'on a reconnu que le système du Soleil et de tout ce qui l'environne est emporté vers la constellation d'Hercule, avec une vitesse au moins égale à celle de la Terre
dans son orbite. Mais des observations très précises et très multipliées,
faites à un ou deux siècles d'intervalle, détermineront exactement ce
point important et délicat du système du monde.

Outre ce grand mouvement du Soleil et des étoiles, on en observe
de particuliers dans plusieurs étoiles *doubles :* on nomme ainsi deux
étoiles extrêmement rapprochées, qui paraissent n'en former qu'une
dans les lunettes dont le grossisement est peu considérable. Leur
proximité apparente peut tenir à ce qu'elles sont à fort peu près sur
le même rayon visuel. Mais une disposition semblable est déjà un indice de leur proximité réelle ; et si, de plus, elles ont des mouvements

propres considérables et fort peu différents en ascension droite et en déclinaison, il devient alors extrêmement probable qu'elles forment un système de deux corps très rapprochés, et que les petites différences de leurs mouvements propres sont dues à un mouvement de révolution de chacune d'elles autour de leur centre commun de gravité ; sans cela, l'existence simultanée de ces trois choses, la proximité apparente des deux étoiles et leurs mouvements presque égaux, soit en ascension droite, soit en déclinaison, serait totalement invraisemblable. La 61e du Cygne et sa suivante réunissent ces trois conditions d'une manière remarquable ; l'intervalle qui les sépare n'est que de 6″ ; leurs mouvements propres annuels, depuis Bradley jusqu'à nous, ont été 15″,75 et 16″,03 en ascension droite, 10″,24 et 9″,56 en déclinaison ; il est donc extrêmement probable que ces deux étoiles sont très rapprochées et qu'elles tournent autour de leur centre commun de gravité, dans une période de quelques siècles. Plusieurs autres étoiles doubles offrent des résultats semblables. Si l'on parvient à reconnaître une parallaxe dans quelques-unes de ces étoiles, on aura, par le temps de la révolution des deux astres qui les forment l'un autour de l'autre, la somme de leurs masses rapportées à la masse du Soleil.

Le spectacle du ciel nous offre encore plusieurs groupes d'étoiles brillantes resserrées dans un petit espace : tel est celui des Pléiades. Une disposition semblable indique avec beaucoup de vraisemblance que les étoiles de chaque groupe sont fort rapprochées relativement à la distance qui les sépare des autres étoiles, et qu'elles ont autour de leur centre commun de gravité des mouvements que la suite des siècles fera connaître.

CHAPITRE XVII.

RÉFLEXIONS SUR LA LOI DE LA PESANTEUR UNIVERSELLE.

En considérant l'ensemble des phénomènes du système solaire, on peut les ranger dans les trois classes suivantes : la première embrasse les mouvements des centres de gravité des corps célestes autour des foyers des forces principales qui les animent; la seconde comprend tout ce qui concerne la figure et les oscillations des fluides qui les recouvrent ; enfin les mouvements de ces corps autour de leurs centres de gravité sont l'objet de la troisième. C'est dans cet ordre que nous avons expliqué ces divers phénomènes, et l'on a vu qu'ils sont une suite nécessaire du principe de la pesanteur universelle. Ce principe a fait connaitre un grand nombre d'inégalités qu'il eût été presque impossible de démêler dans les observations; il a fourni le moyen d'assujettir les mouvements célestes à des règles sûres et précises; les Tables astronomiques, uniquement fondées sur la loi de la pesanteur, n'empruntent maintenant des observations que les éléments arbitraires qui ne peuvent pas être autrement connus, et l'on ne doit espérer de les perfectionner encore qu'en portant plus loin à la fois la précision des observations et celle de la théorie.

Le mouvement de la Terre, qui, par la simplicité avec laquelle il explique les phénomènes célestes, avait entraîné les suffrages des astronomes, a reçu du principe de la pesanteur une confirmation nouvelle, qui l'a porté au plus haut degré d'évidence dont les sciences physiques soient susceptibles. On peut accroître la probabilité d'une théorie soit en diminuant le nombre des hypothèses sur lesquelles on l'appuie, soit en augmentant le nombre des phénomènes qu'elle explique. Le principe de la pesanteur a procuré ces deux avantages à la théorie du mouvement de la Terre. Comme il en est une suite nécessaire, il n'ajoute aucune supposition nouvelle à cette théorie; mais pour expliquer les mouvements des astres, Copernic admettait dans la Terre trois mouvements distincts, l'un autour du Soleil, un autre de révolution sur elle-même, enfin un troisième mouvement de ses pôles autour de ceux de l'écliptique. Le principe de la pesanteur les fait dépendre tous d'un seul mouvement imprimé à la Terre, suivant une direction qui ne passe point par son centre de gravité. En vertu de ce mouvement, elle tourne autour du Soleil et sur elle-même; elle a pris une figure aplatie à ses pôles, et l'action du Soleil et de la Lune sur cette figure fait mouvoir lentement l'axe de la Terre autour des pôles de l'écliptique. La découverte de ce principe a donc réduit au plus petit nombre possible les suppositions sur lesquelles Copernic fondait sa théorie. Elle a d'ailleurs l'avantage de lier cette théorie à tous les phénomènes astronomiques. Sans elle, l'ellipticité des orbes planétaires, les lois que les planètes et les comètes suivent dans leurs mouvements autour du Soleil, leurs inégalités séculaires et périodiques, les nombreuses inégalités de la Lune et des satellites de Jupiter, la précession des équinoxes, la nutation de l'axe terrestre, les mouvements de l'axe lunaire, enfin le flux et le reflux de la mer ne seraient que des résultats de l'observation, isolés entre eux. C'est une chose vraiment digne d'admiration que la manière dont tous ces phénomènes, qui semblent, au premier coup d'œil, fort disparates, découlent d'une même loi, qui les enchaîne au mouvement de la Terre, en sorte que, ce mouvement étant une fois admis, on est conduit par une suite de raisonnements géométriques à ces phénomènes. Chacun d'eux fournit donc une preuve de son existence, et si l'on considère qu'il n'y en a pas maintenant un seul qui ne soit ramené à la loi de la pesanteur; que, cette loi déterminant avec la plus grande exactitude la position et les mouvements des corps célestes, à chaque instant et dans tout leur cours, il n'est pas à craindre qu'elle soit démentie par quelque phénomène jusqu'ici non observé; enfin que la planète Uranus et ses satellites, et les quatre petites planètes nouvellement découvertes lui obéissent et la confirment; il est impossible de se refuser à l'ensemble de ces preuves, et de ne pas convenir que rien n'est mieux démontré dans la Philosophie naturelle que le mouvement de la Terre et le principe de la gravitation universelle en raison des masses et réciproque au carré des distances.

L'extrême difficulté des problèmes relatifs au système du monde force de recourir à des approximations qui laissent toujours à craindre que les quantités négligées n'aient sur leurs résultats une influence sensible. Lorsque les géomètres ont été avertis, par l'observation, de cette influence, ils sont revenus sur leur analyse; en la rectifiant, ils ont toujours retrouvé la cause des anomalies observées; ils en ont déterminé les lois, et souvent ils ont devancé l'observation, en découvrant des inégalités qu'elle n'avait pas encore indiquées. Les théories de la Lune, de Saturne, de Jupiter et de ses satellites offrent, comme on l'a vu, beaucoup d'exemples de ce genre. Ainsi l'on peut dire que la nature elle-même a concouru à la perfection des théories astronomiques, fondées sur le principe de la pesanteur universelle : c'est, à mon sens, l'une des plus fortes preuves de la vérité de ce principe admirable.

Ce principe est-il une loi primordiale de la nature? n'est-il qu'un effet général d'une cause inconnue? Ici l'ignorance où nous sommes des propriétés intimes de la matière nous arrête, et nous ôte tout espoir de répondre d'une manière satisfaisante à ces questions. Au lieu de former sur cela des hypothèses, bornons-nous à examiner plus particulièrement la manière dont le principe de la gravitation a été employé par les géomètres.

Ils sont partis des cinq suppositions suivantes, savoir, 1° que la gravitation a lieu entre les plus petites molécules des corps ; 2° qu'elle est proportionnelle aux masses; 3° qu'elle est réciproque au carré des distances; 4° qu'elle se transmet dans un instant d'un corps à l'autre; 5° enfin, qu'elle agit également sur les corps en repos et sur

ceux qui, déjà mus dans sa direction, semblent se soustraire en partie
à son activité.

La première de ces suppositions est, comme on l'a vu, un résultat
nécessaire de l'égalité qui existe entre l'action et la réaction ; chaque
molécule de la Terre devant attirer la Terre entière comme elle en est
attirée. Cette supposition est confirmée, d'ailleurs, par les mesures
des degrés des méridiens et du pendule ; car au travers des irrégularités que les degrés mesurés semblent indiquer dans la figure de la
Terre, on démêle, si je puis ainsi dire, les traits d'une figure régulière
et conforme à la théorie. Les deux inégalités du mouvement lunaire
en longitude et en latitude, dues à l'ellipticité de la Terre, prouvent
encore que son attraction se compose des attractions de toutes ses
molécules ; enfin la même chose est démontrée pour Jupiter, par la
grande influence de son aplatissement sur les mouvements des nœuds
et des périjoves de ses satellites.

La proportionnalité de la force attractive aux masses est démontrée
sur la Terre par les expériences du pendule, dont les oscillations
sont exactement de la même durée, quelles que soient les substances
que l'on fait osciller ; elle est prouvée dans les espaces célestes par le
rapport constant des carrés des temps de la révolution des corps qui
circulent autour d'un foyer commun aux cubes des grands axes de
leurs orbites. L'action de la pesanteur n'est point troublée par les
causes qui, sans changer la masse d'un système de corps, peuvent en
altérer considérablement la constitution intime. Ainsi les efferves-
cences, le développement des gaz, l'électricité, la chaleur et les combinaisons produites par le mélange de plusieurs substances contenues
dans un vaisseau fermé n'altèrent son poids, ni pendant, ni après le
mélange. On a pareillement observé qu'une lame d'acier, après avoir
été fortement aimantée, conserve le même poids qu'auparavant ; l'égalité de l'action à la réaction et l'analogie nous prouvent que de semblables phénomènes, en se développant dans la Terre et dans tous les
corps célestes, ne font varier leur force attractive que par les changements qu'ils produisent dans la position des molécules autour du

centre de gravité de ces corps, changements dont les effets deviennent insensibles à de grandes distances.

On a vu, dans le Chapitre Ier, avec quelle précision le repos presque absolu des périhélies des orbes planétaires indique la loi de la pesanteur réciproque au carré des distances, et maintenant que nous connaissons la cause des petits mouvements de ces périhélies, nous devons regarder cette loi comme étant rigoureuse. Elle est celle de toutes les émanations qui partent d'un centre, telles que la lumière; il paraît même que toutes les forces dont l'action se fait apercevoir à des distances sensibles suivent cette loi; on a reconnu depuis peu que les attractions et les répulsions électriques et magnétiques décroissent en raison du carré des distances, en sorte que toutes ces forces ne s'affaiblissent en se propageant que parce qu'elles s'étendent comme la lumière, leurs quantités étant les mêmes sur les diverses surfaces sphériques que l'on peut imaginer autour de leurs foyers. Une propriété remarquable de cette loi de la nature est que, si les dimensions de tous les corps de cet univers, leurs distances mutuelles et leurs vitesses venaient à augmenter ou à diminuer proportionnellement, ils décriraient des courbes entièrement semblables à celles qu'ils décrivent, et leurs apparences seraient exactement les mêmes; car, les forces qui les animent étant le résultat d'attractions proportionnelles aux masses divisées par le carré des distances, elles augmenteraient ou diminueraient proportionnellement aux dimensions du nouvel univers. On voit en même temps que cette propriété ne peut appartenir qu'à la loi de la nature. Ainsi les apparences des mouvements de l'univers sont indépendantes de ses dimensions absolues, comme elles le sont du mouvement absolu qu'il peut avoir dans l'espace, et nous ne pouvons observer et connaître que des rapports. Cette loi donne aux sphères la propriété de s'attirer mutuellement comme si leurs masses étaient réunies à leurs centres. Elle termine encore les orbes et les figures des corps célestes par des lignes et des surfaces du second ordre, du moins en négligeant leurs perturbations et en les supposant fluides.

Nous n'avons aucun moyen pour mesurer la durée de la propagation
de la pesanteur, parce que, l'attraction du Soleil ayant une fois atteint
les planètes, cet astre continue d'agir sur elles comme si sa force attractive se communiquait dans un instant aux extrémités du système
planétaire; on ne peut donc pas savoir en combien de temps elle se
transmet à la Terre, de même qu'il eût été impossible, sans les éclipses
des satellites de Jupiter et sans l'aberration, de reconnaître le mouvement successif de la lumière. Il n'en est pas ainsi de la petite différence qui peut exister dans l'action de la pesanteur sur les corps
suivant la direction et la grandeur de leur vitesse. Le calcul m'a fait
voir qu'il en résulte une accélération dans les moyens mouvements
des planètes autour du Soleil et des satellites autour de leurs planètes.
J'avais imaginé ce moyen d'expliquer l'équation séculaire de la Lune,
lorsque je croyais, avec tous les géomètres, qu'elle était inexplicable
dans les hypothèses admises sur l'action de la pesanteur. Je trouvais
que si elle provenait de cette cause, il fallait supposer à la Lune, pour
la soustraire entièrement à sa pesanteur vers la Terre, une vitesse vers
le centre de cette planète au moins sept millions de fois plus grande
que celle de la lumière. La vraie cause de l'équation séculaire de la
Lune étant aujourd'hui bien connue, nous sommes certains que l'activité de la pesanteur est beaucoup plus grande encore. Cette force agit
donc avec une vitesse que nous pouvons considérer comme infinie, et
nous devons en conclure que l'attraction du Soleil se communique
dans un instant presque indivisible aux extrémités du système solaire.

Existe-t-il entre les corps célestes d'autres forces que leur attraction
mutuelle? Nous l'ignorons, mais nous pouvons du moins affirmer que
leur effet est insensible. Nous pouvons assurer également que tous ces
corps n'éprouvent qu'une résistance jusqu'à présent insensible de la
part des fluides qu'ils traversent, tels que la lumière, les queues des
comètes et la lumière zodiacale. La masse du Soleil doit s'affaiblir sans
cesse par l'émission continuelle de ses rayons. Mais, soit à cause de
l'extrême ténuité de la lumière, soit parce que cet astre répare la perte
qu'il éprouve par des moyens jusqu'ici inconnus, il est certain que,

depuis deux mille ans, sa substance n'a pas diminué d'un deux-millionième.

La nature nous offre, dans les phénomènes électriques et magnétiques, des forces répulsives qui suivent la même loi que la pesanteur universelle. Coulomb a fait voir, par des expériences très délicates, que les points animés de deux électricités semblables se repoussent en raison inverse du carré de la distance, et qu'ils s'attirent suivant la même loi, lorsque les électricités sont contraires. En concevant les électricités opposées comme deux fluides différents, parfaitement mobiles dans les corps conducteurs et contenus par les surfaces des corps non conducteurs, en supposant ensuite que les molécules d'un même fluide se repoussent mutuellement et attirent les molécules de l'autre fluide suivant la loi des attractions célestes, on peut leur appliquer les formules relatives à ces attractions. C'est ainsi que je suis parvenu à démontrer que le fluide électrique dans un corps conducteur doit, pour l'équilibre, se porter en entier à la surface, où il se forme une couche extrêmement mince contenue par l'air qui l'enveloppe. Sa répulsion est nulle dans son intérieur; mais à sa surface extérieure elle est, à chaque point, proportionnelle à l'épaisseur de la couche; la pression qu'un de ses points extérieurs éprouve, et en vertu de laquelle il tend à s'échapper, est proportionnelle au carré de cette épaisseur. Sur un ellipsoïde quelconque, les deux surfaces extérieure et intérieure de la couche sont semblables et concentriques à la surface de l'ellipsoïde : si l'ellipsoïde est de révolution et allongé, la tendance du fluide à s'échapper aux pôles est à sa tendance à s'échapper à l'équateur dans le rapport du carré du grand axe au carré du petit axe, ce qui donne une explication mathématique du pouvoir des pointes. Mais la distribution des fluides électriques sur un corps de figure quelconque ou sur plusieurs corps en présence les uns des autres est un problème d'une extrême difficulté, qui peut donner lieu à des recherches analytiques très curieuses; car la solution de ces questions difficiles a l'avantage de perfectionner à la fois la Physique et l'Analyse. Déjà M. Poisson, par une Analyse fort ingénieuse, est parvenu à déterminer la loi suivant laquelle l'électricité se répand à la surface de deux sphères en présence l'une de l'autre. L'accord de ses résultats avec les expériences de Coulomb confirme la justesse du principe qui leur sert de base. On doit au reste considérer toutes ces forces comme des concepts mathématiques propres à les soumettre au calcul, et non comme des qualités inhérentes aux molécules électriques. Il est possible qu'elles soient des résultantes d'autres forces analogues aux affinités, qui ne sont sensibles par elle-mêmes qu'extrêmement près du contact, mais dont l'action, au moyen de fluides intermédiaires, est transmise à des distances sensibles, et en raison inverse du carré de ces distances. Les attractions des petits corps qui nagent à la surface des liquides nous fourniront, dans le Chapitre suivant, un exemple remarquable de ces transmissions.

CHAPITRE XVIII.

DE L'ATTRACTION MOLÉCULAIRE.

L'attraction disparaît entre les corps d'une grandeur peu considérable : elle reparaît dans leurs éléments sous une infinité de formes. La solidité, la cristallisation, la réfraction de la lumière, l'élévation et l'abaissement des liquides dans les espaces capillaires, et généralement toutes les combinaisons chimiques sont le résultat de forces dont la connaissance est un des principaux objets de l'étude de la nature. Ainsi la matière est soumise à l'empire de diverses forces attractives : l'une d'elles, s'étendant indéfiniment dans l'espace, régit les mouvements de la Terre et des corps célestes ; tout ce qui tient à la constitution intime des substances qui les composent dépend principalement des autres forces dont l'action n'est sensible qu'à des distances imperceptibles. Il est presque impossible, par cette raison, de connaître les lois de leur variation avec la distance ; heureusement la propriété de n'être sensibles qu'extrêmement près du contact suffit pour soumettre à l'Analyse un grand nombre de phénomènes intéressants qui en dépendent. Je vais ici présenter succinctement les principaux résultats de cette Analyse, et par là compléter la théorie mathématique de toutes les forces attractives de la nature.

On a vu, dans le Livre Ier, qu'un rayon lumineux, en passant du vide dans un milieu transparent, s'infléchit de manière que le sinus d'incidence est au sinus de réfraction en raison constante. Cette loi fondamentale de la dioptrique est le résultat de l'action du milieu sur la lumière, en supposant que cette action n'est sensible qu'à des distances imperceptibles. Concevons, en effet, le milieu terminé par une surface plane; il est visible qu'une molécule de lumière, avant de la traverser, est attirée semblablement de tous les côtés de la perpendiculaire à cette surface, puisqu'à une distance sensible de la molécule il y a de tous les côtés le même nombre de molécules attirantes; la résultante de leurs actions est donc dirigée suivant cette perpendiculaire. Après avoir pénétré dans le milieu, la molécule de lumière continue d'être attirée suivant une perpendiculaire à la surface, et si l'on imagine le milieu partagé en tranches parallèles à cette surface et d'une épaisseur infiniment petite, on verra que, l'attraction des tranches supérieures à la molécule attirée étant détruite par l'attraction d'un nombre égal de tranches inférieures, la molécule de lumière est précisément attirée comme elle l'était à la même distance de la surface, avant de la traverser; l'attraction qu'elle éprouve est donc insensible, lorsqu'elle a pénétré sensiblement dans le milieu diaphane, et son mouvement devient alors uniforme et rectiligne. Maintenant il résulte du principe de la conservation des forces vives, exposé dans le Livre III, que le carré de la vitesse primitive de la molécule de lumière, décomposée perpendiculairement à la surface du milieu, est augmenté d'une quantité toujours la même, quelle que soit cette vitesse. Parallèlement à cette surface, la vitesse n'est point altérée par l'action du milieu; l'accroissement du carré de la vitesse entière et par conséquent celui de cette vitesse elle-même sont donc indépendants de la direction primitive du rayon lumineux. Or le rapport de la vitesse parallèle à la surface à la vitesse primitive forme le sinus d'incidence; son rapport à la vitesse dans le milieu est le sinus de réfraction; ces deux sinus sont donc réciproquement comme les vitesses de la lumière avant et après son entrée dans le milieu, et par conséquent ils sont en raison constante. La différence de leurs carrés, divisée par le carré du sinus de réfraction et multipliée par le carré de la vitesse de la lumière dans le vide, exprime l'action du milieu sur le rayon; en la divisant par la densité spécifique de ce milieu, on a son *pouvoir réfringent*.

Une surface courbe qui termine un milieu diaphane peut être confondue avec le plan tangent au point où le rayon la traverse, parce qué, l'action des corps sur la lumière n'étant sensible qu'à des distances imperceptibles, on peut négliger l'action du ménisque compris entre le plan tangent et la surface; on aura donc la direction du rayon dans le milieu, en élevant une perpendiculaire à cette surface au point où le rayon la rencontre, et en prenant les sinus d'incidence et de réfraction dans le même rapport que si la surface était plane.

En passant d'un milieu dans un autre, la lumière s'y réfracte de manière que les sinus d'incidence et de réfraction sont en raison constante; mais alors la réfraction n'est due qu'à la différence des actions qu'elle éprouve de la part de ces milieux. Lorsqu'un rayon traverse plusieurs milieux transparents terminés par des surfaces planes et parallèles, sa vitesse dans chaque milieu est égale et parallèle à celle qu'il aurait prise s'il eût passé immédiatement du vide dans ce milieu. Généralement, de quelque manière que le rayon lumineux parvienne du vide dans un milieu transparent, sa vitesse est la même.

L'hypothèse d'une action insensible à des distances sensibles permet d'étendre ces résultats aux couches infiniment petites d'un milieu diaphane de densité variable.

Au moyen de ces principes, dont on est redevable à Newton, tous les phénomènes du mouvement de la lumière à travers un nombre quelconque de milieux transparents et dans l'atmosphère ont été soumis à des calculs rigoureux. Ces phénomènes ne déterminent point la loi de l'attraction des corps sur la lumière; ils ne l'assujettissent qu'à la condition d'être insensible à des distances sensibles.

Un milieu diaphane agit d'une manière différente sur les rayons de diverses couleurs. C'est en vertu de cette différence qu'un rayon de lumière blanche, en traversant un prisme transparent, se décompose dans une infinité de couleurs. L'inégalité des vitesses que l'on peut supposer aux divers rayons ne suffit pas pour expliquer les phénomènes observés dans la dispersion de la lumière; car alors cette dispersion serait la même pour tous les milieux qui réfractent également les rayons moyens, ce qui est contraire à l'expérience, qui seule peut la déterminer.

On a tiré un parti très avantageux de ces variétés dans la dispersion de la lumière à travers des lentilles de différentes espèces de verre, pour détruire les couleurs dont les objets paraissent environnés dans les lunettes ordinaires, ce qui a procuré une grande perfection à ces instruments si utiles à l'Astronomie.

Les lois précédentes du mouvement de la lumière se modifient dans les cristaux diaphanes, et la lumière y présente un singulier phénomène, qui fut d'abord observé dans le cristal d'Islande. Un rayon lumineux qui tombe perpendiculairement sur une face d'un rhomboïde naturel de ce cristal se divise en deux faisceaux : l'un traverse le cristal sans changer sa direction ; l'autre s'en écarte dans un plan parallèle au plan mené, perpendiculairement à la face, par la ligne qui joint les deux angles solides obtus de ce rhomboïde et qui, par conséquent, est également inclinée aux côtés de ces angles. Cette ligne est ce que l'on nomme *axe* du cristal, et l'on appelle *section principale* d'une face naturelle ou artificielle un plan mené par cet axe perpendiculairement à la face et tout plan qui lui est parallèle.

La division du rayon lumineux a lieu relativement à une incidence quelconque ; une partie suit la loi de la réfraction ordinaire ; l'autre partie suit une loi reconnue par Huygens, et qui, considérée comme un résultat de l'expérience, peut être mise au rang des plus belles découvertes de ce rare génie. Il y fut conduit par la manière ingénieuse dont il envisageait la propagation de la lumière, qu'il concevait formée des ondulations d'un fluide éthéré. Il supposait, dans les milieux diaphanes non cristallisés, la vitesse de ces ondulations plus petite que dans le vide et la même dans tous les sens. Mais, dans le cristal d'Islande, il imaginait deux espèces d'ondulations. La vitesse de la première était représentée, comme dans les milieux non cristallisés, par les rayons d'une sphère dont le centre serait au point d'incidence du rayon lumineux sur la face du cristal ; la vitesse de la seconde était variable et représentée par les rayons d'un ellipsoïde de révolution, aplati à ses pôles, ayant le même centre que la sphère précédente, et dont l'axe de révolution serait parallèle à l'axe du cristal. Huygens n'assignait point la cause de cette variété d'ondulations, et les phénomènes singuliers qu'offre la lumière en passant d'un cristal dans un autre, et dont nous parlerons ci-après, sont inexplicables dans son hypothèse. Cela, joint aux difficultés que présente la théorie des ondes lumineuses, est la cause pour laquelle Newton et la plupart des géomètres qui l'ont suivi n'ont pas justement apprécié la loi qu'Huygens y avait attachée. Ainsi cette loi a éprouvé le même sort que les belles lois de Kepler, qui furent longtemps méconnues, pour avoir été associées à des idées systématiques dont malheureusement ce grand homme a rempli tous ses ouvrages. Cependant Huygens avait vérifié sa loi par un grand nombre d'expériences. L'excellent physicien Wollaston ayant fait, par un moyen fort ingénieux, diverses expériences sur la double réfraction du cristal d'Islande, il les a trouvées conformes à cette loi remarquable. Enfin, Malus vient de faire à cet égard une suite nombreuse d'expériences très précises sur les faces naturelles et artificielles de ce cristal, et il a constamment observé entre elles et la loi d'Huygens le plus parfait accord. On ne doit donc pas balancer à la mettre au nombre des plus certains, comme des plus beaux résultats de la Physique. Des expériences directes ont fait voir à Malus qu'elle s'étend au cristal de roche.

Voici maintenant un phénomène que la lumière présente après avoir subi une double réfraction. Si l'on place à une distance quelconque au-dessous d'un cristal un second cristal de la même matière ou d'une matière différente, et disposé de manière que les sections principales des faces opposées des deux cristaux soient parallèles, le rayon réfracté, soit ordinairement, soit extraordinairement, par le premier le sera de la même manière par le second; mais, si l'on fait tourner l'un des cristaux, en sorte que les sections principales soient perpendiculaires entre elles, alors le rayon réfracté ordinairement par le premier cristal le sera extraordinairement par le second, et réciproquement. Dans les positions intermédiaires, chaque rayon émergent du premier cristal se divisera, à son entrée dans le second cristal, en deux faisceaux dont les intensités respectives paraissent être comme les carrés du sinus et du cosinus de l'angle que les sections principales font entre elles. Lorsqu'on eut fait remarquer à Huygens ce phénomène dans le cristal d'Islande, il convint, avec la candeur qui caractérise un ami sincère de la vérité, qu'il était inexplicable dans ses hypothèses, ce qui montre combien il est essentiel de les séparer de la loi de réfraction qu'il en avait déduite. Ce phénomène indique avec évidence que la lumière, en traversant les cristaux à double réfraction, reçoit deux modifications diverses en vertu desquelles une partie est rompue *ordinairement*, et l'autre partie est rompue *extraordinairement*. Mais ces modifications ne sont point absolues; elles sont relatives à la position du rayon par rapport à l'axe du cristal, puisqu'un rayon rompu ordinairement est rompu extraordinairement par un autre cristal, si les sections principales des faces opposées des deux cristaux sont perpendiculaires entre elles.

Il serait bien intéressant de rapporter la loi d'Huygens à des forces attractives et répulsives de molécule à molécule, ainsi que Newton l'a fait à l'égard de la réfraction ordinaire; car c'est à ce terme que le géomètre s'arrête, sans chercher à remonter aux causes de ces forces. Mais pour résoudre ce problème, il faudrait connaître la forme des molécules des milieux cristallisés, celle des molécules de la lumière, et les modifications qu'elle reçoit en pénétrant dans ces milieux. L'ignorance où nous sommes de toutes ces données ne permet que d'appliquer à la réfraction et à la réflexion extraordinaires les résultats généraux de l'action de ces forces. Cette application m'a conduit à une théorie nouvelle de ce genre de phénomènes, théorie dont l'accord avec l'expérience ne laisse aucun lieu de douter qu'ils sont dus à des forces attractives et répulsives de molécule à molécule.

L'un des principes les plus généraux de l'action de ces forces est celui des forces vives, d'après lequel l'accroissement du carré de la vitesse d'une molécule de lumière, qui a pénétré sensiblement dans un milieu diaphane, est constamment le même pour une direction déterminée, quelle que soit d'ailleurs la manière dont elle est entrée dans ce milieu. Cet accroissement exprime, comme on l'a vu, l'action du milieu

sur la lumière, et son expression doit être beaucoup plus simple que
celle de la loi de réfraction extraordinaire, qui la renferme et qui dépend encore de la position de la face par laquelle le rayon lumineux a
pénétré dans le cristal. Ainsi le problème de la réfraction se partage en
deux autres : le premier consiste à déterminer la loi de réfraction correspondante à une loi connue de l'action du milieu ; le second a pour
objet de ramener cette dernière loi à l'action réciproque des molécules du cristal et de la lumière. On vient de voir combien de données
nous manquent pour le résoudre ; mais le premier problème peut être
résolu par le principe de la moindre action, indépendamment de ces
données.

Ce principe a généralement lieu dans le mouvement d'un point
soumis à des forces attractives et répulsives. En l'appliquant à la lumière, on peut faire abstraction du très petit arc qu'elle décrit, en
passant du vide dans un milieu diaphane, et supposer son mouvement
uniforme, lorsqu'elle y a pénétré d'une quantité sensible. Le principe
de la moindre action se réduit donc alors à ce que la lumière parvient
d'un point pris au dehors à un point pris dans l'intérieur du cristal de
manière que, si l'on ajoute le produit de la droite qu'elle décrit au
dehors par sa vitesse primitive au produit de la droite qu'elle décrit
au dedans par sa vitesse actuelle, la somme fait un minimum. Maintenant la direction de la vitesse est déterminée par les angles qu'elle
forme avec deux axes perpendiculaires entre eux ; la loi de l'action du
milieu sur la lumière donne, par le principe des forces vives, sa vitesse
lorsqu'elle a pénétré dans le milieu diaphane ; le principe de la moindre
action donnera donc, entre les angles que font avec les deux axes ses
directions avant et après son passage dans le milieu, deux équations
différentielles qui déterminent la direction de la lumière réfractée, en
fonction des angles formés par la direction primitive avec les deux axes.
On aura ainsi la loi de la réfraction extraordinaire, correspondante à
celle de l'action du milieu sur la lumière.

La loi d'action la plus simple est celle dont l'expression se réduit à
une constante ; on trouve alors, par la méthode précédente, que les

sinus de réfraction et d'incidence sont constamment dans le même rapport, ce qui est conforme à ce que l'on a vu.

Après cette loi vient celle dont l'expression ne renferme que la première et la seconde puissance des sinus des angles que le rayon réfracté forme avec les deux axes. Relativement au cristal d'Islande, si l'on prend pour un des axes celui du cristal, comme cet axe est symétrique par rapport aux trois côtés qui le comprennent, il est facile de voir que l'expression précédente ne doit dépendre que de l'angle qu'il fait avec la direction du rayon réfracté, et qu'elle doit se réduire à une constante, plus au produit d'une autre constante par le carré du sinus de cet angle. En la substituant dans les deux équations différentielles du principe de la moindre action, on parvient exactement aux formules que donne la loi d'Huygens, d'où il suit que cette loi satisfait à la fois au principe de la moindre action et à celui des forces vives, ce qui ne laisse aucun lieu de douter qu'elle est due à l'action de forces attractives et répulsives dont l'action n'est sensible qu'à des distances imperceptibles. Jusqu'ici cette loi n'était qu'un résultat de l'observation, approchant de la vérité dans les limites des erreurs auxquelles les expériences les plus précises sont encore assujetties; maintenant la simplicité de la loi d'action dont elle dépend doit la faire considérer comme une loi rigoureuse.

Si l'on prend pour unité la vitesse de la lumière dans le vide, la vitesse du rayon réfracté extraordinairement sera exprimée par une fraction dont le numérateur est l'unité, et dont le dénominateur est le rayon de l'ellipsoïde d'Huygens suivant lequel la lumière se dirige. La vitesse du rayon ordinaire dans le cristal est constante dans tous les sens et égale à l'unité divisée par le rapport du sinus de réfraction au sinus d'incidence. Huygens a reconnu, par l'expérience, que le demi-axe de révolution de son ellipsoïde représente à fort peu près ce rapport, ce qui lie entre elles les deux réfractions, ordinaire et extraordinaire. Mais le principe de la continuité fait voir que cette liaison remarquable est un résultat nécessaire de l'action du cristal sur la lumière, et qu'il dépend de la seule considération, qu'un rayon ordinaire se change en extraordinaire lorsque l'on fait varier convenablement sa position par rapport à l'axe d'un nouveau cristal. En effet, si ce rayon est perpendiculaire à la face de ce cristal coupé perpendiculairement à son axe, il est clair qu'une inclinaison infiniment petite de l'axe sur la face, produite par une section infiniment voisine de la première, suffit pour faire du rayon ordinaire un rayon extraordinaire, et réciproquement. Cette inclinaison ne peut qu'altérer infiniment peu l'action du cristal et la vitesse du rayon dans son intérieur; cette vitesse est donc alors celle du rayon extraordinaire, et par conséquent elle est égale à l'unité divisée par le demi-axe de révolution de l'ellipsoïde. Elle surpasse ainsi généralement celle du rayon extraordinaire, la différence des carrés de ces deux vitesses étant proportionnelle au carré du sinus de l'angle que l'axe forme avec ce dernier rayon. Cette différence représente celle de l'action du cristal sur ces deux espèces de rayons; elle est la plus grande, lorsque le rayon incident sur une surface artificielle menée par l'axe du cristal est dans un plan perpendiculaire à cet axe; alors la réfraction extraordinaire suit la même loi que la réfraction ordinaire; seulement, le rapport des sinus de réfraction et d'incidence, qui, dans le cas de la réfraction ordinaire, est le demi-petit axe de l'ellipsoïde, est égal au demi-grand axe dans la réfraction extraordinaire.

Suivant Huygens, la vitesse du rayon extraordinaire dans le cristal est exprimée par le rayon même de l'ellipsoïde; son hypothèse ne satisfait donc point au principe de la moindre action. Mais il est remarquable qu'elle satisfasse au principe de Fermat, suivant lequel la lumière parvient, d'un point pris au dehors du cristal, à un autre point intérieur dans le moins de temps possible; car il est visible que ce principe revient à celui de la moindre action, en y renversant l'expression de la vitesse. L'identité de la loi d'Huygens avec le principe de Fermat a lieu généralement, quel que soit le sphéroïde qui, dans son hypothèse, représente la vitesse de la lumière dans l'intérieur du cristal, en sorte qu'elle donne toutes les lois de réfraction qui peuvent être dues à des forces attractives et répulsives. Mais le sphéroïde elliptique satisfait aux phénomènes de double réfraction observés jusqu'à présent, en sorte qu'ici, comme dans les mouvements et la figure des corps célestes, la nature, en allant du simple au composé, fait succéder les formes elliptiques à la forme circulaire.

La loi de la réflexion de la lumière par les surfaces des cristaux diaphanes cristallisés se déduit encore des principes de la moindre action et des forces vives; mais on peut la rattacher à la loi de la réfraction par les considérations suivantes. Quelle que soit la nature de la force qui fait rejaillir la lumière à la surface des corps, on peut la considérer comme une force répulsive, qui rend, en sens contraire, à la lumière la vitesse qu'elle lui a fait perdre, de même que l'élasticité restitue aux corps, en sens contraire, la vitesse qu'elle a détruite; or on sait que, dans ce cas, le principe de la moindre action subsiste toujours. A l'égard d'un rayon lumineux, soit ordinaire, soit extraordinaire, réfléchi par la surface extérieure d'un corps, ce principe se réduit à ce que la lumière parvient d'un point à un autre par le chemin le plus court de tous ceux qui rencontrent la surface, puisque, en vertu du principe des forces vives, sa vitesse est la même avant et après la réflexion. La condition du chemin le plus court donne l'égalité des angles de réflexion et d'incidence, dans un plan perpendiculaire à la surface, ainsi que Ptolémée l'a remarqué. C'est la loi générale de la réflexion à la surface extérieure des corps.

Mais lorsque la lumière, en entrant dans un cristal, s'est divisée en rayons ordinaire et extraordinaire, une partie de ces rayons est réfléchie par la surface intérieure à leur sortie du cristal. En se réfléchissant, chaque rayon, soit ordinaire, soit extraordinaire, se divise en deux autres, en sorte qu'un rayon solaire, en pénétrant dans le cristal, forme par sa réflexion partielle à la surface de sortie quatre faisceaux distincts, dont nous allons déterminer les directions.

Supposons d'abord les faces d'entrée et de sortie, que nous nommerons *première* et *seconde* face, parallèles. Donnons au cristal une épaisseur insensible et cependant plus grande que la sphère d'activité sensible des deux faces. Dans ce cas on prouvera, par le raisonnement précédent, que les quatre faisceaux réfléchis n'en formeront sensiblement qu'un seul, situé dans le plan d'incidence du rayon générateur et faisant avec la première face l'angle de réflexion égal à l'angle d'incidence. Restituons maintenant au cristal son épaisseur; il est clair que, dans ce cas, les faisceaux réfléchis après leur sortie par la première face prendront des directions parallèles à celles qu'ils avaient prises dans le premier cas; ces faisceaux seront donc parallèles entre eux et au plan d'incidence du rayon générateur; seulement, au lieu d'être sensiblement confondus, comme dans le premier cas, ils seront séparés par des distances d'autant plus grandes que le cristal aura plus d'épaisseur.

Maintenant, si l'on considère un rayon quelconque intérieur, sortant en partie par la seconde face et en partie réfléchi par elle en deux faisceaux, le rayon sorti sera parallèle au rayon générateur; car la lumière, en sortant du cristal, doit prendre une direction parallèle à celle qu'elle avait en y entrant, puisque, les deux faces d'entrée et de sortie étant supposées parallèles, elle éprouve en sortant l'action des mêmes forces qu'elle avait éprouvées en entrant, mais en sens contraire. Concevons, par la direction du rayon sorti, un plan perpendiculaire à la seconde face, et dans ce plan imaginons, au dehors du cristal, une droite passant par le point de sortie et formant avec la perpendiculaire à la face, mais du côté opposé à la direction du rayon sorti, le même angle que cette direction ; enfin concevons un rayon solaire entrant suivant cette droite dans le cristal. Ce rayon se partagera, à son entrée, en deux autres qui, au sortir du cristal par la première face, prendront des directions parallèles au rayon solaire avant son entrée par la seconde face. Elles seront visiblement parallèles aux directions des deux faisceaux réfléchis, ce qui ne peut avoir lieu qu'autant que les deux rayons dans lesquels se divise le rayon solaire en entrant par la seconde face se confondent respectivement, dans l'intérieur du cristal, avec les directions des deux rayons réfléchis. Les formules relatives à la réfraction extraordinaire donnent les directions des rayons dans lesquels le rayon solaire se divise; elles donneront donc aussi celles des deux faisceaux réfléchis dans l'intérieur du cristal.

Si les deux faces du cristal ne sont pas parallèles, on aura, par les formules de la réfraction extraordinaire, les directions des deux rayons dans lesquels le rayon générateur se divise en pénétrant par la première face. On aura ensuite, par les mêmes formules, les directions de chacun de ces rayons à leur sortie par la seconde face, d'où l'on conclura, par la construction précédente, les directions des deux rayons solaires qui, pénétrant dans le cristal par la seconde face, formeront quatre rayons, dont les directions seront les mêmes que celles des quatre faisceaux du rayon générateur, réfléchis par cette face, directions qui seront données par les formules de la réfraction extraordinaire. On aura donc ainsi, par ces formules, tous les phénomènes de la réflexion de la lumière par les surfaces des cristaux diaphanes. M. Malus a fait à cet égard un grand nombre d'expériences dont l'accord remarquable avec les lois précédentes, déduites des principes de la moindre action et des forces vives, achève de démontrer que les phénomènes de la réfraction et de la réflexion de la lumière dans ces cristaux sont le résultat des forces attractives et répulsives. Il a, de plus, observé ce phénomène très singulier de la réflexion de la lumière par tous les corps, qui consiste en ce que, sous un angle d'incidence déterminé pour chacun d'eux, toute la lumière réfléchie est polarisée, en sorte que l'une des deux images d'un objet, vu par la réflexion de leurs surfaces à travers un prisme de cristal d'Islande, dans le plan de sa section principale, disparait totalement; elle reparait au delà de cette limite d'incidence. Les seuls métaux ont paru jusqu'ici faire exception à cette loi générale; seulement l'image qui devrait disparaitre s'affaiblit. La lumière polarisée en sens contraire de celle que réfléchit la surface polie de tout autre corps est absorbée en entier par le corps, lorsqu'elle tombe sous l'angle de polarisation sur sa surface.

L'aberration des étoiles dépend, comme on l'a vu dans le Livre II, de la vitesse de leur lumière, combinée avec celle de la Terre dans son orbite; elle ne serait donc pas la même pour tous ces astres, si leurs rayons parvenaient à nous avec des vitesses différentes. Il serait difficile, vu la petitesse de l'aberration, de connaitre exactement par son

moyen ces différences; mais la grande influence de la vitesse de la
lumière sur sa réfraction en passant dans un milieu diaphane fournit
une méthode très précise pour déterminer les vitesses respectives des
rayons lumineux. Il suffit, pour cela, de fixer un prisme de verre au
devant de l'objectif d'une lunette et de mesurer la déviation qui en
résulte dans la position apparente des astres. On a reconnu de cette manière que les vitesses de la lumière directe et réfléchie de tous les objets
célestes et terrestres étaient exactement les mêmes. Les expériences
que M. Arago a bien voulu faire à ma prière ne laissent aucun doute
sur ce point de Physique, important à l'Astronomie en ce qu'il prouve
la justesse des formules de l'aberration des astres.

La vitesse de la lumière des étoiles n'est pas, relativement à un observateur, la même dans tous les points de l'orbe terrestre. Elle est la
plus grande lorsque son mouvement est contraire à celui de la Terre;
elle est la plus petite quand ces deux mouvements conspirent. Quoique
la différence qui en résulte dans la vitesse relative d'un rayon lumineux ne s'élève qu'à un cinq-millième environ de la vitesse totale, cependant elle peut produire des changements sensibles dans la déviation
de la lumière qui traverse un prisme. Des expériences très précises,
faites par M. Arago, ne les ayant point fait apercevoir, on doit en conclure que la vitesse relative d'un rayon lumineux homogène est constamment la même, et probablement déterminée par la nature du fluide
qu'il met en mouvement dans nos organes pour produire la sensation
de lumière. Cette conséquence paraît encore indiquée par l'égalité de
vitesse de la lumière émanée des astres et des objets terrestres, égalité
qui, sans cela, serait inexplicable. Est-il invraisemblable de supposer
que les corps lumineux lancent une infinité de rayons doués de vitesses
différentes, et que les seuls rayons dont la vitesse est comprise dans
certaines limites ont la propriété d'exciter la sensation de lumière,
tandis que les autres ne produisent qu'une chaleur obscure? N'est-ce
pas ainsi que les corps chauds deviennent lumineux, par un accroissement de chaleur? et les belles expériences d'Herschel sur la chaleur du
spectre solaire ne prouvent-elles pas que le Soleil émet des rayons

chauds invisibles, dont plusieurs, moins réfrangibles que les rayons rouges eux-mêmes, paraissent doués d'une plus grande vitesse.

Les phénomènes de la double réfraction et de l'aberration des étoiles me paraissent donner au système de l'émission de la lumière, sinon une certitude entière, au moins une extrême probabilité. Ces phénomènes sont inexplicables dans l'hypothèse des ondulations d'un fluide éthéré. La propriété singulière d'un rayon polarisé par un cristal, de ne plus se partager en passant dans un second cristal parallèle au premier, indique évidemment des actions différentes d'un même cristal sur les diverses faces d'une molécule de lumière, dont les mouvements sont, comme on l'a vu, soumis aux lois générales du mouvement des projectiles.

Descartes est le premier qui ait publié la vraie loi de la réfraction ordinaire, que Kepler et d'autres physiciens avaient inutilement cherchée. Huygens affirme, dans sa *Dioptrique,* qu'il a vu cette loi, présentée sous une autre forme, dans un manuscrit de Snellius, qu'on lui a dit avoir été communiqué à Descartes, et d'où peut-être, ajoute-t-il, ce dernier a tiré le rapport constant des sinus de réfraction et d'incidence. Mais cette réclamation tardive d'Huygens en faveur de son compatriote ne me paraît pas suffisante pour enlever à Descartes le mérite d'une découverte que personne ne lui a contestée de son vivant. Ce grand géomètre l'a déduite de ces deux propositions : l'une, que la vitesse de la lumière parallèle à la surface d'incidence n'est altérée ni par la réflexion ni par la réfraction; l'autre, que la vitesse est différente dans les divers milieux diaphanes, et plus grande dans ceux qui réfractent plus la lumière. Descartes en a conclu que si, dans le passage d'un milieu dans un autre moins réfringent, l'inclinaison du rayon lumineux est telle que l'expression du sinus de réfraction soit égale ou plus grande que l'unité, alors la réfraction se change en réflexion, les deux angles de réflexion et d'incidence étant égaux. Tous ces résultats sont conformes à la nature; mais les preuves que Descartes en a données sont inexactes, et il est assez remarquable qu'Huygens et lui soient parvenus au moyen de théories incertaines ou fausses aux véritables lois de la réfraction de la lumière. Descartes eut à ce sujet avec Fermat une longue querelle, que les Cartésiens prolongèrent après sa mort, et qui fournit à Fermat l'occasion heureuse d'appliquer sa belle méthode *de maximis et minimis* aux expressions radicales. En considérant cet objet sous un point de vue métaphysique, il chercha la loi de la réfraction par le principe que nous avons exposé précédemment, et il fut très surpris d'arriver à celle de Descartes. Mais ayant trouvé que, pour satisfaire à son principe, la vitesse de la lumière devait être plus petite dans les milieux diaphanes que dans le vide, pendant que Descartes la faisait plus grande, ce qui lui paraissait invraisemblable, il se confirma dans la pensée que la démonstration de ce grand géomètre était fautive.

On a vu, dans le Chapitre II du Livre III, comment le principe de Fermat a conduit à celui de la moindre action, dont l'application au mouvement de la lumière dans les corps diaphanes cristallisés fait dépendre les lois de la réfraction et de la réflexion de celle de l'action de ces corps sur la lumière; ce qui prouve que ce genre de phénomènes est le résultat de forces attractives et répulsives, et place la loi d'Huygens au rang des vérités rigoureuses.

En examinant avec attention les phénomènes capillaires, aussi variés que ceux du mouvement de la lumière, j'ai reconnu qu'ils dépendent comme eux de forces attractives, qui cessent d'être sensibles aux plus petites distances perceptibles à nos sens, et je suis parvenu, au moyen de cette propriété seule, à les soumettre à une analyse rigoureuse. Considérons d'abord le principal de ces phénomènes, celui de l'ascension et de la dépression des liquides dans les tubes très étroits.

Si l'on trempe dans une eau dormante le bout d'un tube cylindrique de verre fort menu, l'eau s'élèvera dans ce tube, à une hauteur réciproquement proportionnelle au diamètre de sa cavité. Si ce diamètre est de 1^{mm}, et si l'intérieur du tube est très humecté, la hauteur de l'eau au-dessus du niveau sera de $30^{mm},5$ à fort peu près, à la température de 10°. Tous les liquides présentent des phénomènes semblables, mais leurs élévations ne sont pas les mêmes; quelques-uns, au lieu de s'élever, s'abaissent au-dessous du niveau; mais la dépression est toujours en raison inverse du diamètre intérieur du tube; cette dépression est d'environ 13^{mm} pour le mercure, dans un tube de verre dont le diamètre de la cavité est de 1^{mm}. Des tubes de marbre ou de toute autre matière offrent des résultats analogues aux précédents; s'ils sont très étroits, les liquides s'y élèvent ou s'y abaissent réciproquement aux diamètres de leurs cavités.

Dans les tubes et généralement dans les espaces capillaires, la surface du liquide est concave lorsqu'il s'élève au-dessus du niveau; elle est convexe lorsqu'il s'abaisse au-dessous.

Tous ces phénomènes ont lieu dans le vide comme en plein air; par conséquent, ils ne dépendent point de la pression de l'atmosphère; ils ne peuvent donc résulter que de l'attraction des molécules liquides les unes par les autres et par les parois qui les renferment.

L'épaisseur plus ou moins grande des parois n'a aucune influence sensible sur ces phénomènes; l'élévation et la dépression des liquides dans les tubes capillaires sont toujours les mêmes, quelle que soit cette épaisseur, pourvu que les diamètres intérieurs soient égaux. Les couches cylindriques qui sont à une distance sensible de la surface intérieure ne contribuent donc point à l'ascension du liquide, quoique dans chacune d'elles, prise séparément, il doive s'élever au-dessus du niveau. Il est naturel de penser que leur action n'est point empêchée par l'interposition des couches qu'elles embrassent, et que les attractions de ce genre se transmettent à travers les corps, ainsi que la pesanteur; l'action des couches sensiblement éloignées de la surface intérieure du tube ne disparaît donc qu'à raison de leur distance au liquide, d'où il suit que l'action des corps sur les liquides, comme sur la lumière, n'est sensible qu'à des distances insensibles.

Mais la force attractive agit d'une manière bien différente dans la production des phénomènes capillaires et dans la réfraction de la lumière. Ce dernier phénomène est dû à l'action entière des milieux diaphanes, et lorsqu'ils sont terminés par des surfaces courbes, on peut, comme on l'a vu, négliger l'action du ménisque que retranche un plan

tangent à ces surfaces, au lieu que les phénomènes capillaires sont
produits par l'action de ce ménisque. En effet, si, par l'axe d'un tube
de verre plongeant verticalement dans un vase plein d'eau, on imagine
un canal infiniment étroit qui, se recourbant au-dessous du tube, aille
aboutir loin de ce tube, à la surface de l'eau du vase, l'action de l'eau
du tube sur l'eau que contient ce canal sera moindre que l'action de
l'eau du vase sur celle que renferme l'autre extrémité du canal; la
différence sera l'action du ménisque aqueux que retrancherait un plan
tangent au point le plus bas de la surface de l'eau du tube, action qui
tend évidemment à soulever le liquide du canal et à le maintenir suspendu en équilibre au-dessus du niveau. Il était donc nécessaire, pour
l'explication des phénomènes capillaires, de connaître l'action de semblables ménisques. En appliquant à cet objet l'Analyse, je suis parvenu
à ce théorème général :

*Dans toutes les lois où l'attraction n'est sensible qu'à des distances in-
sensibles, l'expression analytique de l'action d'un corps liquide, terminé
par une surface courbe, sur un canal intérieur infiniment étroit et perpendiculaire à cette surface dans un point quelconque, est composée de trois
termes : le premier, incomparablement supérieur aux deux autres, exprime
l'action du corps, en le supposant terminé par un plan ; le second est une
fraction qui a pour numérateur une constante dépendante de l'intensité et
de la loi de la force attractive, et pour dénominateur le plus petit des rayons
osculateurs de la surface à ce point ; le troisième terme est une fraction qui
a le même numérateur que la précédente, et dont le dénominateur est le
plus grand des rayons osculateurs de la surface au même point.*

Les rayons osculateurs doivent être supposés positifs si la surface est
convexe, et négatifs si elle est concave. Par action du corps sur le canal,
on doit entendre la pression que le liquide renfermé dans le canal exer-
cerait, en vertu de l'attraction de ce corps, sur une base située dans
l'intérieur du canal perpendiculairement à ses côtés, cette base étant
prise pour unité.

Au moyen de ce théorème et des lois de l'équilibre des fluides, on

peut facilement obtenir l'équation différentielle de la figure que doit
prendre une masse liquide animée par la pesanteur et renfermée dans
un vase d'une forme donnée ; l'Analyse conduit à une équation aux différences partielles du second ordre, dont l'intégrale se refuse à toutes
les méthodes connues ; si la figure est de révolution, l'équation se réduit aux différences ordinaires, et peut être intégrée par une approximation fort convergente, lorsque la surface est très petite. On trouve
ainsi que, dans les tubes cylindriques fort étroits, la surface du liquide
approche d'autant plus de celle d'un segment sphérique que le diamètre
intérieur du tube est plus petit. Si dans les divers tubes cylindriques
de même matière ces segments sont semblables, les rayons de leurs
surfaces sont en raison du diamètre des tubes ; or cette similitude des
segments sphériques paraîtra évidente, si l'on considère que la distance
où l'action du tube cesse d'être sensible est imperceptible, en sorte que
si, par le moyen d'un très fort microscope, on parvenait à la faire paraître égale à 1^{mm}, il est vraisemblable que le même pouvoir amplifiant
donnerait au diamètre du tube une grandeur apparente de plusieurs
mètres ; la surface intérieure du tube peut donc être considérée comme
étant plane à très peu près, dans un rayon égal à celui de sa sphère
d'activité sensible ; le liquide dans cet intervalle s'abaisse donc ou
s'élève depuis cette surface comme si elle était plane. Au delà, ce liquide n'étant soumis sensiblement qu'à son action sur lui-même, sa
surface est celle d'un segment sphérique, dont les plans tangents ex-
trèmes, étant ceux de la surface liquide aux limites de la sphère d'activité sensible du tube, sont à très peu près, dans les divers tubes,
également inclinés à leurs parois, d'où il suit que ces divers segments
sont semblables.

Le rapprochement de ces résultats donne la vraie cause de l'élévation
et de l'abaissement des liquides dans les tubes capillaires en raison
inverse de leurs diamètres. Ainsi, quand le liquide s'élève dans un
tube cylindrique, sa surface devenant alors concave, son action sur le
canal dont on a parlé ci-dessus est moindre que l'action du liquide du
vase sur le même canal ; la différence est, par le théorème précédent,

égale à une constante divisée par le rayon du segment sphérique dont la surface est à très peu près celle du liquide; or, les segments étant semblables dans les divers tubes, leurs rayons sont comme les diamètres intérieurs des tubes; cette différence et l'élévation du liquide au-dessus du niveau, dont elle est la cause, sont donc en raison inverse de ces diamètres.

Si la surface du liquide intérieur est convexe, ce qui a lieu pour le mercure dans un tube de verre, l'action du liquide sur le canal sera plus grande que celle du liquide du vase; le liquide doit donc s'abaisser en raison de cette différence, et par conséquent en raison inverse du diamètre intérieur du tube.

On peut donc, au moyen de l'élévation ou de la dépression observée d'un liquide dans un tube cylindrique capillaire d'un diamètre connu, déterminer celle du même liquide dans un tube capillaire d'un diamètre quelconque. Mais, si le tube n'est point cylindrique, et si sa surface intérieure est celle d'un prisme quelconque vertical et droit, quelle sera l'élévation ou la dépression moyenne du liquide dans ce tube? La solution de ce problème semble exiger l'intégration de l'équation à la surface du liquide intérieur, intégration impossible dans l'état actuel de l'Analyse. Heureusement, cette équation, traitée par une méthode particulière, conduit à ce résultat remarquable, qui renferme cette solution et l'explication de beaucoup de phénomènes capillaires : *Quelles que soient la figure et les dimensions du prisme, le volume du liquide élevé ou déprimé par l'action capillaire est proportionnel au contour de sa section intérieure faite par un plan horizontal.* On peut le démontrer sans Analyse, en considérant sous le point de vue suivant les effets de l'action capillaire.

Concevons que le liquide s'élève dans un prisme vertical et droit : il est clair que cela n'a lieu que par l'action des parois du tube sur le liquide et du liquide sur lui-même; une première lame de liquide, contiguë aux parois, est soulevée par cette action; cette lame en soulève une seconde, celle-ci une troisième, et ainsi de suite, jusqu'à ce que le poids du volume de liquide soulevé balance les forces attractives qui

tendent à l'élever davantage. Pour déterminer ce volume dans l'état
d'équilibre, imaginons, à l'extrémité inférieure du tube, un second
tube idéal dont les parois infiniment minces soient le prolongement de
la surface intérieure du premier tube, et qui, n'ayant aucune action
sur le liquide, n'empêche point l'action réciproque du tube et du
liquide. Supposons que ce second tube soit d'abord vertical, qu'ensuite
il se recourbe horizontalement, et qu'enfin il reprenne sa direction
verticale, en s'élevant jusqu'à la surface du liquide et en conservant
dans toute son étendue la même forme et la même largeur. Il est visible que, dans l'état d'équilibre du liquide, la pression doit être la
même dans les deux branches verticales du canal composé du premier
et du second tube. Mais comme il y a plus de liquide dans la première
branche verticale, formée du premier tube et d'une partie du second,
que dans l'autre branche verticale, il faut que l'excès de pression qui
en résulte soit détruit par les attractions verticales du prisme et du liquide sur le liquide contenu dans cette première branche. Analysons
avec soin ces attractions diverses.

Considérons d'abord celles qui ont lieu vers la partie inférieure du
premier tube. Le prisme étant supposé vertical et droit, sa base est
horizontale. Le liquide contenu dans le second tube est attiré verticalement vers le bas : 1° par lui-même, 2° par le liquide environnant ce
second tube. Mais ces deux attractions sont détruites par les attractions
semblables qu'éprouve le liquide contenu dans la seconde branche
verticale du canal, près de la surface de niveau de la masse entière liquide; on peut donc en faire abstraction ici. Le liquide de la première
branche verticale du second tube est encore attiré verticalement par
le liquide du premier tube; mais cette attraction est détruite par l'attraction qu'il exerce lui-même sur ce dernier liquide; on peut donc
encore ici faire abstraction de ces deux attractions réciproques. Enfin,
le liquide du second tube est attiré verticalement en haut par le premier tube, et il en résulte une force verticale, que nous désignerons
par *première force*, et qui contribue à détruire l'excès de pression dû à
l'élévation du liquide dans le premier tube.

Examinons présentement les forces dont le liquide du premier tube
est animé. Il éprouve dans sa partie inférieure les attractions suivantes :
1° Il est attiré par lui-même ; mais les attractions réciproques d'un corps
ne lui impriment aucun mouvement, s'il est solide, et l'on peut, sans
troubler l'équilibre, concevoir le liquide du premier tube consolidé.
2° Ce liquide est attiré par le liquide inférieur du second tube ; mais on
vient de voir que les attractions réciproques de ces deux liquides se
détruisent et qu'il n'en faut point tenir compte. 3° Il est attiré par le
liquide extérieur qui environne le second tube, et de cette attraction
résulte une force verticale dirigée vers le bas et que nous désignerons
par *seconde force*. Nous observerons ici que, si la loi d'attraction relative
à la distance est la même pour les molécules du premier tube et pour
celles du liquide, en sorte qu'elles ne diffèrent que par leurs intensités
à volume égal, ces intensités sont entre elles dans le rapport de la première à la seconde force ; car la surface intérieure du liquide environnant le second tube est la même que la surface intérieure du premier
tube ; les deux masses ne diffèrent donc que par leur épaisseur ; mais
l'attraction des masses devenant insensible à des distances sensibles,
la différence de leurs épaisseurs n'en produit aucune dans leurs attractions, pourvu que ces épaisseurs soient sensibles. 4° Enfin, le liquide
du premier tube est attiré verticalement en haut par ce tube. Concevons, en effet, ce liquide partagé dans une infinité de petites colonnes
verticales ; si par l'extrémité supérieure d'une de ces colonnes on mène
un plan horizontal, la partie du tube inférieure à ce plan ne produit
aucune force verticale dans la colonne ; il n'y a donc de force verticale
produite par ce tube que celle qui est due à sa partie supérieure au
plan, et il est visible que l'attraction verticale de cette partie du tube
sur la colonne est la même que celle du tube entier sur une colonne
égale et semblablement placée dans le second tube. La force verticale
entière produite par l'attraction du premier tube sur le liquide qu'il
renferme est donc égale à celle que produit l'attraction de ce tube sur
le liquide renfermé dans le second tube ; cette force est donc égale à
la *première force*.

En réunissant toutes les attractions verticales qu'éprouve le liquide renfermé dans la première branche verticale du canal, on aura une résultante verticale, dirigée de bas en haut et égale à deux fois la première force moins une fois la seconde. Cette résultante doit balancer l'excès de pression dû au poids du volume de liquide élevé au-dessus du niveau; elle est donc égale à ce volume multiplié par la pesanteur spécifique du liquide. Maintenant, l'action du tube n'étant sensible qu'à des distances insensibles, le prisme n'agit que sur les colonnes du liquide extrêmement voisines de sa surface; on peut ainsi faire abstraction de la courbure de ses parois, et les considérer comme étant développées sur un plan; la première et la seconde force seront alors égales au produit de la largeur de ce plan, ou, ce qui revient au même, du contour de la base intérieure du tube, par des coefficients constants, qui pourront désigner, par ce qui précède, les intensités respectives des attractions des molécules du tube et du liquide, à égalité de volume; la résultante dont on vient de parler sera donc proportionnelle à ce contour, et par conséquent le volume du liquide élevé lui sera pareillement proportionnel.

La moyenne entre les hauteurs de tous les points de la surface supérieure de ce liquide au-dessus du niveau est le quotient de la division de son volume par la base du prisme; cette hauteur est donc proportionnelle au contour du prisme, divisé par sa base.

Si le prisme est un cylindre, le contour de sa base est proportionnel à son diamètre, et la base est proportionnelle au carré du diamètre; la hauteur moyenne du liquide est donc en raison inverse du diamètre. Lorsque le prisme est très étroit, cette hauteur diffère très peu de celle du point le plus bas de la surface du liquide intérieur. Si le liquide mouille les parois du tube, comme l'alcool et l'eau mouillent le verre, alors cette surface est à fort peu près celle d'une demi-sphère, et il est facile d'en conclure que, pour avoir sa hauteur moyenne au-dessus du niveau, il faut ajouter à celle de son point le plus bas $\frac{1}{3}$ du diamètre du tube; cette dernière hauteur ainsi corrigée est donc réciproque au diamètre du tube. M. Gay-Lussac a confirmé ces résultats de la théorie

par un grand nombre d'expériences, faites avec un soin extrême, et
par des moyens très précis, sur l'eau, l'alcool à diverses densités, les
huiles volatiles, etc.

Le rapport constant du volume de liquide élevé au contour de la
base subsiste dans le cas même où la courbure de ce contour est dis-
continue, lorsque ce contour est, par exemple, un polygone rectiligne.
Car ce rapport ne peut être troublé que par l'action du tube vers ses
arêtes, et seulement dans une étendue égale à celle de la sphère d'activité sensible de ses molécules ; cette étendue étant imperceptible,
l'erreur doit être entièrement insensible ; on peut donc étendre le rapport précédent à des prismes de bases quelconques. Lorsque ces bases
sont semblables, elles sont proportionnelles aux carrés des lignes ho-
mologues, et leurs contours sont proportionnels à ces lignes ; les contours divisés par leurs bases respectives et, par conséquent, les hauteurs
moyennes du liquide élevé sont réciproques à ces lignes.

Lorsque les contours des bases sont des polygones circonscrits au
même cercle, les bases sont égales au produit de ces contours par la
moitié du rayon du cercle ; le rapport des contours aux bases est donc
le même, et égal à l'unité divisée par cette moitié. La hauteur moyenne
du liquide élevé est donc la même dans tous ces tubes.

Si la base du prisme est un rectangle dont l'un des côtés soit très
grand et l'autre très petit, le rapport du contour à la base sera à fort
peu près égal à l'unité divisée par la moitié du petit côté. Lorsque la
base est un cercle dont ce petit côté est le rayon, le rapport du contour
à la base est le même que le précédent ; l'élévation moyenne du liquide est donc dans ces deux cas la même. Le premier cas est à très
peu près celui de deux plans parallèles qui trempent dans le liquide
par leurs extrémités inférieures ; ainsi la hauteur moyenne du liquide
entre deux plans parallèles est égale à cette hauteur dans un tube cylindrique dont le rayon intérieur est égal à la distance mutuelle des
plans, ce qui est parfaitement d'accord avec l'expérience.

Si l'on place verticalement un prisme dans un autre prisme creux et
vertical, et que l'on plonge leurs extrémités inférieures dans un liquide,

le volume de ce liquide élevé entre la surface extérieure du premier prisme et la surface intérieure du second sera proportionnel à la somme des contours de leurs bases, l'une extérieure et l'autre intérieure. Ce théorème peut se démontrer facilement par la méthode précédente. Il en résulte que, si les bases sont des polygones semblables, la hauteur moyenne du liquide élevé entre les prismes est la même que dans un prisme semblable dont chaque côté de la base intérieure est la différence des côtés correspondants des autres bases.

Lorsqu'un prisme creux, qui par sa partie inférieure trempe dans un liquide, est oblique à l'horizon, le volume du liquide élevé dans le prisme au-dessus du niveau, multiplié par le sinus de l'inclinaison des arêtes du prisme, est constamment le même, quelle que soit cette inclinaison. En effet, ce produit exprime le poids du volume du liquide élevé, décomposé parallèlement aux côtés du prisme; ce poids ainsi décomposé doit balancer l'action du prisme et du liquide extérieur sur le liquide qu'il renferme, action qui est évidemment la même dans toutes les inclinaisons du prisme; la hauteur verticale moyenne du liquide élevé est donc constamment la même.

Il suit de ce qui précède que, si le double de l'intensité de la force attractive du tube sur le liquide est moindre que celle du liquide sur lui-même, l'expression du volume de liquide élevé au-dessus du niveau devient négative; l'élévation se change donc alors en dépression; avec ce changement, les résultats précédents subsistent toujours; ainsi la dépression moyenne du liquide dans des tubes cylindriques est en raison inverse de leurs diamètres.

L'angle formé par l'intersection des surfaces du liquide intérieur et du tube varie avec les intensités de leurs forces attractives. L'analyse conduit à ce théorème : *L'intensité de l'attraction du tube sur le liquide est égale à l'intensité de l'attraction du liquide sur lui-même, multipliée par le carré du cosinus de la moitié de l'angle que fait, avec la partie inférieure des parois du tube, un plan qui touche la surface liquide à l'extrémité de la sphère d'activité sensible du tube, angle différent de celui que forment avec ces parois les côtés de cette surface immédiatement en contact avec elles.* Cet angle est donc nul, si l'intensité de la force attractive du tube est égale à celle du liquide, et alors, dans un tube cylindrique très étroit, la surface du liquide est à très peu près celle d'une demi-sphère; l'angle devient droit et la surface liquide devient plane, si la première des intensités n'est que la moitié de la seconde; enfin, cet angle est égal à deux droits, et la surface liquide est celle d'une demi-sphère convexe, si la force attractive du tube est insensible par rapport à celle du liquide. La mesure de cet angle donnera donc celle du rapport de ces forces, pourvu que la première ne surpasse pas la seconde.

Dans le cas où la force attractive du tube sur le liquide surpasse celle du liquide sur lui-même, une lame très mince du liquide adhère aux parois du tube, et forme un tube intérieur, qui seul élève alors le liquide, dont la surface devient par conséquent concave et celle d'une demi-sphère. Ce cas est celui de l'eau, des alcools et des huiles, dans un tube de verre.

Vers l'extrémité des parois du tube et dans l'étendue de sa sphère d'activité sensible, l'attraction de sa partie supérieure n'étant plus la même, et diminuant sans cesse à mesure que le liquide approche de cette extrémité, l'angle que nous venons de considérer reçoit de grandes variations. Ainsi, en enfonçant de plus en plus un tube capillaire de verre dans l'alcool, l'élévation du liquide intérieur au-dessus du niveau reste toujours la même, jusqu'à ce qu'il parvienne à l'extrémité du tube. Alors, en continuant de plonger le tube, on voit la surface de l'alcool devenir de moins en moins concave, et finir par être plane, lorsque l'extrémité supérieure du tube arrive à la surface de niveau du liquide.

Un phénomène semblable a lieu quand on verse successivement de l'alcool dans un tube de verre, capillaire, ouvert par ses deux extrémités et maintenu dans une situation verticale. Le liquide descend à l'extrémité inférieure du tube; la surface supérieure de la colonne est toujours concave et celle d'une demi-sphère; la surface inférieure est pareillement concave, mais elle le devient de moins en moins, à mesure

qu'en versant de l'alcool la longueur de la colonne augmente, et lorsque
cette longueur égale la hauteur due à la capillarité, c'est-à-dire la hauteur à laquelle le liquide s'élèverait au-dessus du niveau dans le tube,
s'il plongeait par son extrémité inférieure dans un vase indéfini plein
de ce liquide, la surface inférieure de la colonne devient plane. En
continuant de verser de l'alcool, cette surface devient de plus en plus
convexe, si l'adhérence de l'air à la base du tube ou toute autre cause
empêche cette base d'être mouillée par le liquide. Quand cette surface
est devenue celle d'une demi-sphère convexe, la longueur de la colonne
est double de la hauteur due à la capillarité. En effet, la succion que
produit la concavité de sa surface supérieure et la pression que produit
la convexité de sa surface inférieure concourent à soutenir cette colonne; ces deux forces sont égales, par ce qui précède, et la première
suffit pour maintenir le liquide à la hauteur due à la capillarité. Si l'on
continue de verser de l'alcool, la goutte liquide s'allonge et crève dans
les points de sa surface où le rayon de courbure augmente par cet allongement. La goutte se répand alors sur la base inférieure du tube,
où elle forme une nouvelle goutte, qui devient de plus en plus convexe,
jusqu'à ce qu'elle forme une demi-sphère dont le rayon est le rayon
extérieur du tube. Alors, si la colonne, qui, au moment où la première
goutte s'est répandue sur la base du tube, a diminué de longueur, est
en équilibre, sa longueur est la somme des élévations du liquide qui
auraient lieu dans deux tubes de verre plongés dans ce liquide, et
dont les rayons intérieurs seraient, l'un, celui du premier tube, et
l'autre le rayon extérieur du même tube. Tous ces résultats de la théorie ont été confirmés par l'expérience.

Considérons maintenant un vase indéfini, rempli d'un nombre quelconque de fluides placés horizontalement les uns au-dessus des
autres. *Si l'on plonge verticalement l'extrémité inférieure d'un tube
prismatique droit, l'excès du poids des fluides contenus dans le tube sur
le poids des fluides qu'il eût renfermés sans l'action capillaire est le même
que le poids du fluide qui s'élèverait au-dessus du niveau, si le fluide dans
lequel plonge l'extrémité inférieure du tube existait seul.* En effet, l'ac-

tion du prisme et de ce fluide sur le même fluide renfermé dans le
tube est évidemment la même que dans ce dernier cas. Les autres
fluides contenus dans le prisme étant élevés sensiblement au-dessus
de sa base inférieure, l'action du prisme sur chacun d'eux ne peut ni
les élever ni les abaisser. Quant à l'action réciproque de ces fluides
les uns sur les autres, elle se détruirait évidemment s'ils formaient
ensemble une masse solide, ce que l'on peut supposer sans troubler
l'équilibre.

Il suit de là que, si l'on plonge par son extrémité inférieure un tube
prismatique dans un fluide, et qu'ensuite on verse dans ce tube un
autre fluide qui reste au-dessus du premier, le poids des deux fluides
contenus dans le tube sera le même que celui du fluide qu'il renfermait auparavant. La surface du fluide supérieur sera celle qu'il prendrait dans le tube plongeant par son extrémité inférieure dans ce
fluide. Au point de contact des deux fluides, ils auront une surface
commune différente de celle qu'ils auraient séparément et que l'on
peut déterminer par l'Analyse. Si l'on humecte d'eau, d'alcool ou de
tout autre liquide qui mouille exactement le verre l'intérieur d'un
tube capillaire cylindrique de cette substance, et que l'on plonge dans
le mercure l'extrémité inférieure de ce tube, on voit une partie du
liquide, qui humectait les parois du tube, se réunir en colonne
au-dessus du mercure. Il résulte de l'Analyse appliquée à cet objet
que la surface commune du mercure et du liquide est celle d'une
demi-sphère convexe relativement au mercure, en sorte qu'alors l'angle
que forme sa surface avec les parois du tube est nul.

Un vase indéfini étant supposé ne renfermer que deux fluides, *conce-
cevons que l'on y plonge entièrement un prisme droit vertical, de manière
qu'il soit dans l'un par sa partie supérieure, et dans l'autre par sa partie
inférieure; le poids du fluide inférieur élevé dans le prisme par l'action capillaire au-dessus de son niveau dans le vase sera égal au poids d'un pareil
volume du fluide supérieur, plus au poids du fluide inférieur qui s'élèverait
dans le prisme au-dessus du niveau, s'il n'y avait que ce fluide dans le vase,
moins au poids du fluide supérieur qui s'élèverait dans le même prisme au-*

dessus du niveau si, ce fluide existant seul dans le vase, le prisme trempait dans ce fluide par son extrémité inférieure.

Pour le démontrer, on observera que l'action du prisme et du fluide inférieur sur la partie du fluide inférieur qu'il contient est la même que si ce fluide existait seul dans le vase ; ce fluide est donc, dans ces deux cas, sollicité verticalement vers le haut de la même manière, et il est évident que les forces qui le sollicitent dans le dernier cas équivalent au poids du volume de ce fluide qui s'élèverait au-dessus du niveau ; pareillement, le fluide supérieur contenu dans la partie supérieure du prisme est sollicité verticalement vers le bas, par l'action du prisme et de ce fluide, comme il serait sollicité vers le haut, si, le vase ne renfermant que ce fluide, le prisme y trempait par son extrémité inférieure ; et dans ce cas, la réunion des actions du prisme et du fluide équivaut au poids de ce fluide qui s'élèverait dans le prisme au-dessus du niveau. Enfin la colonne des fluides intérieurs au prisme est sollicitée verticalement vers le bas par son propre poids, et vers le haut par la pression des fluides extérieurs. En réunissant toutes ces forces qui doivent se faire équilibre, on a le théorème que nous venons d'énoncer. On déterminera par les mêmes principes ce qui doit avoir lieu, lorsque le vase est rempli d'un nombre quelconque de fluides.

L'élévation et la dépression des fluides dans les tubes capillaires varie avec la température, par les changements que la chaleur produit dans le diamètre des tubes et principalement dans la densité des fluides. Relativement aux fluides qui, tels que l'alcool, jouissent d'une parfaite liquidité, on a ce théorème général : *L'élévation d'un fluide qui mouille exactement les parois d'un tube capillaire est, à diverses températures, en raison directe de la densité du fluide et en raison inverse du diamètre intérieur du tube.*

En appliquant la théorie précédente à la dépression du mercure dans les baromètres, on peut former une Table des dépressions correspondantes aux divers diamètres de leurs tubes, et par ce moyen rendre comparables entre eux ces instruments, si précieux à l'Astronomie, à la Physique et à la Géodésie.

L'un des plus grands avantages des théories mathématiques, et le plus propre à établir leur certitude, consiste à lier ensemble des phénomènes qui semblent disparates, en déterminant leurs rapports mutuels, non par des considérations vagues et conjecturales, mais par de rigoureux calculs. Ainsi la loi de la pesanteur universelle rattache le flux et le reflux de la mer aux lois du mouvement elliptique des planètes. C'est encore ainsi que la théorie précédente fait dépendre l'adhésion des disques à la surface des liquides, ainsi que l'attraction et la répulsion des petits corps qui nagent sur cette surface, de l'ascension des mêmes liquides dans les tubes capillaires.

Si l'on applique à la surface d'un liquide un disque suspendu au fléau d'une balance très exacte, de manière qu'il soit enlevé verticalement au moyen de très petits poids ajoutés successivement et avec lenteur dans le plateau de l'autre fléau de la balance, on voit le disque s'élever peu à peu au-dessus de la surface de niveau, en soulevant une colonne de liquide. Par des additions de poids successives, le disque finit par se détacher de la colonne qui retombe alors sur la surface du liquide. Le poids nécessaire pour cette séparation peut se conclure de l'élévation du liquide dans un tube capillaire cylindrique de la matière du disque. Concevons que ce disque soit circulaire et d'un grand diamètre. La colonne qu'il soulève prend alors la forme d'un solide de révolution dont la base inférieure s'étend indéfiniment sur la surface de la masse du liquide, et dont la base supérieure est la surface inférieure du disque. La théorie de l'action capillaire donne l'équation différentielle de la surface de la colonne ; cette surface est concave, et c'est en vertu de sa concavité que la colonne se maintient suspendue en équilibre ; car si, par un point quelconque de la surface de la colonne, on imagine un canal infiniment étroit, d'abord horizontal, se recourbant ensuite verticalement vers le bas et se prolongeant jusqu'au-dessous de la surface de niveau du liquide, il est visible que le liquide contenu dans la branche verticale de ce canal sera soutenu par la succion due à la concavité de la surface de la colonne, ainsi que l'eau élevée dans un tube capillaire de verre se maintient en équilibre par une cause semblable. On trouve par l'Analyse que le poids de la colonne soulevée, auquel la somme des poids mis dans le plateau opposé de la balance pour la soutenir doit être égale, est le même que le poids d'une colonne cylindrique liquide qui aurait : 1° pour hauteur la racine carrée du produit de l'élévation moyenne du liquide dans un tube cylindrique de la matière du disque par le diamètre du tube divisé par le cosinus de l'angle que la surface inférieure de ses parois forme avec un plan tangent de la surface liquide, à l'extrémité de la sphère d'activité sensible du tube, angle que nous nommerons *angle limite*; 2° pour base la surface inférieure du disque multipliée par le cosinus de la moitié de l'angle que cette surface forme avec un plan qui touche la surface de la colonne à l'extrémité de la sphère d'activité sensible du disque. Ce dernier angle, d'abord égal à deux droits, diminue à mesure que, par l'addition successive des poids, on soulève le disque, à peu près comme il augmente dans un tube capillaire que l'on continue de plonger dans un liquide déjà parvenu à son extrémité supérieure. Si l'on divise par la surface inférieure du disque le cylindre dont nous venons de parler, on aura l'élévation du disque au-dessus du niveau du liquide; cette élévation observée fera donc connaître l'angle correspondant formé par les surfaces du disque et du liquide. Lorsque le disque est sur le point de se détacher de la colonne, cet angle devient égal à l'*angle limite*. Si le liquide mouille le disque, l'*angle limite* est nul, et la surface de la colonne, au moment de sa séparation, est celle d'une gorge de poulie dont la partie la plus étroite est aux sept dixièmes environ de la hauteur de la colonne. M. Gay-Lussac a fait sur l'adhésion des disques à la surface d'un grand nombre de liquides des expériences très exactes, qui, comparées à la théorie précédente et s'accordant avec elle d'une manière très remarquable, ne laissent aucun doute sur la vérité de cette théorie.

Ces expériences peuvent servir à déterminer les rapports des forces attractives de diverses substances sur un même liquide. En formant avec ces substances des disques circulaires fort larges et d'un même diamètre et en les appliquant à la surface d'une masse indéfinie de ce liquide, on trouve, par l'Analyse, que les intensités respectives de ces attractions, à égalité de volume, sont proportionnelles aux carrés des poids nécessaires pour détacher les disques du liquide. Quand la force attractive du disque sur le liquide surpasse celle du liquide sur lui-même, l'expérience ne fait connaître que cette dernière force ; car alors une lame liquide adhère fortement à la surface inférieure du disque et forme un nouveau disque qui seul élève le liquide. Par cette raison tous les disques de même figure et de même grandeur, formés de diverses substances que l'eau mouille, telles que le verre, le marbre et les métaux, adhèrent également à la surface de ce liquide. Mais dans le cas où l'attraction du disque est plus petite, le frottement de ce liquide contre les disques et sa viscosité apportent de grandes différences dans les résultats des expériences sur leur adhésion à sa surface : c'est ce que M. Gay-Lussac a éprouvé dans celles qu'il a faites sur l'adhésion d'un disque de verre au mercure. Le maximum de cette adhésion est, par ce qui précède, à fort peu près proportionnel au sinus de la moitié de l'angle aigu que forme, avec la surface supérieure des parois d'un tube de verre qui plonge verticalement dans ce liquide, un plan tangent à la surface de ce liquide, à l'extrémité de la sphère d'activité sensible du tube ; or on sait, par l'observation journalière du baromètre, que cet angle peut augmenter considérablement lorsque le mercure descend avec une grande lenteur, le frottement du mercure contre les parois du tube et sa viscosité empêchant la descente des parties de ce liquide contiguës à ces parois. Les mêmes causes empêchent la colonne de mercure de se séparer du disque. Cette séparation n'a point lieu directement entre les deux surfaces du disque et du liquide, comme si le mercure formait une masse solide ; il faudrait alors employer une force incomparablement plus grande que celle qui la produit. Mais, en soulevant le disque, la colonne liquide commence à se détacher de ses bords ; ensuite elle se rétrécit de plus en plus vers le milieu du disque, jusqu'au moment où elle le quitte. Le frottement du mercure contre la surface inférieure du disque et sa viscosité doivent donc empêcher cet effet et augmenter, comme dans la

descente du baromètre, l'angle aigu du contact de la surface du disque
avec celle du mercure, et si, par l'extrème lenteur avec laquelle on
ajoute les petits poids dans le plateau de la balance, toutes les molécules de la colonne liquide ont le temps de s'accommoder au nouvel état
d'équilibre qui convient à cet angle, on conçoit que l'on peut considérablement accroitre le poids nécessaire pour détacher le disque, de
la surface du mercure.

L'attraction et la répulsion des petits corps qui nagent à la surface
des liquides sont encore des phénomènes capillaires que l'on peut soumettre à l'Analyse. Imaginons deux plans parallèles formés de la même
matière et plongeant verticalement par leurs extrémités inférieures
dans un liquide indéfini ; supposons d'abord que ce liquide s'abaisse
entre eux ; il est visible que cet abaissement à l'intérieur des plans sera
plus considérable qu'à leur extérieur, et qu'il le sera d'autant plus que
ces plans seront plus rapprochés. En vertu de cette différence, les plans
seront évidemment pressés l'un vers l'autre par le liquide extérieur.
Le même effet a lieu, si le liquide s'élève entre les plans. Pour le faire
voir, concevons dans le liquide intérieur un canal infiniment étroit
et vertical, qui passe par le point le plus bas de sa surface, et supposons que ce canal se recourbe horizontalement, pour aboutir à un
point de la surface intérieure de l'un des plans plus élevé que le liquide
extérieur. Ce point éprouvera d'abord la pression de l'atmosphère,
ensuite celle du liquide contenu dans la branche verticale du canal.
Mais ces pressions sont diminuées par l'action du ménisque liquide
que retrancherait un plan tangent au point le plus bas de la surface du
liquide à l'intérieur, et cette action fait équilibre au poids de la colonne
entière du liquide contenu dans la branche verticale du canal en la
supposant prolongée jusqu'à la surface de niveau du liquide indéfini ;
le point intérieur du plan éprouvera donc une pression moindre
que celle de l'atmosphère qui presse le point correspondant à l'extérieur ; cette différence de pression tend donc encore à rapprocher
les deux plans. L'Analyse conduit à ce théorème : *Soit que le liquide
s'élève ou s'abaisse entre les plans, la pression que chaque plan éprouve*

vers l'autre est égale au poids d'un prisme liquide, dont la hauteur est la demi-différence des élévations des points extrêmes de contact du liquide à l'intérieur et à l'extérieur du plan, et dont la base est la partie du plan comprise entre les lignes horizontales menées par ces points. Il en résulte que, lorsque les plans sont très rapprochés, leur tendance à se réunir croit en raison inverse du carré de leur distance mutuelle. Ainsi, au moyen d'un liquide intermédiaire, des forces dont l'action n'est sensible qu'à des distances imperceptibles produisent une force qui s'étend à des distances sensibles, suivant la loi de la pesanteur universelle.

Si les deux plans sont de matières différentes et telles que le liquide s'abaisse à l'extérieur de l'un d'eux autant qu'il s'élève à l'extérieur de l'autre, ils se repousseront mutuellement. La surface du liquide à leur intérieur aura une ligne d'inflexion, horizontale et de niveau avec la surface du liquide extérieur. Au dedans, le liquide sera moins élevé près du plan qui l'élève qu'au dehors, et l'on vient de voir que la pression est alors plus grande du côté où le liquide est moins élevé. Pareillement, le liquide étant plus abaissé au dehors du plan qui l'abaisse qu'à son intérieur, la pression intérieure est plus grande ; les deux plans tendent donc à s'écarter l'un de l'autre, et cette tendance a lieu, quel que soit leur rapprochement. Il n'en est pas de même lorsqu'il y a une différence entre l'élévation du liquide à l'extérieur de l'un des plans et son abaissement à l'extérieur de l'autre. L'Analyse fait voir qu'ils commencent par se repousser, et qu'en continuant de les rapprocher, cette répulsion apparente finit par se changer dans une attraction toujours croissante à mesure qu'on les rapproche, le liquide s'élevant ou s'abaissant indéfiniment à leur intérieur. Dans tous les cas, soit que les plans se repoussent, soit qu'ils s'attirent, quoiqu'ils n'agissent l'un sur l'autre que par l'action capillaire, l'action est toujours égale à la réaction. L'expérience a confirmé ces divers résultats de la théorie.

Enfin, la suspension des corps à la surface d'un liquide spécifiquement moins pesant qu'eux est un phénomène capillaire que l'on peut soumettre à l'analyse. Il n'a lieu que dans le cas où ces corps par leur

action capillaire écartent le liquide, et alors on conçoit qu'ils doivent,
pour être en équilibre, suppléer par leur poids celui du liquide écarté.
En général, l'augmentation du poids d'un corps de figure quelconque,
due à l'action capillaire, est égale au poids du volume de liquide qu'il
élève au-dessus du niveau par l'action capillaire, et si le liquide est déprimé au-dessous, l'augmentation de poids se change en diminution,
et le poids du corps en équilibre est alors égal au poids d'un volume
de liquide, pareil à celui que le corps déplace, soit par l'espace qu'il
occupe au-dessous du niveau, soit par l'espace qu'il laisse vide, en écartant le liquide par l'action capillaire.

Ce principe embrasse le principe connu d'Hydrostatique sur la diminution du poids d'un corps plongeant dans un liquide ; il suffit d'en
supprimer ce qui est relatif à l'action capillaire qui disparaît totalement,
quand le corps est entièrement plongé dans le liquide au-dessous du
niveau. Pour le démontrer, imaginons un canal vertical assez large
pour embrasser le corps et tout le volume sensible de liquide qu'il soulève ou qu'il laisse vide par l'action capillaire ; supposons que ce canal,
après avoir pénétré dans le liquide, devienne horizontal, et qu'ensuite
il se relève verticalement jusqu'à la surface du liquide, en conservant
toujours la même largeur. Il est clair que, dans l'état d'équilibre, les
poids contenus dans les deux branches verticales de ce canal doivent
être égaux ; il faut donc que le corps, par sa légèreté spécifique, compense le poids du liquide élevé par l'action capillaire, ou, si cette action
le déprime, il faut que, par sa pesanteur spécifique, il compense le
vide que cette action produit. Dans le premier cas, l'action capillaire
tend à faire plonger le corps dans le liquide ; dans le second cas, cette
action soulève le corps, qui peut être par là maintenu à la surface du
liquide, quoique spécifiquement plus pesant.

C'est ainsi qu'un cylindre d'acier très délié, dont le contact avec
l'eau est empêché par un vernis ou par une couche d'air qui l'enveloppe,
se soutient à la surface de ce liquide. Si l'on place ainsi horizontalement sur l'eau deux cylindres égaux et parallèles qui se touchent de
manière qu'ils se dépassent mutuellement, on observe qu'à l'instant

ils glissent l'un contre l'autre, pour se mettre de niveau par leurs extrémités. Le liquide étant plus déprimé aux extrémités qui sont en contact avec les cylindres qu'aux extrémités opposées, les bases de ces dernières extrémités sont plus pressées que les deux autres bases; chaque cylindre tend, en conséquence, à se réunir de plus en plus avec l'autre, et comme les forces accélératrices portent toujours un système de corps, dérangé de l'état d'équilibre, au delà de cette situation, les deux cylindres doivent se dépasser alternativement, en faisant des oscillations qui, diminuant sans cesse par les résistances qu'elles éprouvent, finissent par être anéanties ; ces cylindres alors, parvenus à l'état de repos, sont de niveau par leurs extrémités.

Les phénomènes que présente une goutte liquide en mouvement ou suspendue en équilibre, soit dans un tube capillaire conique, soit entre deux plans très peu inclinés l'un à l'autre et dont l'intersection est horizontale, sont très propres à vérifier la théorie. Une petite colonne d'eau ou d'alcool dans un tube conique de verre, ouvert à ses deux extrémités et maintenu horizontalement, se porte vers le sommet du tube, et l'on voit que cela doit être. En effet, la surface de la colonne liquide est concave à ses deux extrémités ; mais le rayon de cette surface est plus petit du côté du sommet que du côté de la base ; l'action du liquide sur lui-même est donc moindre du côté du sommet, et par conséquent la colonne doit tendre vers ce côté. Si le liquide est du mercure, alors sa surface est convexe, et son rayon est moindre encore vers le sommet que vers la base ; mais, à raison de sa convexité, l'action du liquide sur lui-même est plus grande vers le sommet, et la colonne doit se porter vers la base du tube, ce qui est conforme à l'expérience.

On peut balancer ces actions du liquide sur lui-même par le propre poids de la colonne, et la tenir suspendue en équilibre en inclinant l'axe du tube à l'horizon. Un calcul fort simple fait voir que, si la longueur de la colonne est peu considérable et si le tube est fort étroit, le sinus de l'inclinaison de l'axe à l'horizon, dans le cas de l'équilibre, est à fort peu près en raison inverse du carré de la distance du milieu de la colonne au sommet du cône, et qu'il est égal à une fraction dont le dénominateur est cette distance, et dont le numérateur est la hauteur à laquelle le liquide s'élèverait dans un tube cylindrique dont le diamètre serait celui du cône, au milieu de la colonne. Des résultats semblables ont lieu pour une goutte liquide placée entre deux plans qui se touchent par leurs bords supposés horizontaux, en formant entre eux un angle égal à l'angle formé par l'axe du cône et ses côtés ; l'inclinaison à l'horizon du plan qui divise également l'angle formé par les plans doit être la même que celle de l'axe du cône pour que la goutte reste en équilibre. Les expériences que l'on a faites sur cet objet confirment les résultats de la théorie.

La figure des liquides compris entre les plans qui font entre eux des angles quelconques, celles des gouttes liquides s'appuyant sur un plan, l'écoulement des liquides par des siphons capillaires et beaucoup d'autres phénomènes semblables ont été soumis, comme les précédents, à l'Analyse. L'accord de ses résultats avec l'expérience prouve d'une manière incontestable l'existence dans tous les corps d'une attraction moléculaire décroissante avec une extrême rapidité, et qui, modifiée dans les liquides par la figure des espaces étroits qui les renferment, produit tous les phénomènes de la capillarité.

Ces phénomènes étant ramenés à une théorie mathématique, il était nécessaire, pour la comparer exactement avec la nature, d'avoir sur cet objet une suite d'expériences très précises. Le besoin de semblables expériences se fait sentir à mesure que la Physique, en se perfectionnant, rentre dans le domaine de l'Analyse. On peut alors, par leur comparaison avec les théories, élever celles-ci au plus haut degré de certitude dont les sciences physiques soient susceptibles. Les expériences que M. Gay-Lussac a bien voulu faire, à ma prière, sur les effets de la capillarité, et auxquelles il a su donner toute l'exactitude des observations astronomiques, ont procuré cet avantage à la théorie que nous venons d'exposer.

Quand on est parvenu à la véritable cause des phénomènes, il est curieux de porter la vue en arrière et de considérer jusqu'à quel point les hypothèses imaginées pour les expliquer s'en rapprochent. Newton

s'est beaucoup étendu sur les phénomènes capillaires dans les questions
qui terminent son Optique ; il a très bien vu qu'ils dépendent de forces
attractives décroissant avec une extrême rapidité par la distance, et
ce qu'il dit sur les affinités chimiques qu'elles produisent est très remarquable pour son temps, et a été confirmé en grande partie par les
travaux des chimistes modernes ; mais ce grand géomètre n'a point
donné de méthode pour soumettre au calcul les effets capillaires de ces
forces. Jurin a depuis essayé de ramener à un principe général l'ascension des liquides dans des tubes très étroits. Il attribue celle de l'eau
dans un tube de verre à l'attraction de la partie annulaire du tube à
laquelle l'eau est contiguë ; « car », dit-il, « c'est seulement de cette
partie du tube que l'eau doit s'éloigner en s'abaissant ; elle est par conséquent la seule qui, par la force de son attraction, s'oppose à sa descente. Cette cause est proportionnelle à son effet, puisque cette circonférence et la colonne d'eau suspendue sont toutes deux proportionnelles
au diamètre du tube. » Mais on ne doit employer le principe de la proportionnalité des effets aux causes que lorsqu'elles sont premières, et
non quand elles sont des résultats de causes premières. Ainsi, en ad-
mettant même que le seul anneau de verre adhérent à la surface de
l'eau est la cause de l'élévation de ce liquide, on ne doit pas en conclure
que le poids élevé doit être proportionnel à son diamètre. parce qu'on
ne peut connaître la force de cet anneau qu'en sommant celle de toutes
ses parties. Clairaut, qui a examiné cet objet dans sa *Théorie de la figure
de la Terre*, substitue à l'hypothèse de Jurin une analyse exacte de
toutes les forces qui tiennent une colonne d'eau suspendue en équilibre, dans un canal infiniment étroit passant par l'axe du tube. Mais
il n'a pas expliqué le principal phénomène capillaire, celui de l'ascension et de la dépression des liquides en raison inverse du diamètre intérieur des tubes très étroits ; il se contente d'observer, sans en donner la
preuve, qu'une infinité de lois d'attraction peuvent produire ce phénomène. La supposition qu'il fait de l'action du verre, sensible jusque
sur les molécules de l'eau situées dans l'axe du tube, devait l'éloigner
de la véritable explication du phénomène ; mais il est remarquable que,

s'il fût parti de l'hypothèse d'une attraction insensible à des distances
sensibles et s'il eût appliqué aux molécules situées dans la sphère d'activité des parties du tube l'analyse des forces dont il a fait usage pour
les molécules de l'axe, il aurait été conduit, non seulement au résultat
de Jurin, mais encore à ceux que nous avons obtenus par la seconde
manière dont nous avons envisagé les phénomènes capillaires. On voit
par cette méthode que, si le liquide mouille parfaitement le tube, on
peut concevoir que la partie du tube supérieure à la surface du liquide
d'une quantité imperceptible le sollicite à s'élever et le tient suspendu
en équilibre, lorsque le poids de la colonne élevée balance l'attraction
de cet anneau du tube. Ce n'est pas, comme Jurin le prétend, l'anneau
même en contact avec le liquide qui produit ces effets, puisque son
action est horizontale; ces phénomènes prouvent que l'action réciproque
du tube et du liquide ne s'arrête point aux surfaces. Mais le principe
de Jurin, quoique inexact, l'a conduit à une conséquence vraie, savoir,
que le poids de la colonne liquide est proportionnel au contour de la
base intérieure du tube, conséquence que l'on doit étendre généralement à un tube prismatique, quels que soient sa forme intérieure et le
rapport de l'attraction de ses molécules sur le liquide à l'attraction des
molécules liquides sur elles-mêmes.

La ressemblance de la surface des fluides contenus dans les espaces
capillaires et des gouttes liquides avec les surfaces dont les géomètres
s'occupèrent à l'origine du Calcul infinitésimal, sous les noms de *lin-
téaire*, d'*élastique*, porta naturellement plusieurs physiciens à considérer les liquides comme étant enveloppés de semblables surfaces, qui,
par leur tension et leur élasticité, donnaient aux liquides les formes
indiquées par l'expérience. Segner, l'un des premiers qui aient eu cette
idée, sentit bien qu'elle n'était qu'une fiction propre à représenter les
phénomènes, mais que l'on ne devait admettre qu'autant qu'elle se rat-
tachait à la loi d'une attraction insensible à des distances sensibles.
Il essaya donc d'établir cette dépendance; mais, en suivant ses raisonnements, il est facile d'en reconnaître l'inexactitude, et les résultats
auxquels il parvint, et qui ne s'accordent ni avec l'Analyse ni avec la

nature, en sont la preuve. Au reste, on voit, par la note qui termine ses recherches, qu'il n'en a pas été content lui-même. Mais on doit lui rendre cette justice, qu'il était sur la voie qui devait conduire à la théorie générale des phénomènes capillaires. Lorsque je m'en occupais, Thomas Young en faisait pareillement le sujet de recherches fort ingénieuses, insérées dans les *Transactions philosophiques.* Il y compare, avec Segner, la force capillaire à la tension d'une surface liquide, en ayant égard à sa courbure dans deux directions perpendiculaires entre elles, et de plus il suppose que cette surface coupe toujours les parois des espaces capillaires sous un angle déterminé pour les mêmes substances, quelle que soit d'ailleurs la surface de ces parois, ce qui n'est exact qu'aux limites de la sphère d'activité sensible de ces substances, et cesse même de l'être au delà de ces limites, lorsque le liquide est à l'extrémité des parois, comme on l'a vu relativement aux surfaces des tubes et des disques qui le soulèvent. Mais Young n'a pas, ainsi que Segner, tenté de dériver ses hypothèses de l'attraction moléculaire, ce qui était indispensable pour les réaliser; elles ne pouvaient l'être que par une démonstration pareille à celle que j'ai donnée dans ma première méthode, à laquelle les explications de Segner et d'Young se rattachent, comme celle de Jurin se rattache à la seconde manière dont j'ai considéré ce genre de phénomènes.

Je me suis beaucoup étendu sur les phénomènes capillaires, parce qu'indépendamment de l'intérêt qu'ils offrent par eux-mêmes, leur théorie répand un grand jour sur les attractions réciproques des molécules des corps, dont ils sont de très légères modifications. Le calcul nous montre, en effet, que l'action capillaire dérive de la force attractive, et qu'elle est à celle-ci dans un rapport beaucoup moindre que celui du rayon de la sphère d'activité sensible de cette force au rayon de courbure de la surface capillaire. Ainsi, en supposant ce dernier rapport égal à $\frac{1}{10000}$, la force attractive de l'eau sur elle-même surpassera vingt mille fois l'action capillaire de ce liquide dans un tube de verre, large de $0^m,001$, action équivalente, suivant l'expérience, à une colonne d'eau de $0^m,030$; cette force surpassera donc la pression d'une colonne d'eau de 600^m. Une pression aussi considérable comprime fortement les couches intérieures de ce liquide, et accroît leur densité qui, par cette raison, doit surpasser celle d'une lame d'eau isolée d'une épaisseur plus petite que la sphère d'activité sensible de ses molécules. Est-il invraisemblable de supposer que ce cas est celui de l'enveloppe aqueuse des vapeurs vésiculaires, qui par là deviennent beaucoup plus légères?

L'attraction moléculaire est la cause de l'agrégation des molécules homogènes et de la solidité des corps. Elle est la source des affinités des molécules hétérogènes. Semblable à la pesanteur, elle ne s'arrête point à la superficie des corps, mais elle les pénètre, en agissant au delà du contact à des distances imperceptibles : c'est ce que les phénomènes capillaires montrent avec évidence. De là dépend l'influence des masses dans les affinités chimiques, ou cette capacité de saturation, dont Berthollet a si heureusement développé les effets. Ainsi deux acides, en agissant sur une même base, se la partagent en raison de leurs affinités avec elle ; ce qui n'aurait point lieu, si l'affinité n'agissait qu'au contact ; car alors l'acide le plus puissant retiendrait la base entière. La figure des molécules, l'électricité, la chaleur, la lumière et d'autres causes, en se combinant avec cette loi générale, modifient ses effets. Des expériences de M. Gay-Lussac sur les phénomènes capillaires des mélanges formés de proportions diverses d'eau et d'alcool semblent indiquer ces modifications; car ces phénomènes ne suivent point exactement les lois qui résultent des attractions respectives des deux fluides mêlés ensemble et des pesanteurs spécifiques.

Ici se présente une question intéressante. La loi de l'attraction moléculaire relative aux distances est-elle la même pour tous les corps? Cela semble résulter du phénomène général observé par Richter, et qui consiste en ce que les rapports des bases qui saturent un acide sont les mêmes pour tous les acides ; dans ce cas, la loi de la capillarité est aussi la même pour tous les liquides.

Les molécules d'un corps solide ont la position dans laquelle leur résistance à un changement d'état est le plus grande. Chaque molé-

cule, lorsqu'elle est infiniment peu dérangée de cette position, tend à
y revenir en vertu des forces qui la sollicitent. C'est là ce qui constitue
l'élasticité dont on peut supposer tous les corps doués, lorsqu'on ne
change qu'extrêmement peu leur figure. Mais, quand l'état respectif
des molécules éprouve un changement considérable, ces molécules
retrouvent de nouveaux états d'équilibre stable, comme il arrive aux
métaux écrouis, et généralement aux corps qui par leur mollesse sont
susceptibles de conserver toutes les formes qu'on leur donne en les
pressant. La dureté des corps et leur viscosité ne me paraissent être
que la résistance des molécules à ces changements d'état d'équilibre.
La force expansive de la chaleur étant opposée à la force attractive des
molécules, elle diminue de plus en plus leur viscosité ou leur adhérence mutuelle par ses accroissements successifs, et lorsque les molécules d'un corps n'opposent plus qu'une très légère résistance à leurs
déplacements respectifs dans son intérieur et à sa surface, il devient
liquide. Mais sa viscosité, quoique très affaiblie, subsiste encore jusqu'à ce que, par une augmentation de température, elle devienne nulle
ou insensible. Alors, chaque molécule retrouvant dans toutes ses positions les mêmes forces attractives et la même force répulsive de la
chaleur, elle cède à la pression la plus légère, et le liquide jouit d'une
fluidité parfaite. On peut conjecturer avec vraisemblance que cela a
lieu pour les liquides qui, comme l'alcool, ont une température fort
supérieure à celle où ils commencent à se congeler. C'est dans ces
liquides que les lois des phénomènes capillaires, comme celles de l'é-
quilibre et du mouvement des fluides, s'observent avec exactitude ;
car les forces dont les phénomènes capillaires dépendent sont si petites
que le plus léger obstacle, tel que la viscosité des liquides et leur
frottement contre les parois qui les renferment, suffit pour en modifier
sensiblement les effets. L'influence de la figure des molécules est très
remarquable dans les phénomènes de la congélation et de la cristallisation, que l'on rend beaucoup plus promptes en plongeant dans le
liquide un morceau de glace ou de cristal formé du même liquide ; les
molécules de la surface de ce solide se présentant aux molécules

liquides qui les touchent dans la situation la plus favorable à leur union avec elles. On conçoit que l'influence de la figure, quand la distance augmente, doit décroître bien plus rapidement que l'attraction elle-même. C'est ainsi que, dans les phénomènes célestes qui dépendent de la figure des planètes, tels que le flux et le reflux de la mer et la précession des équinoxes, cette influence décroit en raison du cube de la distance, tandis que l'attraction ne diminue qu'en raison du carré de la distance.

Il paraît donc que l'état solide dépend de l'attraction des molécules, combinée avec leur figure, en sorte qu'un acide, quoique exerçant sur une base une moindre attraction à distance que sur une autre base, se combine et se cristallise de préférence avec elle si, par la forme de ses molécules, son contact avec cette base est plus intime. L'influence de la figure, sensible encore dans les fluides visqueux, est nulle dans ceux qui jouissent d'une entière fluidité. Enfin tout porte à croire que, dans l'état gazeux, non seulement l'influence de la figure des molécules, mais encore celle de leurs forces attractives est insensible par rapport à la force répulsive de la chaleur. Ces molécules ne paraissent être alors qu'un obstacle à l'expansion de cette force ; car on peut dans un grand nombre de cas, sans changer la tension d'un gaz renfermé dans un espace donné, substituer à plusieurs de ses parties des parties d'un autre gaz, égales en volume. C'est la raison pour laquelle divers gaz, mis en contact, finissent à la longue par se mêler d'une manière uniforme ; car ce n'est qu'alors qu'ils sont dans un état stable d'équilibre. Si l'un de ces gaz est de la vapeur, l'équilibre n'est stable que dans le cas où cette vapeur disséminée est en quantité égale ou moindre que celle de la même vapeur qui se répandrait, à la même température, dans un espace vide égal à celui qu'occupe le mélange. Si la vapeur est en plus grande quantité, l'excédent doit, pour la stabilité de l'équilibre, se condenser sous forme liquide.

La considération de la stabilité de l'équilibre d'un système de molécules réagissantes les unes sur les autres par leurs forces attractives est très utile pour l'explication d'un grand nombre de phénomènes. De

même que, dans un système de corps solides et fluides animés par la
pesanteur, la Mécanique nous montre plusieurs états d'équilibre stable,
la Chimie nous offre, dans la combinaison des mêmes principes, divers
états permanents. Quelquefois deux premiers principes s'unissent ensemble, et les molécules formées de leur union s'unissent à celles d'un
troisième principe : telle est, selon toute apparence, la combinaison
des principes constituants d'un acide avec une base. D'autres fois, les
principes d'une substance, sans être unis ensemble comme ils le sont
dans la substance même, s'unissent à d'autres principes et forment
avec eux des combinaisons triples ou quadruples, en sorte que cette
substance, retirée par l'analyse chimique, est alors un produit de
cette opération. Les mêmes molécules peuvent encore s'unir par
diverses faces, et produire ainsi des cristaux différents par la forme,
la dureté, la pesanteur spécifique et leur action sur la lumière. Enfin
la condition d'un équilibre stable me paraît être ce qui détermine les
rapports fixes suivant lesquels divers principes se combinent dans un
grand nombre de circonstances, rapports qui, d'après l'expérience,
paraissent être souvent les plus simples et de nombre à nombre. Tous
ces phénomènes dépendent de la forme des molécules élémentaires,
des lois de leurs forces attractives, de la force répulsive de l'électricité et de la chaleur, et peut-être d'autres forces encore inconnues.
L'ignorance où nous sommes de ces données et leur complication
extrême ne permettent pas d'en soumettre les résultats à l'Analyse
mathématique. Mais on supplée ce grand avantage par le rapprochement des faits bien observés, en s'élevant par leur comparaison à des
rapports généraux qui, liant ensemble un grand nombre de phénomènes, sont la base des théories chimiques dont ils étendent et perfec-
tionnent les applications aux arts.

En voyant toutes les parties de la matière soumises à l'action de
forces attractives, dont l'une s'étend indéfiniment dans l'espace, tandis
que les autres cessent d'être sensibles aux plus petites distances perceptibles à nos sens, on peut se demander si ces dernières forces ne
sont pas la première modifiée par la figure et les distances mutuelles

des molécules des corps. Pour admettre cette hypothèse, il faut supposer les dimensions de ces molécules si petites, relativement aux intervalles qui les séparent, que leur densité soit incomparablement plus grande que la moyenne densité de leur ensemble. Une molécule sphérique, d'un rayon égal à un millionième de mètre, devrait avoir une densité plus de six milliards de fois plus grande que la densité moyenne de la Terre, pour exercer à sa surface une attraction égale à la pesanteur terrestre ; or les forces attractives des corps surpassent considérablement cette pesanteur, puisqu'elles infléchissent visiblement la lumière, dont la direction n'est point changée sensiblement par l'attraction de la Terre. La densité des molécules surpasserait donc incomparablement celles des corps, si leurs affinités n'étaient qu'une modification de la pesanteur universelle. Au reste, rien n'empêche d'adopter cette manière d'envisager tous les corps : plusieurs phénomènes, et entre autres la facilité avec laquelle la lumière traverse dans tous les sens les corps diaphanes, lui sont très favorables. Nous avons d'ailleurs, dans l'extrême rareté des queues des comètes, un exemple frappant de la porosité presque infinie des substances vaporisées, et il n'est point absurde de supposer la densité des corps terrestres moyenne entre une densité absolue et celle des vapeurs. Les affinités dépendraient alors de la forme des molécules intégrantes et de leurs positions respectives, et l'on pourrait, par la variété de ces formes, expliquer toutes les variétés des forces attractives, et ramener ainsi à une seule loi générale tous les phénomènes de la Physique et de l'Astronomie. Mais l'impossibilité de connaitre les figures des molécules et leurs distances mutuelles rend ces explications vagues et inutiles à l'avancement des sciences.

LIVRE V.

PRÉCIS DE L'HISTOIRE DE L'ASTRONOMIE.

> Multi pertransibunt, et augebitur scientia.
> Bacon.

Nous venons d'exposer les principaux résultats du système du monde, suivant l'ordre analytique le plus direct et le plus simple. Nous avons d'abord considéré les apparences des mouvements célestes, et leur comparaison nous a conduits aux mouvements réels qui les produisent. Pour nous élever au principe régulateur de ces mouvements, il fallait connaître les lois du mouvement de la matière, et nous les avons développées avec étendue. En les appliquant ensuite aux corps du système solaire, nous avons reconnu qu'il existe entre eux, et même entre leurs plus petites molécules, une attraction proportionnelle aux masses et réciproque au carré des distances. Redescendant enfin de cette force universelle à ses effets, nous en avons vu naître, non seulement tous les phénomènes connus ou simplement entrevus par les astronomes, mais encore un grand nombre d'autres entièrement nouveaux et que l'observation a vérifiés.

Ce n'est pas ainsi que l'esprit humain est parvenu à ces découvertes. L'ordre précédent suppose que l'on a sous les yeux l'ensemble des observations anciennes et modernes, et que, pour les comparer et pour en déduire les lois des mouvements célestes et les causes de leurs inégalités, on fait usage de toutes les ressources que présentent aujourd'hui l'Analyse et la Mécanique. Mais ces deux branches de nos connaissances s'étant perfectionnées successivement avec l'Astronomie, leur état à ces diverses époques a nécessairement influé sur les théories astronomiques. Plusieurs hypothèses ont été généralement admises, quoique directement contraires aux loi fondamentales de la Mécanique, que l'on ne connaissait pas encore, et dans cette ignorance, on a élevé contre le vrai sytème du monde, qui perçait de toutes parts dans les phénomènes, des difficultés qui l'ont fait pendant longtemps méconnaitre. Ainsi la marche de l'Astronomie a été embarrassée, incertaine, et les vérités dont elle s'est enrichie ont été souvent alliées à des erreurs que le temps, l'observation et le progrès des sciences accessoires en ont séparées. Nous allons ici donner un précis de son histoire : on y verra l'Astronomie rester un grand nombre de siècles dans l'enfance, en sortir et s'accroitre dans l'école d'Alexandrie ; stationnaire ensuite jusqu'au temps des Arabes, se perfectionner par leurs travaux ; enfin, abandonnant l'Afrique et l'Asie où elle avait pris naissance, se fixer en Europe, et s'élever en moins de trois siècles à la hauteur où elle est maintenant parvenue. Ce tableau des progrès de la plus sublime des sciences naturelles fera pardonner à l'esprit humain l'Astrologie, qui, dès la plus haute antiquité, s'était partout emparée de la faiblesse des hommes, mais que ces progrès ont fait pour toujours disparaitre.

CHAPITRE PREMIER.

DE L'ASTRONOMIE ANCIENNE JUSQU'A LA FONDATION DE L'ÉCOLE D'ALEXANDRIE.

Le spectacle du ciel dut fixer l'attention des premiers hommes, surtout dans les climats où la sérénité de l'air invitait à l'observation des astres. On eut besoin pour l'agriculture de distinguer les saisons et d'en connaître le retour. On ne tarda pas à s'apercevoir que le lever et le coucher des principales étoiles, au moment où elles se plongent dans les rayons solaires ou quand elles s'en dégagent, pouvaient servir à cet objet. Aussi voit-on chez presque tous les peuples ce genre d'observations remonter jusqu'aux temps dans lesquels se perd leur origine. Mais quelques remarques grossières sur le lever et sur le coucher des étoiles ne formaient point une science, et l'Astronomie n'a commencé qu'à l'époque où, les observations antérieures ayant été recueillies et comparées entre elles, et les mouvements célestes ayant été suivis avec plus de soin qu'on ne l'avait fait encore, on essaya de déterminer les lois de ces mouvements. Celui du Soleil dans un orbe incliné à l'équateur, le mouvement de la Lune, la cause de ses phases et des éclipses, la connaissance des planètes et de leurs révolutions, la sphéricité de la Terre et sa mesure ont pu être l'objet de cette antique Astronomie; mais le peu qui nous reste de ses monuments est insuffisant pour en fixer l'époque et l'étendue. Nous pouvons seulement juger de sa haute antiquité par les périodes astronomiques qui nous sont parvenues, et qui supposent une suite d'observations d'autant plus longue que ces observations étaient plus imparfaites. Telle a été la vicissitude des choses humaines, que celui des arts qui peut seul transmettre à la postérité d'une manière durable les événements des siècles écoulés, l'imprimerie, étant d'une invention moderne, le souvenir des premiers inventeurs s'est entièrement effacé. De grands peuples ont disparu sans laisser sur leur passage des traces de leur existence. La plupart des cités les plus célèbres de l'antiquité ont péri avec leurs annales et avec la langue même que parlaient leurs habitants; à peine reconnaît-on la place où fut Babylone. De tant de monuments des arts et de l'industrie qui décoraient ces cités et qui passaient pour les merveilles du monde, il ne reste plus qu'une tradition confuse et des débris épars dont l'origine est le plus souvent incertaine, mais dont la grandeur atteste la puissance des peuples qui ont élevé ces monuments.

Il paraît que l'Astronomie pratique des premiers temps se bornait aux observations du lever et du coucher des principales étoiles, de leurs occultations par la Lune et par les planètes, et des éclipses. On suivait la marche du Soleil au moyen des étoiles qu'effaçait la lumière des crépuscules, et par les variations des ombres méridiennes des gnomons; on déterminait les mouvements des planètes par les étoiles dont elles s'approchaient dans leurs cours. Pour reconnaître tous ces astres et leurs mouvements divers, on partagea le ciel en constellations, et cette zone céleste nommée *Zodiaque*, dont le Soleil, la Lune et les planètes alors connues ne s'écartaient jamais, fut divisée dans les douze constellations suivantes :

Le Bélier, le Taureau, les Gémeaux, l'Écrevisse, le Lion, la Vierge;
La Balance, le Scorpion, le Sagittaire, le Capricorne, le Verseau, les Poissons.

On les nomma *signes,* parce qu'elles servaient à distinguer les saisons; ainsi l'entrée du Soleil dans la constellation du Bélier marquait, au temps d'Hipparque, l'origine du printemps; cet astre parcourait ensuite le Taureau, les Gémeaux, l'Écrevisse, etc. Mais le mouvement rétrograde des équinoxes changea, quoique avec lenteur, la correspondance des constellations avec les saisons, et à l'époque de ce grand astronome elle était déjà fort différente de celle que l'on avait établie à l'origine du zodiaque. Cependant l'Astronomie, en se perfectionnant, ayant eu besoin de signes pour indiquer le mouvement des astres, on continua de désigner, comme Hipparque, l'origine du printemps par l'entrée du Soleil dans le Bélier. Alors on distingua les constellations des signes du zodiaque, qui ne furent plus qu'une chose fictive, propre à indiquer la marche des corps célestes. Maintenant que l'on cherche à tout ramener aux notions et aux expressions les plus simples, on commence à ne plus considérer les signes du zodiaque, et l'on marque la position des astres sur l'écliptique par leur distance à l'équinoxe du printemps.

Les noms des constellations du zodiaque ne leur ont point été donnés au hasard; ils ont exprimé des rapports qui ont été l'objet d'un grand nombre de recherches et de systèmes. Quelques-uns de ces noms paraissent être relatifs au mouvement du Soleil : l'*Écrevisse*, par exemple, et le *Capricorne* indiquent la rétrogradation de cet astre aux solstices, et la *Balance* désigne l'égalité des jours et des nuits à l'équinoxe; les autres noms semblent se rapporter à l'agriculture et au climat du peuple chez lequel le zodiaque a pris naissance. Le *Capricorne* ou la constellation de la *Chèvre* paraît mieux placée au point le plus élevé de la course du Soleil qu'à son point le plus bas. Dans cette position, qui remonte à quinze mille ans, la Balance était à l'équinoxe du printemps ; et les constellations du zodiaque avaient des rapports frappants avec le climat de l'Égypte et avec son agriculture. Tous ces rapports subsisteraient encore si les constellations du zodiaque, au lieu d'avoir été nommées d'après leur lever avec le Soleil ou au commencement du jour, l'eussent été d'après leur lever à l'entrée de la nuit, si, par exemple, le lever de la Balance à ce moment eût indiqué le commencement du printemps. L'origine du zodiaque, qui ne remontrerait alors qu'à deux mille cinq cents ans avant notre ère, s'accorde beaucoup mieux que la précédente, avec le peu que nous savons, de l'antiquité des sciences et spécialement de l'Astronomie.

Les Chinois sont de tous les peuples celui dont les annales nous offrent les plus anciennes observations que l'on puisse employer dans l'Astronomie. Les premières éclipses dont elles font mention ne peu-

vant servir qu'à la chronologie, par la manière vague dont elles sont
rapportées; mais ces éclipses prouvent qu'à l'époque de l'empereur
Yao, plus de deux mille ans avant notre ère, l'Astronomie était cultivée
à la Chine comme base des cérémonies. Le calendrier et l'annonce des
éclipses étaient d'importants objets pour lesquels on avait créé un tribunal de Mathématiques. On observait dès lors les ombres méridiennes du gnomon aux solstices et le passage des astres au méridien;
on mesurait le temps par des clepsydres, et l'on déterminait la position
de la Lune par rapport aux étoiles dans les éclipses ; ce qui donnait les
positions sidérales du Soleil et des solstices. On avait même construit
des instruments propres à mesurer les distances angulaires des astres.
Par la réunion de ces moyens, les Chinois avaient reconnu que la
durée de l'année solaire surpasse, d'un quart de jour environ, trois
cent soixante et cinq jours; ils la faisaient commencer au solstice
d'hiver. Leur année civile était lunaire, et pour la ramener à l'année
solaire, ils faisaient usage de la période de dix-neuf années solaires correspondantes à deux cent trente-cinq lunaisons, période exactement
la même que, plus de seize siècles après, Calippe introduisit dans le
calendrier des Grecs. Leurs mois étant alternativement de vingt-neuf
et de trente jours, leur année lunaire était de trois cent cinquante-
quatre jours, et par conséquent plus courte de onze jours et un quart
que leur année solaire; mais, dans l'année où la somme de ces différences aurait excédé une lunaison, ils intercalaient un mois. Ils avaient
partagé l'équateur en douze signes immobiles et en vingt-huit constellations, dans lesquelles ils déterminaient avec soin la position des
solstices. Les Chinois avaient, au lieu du siècle, un cycle de soixante
ans, et un cycle de soixante jours au lieu de la semaine ; mais ce petit
cycle de sept jours, en usage dans tout l'Orient, leur était connu depuis les temps les plus reculés. La division de la circonférence fut
toujours, en Chine, subordonnée à la longueur de l'année, de manière
que le Soleil décrivit exactement un degré par jour ; mais les divisions
du degré, du jour, des poids et de toutes les mesures linéaires étaient
décimales, et cet exemple, donné depuis quatre mille ans au moins

par la plus nombreuse nation de la terre, prouve que ces divisions,
qui d'ailleurs offrent tant d'avantages, peuvent devenir, par l'usage,
extrêmement populaires.

Les premières observations utiles à l'Astronomie sont de Tcheou-Kong
dont la mémoire est encore en vénération à la Chine, comme celle
de l'un des meilleurs princes qui l'aient gouvernée. Frère de Ou-
Ouang, fondateur de la dynastie des Tcheou, il régit l'empire après sa
mort, pendant la minorité de son neveu, depuis l'an 1104 jusqu'à l'an
1098 avant notre ère. Confucius, dans le Chou-King, le livre le plus
révéré des Chinois, fait adresser par ce grand prince à son pupille les
plus sages maximes du gouvernement et de la morale. Tcheou-Kong fit
par lui-même et par ses astronomes un grand nombre d'observations
dont trois nous sont heureusement parvenues, et précieuses par leur
haute antiquité. Deux d'entre elles sont des longueurs méridiennes du
gnomon, observées avec un grand soin, aux solstices d'hiver et d'été,
dans la ville de Loyang; elles donnent pour l'obliquité de l'écliptique,
à cette ancienne époque, un résultat conforme à la théorie de la
pesanteur universelle. L'autre observation est relative à la position
du solstice d'hiver dans le ciel à la même époque. Elle s'accorde pareillement avec la théorie, autant que le comportent les moyens employés alors pour déterminer un élément aussi délicat. Cet accord remarquable ne permet pas de douter de l'authenticité de ces observations.

L'incendie des livres chinois, ordonné par l'empereur Chi Hoanti,
vers l'an 213 avant notre ère, fit disparaitre les vestiges des anciennes
méthodes du calcul des éclipses et beaucoup d'observations intéressantes; pour en retrouver qui puissent être utiles à l'Astronomie, il
faut descendre d'environ quatre siècles depuis Tcheou-Kong, et se
transporter en Chaldée. Ptolémée nous en a transmis plusieurs : les
plus anciennes sont trois éclipses de Lune, observées à Babylone dans
les années 719 et 720 avant notre ère, et dont il a fait usage pour déterminer les mouvements de la Lune. Sans doute Hipparque et lui n'en
avaient point de plus anciennes qui fussent assez précises pour servir
à ces déterminations, dont l'exactitude est en raison de l'intervalle qui

sépare les observations extrêmes. Cette considération doit diminuer
nos regrets de la perte des observations chaldéennes, qu'Aristote, si
l'on en croit Porphyre cité par Simplicius, se fit communiquer par
l'entremise de Callisthène, et qui remontaient jusqu'à dix-neuf siècles
avant Alexandre. Mais les Chaldéens n'ont pu découvrir que par une
longue suite d'observations la période de 6585 jours $\frac{1}{3}$, pendant lesquels la Lune fait 223 révolutions à l'égard du Soleil, 239 révolutions
anomalistiques, et 241 révolutions par rapport à ses nœuds. Ils ajoutaient $\frac{1}{33}$ de la circonférence pour avoir le mouvement sidéral du Soleil dans cet intervalle, ce qui suppose l'année sidérale de 365 jours $\frac{1}{4}$.
Ptolémée, en rapportant cette période, l'attribue aux plus anciens
mathématiciens ; mais l'astronome Geminus, contemporain de Sylla,
désigne les Chaldéens comme inventeurs de cette période, et il explique la manière dont ils en ont conclu le mouvement diurne de la
Lune, et la méthode par laquelle ils calculaient l'anomalie lunaire. Son
témoignage ne doit laisser aucun doute, si l'on considère que le *saros*
chaldéen, de 223 mois lunaires, qui ramène la Lune à la même position
à l'égard de ses nœuds, de son périgée et du Soleil, fait partie de la période précédente. Ainsi les éclipses observées dans une période four-
nissaient un moyen simple de prédire celles qui devaient avoir lieu
dans les périodes suivantes. Cette période et la manière ingénieuse avec
laquelle ils calculaient la principale inégalité lunaire ont exigé un
grand nombre d'observations comparées entre elles avec adresse : c'est
le monument astronomique le plus curieux avant la fondation de l'école
d'Alexandrie. Voilà ce que l'on connait avec certitude de l'Astronomie d'un peuple que l'antiquité regarda comme le plus instruit dans
la science des astres. Les opinions des Chaldéens sur le système du
monde ont été très variées, comme cela devait être à l'égard d'objets
que l'observation et la théorie n'avaient point encore éclairés. Cependant, quelques-uns de leurs philosophes, plus heureux que les autres
ou guidés par des vues plus saines sur l'ordre et sur l'immensité de
l'univers, ont pensé que les comètes étaient, ainsi que les planètes,
assujetties à des mouvements réglés par des lois éternelles.

Nous avons très peu de renseignements certains sur l'Astronomie des Égyptiens. La direction exacte des faces de leurs pyramides vers les quatre points cardinaux donne une idée avantageuse de leur manière d'observer ; mais aucune de leurs observations n'est parvenue jusqu'à nous. On doit être étonné que les astronomes d'Alexandrie aient été forcés de recourir aux observations chaldéennes, soit que la mémoire des observations égyptiennes ait dès lors été perdue, soit que les Égyptiens n'aient pas voulu les communiquer, par un sentiment de jalousie qu'a pu faire naître la faveur des souverains pour l'école qu'ils avaient fondée. Avant cette époque, la réputation de leurs prêtres avait attiré les premiers philosophes de la Grèce. Thalès, Pythagore, Eudoxe et Platon allèrent puiser chez eux les connaissances dont ils enrichirent leur patrie, et il est vraisemblable que l'école de Pythagore leur fut redevable de quelques-unes des idées saines qu'elle professa sur la constitution de l'univers. Macrobe leur attribue expressément la pensée des mouvements de Mercure et de Vénus autour du Soleil. Leur année civile était de trois cent soixante-cinq jours ; elle était divisée en douze mois de trente jours, et ils ajoutaient à la fin cinq jours complémentaires ou épagomènes. Mais, suivant l'ingénieuse remarque de M. Fourier, l'observation des levers héliaques de Sirius, la plus brillante des étoiles, leur avait appris que le retour de ces levers retardait alors, chaque année, d'un quart de jour, et ils avaient fondé sur cette remarque la période sothique de 1461 ans, qui ramenait à peu près aux mêmes saisons leurs mois et leurs fêtes. Cette période s'est renouvelée dans l'an 139 de notre ère. Si elle a été précédée d'une période semblable, comme tout porte à le croire, l'origine de cette période antérieure remonterait à l'époque où l'on peut supposer avec vraisemblance que les Égyptiens ont donné des noms aux constellations du zodiaque, et où ils ont fondé leur Astronomie. Ils avaient observé que dans vingt-cinq de leurs années il y avait trois cent neuf retours de la Lune au Soleil, ce qui donne une valeur fort approchée de la longueur du mois. Enfin on voit, par ce qui nous reste de leurs zodiaques, qu'ils observaient avec soin la position des solstices dans les constellations zodiacales. Suivant Dion Cassius, la semaine est due aux Égyptiens. Cette période est fondée sur le plus ancien système d'Astronomie, qui plaçait le Soleil, la Lune et les planètes dans cet ordre de distances à la Terre, en commençant par la plus grande : Saturne, Jupiter, Mars, le Soleil, Vénus, Mercure, la Lune. Les parties successives de la série des jours divisés chacun en vingt-quatre parties étaient consacrées dans le même ordre à ces astres. Chaque jour prenait son nom de l'astre correspondant à sa première partie. La semaine se retrouve dans l'Inde parmi les Brames, et avec nos dénominations, et je me suis assuré que les jours nommés par eux et par nous de la même manière répondent aux mêmes instants physiques. Cette période, qui était en usage chez les Arabes, les Juifs, les Assyriens et dans tout l'Orient, s'est renouvelée sans interruption et toujours la même, en traversant les siècles et les révolutions des empires. Il est impossible, parmi tant de peuples divers, d'en connaître l'inventeur ; nous pouvons seulement affirmer qu'elle est le plus ancien monument des connaissances astronomiques. L'année civile des Égyptiens étant de 365 jours, il est facile de voir qu'en donnant à chaque année le nom de son premier jour, les noms de ces années seront à perpétuité ceux des jours de la semaine. C'est ainsi qu'ont dû se former ces semaines d'années, dont on voit l'usage chez les Hébreux, mais qui appartiennent évidemment à un peuple dont l'année était solaire et de 365 jours.

Les connaissances astronomiques paraissent avoir été la base de toutes les théogonies dont l'origine s'explique ainsi de la manière la plus simple. En Chaldée et dans l'ancienne Égypte, l'Astronomie ne fut cultivée que dans les temples, par des prêtres qui fondèrent sur elle les superstitions dont ils étaient les ministres. L'histoire fabuleuse des héros et des dieux, qu'ils présentaient à la crédule ignorance, n'était qu'une allégorie des phénomènes célestes et des opérations de la nature, allégorie que le pouvoir de l'imitation, l'un des principaux ressorts du monde moral, a perpétuée jusqu'à nous dans les institutions religieuses. Profitant, pour consolider leur empire, du désir si naturel de pénétrer dans l'avenir, ils créèrent l'Astrologie. L'homme, porté par les illusions des sens à se regarder comme centre de l'univers, se persuada facilement que les astres influent sur sa destinée et qu'il est possible de la prévoir par l'observation de leurs aspects au moment de sa naissance. Cette erreur, chère à son amour-propre et nécessaire à son inquiète curiosité, est aussi ancienne que l'Astronomie ; elle s'est maintenue jusqu'à la fin de l'avant-dernier siècle, époque à laquelle la connaissance généralement répandue du vrai système du monde l'a détruite sans retour.

L'origine de l'Astronomie en Perse et dans l'Inde se perd, comme chez tous les peuples, dans les ténèbres des premiers temps de leur histoire. Les Tables indiennes supposent une Astronomie assez avancée, mais tout porte à croire qu'elles ne sont pas d'une haute antiquité. Ici je m'éloigne avec peine de l'opinion d'un illustre et malheureux ami, dont la mort, éternel sujet de regrets, est une preuve affreuse de l'inconstance de la faveur populaire. Après avoir honoré sa vie, par des travaux utiles aux sciences et à l'humanité, par ses vertus et par un noble caractère, il périt victime de la plus sanguinaire tyrannie, opposant le calme et la dignité du juste aux outrages d'un peuple dont il avait été l'idole. Les Tables indiennes ont deux époques principales, qui remontent l'une à l'année 3102 avant notre ère, l'autre à 1491. Ces époques sont liées par les mouvements du Soleil, de la Lune et des planètes, de manière qu'en partant de la position que les Tables indiennes assignent à tous ces astres à la seconde époque, et remontant à la première au moyen des Tables, on trouve la conjonction générale qu'elles supposent à cette époque primitive. Le savant célèbre dont je viens de parler, Bailly, a cherché à établir, dans son *Traité de l'Astronomie indienne,* que cette première époque était fondée sur les observations. Malgré ses preuves, exposées avec la clarté qu'il a su répandre sur les matières les plus abstraites, je regarde comme très vraisemblable qu'elle a été imaginée pour donner dans le zodiaque une commune origine aux mouvements des corps célestes. Nos dernières Tables astronomiques, considérablement perfectionnées par la comparaison de la théorie avec un grand nombre d'observations très précises, ne permettent pas d'admettre la conjonction supposée dans les Tables indiennes ; elles offrent même, à cet égard, des différences beaucoup plus grandes que les erreurs dont elles sont encore susceptibles. A la vérité, quelques éléments de l'Astronomie des Indiens n'ont pu avoir la grandeur qu'ils leur assignent que longtemps avant notre ère ; il faut, par exemple, remonter jusqu'à six mille ans pour retrouver leur équation du centre du Soleil. Mais, indépendamment des erreurs de leurs déterminations, on doit observer qu'ils n'ont considéré les inégalités du Soleil et de la Lune que relativement aux éclipses, dans lesquelles l'équation annuelle de la Lune s'ajoute à l'équation du centre du Soleil, et l'augmente d'une quantité à peu près égale à la différence de sa véritable valeur à celle des Indiens. Plusieurs éléments, tels que les équations du centre de Jupiter et de Mars, sont très différents, dans les Tables indiennes, de ce qu'ils devaient être à leur première époque ; l'ensemble de ces Tables, et surtout l'impossibilité de la conjonction générale qu'elles supposent prouvent qu'elles ont été construites ou du moins rectifiées dans des temps modernes. C'est ce qui résulte encore des moyens mouvements qu'elles assignent à la Lune par rapport à son périgée, à ses nœuds et au Soleil, et qui, plus rapides que suivant Ptolémée, indiquent qu'elles sont postérieures à cet astronome ; car on sait, par la théorie de la pesanteur universelle, que ces trois mouvements s'accélèrent depuis un très grand nombre de siècles. Ainsi ce résultat de la théorie, si important pour l'Astronomie lunaire, sert encore à éclairer la chronologie. Cependant l'antique réputation des Indiens ne permet pas de douter qu'ils aient dans tous les temps cultivé l'Astronomie. Lorsque les Grecs et les Arabes commencèrent à se livrer aux sciences, ils allèrent en puiser chez eux les premiers éléments. C'est de l'Inde que nous vient l'ingénieuse méthode d'exprimer tous les nombres avec dix caractères, en leur donnant à la fois une valeur absolue et une valeur de position, idée fine et importante, qui nous paraît maintenant si simple que nous en sentons à peine le mérite. Mais cette simplicité même et l'extrême facilité qui en résulte pour tous les calculs placent notre système d'Arithmétique au premier rang des inventions utiles, et l'on appréciera la difficulté d'y parvenir, si l'on considère qu'il a échappé au génie d'Archimède et d'Apollonius, deux des plus grands hommes dont l'antiquité s'honore.

Les Grecs n'ont commencé à cultiver l'Astronomie que longtemps après les Égyptiens et les Chaldéens, dont ils ont été les disciples. Il est difficile, à travers les fables qui remplissent les premiers siècles de leur histoire, de démêler leurs connaissances astronomiques. Leurs nombreuses écoles offrent très peu d'observateurs avant celle d'A-lexandrie ; ils y traitèrent l'Astronomie comme une science purement spéculative, et en se livrant à de frivoles conjectures. Il est singulier qu'à la vue de cette foule de systèmes qui se combattaient sans rien apprendre, la réflexion très simple, que le seul moyen de connaitre la nature est de l'interroger par l'expérience, ait échappé à tant de philosophes, dont plusieurs étaient doués d'un rare génie. Mais on en sera moins étonné, si l'on considère que, les premières observations ne présentant que des faits isolés, sans attrait pour l'imagination impatiente de remonter aux causes, elles ont dû se succéder avec une extrême lenteur. Il a fallu qu'une longue suite de siècles en accumulât un assez grand nombre, pour faire découvrir entre les phénomènes des rapports qui, s'étendant de plus en plus, réunissent à l'intérêt de la vérité celui des spéculations générales auxquelles l'esprit humain tend sans cesse à s'élever.

Cependant, au milieu des rêves philosophiques des Grecs, on voit percer sur l'Astronomie des idées saines, qu'ils recueillirent dans leurs voyages et qu'ils perfectionnèrent. Thalès, né à Milet l'an 640 avant notre ère, alla s'instruire en Égypte ; revenu dans la Grèce, il fonda l'école Ionienne, et il y enseigna la sphéricité de la Terre, l'obliquité de l'écliptique et les véritables causes des éclipses du Soleil et de la Lune. On dit même qu'il parvint à les prédire, en employant sans doute les méthodes ou les périodes que les prêtres égyptiens lui avaient communiquées.

Thalès eut pour successeurs Anaximandre, Anaximène et Anaxagore. Les deux premiers introduisirent dans la Grèce l'usage du gnomon et

des cartes géographiques. Anaxagore fut persécuté par les Athéniens,
pour avoir enseigné les vérités de l'école Ionienne. On lui reprocha
d'anéantir l'influence des dieux sur la nature, en essayant d'assujettir
ses phénomènes à des lois immuables. Proscrit avec ses enfants, il ne
dut la vie qu'aux soins de Périclès, son disciple et son ami, qui parvint
à faire changer la peine de mort en exil. Ainsi la vérité, pour s'établir
sur la Terre, a souvent eu à combattre des erreurs accréditées, qui,
plus d'une fois, ont été funestes à ceux qui l'ont fait connaître.

De l'école Ionienne sortit le chef d'une école beaucoup plus célèbre.
Pythagore, né à Samos vers l'an 590 avant notre ère, fut d'abord disciple de Thalès, qui lui conseilla de voyager en Égypte, où il se fit
initier aux mystères des prêtres, pour connaître à fond leur doctrine.
Ensuite il alla sur les bords du Gange, interroger les Brahmanes. De
retour dans sa patrie, le despotisme sous lequel elle gémissait alors le
força de s'en exiler, et il se retira en Italie, où il fonda son école.
Toutes les vérités astronomiques de l'école Ionienne furent enseignées
avec plus de développement dans celle de Pythagore ; mais ce qui la
distingue principalement est la connaissance des deux mouvements
de la Terre, sur elle-même et autour du Soleil. Pythagore l'enveloppa
d'un voile, pour la cacher au vulgaire ; mais elle fut exposée dans un
grand jour par son disciple Philolaüs.

Suivant les Pythagoriciens, les comètes elles-mêmes sont en mouvement, comme les planètes, autour du Soleil ; ce ne sont point des météores passagers formés dans notre atmosphère, mais des ouvrages
éternels de la nature. Ces notions parfaitement justes du Système du
Monde ont été saisies et présentées par Sénèque avec l'enthousiasme
qu'une grande idée sur l'un des objets les plus vastes des connaissances
humaines doit exciter dans l'âme du philosophe : « Ne nous étonnons
point », dit-il, « que l'on ignore encore la loi du mouvement des comètes, dont le spectacle est si rare, et qu'on ne connaisse ni le commencement ni la fin de la révolution de ces astres, qui descendent
d'une énorme distance. Il n'y a pas quinze cents ans que la Grèce a
compté les étoiles et leur a donné des noms.... Le jour viendra que,

par une étude suivie de plusieurs siècles, les choses actuellement cachées paraîtront avec évidence, et la postérité s'étonnera que des vérités si claires nous aient échappé. » On pensait encore, dans la même école, que les planètes sont habitées, et que les étoiles sont des soleils disséminés dans l'espace et les centres d'autant de systèmes planétaires. Ces vues philosophiques auraient dû, par leur grandeur et par leur justesse, entraîner les suffrages de l'antiquité ; mais ayant été accompagnées d'opinions systématiques, telles que l'harmonie des sphères célestes, et manquant d'ailleurs de preuves, qu'elles ont acquises depuis par leur accord avec les observations, il n'est pas surprenant que leur vérité, contraire aux illusions des sens, ait été méconnue.

La seule observation que l'histoire de l'Astronomie nous offre chez les Grecs, avant l'école d'Alexandrie, est celle du solstice d'été de l'an 432 avant notre ère, par Méton et Euctémon. Le premier de ces astronomes se rendit célèbre par le cycle de dix-neuf années, correspondantes à deux cent trente-cinq lunaisons, qu'il introduisit dans le calendrier. La méthode la plus simple de mesurer le temps est celle qui n'emploie que les révolutions solaires ; mais, dans le premier âge des peuples, les phases de la Lune offraient à leur ignorance une division si naturelle du temps, qu'elle fut généralement admise. Ils réglèrent leurs fêtes et leurs jeux sur le retour de ces phases, et, quand les besoins de l'agriculture les forcèrent de recourir au Soleil pour distinguer les saisons, ils ne renoncèrent point à l'ancien usage de mesurer le temps par les révolutions de la Lune, dont on pouvait ainsi connaître l'âge par les jours du mois. Ils cherchèrent à établir, entre les révolutions de cet astre et celles du Soleil, un accord fondé sur des périodes qui renfermassent des nombres entiers de ces révolutions. La plus simple est celle de dix-neuf ans ; Méton établit donc un cycle de dix-neuf années lunaires, dont douze étaient communes ou de douze mois ; les sept autres en avaient treize. Ces mois étaient inégaux, et ordonnés de manière que, sur les deux cent trente-cinq mois du cycle, cent dix étaient de vingt-neuf jours et cent vingt-cinq de trente jours. Cet arrangement, proposé par Méton à la Grèce assemblée dans les jeux olympiques, fut reçu avec un applaudissement universel, et unanimement adopté. Mais on ne tarda pas à s'apercevoir qu'à la fin d'une période le nouveau calendrier retardait d'environ un quart de jour sur la nouvelle lune. Calippe proposa de quadrupler le cycle de dix-neuf ans, et d'en former une période de soixante et seize ans, à la fin de laquelle on retrancherait un jour. Cette période fut nommée *Calippique*, du nom de son auteur : quoique moins ancienne que le *saros* des Chaldéens, elle lui est inférieure pour l'exactitude.

Vers le temps d'Alexandre, Pythéas illustra Marseille, sa patrie, comme géographe et comme astronome. On lui doit une observation de la longueur méridienne du gnomon, au solstice d'été, dans cette ville ; c'est la plus ancienne observation de ce genre après celle de Tcheou-Kong. Elle est précieuse en ce qu'elle confirme la diminution successive de l'obliquité de l'écliptique. On doit regretter que les anciens astronomes n'aient pas fait un plus grand usage du gnomon, qui comporte bien plus d'exactitude que leurs armilles. En prenant quelques précautions faciles pour niveler la surface sur laquelle l'ombre se projette, ils auraient pu nous laisser sur les déclinaisons du Soleil et de la Lune des observations qui seraient maintenant fort utiles.

CHAPITRE II.

DE L'ASTRONOMIE DEPUIS LA FONDATION DE L'ÉCOLE D'ALEXANDRIE
JUSQU'AUX ARABES.

Jusqu'ici l'Astronomie pratique des divers peuples n'a présenté que
des observations relatives aux phénomènes des saisons et des éclipses,
objets de leurs besoins ou de leurs frayeurs. Quelques périodes fondées
sur de très longs intervalles de temps, et d'heureuses conjectures sur
la constitution de l'univers, mêlées à beaucoup d'erreurs, formaient
toute leur Astronomie théorique. Nous voyons pour la première fois
dans l'école d'Alexandrie un système combiné d'observations faites
avec des instruments propres à mesurer des angles, et calculées par
les méthodes trigonométriques. L'Astronomie prit alors une forme
nouvelle, que les siècles suivants n'ont fait que perfectionner. La position des étoiles fut déterminée avec plus d'exactitude qu'on ne l'avait fait
encore ; les inégalités des mouvements du Soleil et de la Lune furent
mieux connues ; on suivit avec soin les mouvements des planètes.
Enfin l'école d'Alexandrie donna naissance au premier système astronomique qui ait embrassé l'ensemble des phénomènes célestes, système, à la vérité, bien inférieur à celui de l'école de Pythagore, mais
qui, fondé sur la comparaison des observations, offrait, dans cette
comparaison même, le moyen de le rectifier et de s'élever au vrai système de la nature, dont il est une ébauche imparfaite.

Après la mort d'Alexandre, ses principaux capitaines se divisèrent
son empire, et Ptolémée Soter eut l'Égypte en partage. Son amour
pour les sciences et ses bienfaits attirèrent dans Alexandrie, capitale
de ses États, un grand nombre de savants de la Grèce. Héritier de son

trône et de ses goûts, son fils Ptolémée Philadelphe les y fixa par une
protection particulière. Il leur donna pour demeure un vaste édifice,
qui renfermait un observatoire et cette fameuse bibliothèque, formée
par Démétrius de Phalère, avec tant de soins et de dépenses. Ayant
ainsi les instruments et les livres qui leur étaient nécessaires, ils se li-
vraient sans distraction à leurs travaux, qu'excitait encore la présence
du prince qui venait s'entretenir souvent avec eux. Le mouvement imprimé aux sciences par cette école et les grands hommes qu'elle pro-
duisit ou qui lui furent contemporains font de l'époque des Ptolémées
l'une des plus mémorables de l'histoire de l'esprit humain.

Aristille et Timocharis furent les premiers observateurs de l'école
d'Alexandrie ; ils fleurirent vers l'an 300 avant notre ère. Leurs observations sur la position des principales étoiles du zodiaque firent
découvrir à Hipparque la précession des équinoxes, et servirent de base
à la théorie que Ptolémée donna de ce phénomène.

Le premier astronome que cette école nous offre après eux est Aristarque de Samos. Les éléments les plus délicats de l'Astronomie paraissent avoir été l'objet de ses recherches ; malheureusement elles ne sont
point parvenues jusqu'à nous. Le seul de ses Ouvrages qui nous reste
est son Traité *Des grandeurs et des distances du Soleil et de la Lune*, dans
lequel il expose la manière ingénieuse dont il essaya de déterminer le
rapport de ces distances. Aristarque mesura l'angle compris entre les
deux astres au moment où il jugea l'exacte moitié du disque lunaire
éclairée. A cet instant, le rayon visuel mené de l'œil de l'observateur
au centre de la Lune est perpendiculaire à la ligne qui joint les centres
de la Lune et du Soleil ; ayant donc trouvé l'angle à l'observateur plus
petit que l'angle droit, d'un trentième de cet angle, il en conclut que
le Soleil est dix-neuf fois plus éloigné de nous que la Lune ; résultat
qui, malgré son inexactitude, reculait les bornes de l'univers beaucoup
au delà de celles qu'on lui assignait alors. Dans ce Traité, Aristarque
suppose les diamètres apparents du Soleil et de la Lune égaux entre
eux et à la $\frac{1}{180}$ partie de la circonférence, valeur beaucoup trop grande ;
mais il corrigea dans la suite cette erreur ; car nous tenons d'Archi-

mède qu'il faisait le diamètre du Soleil égal à la $\frac{1}{720}$ partie du zodiaque,
ce qui tient le milieu entre les limites qu'Archimède lui-même, peu
d'années après, assigna par un procédé très ingénieux à ce diamètre.
Cette correction fut inconnue à Pappus, géomètre célèbre d'Alexandrie
qui vécut dans le IVe siècle et qui commenta le traité d'Aristarque.
Cela peut faire soupçonner que l'incendie d'une partie considérable de
la bibliothèque d'Alexandrie, pendant le siège que César soutint dans
cette ville, avait déjà fait disparaître la plupart des écrits d'Aristarque,
ainsi qu'un grand nombre d'autres ouvrages également précieux.

Aristarque fit revivre l'opinion de l'école Pythagoricienne sur le
mouvement de la Terre; mais nous ignorons jusqu'à quel point il avait
avancé par ce moyen l'explication des phénomènes célestes. Nous
savons seulement que ce judicieux astronome, considérant que le
mouvement de la Terre n'affecte point d'une manière sensible la position apparente des étoiles, les avait éloignées de nous incomparablement
plus que le Soleil ; il paraît être ainsi dans l'antiquité celui qui eut les
plus justes notions de la grandeur de l'univers. Elle nous ont été trans-
mises par Archimède, dans son Traité de l'*Arénaire*. Ce grand géomètre
avait découvert le moyen d'exprimer tous les nombres, en les concevant
formés de périodes successives de myriades de myriades : les unités
de la première étaient des unités simples ; celles de la seconde étaient
des myriades de myriades, et ainsi de suite ; il désignait les parties de
chaque période par les mêmes caractères que les Grecs employaient
dans leur numération jusqu'à cent millions. Pour faire sentir l'avantage de sa méthode, Archimède se propose d'exprimer le nombre des
grains de sable que la sphère céleste peut contenir, problème dont il
accroît la difficulté, en choisissant l'hypothèse qui donne à cette sphère
la plus grande étendue : c'est dans cette vue qu'il expose le sentiment
d'Aristarque.

La mesure de la Terre attribuée à Ératosthène est la première tentative de ce genre que nous offre l'histoire de l'Astronomie. Il est très
vraisemblable que longtemps auparavant on avait essayé de mesurer
la Terre; mais il ne reste de ces opérations que quelques évaluations de

la circonférence terrestre, que l'on a cherché, par des rapprochements plus ingénieux que certains, à ramener à une même valeur à très peu près conforme à celle qui résulte des opérations modernes. Ératosthène ayant considéré qu'à Syène, au solstice d'été, le Soleil éclairait un puits dans toute sa profondeur, et comparant cette observation à celle de la hauteur méridienne du Soleil au même solstice à Alexandrie, trouva l'arc céleste compris entre les zéniths de ces deux villes égal à la cinquantième partie de la circonférence, et comme leur distance était estimée d'environ cinq mille stades, il donna deux cent cinquante-deux mille stades à la longueur entière du méridien terrestre. Il est peu probable que, pour une recherche aussi importante, cet astronome se soit contenté de l'observation grossière d'un puits éclairé par le Soleil. Cette considération et le récit de Cléomède autorisent à penser qu'il fit usage de l'observation des longueurs méridiennes du gnomon aux solstices à Syène et à Alexandrie. C'est la raison pour laquelle l'arc céleste qu'il détermina entre les zéniths de ces deux villes s'éloigne peu du résultat des observations modernes. Ératosthène se trompa en plaçant Syène et Alexandrie sous le même méridien. Il se trompa encore en n'évaluant qu'à cinq mille stades la distance de ces deux villes, si le stade qu'il employa contenait trois cents fois la coudée du nilomètre d'Éléphantine, comme il y a des raisons de le penser. Alors les deux erreurs d'Ératosthène se seraient à fort peu près compensées, ce qui porterait à croire que cet astronome ne fit que reproduire une mesure de la Terre anciennement exécutée avec soin, et dont l'origine s'était perdue.

Ératosthène mesura l'obliquité de l'écliptique, et il trouva la distance des tropiques égale à onze parties de la circonférence divisée en quatre-vingt-trois parties : Hipparque et Ptolémée n'apportèrent aucun changement à cette valeur. Il est remarquable qu'en supposant, avec les astronomes d'Alexandrie, la latitude de cette ville égale à trente et un degrés sexagésimaux, cette mesure de l'obliquité de l'écliptique place Syène exactement sous le tropique, conformément à l'opinion de l'antiquité.

De tous les astronomes anciens, celui qui, par le grand nombre et par la précision des observations, par les conséquences importantes qu'il sut tirer de leur comparaison entre elles et avec les observations antérieures, et par la méthode qui le guida dans ses recherches, mérita le mieux de l'Astronomie, est Hipparque, de Nicée en Bithynie, qui vécut dans le iie siècle avant notre ère. Ptolémée, à qui nous devons principalement la connaissance de ses travaux et qui s'appuie sans cesse sur ses observations et sur ses théories, le qualifie avec justice « d'astronome d'une grande adresse, d'une sagacité rare, et sincère ami de la vérité ». Peu content de ce qu'on avait fait jusqu'alors, Hipparque voulut recommencer et n'admettre que des résultats fondés sur une nouvelle discussion des observations ou sur des observations nouvelles plus exactes que celles de ses prédécesseurs. Rien ne fait mieux connaître l'incertitude des observations égyptiennes et chaldéennes sur le Soleil et sur les étoiles que la nécessité où il se trouva d'employer celles des premiers astronomes d'Alexandrie pour établir ses théories du Soleil et de la précession des équinoxes. Il détermina la durée de l'année tropique, en comparant une de ses observations du solstice d'été avec celle d'un pareil solstice qu'Aristarque avait faite dans l'année 281 avant notre ère. Cette durée lui parut un peu moindre que l'année de $365^{\text{j}}\frac{1}{4}$ adoptée jusqu'alors, et il trouva qu'à la fin de trois siècles il fallait retrancher un jour. Mais il remarqua lui-même le peu d'exactitude d'une détermination fondée sur les observations des solstices et l'avantage de se servir pour cet objet des observations des équinoxes. Celles qu'il fit dans un intervalle de trente-trois ans le conduisirent à peu près au même résultat. Hipparque reconnut encore que les deux intervalles d'un équinoxe à l'autre étaient inégaux entre eux et inégalement partagés par les solstices, de manière qu'il s'écoulait quatre-vingt-quatorze jours et demi de l'équinoxe du printemps au solstice d'été, et quatre-vingt-douze jours et demi de ce solstice à l'équinoxe d'automne.

Pour expliquer ces différences, Hipparque fit mouvoir le Soleil uniformément dans un orbe circulaire ; mais, au lieu de placer la Terre à son centre, il l'en éloigna de la vingt-quatrième partie du rayon, et il fixa l'apogée au sixième degré des Gémeaux. Avec ces données, il forma les premières Tables du Soleil mentionnées dans l'histoire de l'Astronomie. L'équation du centre qu'elles supposent était trop grande ; on peut croire avec vraisemblance que la comparaison des éclipses, dans lesquelles cette équation parait augmentée de l'équation annuelle de la Lune, a confirmé Hipparque dans son erreur et peut-être l'a produite ; car cette erreur, qui surpassait un sixième de la valeur entière de l'équation, se réduisait au seizième de cette valeur dans le calcul de ces phénomènes. Il se trompait encore en supposant circulaire l'orbe elliptique du Soleil et en regardant comme uniforme la vitesse réelle de cet astre. Nous sommes assurés aujourd'hui du contraire par les mesures de son diamètre apparent ; mais ce genre d'observations était impossible au temps d'Hipparque, et ses Tables du Soleil, malgré leur imperfection, sont un monument durable de son génie, que Ptolémée respecta au point d'y assujettir ses propres observations.

Ce grand astronome considéra ensuite les mouvements de la Lune.

Il détermina, par la comparaison d'éclipses choisies dans les circonstances les plus favorables, les durées de ses révolutions relativement aux étoiles, au Soleil, à ses nœuds et à son apogée. Il trouva qu'un intervalle de $126007^j \frac{1}{24}$ renfermait 4267 mois entiers, 4573 retours d'anomalie, 4612 révolutions sidérales de la Lune moins $\frac{15}{720}$ de la circonférence. Il trouva, de plus, qu'en 5458 mois la Lune revenait 5923 fois au même nœud de son orbite. Ce résultat, fruit d'un travail immense sur un très grand nombre d'observations dont il ne nous reste qu'une très petite partie, est peut-être le monument le plus précieux de l'ancienne Astronomie, par son exactitude et parce qu'il représente à cette époque la durée sans cesse variable de ces révolutions. Hipparque détermina encore l'excentricité de l'orbe lunaire et son inclinaison à l'écliptique, et il les trouva les mêmes, à très peu près, que celles qui ont lieu maintenant dans les éclipses, où l'on sait que l'un et l'autre de ces éléments sont diminués par l'évection et par l'inégalité principale du mouvement de la Lune en latitude. La constance de l'inclinaison de l'orbe lunaire au plan de l'écliptique, malgré les variations que ce plan éprouve par rapport aux étoiles et qui, par les observations anciennes, sont sensibles sur son obliquité à l'équateur, est un résultat de la pesanteur universelle, que les observations d'Hipparque confirment ([1]). Enfin il détermina la parallaxe de la Lune, dont il essaya de conclure celle du Soleil, par la largeur du cône d'ombre terrestre au point où la Lune le traverse dans ses éclipses, ce qui le conduisit à la valeur de cette parallaxe, trouvée par Aristarque.

Hipparque fit un grand nombre d'observations des planètes ; mais, trop ami de la vérité pour former sur leurs mouvements des hypothèses incertaines, il laissa le soin à ses successeurs d'en établir les théories.

Une nouvelle étoile qui parut de son temps lui fit entreprendre un catalogue de ces astres, pour mettre la postérité en état de reconnaître les changements que le spectacle du ciel pourrait éprouver ; il sentait d'ailleurs l'importance de ce catalogue pour les observations de la Lune et des planètes. La méthode dont il se servit est celle qu'Aristille et Timocharis avaient déjà employée. Le fruit de cette longue et pénible entreprise fut l'importante découverte de la précession des équinoxes. En comparant ses observations à celles de ces astronomes, Hipparque reconnut que les étoiles avaient changé de position par rapport à l'équateur, et qu'elles avaient conservé la même latitude au-dessus de l'écliptique. Il soupçonna d'abord que cela n'avait lieu que pour les étoiles situées dans le zodiaque ; mais, ayant observé qu'elles conservaient toutes la même position respective, il en conclut que ce

---

([1]) Kepler a remarqué cette constance à la fin de son *Epitome* de l'Astronomie copernicienne ; mais il la fonde sur une considération très singulière. « Il convient », dit-il, « que la Lune, planète secondaire et satellite de la Terre, ait une inclinaison constante sur l'orbe terrestre, quelques variations que le plan éprouve dans sa position relative aux étoiles ; et si les observations anciennes sur les plus grandes latitudes de la Lune et sur l'obliquité de l'écliptique se refusaient à cette hypothèse, il faudrait, plutôt que la rejeter, les révoquer en doute. » Ici les raisons de convenance et d'harmonie ont conduit Kepler à un résultat juste ; mais combien de fois ne l'ont-elles pas égaré? En se livrant ainsi à son imagination et à l'esprit de conjectures, on peut rencontrer la vérité par un heureux hasard ; mais l'impossibilité de la reconnaître, au milieu des erreurs dont elle est presque toujours accompagnée, laisse tout le mérite de sa découverte à celui qui l'établit solidement par l'observation et par le calcul, les seules bases des connaissances humaines.

phénomène était général. Pour l'expliquer, il supposa dans la sphère céleste, autour des pôles de l'écliptique, un mouvement direct, d'où résultait un mouvement rétrograde en longitude dans les équinoxes, comparés aux étoiles, mouvement qui lui parut être par siècle de la trois cent soixantième partie du zodiaque. Mais il présenta sa découverte avec la réserve que devait lui inspirer le peu d'exactitude des observations d'Aristille et de Timocharis.

La Géographie est redevable à Hipparque de la méthode de fixer la position des lieux sur la Terre par leur latitude et par leur longitude, pour laquelle il employa, le premier, les éclipses de Lune. Les nombreux calculs qu'exigèrent toutes ces recherches lui firent inventer, ou du moins perfectionner la Trigonométrie sphérique. Malheureusement les Ouvrages qu'il composa sur tous ces sujets ont disparu : nous ne connaissons bien ses travaux que par l'*Almageste* de Ptolémée, qui nous a transmis les principaux éléments des théories de ce grand astronome et quelques-unes de ses observations. Leur comparaison avec les observations modernes en a fait reconnaître l'exactitude, et l'utilité dont elles sont encore à l'Astronomie fait regretter les autres, et particulièrement celles qu'il fit sur les planètes, dont il ne reste que très peu d'observations anciennes. Le seul Ouvrage d'Hipparque qui nous soit parvenu est un Commentaire critique de la sphère d'Eudoxe, décrite dans le poème d'Aratus ; il est antérieur à la découverte de la précession des équinoxes. Les positions des étoiles sur cette sphère sont si fautives, elles donnent pour l'époque de son origine des résultats si différents, que l'on ne peut voir sans étonnement Newton fonder sur ces positions grossières un système de chronologie, qui d'ailleurs s'écarte considérablement des dates assignées avec beaucoup de vraisemblance à plusieurs événements anciens.

L'intervalle de près de trois siècles, qui sépare Hipparque de Ptolémée, nous offre Géminus, dont le Traité d'Astronomie est parvenu jusqu'à nous, et quelques observateurs tels qu'Agrippa, Ménélaüs et Théon de Smyrne. Nous remarquons encore, dans cet intervalle, la réforme du Calendrier romain, pour laquelle Jules César fit venir d'Alexandrie l'astronome Sosigène. La connaissance précise du flux et du reflux de la mer parait appartenir à cette époque; Possidonius reconnut les lois de ce phénomène, qui, par ses rapports évidents avec les mouvements du Soleil et de la Lune, appartient à l'Astronomie, et dont Pline le naturaliste a donné une description remarquable par son exactitude.

Ptolémée, né à Ptolémaïde en Égypte, fleurit à Alexandrie vers l'an 130 de notre ère. Hipparque avait donné par ses nombreux travaux une face nouvelle à l'Astronomie, mais il avait laissé à ses successeurs le soin de rectifier ses théories par de nouvelles observations et d'établir celles qui manquaient encore. Ptolémée suivit les vues d'Hipparque et, dans son grand Ouvrage intitulé *Almageste*, il essaya de donner un système complet d'Astronomie.

Sa découverte la plus importante est celle de l'évection de la Lune. Avant Hipparque, on n'avait considéré les mouvements de cet astre que relativement aux éclipses, dans lesquelles il suffisait d'avoir égard à son équation du centre, surtout en supposant, avec cet astronome, l'équation du centre du Soleil plus grande que la véritable, ce qui remplaçait en partie l'équation annuelle de la Lune. Il parait qu'Hipparque avait reconnu que cela ne représentait plus le mouvement de la Lune dans ses quadratures, et que les observations offraient à cet égard de grandes anomalies. Ptolémée suivit avec soin ces anomalies; il en détermina la loi, et il en fixa la valeur avec beaucoup de précision. Pour les représenter, il fit mouvoir la Lune sur un épicycle porté par un excentrique dont le centre tournait autour de la Terre, en sens contraire du mouvement de l'épicycle.

Ce fut dans l'antiquité une opinion générale, que le mouvement uniforme et circulaire, comme le plus parfait, devait être celui des astres. Cette erreur s'est maintenue jusqu'à Kepler, qu'elle arrêta pendant longtemps dans ses recherches. Ptolémée l'adopta et, plaçant la Terre au centre des mouvements célestes, il essaya de représenter leurs inégalités dans cette hypothèse. Que l'on imagine en mouvement sur une première circonférence, dont la Terre occupe le centre, celui d'une seconde circonférence sur laquelle se meut le centre d'une troisième circonférence, et ainsi de suite jusqu'à la dernière que l'astre décrit uniformément. Si le rayon d'une de ces circonférences surpasse la somme des autres rayons, le mouvement apparent de l'astre autour de la Terre sera composé d'un moyen mouvement uniforme et de plusieurs inégalités dépendantes des rapports qu'ont entre eux les rayons des diverses circonférences et les mouvements de leurs centres et de l'astre ; on peut donc, en multipliant et en déterminant convenablement ces quantités, représenter toutes les inégalités de ce mouvement apparent. Telle est la manière la plus générale d'envisager l'hypothèse des épicycles et des excentriques ; car un excentrique peut être considéré comme un cercle dont le centre se meut autour de la Terre, avec une vitesse plus ou moins grande et qui devient nulle s'il est immobile. Les géomètres, avant Ptolémée, s'étaient occupés des apparences du mouvement des planètes dans cette hypothèse, et l'on voit dans l'*Almageste* que le grand géomètre Apollonius avait déjà résolu le problème de leurs stations et de leurs rétrogradations.

Ptolémée supposa le Soleil, la Lune et les planètes en mouvement autour de la Terre dans cet ordre de distances : la Lune, Mercure, Vénus, le Soleil, Mars, Jupiter et Saturne. Chacune des planètes supérieures au Soleil était mue sur un épicycle, dont le centre décrivait autour de la Terre un excentrique, dans un temps égal à celui de la révolution de la planète. La période du mouvement de l'astre sur l'épicycle était celle d'une révolution solaire, et il se trouvait toujours en opposition au Soleil, lorsqu'il atteignait le point de l'épicycle le plus près de la Terre. Rien ne déterminait dans ce système la grandeur absolue des cercles et des épicycles ; Ptolémée n'avait besoin que de connaitre le rapport du rayon de chaque épicycle à celui du cercle décrit par son centre. Il faisait mouvoir pareillement chaque planète inférieure sur un épicycle, dont le centre décrivait un excentrique autour de la Terre ; mais le mouvement de ce point était égal au mouvement solaire, et la planète parcourait son épicycle pendant un temps qui, dans l'Astronomie moderne, est celui de sa révolution autour du Soleil ; la planète était toujours en conjonction avec lui lorsqu'elle parvenait au point le plus bas de son épicycle. Rien ne déterminait encore ici la grandeur absolue des cercles et des épicycles. Les astronomes antérieurs à Ptolémée étaient partagés sur les rangs de Mercure et de Vénus dans le système planétaire. Les plus anciens, dont il suivit l'opinion, les mettaient au-dessous du Soleil; les autres plaçaient ces astres au-dessus; enfin quelques Égyptiens les faisaient mouvoir autour du Soleil. Il est singulier que Ptolémée n'ait pas fait mention de cette hypothèse, qui revenait à égaler les excentriques de ces deux planètes à l'orbe solaire. Si de plus il avait supposé les épicycles des planètes supérieures égaux et parallèles à cet orbe, son système se serait réduit à faire mouvoir, comme Tycho Brahe, toutes les planètes autour du Soleil, pendant que cet astre circule autour de la Terre, et il ne serait plus resté qu'un pas à faire pour arriver au vrai système du monde. Cette manière de déterminer les arbitraires du système de Ptolémée, en y supposant égaux à l'orbe solaire les cercles et les épicycles décrits par un mouvement annuel, rend évidente la correspondance de ce mouvement avec celui du Soleil. En modifiant ainsi ce système, il donne des distances moyennes des planètes à cet astre, en parties de sa distance à la Terre ; car ces distances sont les rapports des rayons des excentriques à ceux des épicycles pour les planètes supérieures, et des rayons des épicycles aux rayons des excentriques pour les deux inférieures. Une modification aussi simple et aussi naturelle du système de Ptolémée a échappé à tous les astronomes jusqu'à Copernic ; aucun d'eux ne parait avoir été assez frappé des rapports du mouvement géocentrique des planètes avec celui du Soleil, pour en rechercher la cause ; aucun n'a été curieux de connaître leurs distances respectives au Soleil et à la Terre ; on s'est contenté de rectifier par de nouvelles observations les éléments déterminés par Ptolémée, sans rien changer à ses hypothèses.

Si l'on peut, au moyen des épicycles, satisfaire aux inégalités du mouvement apparent des astres, il est impossible de représenter, en même temps, les variations de leurs distances. Ptolémée ne pouvait connaître que très imparfaitement ces variations relativement aux planètes, dont il était impossible alors de mesurer les diamètres apparents.

Mais les observations de la Lune suffisaient pour lui montrer l'erreur
de ses hypothèses suivant lesquelles le diamètre de la Lune périgée
dans les quadratures serait double à très peu près de son diamètre
apogée dans les syzygies. D'ailleurs, chaque inégalité nouvelle que l'art
d'observer, en se perfectionnant, faisait découvrir, surchargeait son
système d'un nouvel épicycle; ainsi, loin d'avoir été confirmé par les
progrès ultérieurs de l'Astronomie, il n'a fait que se compliquer de
plus en plus, et cela seul doit nous convaincre que ce système n'est
point celui de la nature. Mais, en le considérant comme un moyen de
représenter les mouvements célestes et de les soumettre au calcul,
cette première tentative sur un objet aussi vaste fait honneur à la sagacité de son auteur. Telle est la faiblesse de l'esprit humain, qu'il a
souvent besoin de s'aider d'hypothèses pour lier entre eux les phénomènes et pour en déterminer les lois; en bornant les hypothèses à cet
usage, en évitant de leur attribuer de la réalité et en les rectifiant sans
cesse par de nouvelles observations, on parvient enfin aux véritables
causes, ou du moins on peut les suppléer et conclure des phénomènes
observés ceux que des circonstances données doivent développer. L'histoire de la Philosophie nous offre plus d'un exemple des avantages que
les hypothèses peuvent procurer sous ce point de vue, et des erreurs
auxquelles on s'expose en les réalisant.

Ptolémée confirma le mouvement des équinoxes, découvert par Hipparque. En comparant ses observations à celles de ses prédécesseurs,
il établit l'immobilité respective des étoiles, leur latitude à très peu
près constante et leur mouvement en longitude, qu'il trouva conforme
à celui qu'Hipparque avait soupçonné. Nous savons aujourd'hui que ce
mouvement était beaucoup plus considérable, ce qui, vu l'intervalle
qui sépare ces deux astronomes, semble supposer de grandes erreurs
dans leurs observations. Malgré la difficulté que la détermination de la
longitude des étoiles présentait à des observateurs qui n'avaient point
de mesures exactes du temps, on est surpris qu'ils aient commis ces
erreurs, surtout quand on considère l'accord des observations que Ptolémée cite à l'appui de son résultat. On lui a reproché de les avoir al-

térées; mais ce reproche n'est point fondé. Son erreur sur le mouvement annuel des équinoxes me paraît venir de sa trop grande confiance dans la durée qu'Hipparque assigne à l'année tropique. En effet, Ptolémée a déterminé la longitude des étoiles, en les comparant au Soleil par le moyen de la Lune, ou à la Lune elle-même, ce qui revenait à les comparer au Soleil, puisque le mouvement synodique de la Lune était bien connu par les éclipses; or Hipparque ayant supposé l'année trop longue, et par conséquent le mouvement du Soleil par rapport aux équinoxes plus petit que le véritable, il est clair que cette erreur a diminué les longitudes du Soleil dont Ptolémée a fait usage. Le mouvement annuel en longitude qu'il attribuait aux étoiles doit donc être augmenté de l'arc décrit par le Soleil, dans un temps égal à l'erreur d'Hipparque sur la longueur de l'année, et alors il devient à fort peu près ce qu'il doit être. L'année sidérale étant l'année tropique augmentée du temps nécessaire au Soleil pour décrire un arc égal au mouvement annuel des équinoxes, il est visible que l'année sidérale d'Hipparque et de Ptolémée doit peu différer de la véritable; en effet, la différence n'est que $\frac{1}{10}$ de celle qui existe entre leur année tropique et la nôtre.

Ces remarques nous conduisent à examiner si, comme on le pense généralement, le Catalogue de Ptolémée est celui d'Hipparque réduit à son temps, au moyen d'une précession d'un degré dans quatre-vingt-dix ans. On se fonde sur ce que l'erreur constante des longitudes des étoiles de ce Catalogue disparaît quand on le rapporte au temps d'Hipparque; mais l'explication que nous venons de donner de cette erreur justifie Ptolémée du reproche de s'être approprié l'Ouvrage d'Hipparque, et il paraît juste de l'en croire lorsqu'il dit positivement qu'il a observé les étoiles de ce Catalogue, celles même de sixième grandeur. Il remarque, en même temps, qu'il a retrouvé à très peu près les positions des étoiles qu'Hipparque avait déterminées par rapport à l'écliptique, et l'on est d'autant plus porté à le penser que Ptolémée tend sans cesse à se rapprocher des résultats de ce grand astronome, qui fut, en effet, bien plus exact observateur.

Ptolémée inscrivit dans le temple de Sérapis, à Canope, les principaux éléments de son système astronomique. Ce système a subsisté pendant quatorze siècles ; aujourd'hui même qu'il est entièrement détruit, l'*Almageste,* considéré comme le dépôt des anciennes observations, est un des plus précieux monuments de l'antiquité. Malheureusement il ne renferme qu'un petit nombre des observations faites jusqu'alors. Son auteur n'a rapporté que celles qui lui étaient nécessaires pour établir ses théories. Les Tables astronomiques une fois formées, il a jugé inutile de transmettre avec elles à la postérité les observations qu'Hipparque et lui avaient employées pour cet objet, et son exemple a été suivi par les Arabes et par les Perses. Les grands recueils d'observations précises, rassemblées uniquement pour elles-mêmes et sans aucune application aux théories, appartiennent à l'Astronomie moderne, et sont l'un des moyens les plus propres à la perfectionner.

Ptolémée a rendu de grands services à la Géographie en rassemblant toutes les déterminations de longitude et de latitude des lieux connus, et en jetant les fondements de la méthode des projections pour la construction des cartes géographiques. Il a fait un Traité d'Optique, dans lequel il expose avec étendue le phénomène des réfractions astronomiques ; il est encore auteur de divers Ouvrages sur la Musique, la Chronologie, la Gnomonique et la Mécanique. Tant de travaux sur un si grand nombre d'objets supposent un esprit vaste et lui assurent un rang distingué dans l'histoire des sciences. Quand son système eut fait place à celui de la nature, on se vengea sur son auteur du despotisme avec lequel il avait régné trop longtemps ; on accusa Ptolémée de s'être approprié les découvertes de ses prédécesseurs. Mais la manière honorable dont il cite très souvent Hipparque à l'appui de ses théories le justifie pleinement de cette inculpation. A la renaissance des lettres parmi les Arabes et en Europe, ses hypothèses, réunissant à l'attrait de la nouveauté l'autorité de ce qui est ancien, furent généralement adoptées par les esprits avides de connaissances et qui se virent tout à coup en possession de celles que l'antiquité n'avait acquises que par de longs travaux. Leur reconnaissance éleva trop haut Ptolémée, qu'ensuite on a trop rabaissé. Sa réputation a éprouvé le même sort que celles d'Aristote et de Descartes : leurs erreurs n'ont pas été plus tôt reconnues, que l'on a passé d'une admiration aveugle à un injuste mépris ; car dans les sciences mêmes les révolutions les plus utiles n'ont point été exemptes de passion et d'injustice.

CHAPITRE III.

DE L'ASTRONOMIE DEPUIS PTOLÉMÉE JUSQU'A SON RENOUVELLEMENT EN EUROPE.

Les travaux de Ptolémée terminent les progrès de l'Astronomie dans l'école d'Alexandrie. Cette école subsista pendant cinq siècles encore; mais les successeurs de Ptolémée se bornèrent à commenter ses Ouvrages, sans rien ajouter à ses théories, et les phénomènes que le ciel offrit dans un intervalle de plus de six cents ans manquèrent, presque tous, d'observateurs. Rome, pendant longtemps le séjour des vertus, de la gloire et des lettres, ne fit rien d'utile aux sciences. La considération attachée dans cette République à l'éloquence et aux talents militaires entraîna tous les esprits. Les sciences, n'y présentant aucun avantage, durent être négligées au milieu des conquêtes que son ambition lui fit entreprendre, et de ses querelles intestines qui produisirent enfin les guerres civiles dans lesquelles son inquiète liberté expira et fut remplacée par le despotisme souvent orageux de ses Empereurs. Le déchirement de l'empire, suite inévitable de sa trop vaste étendue, amena sa décadence, et le flambeau des sciences, éteint par les irruptions des barbares, ne se ralluma que chez les Arabes.

Ce peuple, exalté par le fanatisme d'une religion nouvelle, après avoir étendu sa puissance et cette religion sur une grande partie de la terre, se fut à peine reposé dans la paix qu'il se livra aux sciences avec ardeur. Vers le milieu du viiie siècle, le calife Almanzor encouragea d'une manière spéciale l'Astronomie. Mais, parmi les princes arabes qui se distinguèrent par leur amour pour les sciences, l'histoire cite principalement Almamon, de la famille des Abassides, et fils du fa-

meux Aaron-al-Reschid. Almamon régnait à Bagdad en 814. Vainqueur
de l'empereur grec Michel III, il imposa pour une des conditions de la
paix qu'on lui fournirait les meilleurs livres de la Grèce : l'*Almageste*
fut de ce nombre; il le fit traduire et répandit ainsi parmi les Arabes
les connaissances astronomiques qui avaient illustré l'école d'Alexandrie. Pour les perfectionner, il rassembla plusieurs astronomes distingués qui, après avoir fait un grand nombre d'observations, publièrent
de nouvelles Tables du Soleil et de la Lune, plus parfaites que celles de
Ptolémée et longtemps célèbres dans l'Orient sous le nom de *Table vérifiée*. Dans cette Table, le périgée solaire a la position qu'il devait
avoir; l'équation du centre du Soleil, beaucoup trop grande dans Hipparque, est réduite à sa véritable valeur; mais cette précision devenait
alors une source d'erreurs dans le calcul des éclipses, où l'équation
annuelle de la Lune corrigeait en partie l'inexactitude de l'équation
du centre du Soleil, adoptée par cet astronome. La durée de l'année
tropique est plus exacte que celle d'Hipparque; elle est cependant
trop courte d'environ deux minutes; mais cette erreur vient de ce que
les auteurs de la Table vérifiée comparèrent leurs observations à celles
de Ptolémée; l'erreur aurait été presque nulle s'ils eussent employé
les observations d'Hipparque. C'est encore par cette raison qu'ils supposèrent la précession des équinoxes un peu trop grande.

Almamon fit mesurer avec un grand soin, dans une vaste plaine de
la Mésopotamie, un degré terrestre, que l'on trouva de deux cent mille
cinq cents coudées noires. Cette mesure offre la même incertitude que
celle d'Ératosthène, relativement à la longueur du module dont on fit
usage. Toutes ces mesures ne peuvent maintenant nous intéresser
qu'en faisant connaître ces modules. Mais les erreurs dont ces opérations étaient alors susceptibles ne permettent pas d'en retirer cet avantage, qui ne peut résulter que de la précision des opérations modernes,
au moyen desquelles on pourra toujours retrouver nos mesures, si par
la suite des temps leurs étalons viennent à s'altérer.

Les encouragements donnés à l'Astronomie par Almamon et par ses
successeurs produisirent un grand nombre d'astronomes arabes très re-

commandables, parmi lesquels Albatenius occupe une place distinguée.
Ce prince arabe fit ses observations à Aracte, vers l'an 880. Son Traité
De la Science des Étoiles contient plusieurs observations intéressantes
et les principaux éléments des théories du Soleil et de la Lune ; ils diffèrent très peu de ceux des astronomes d'Almamon. Son Ouvrage ayant
été pendant longtemps le seul Traité connu de l'Astronomie arabe, on
lui attribua les changements avantageux qu'il apportait aux éléments
des Tables de Ptolémée. Mais un fragment précieux extrait de l'Astronomie d'Ebn-Junis, et que M. Caussin a bien voulu traduire, à ma prière,
nous a fait connaître que ces changements sont dus aux auteurs de la
Table vérifiée. Il nous a, de plus, donné sur l'Astronomie arabe des
notions précises et fort étendues. Ebn-Junis, astronome du calife d'É-
gypte Hakem, observait au Caire vers l'an 1000. Il rédigea un grand
Traité d'Astronomie, et il construisit des Tables des mouvements célestes, célèbres dans l'Orient par leur exactitude et qui paraissent
avoir servi de fondement aux Tables formées depuis par les Arabes et
par les Perses. On voit dans ce fragment, depuis le siècle d'Almanzor
jusqu'au temps d'Ebn-Junis, une longue suite d'observations d'éclipses
d'équinoxes, de solstices, de conjonctions de planètes et d'occultations
d'étoiles, observations importantes pour la perfection des théories astronomiques, qui ont fait connaître l'équation séculaire de la Lune et
répandu beaucoup de lumière sur les grandes variations du Système
du Monde. Ces observations ne sont encore qu'une faible partie de
celles des astronomes arabes dont le nombre a été prodigieux. Ils étaient
parvenus à reconnaître l'inexactitude des observations de Ptolémée sur
les équinoxes, et en comparant leurs observations soit entre elles, soit
avec celles d'Hipparque, ils avaient fixé avec une grande précision la
longueur de l'année : celle d'Ebn-Junis n'excède pas de treize secondes
la nôtre, qu'elle devait surpasser de cinq secondes. Il paraît, par son
Ouvrage et par les titres de plusieurs manuscrits existants dans nos
bibliothèques, que les Arabes s'étaient spécialement occupés de la perfection des instruments astronomiques ; les Traités qu'ils ont laissés
sur cet objet prouvent l'importance qu'ils y attachaient, et cette im-

portance garantit la justesse de leurs observations. Ils donnèrent encore
une attention particulière à la mesure du temps par des clepsydres, par
d'immenses cadrans solaires et même par les vibrations du pendule.
Malgré cela, leurs observations d'éclipses présentent presque autant
d'incertitude que celles des Chaldéens et des Grecs, et leurs observations du Soleil et de la Lune sont loin d'avoir sur celles d'Hipparque
une supériorité qui puisse compenser l'avantage de la distance qui
nous sépare de ce grand observateur. L'activité des astronomes arabes,
bornée aux observations, ne s'est point étendue à la recherche de
nouvelles inégalités, et sur ce point ils n'ont rien ajouté aux hypothèses
de Ptolémée. Cette vive curiosité qui nous attache aux phénomènes,
jusqu'à ce que les lois et la cause en soient parfaitement connues,
caractérise les savants de l'Europe moderne.

Les Perses, soumis longtemps aux mêmes souverains que les Arabes
et professant la même religion, secouèrent vers le milieu du xie siècle
le joug des califes. A cette époque, leur calendrier reçut, par les soins
de l'astronome Omar-Chéyan, une forme nouvelle, fondée sur l'intercalation ingénieuse de huit années bissextiles en trente-trois ans, intercalation que Dominique Cassini, à la fin de l'avant-dernier siècle,
proposa comme plus exacte et plus simple que l'intercalation grégorienne, ignorant que les Perses la connaissaient depuis longtemps.
Dans le xiiie siècle, Holagu-Hecoukan, un de leurs souverains,
rassembla les astronomes les plus instruits à Maragha, où il fit construire un magnifique observatoire, dont il confia la direction à Nassi-
redin. Mais aucun prince de cette nation ne se distingua plus par son
zèle pour l'Astronomie qu'Ulugh-Beigh, que l'on doit mettre au rang
des plus grands observateurs. Il dressa lui-même à Samarcande, capitale de ses États, un nouveau Catalogue d'étoiles, et les meilleures Tables
astronomiques que l'on ait eues avant Tycho Brahe. Il mesura en 1437,
avec un grand instrument, l'obliquité de l'écliptique, et son résultat,
corrigé de la réfraction et de la fausse parallaxe qu'il avait employée,
donne cette obliquité plus grande qu'au commencement de ce siècle, ce
qui confirme sa diminution successive.

Les annales de la Chine nous ont offert les plus anciennes observations astronomiques ; elles nous présentent encore, vingt-quatre siècles
après, les observations les plus précises que l'on ait faites avant le renouvellement de l'Astronomie, et même avant l'application du télescope
au quart du cercle. On a vu que l'année astronomique des Chinois
commençait au solstice d'hiver, et que, pour en fixer l'origine, on observa dans tous les temps les ombres méridiennes du gnomon vers les
solstices. Gaubil, l'un des plus savants et des plus judicieux missionnaires jésuites envoyés dans cet empire, nous a fait connaître une suite
d'observations de ce genre, qui s'étendent depuis l'an 1100 avant notre
ère jusqu'en 1280 après. Elles indiquent avec évidence la diminution
de l'obliquité de l'écliptique, qui, dans ce long intervalle, a été d'un
millième de la circonférence. Tsoutchong, l'un des plus habiles astronomes chinois, comparant les observations qu'il fit à Nankin, en 461,
avec celles que l'on avait faites à Loyang, dans l'année 173, détermina
la grandeur de l'année tropique, plus exactement que ne l'avaient fait les
Grecs et même les astronomes d'Almamon : il la trouva de 365ᴶ, 24282,
la même à très peu près que celle de Copernic. Pendant qu'Holagu-
Hecoukan faisait fleurir l'Astronomie en Perse, son frère Cobilaï, fondateur, en 1271, de la dynastie des Yuen, lui accordait la même protection à la Chine ; il nomma chef du tribunal des Mathématiques
Cochcou-King, le premier des astronomes chinois. Ce grand observateur fit construire des instruments beaucoup plus exacts que ceux dont
on avait fait usage jusqu'alors : le plus précieux de tous était un
gnomon de 40 pieds chinois, terminé par une plaque de cuivre,
verticale et percée par un trou du diamètre d'une aiguille. C'est du
centre de cette ouverture que Cochcou-King comptait la hauteur du
gnomon ; il mesurait l'ombre jusqu'au centre de l'image du Soleil.
« Jusqu'ici, » dit-il, « on n'observait que le bord supérieur du Soleil, et
l'on avait de la peine à distinguer le terme de l'ombre ; d'ailleurs, le
gnomon de 8 pieds dont on s'est constamment servi est trop court.
Ces motifs m'ont porté à faire usage d'un gnomon de 40 pieds
et à prendre le centre de l'image. » Gaubil, dont nous tenons ces dé

tails, nous a communiqué plusieurs de ces observations faites depuis 1277 jusqu'en 1280; elles sont précieuses par leur exactitude, et prouvent d'une manière incontestable les diminutions de l'obliquité de l'écliptique et de l'excentricité de l'orbe terrestre, depuis cette époque jusqu'à nos jours. Cocheou-King détermina avec une précision remarquable la position du solstice d'hiver par rapport aux étoiles en 1280; il le faisait coïncider avec l'apogée du Soleil, ce qui avait eu lieu trente ans auparavant; la grandeur qu'il supposait à l'année est exactement celle de notre année grégorienne. Les méthodes chinoises pour le calcul des éclipses sont inférieures à celles des Arabes et des Perses; les Chinois n'ont point profité des connaissances acquises par ces peuples, malgré leurs communications fréquentes avec eux; ils ont étendu à l'Astronomie elle-même l'attachement constant qu'ils portent à leurs anciens usages.

L'histoire de l'Amérique avant sa conquête par les Espagnols nous offre quelques vestiges d'Astronomie; car les notions les plus élémentaires de cette science ont été chez tous les peuples les premiers fruits de leur civilisation. Les Mexicains avaient, au lieu de la semaine, une petite période de cinq jours; leurs mois étaient chacun de vingt jours, et dix-huit de ces mois formaient leur année, qui commençait au solstice d'hiver et à laquelle ils ajoutaient cinq jours complémentaires. Il y a lieu de penser qu'ils composaient de la réunion de cent quatre ans un grand cycle, dans lequel ils intercalaient vingt-cinq jours. Cela suppose une durée de l'année tropique plus exacte que celle d'Hipparque, et, ce qui est remarquable, elle est la même à très peu près que l'année des astronomes d'Almamon. Les Péruviens et les Mexicains observaient avec soin les ombres du gnomon aux solstices et aux équinoxes; ils avaient même élevé pour cet objet des colonnes et des pyramides. Cependant, quand on considère la difficulté de parvenir à une détermination aussi exacte de la longueur de l'année, on est porté à croire qu'elle n'est pas leur ouvrage et qu'elle leur est venue de l'ancien continent. Mais de quel peuple et par quels moyens l'ont-ils reçue? Pourquoi, si elle leur a été transmise par le nord de l'Asie, ont-ils une division du temps si différente de celles qui ont été en usage dans cette partie du monde? Ce sont des questions qu'il paraît impossible de résoudre.

Il existe, dans les nombreux manuscrits que renferment nos bibliothèques, beaucoup d'observations anciennes encore inconnues, qui répandraient un grand jour sur l'Astronomie, et spécialement sur les inégalités séculaires des mouvements célestes. Leur recherche doit fixer l'attention des savants versés dans les langues orientales ; car les grandes variations du Système du Monde ne sont pas moins intéressantes à connaître que les révolutions des empires. La postérité, qui pourra comparer une longue suite d'observations très exactes à la théorie de la pesanteur universelle, jouira de leur accord beaucoup mieux que nous, à qui l'antiquité n'a laissé que des observations le plus souvent incertaines. Mais ces observations, soumises à une saine critique, peuvent, du moins en partie, compenser par leur nombre les erreurs dont elles sont susceptibles et nous tenir lieu d'observations précises, de même qu'en Géographie, pour fixer la position des lieux, on supplée les observations astronomiques en comparant entre elles les diverses relations des voyageurs. Ainsi, quoique le tableau que nous offre la série des observations depuis les temps les plus anciens jusqu'à nos jours soit fort imparfait, cependant on y voit d'une manière très sensible les variations de l'excentricité de l'orbe terrestre et de la position de son périgée, celles des mouvements séculaires de la Lune par rapport à ses nœuds, à son périgée et au Soleil, enfin les variations des éléments des orbes planétaires. La diminution successive de l'obliquité de l'écliptique pendant près de trois mille ans est surtout remarquable dans la comparaison des observations de Tcheou-Kong, de Pythéas, d'Ebn-Junis, de Cocheou-King, d'Ulugh-Beigh et des modernes.

CHAPITRE IV.

DE L'ASTRONOMIE DANS L'EUROPE MODERNE.

C'est principalement aux Arabes que l'Europe moderne doit les premiers rayons de lumière qui ont dissipé les ténèbres dont elle a été enveloppée pendant plus de douze siècles. Ils nous ont transmis avec gloire le dépôt des connaissances qu'ils avaient reçues des Grecs, disciples eux-mêmes des Égyptiens. Mais, par une fatalité déplorable, elles ont disparu chez tous ces peuples, à mesure qu'ils les ont communiquées. Depuis longtemps le despotisme, étendant sa barbarie sur les belles contrées qui furent le berceau des sciences et des arts, en a effacé jusqu'au souvenir des grands hommes qui les ont illustrées.

Alphonse, roi de Castille, fut un des premiers souverains qui encouragèrent l'Astronomie renaissante en Europe. Cette science compte peu de protecteurs aussi zélés; mais il fut mal secondé par les astronomes qu'il avait réunis, et les Tables qu'ils publièrent ne répondirent point aux dépenses excessives qu'elles avaient occasionnées. Doué d'un esprit juste, Alphonse était choqué de l'embarras des cercles et des épicycles dans lesquels on faisait mouvoir les corps célestes. « Si Dieu », disait-il, « m'avait appelé à son conseil, les choses eussent été dans un meilleur ordre. » Par ces mots, qui furent taxés d'impiété, il faisait entendre que l'on était encore loin de connaître le mécanisme de l'univers. Au temps d'Alphonse, l'Europe dut aux encouragements de Frédéric II, empereur d'Allemagne, la première traduction latine de l'*Almageste* de Ptolémée, que l'on fit sur la version arabe.

Nous arrivons enfin à l'époque où l'Astronomie, sortant de la sphère
étroite qui l'avait renfermée jusqu'alors, s'éleva par des progrès rapides et continus à la hauteur où nous la voyons. Purbach, Regiomontanus et Walterus préparèrent ces beaux jours de la Science, et
Copernic les fit naître par l'explication heureuse des phénomènes célestes, au moyen des mouvements de la Terre sur elle-même et autour
du Soleil. Choqué, comme Alphonse, de l'extrême complication du système de Ptolémée, il chercha dans les anciens philosophes une disposition plus simple de l'univers; il reconnut que plusieurs d'entre eux
avaient mis Vénus et Mercure en mouvement autour du Soleil; que
Nicétas, suivant le rapport de Cicéron, faisait tourner la Terre sur son
axe et, par ce moyen, affranchissait la sphère céleste de l'inconcevable
vitesse qu'il fallait lui supposer pour accomplir sa révolution diurne.
Aristote et Plutarque lui apprirent que les Pythagoriciens faisaient
mouvoir la Terre et les planètes autour du Soleil, qu'ils plaçaient au
centre du monde. Ces idées lumineuses le frappèrent; il les appliqua
aux observations astronomiques, que le temps avait multipliées, et il
eut la satisfaction de les voir se plier sans effort à la théorie du mouvement de la Terre. La révolution diurne du ciel ne fut qu'une illusion
due à la rotation de la Terre, et la précession des équinoxes se réduisit
à un mouvement dans l'axe terrestre. Les cercles imaginés par Ptolémée pour expliquer les mouvements directs et rétrogrades des planètes
disparurent; Copernic ne vit dans ces singuliers phénomènes que des
apparences produites par la combinaison du mouvement de la Terre
autour du Soleil avec celui des planètes, et il en conclut les dimensions
respectives de leurs orbes, jusqu'alors ignorées. Enfin tout annonçait
dans ce système cette belle simplicité qui nous charme dans les moyens
de la nature, quand nous sommes assez heureux pour les connaître.
Copernic le publia dans son Ouvrage sur les *Révolutions célestes* : pour
ne pas révolter les préjugés reçus, il le présenta comme une hypothèse.
« Les astronomes, » dit-il, dans sa dédicace au pape Paul III, « s'étant
permis d'imaginer des cercles pour expliquer les mouvements des astres, j'ai cru pouvoir également examiner si la supposition du mouve-

ment de la Terre rend plus exacte et plus simple la théorie de ces
mouvements. »

Ce grand homme ne fut pas témoin du succès de son ouvrage; il
mourut presque subitement, à l'âge de soixante et onze ans, après en
avoir reçu le premier exemplaire. Né à Thorn, dans la Prusse polo-
naise, le 19 février 1473, il apprit dans la maison paternelle les langues grecque et latine, et il alla continuer ses études à Cracovie.
Ensuite, entraîné par son goût pour l'Astronomie et par la réputation
que Regiomontanus avait laissée, le désir de s'illustrer dans la même
carrière lui fit entreprendre le voyage de l'Italie, où cette science était
enseignée avec succès. Il suivit à Bologne les leçons de Dominique Maria; il obtint ensuite une place de professeur à Rome, où il fit diverses
observations; enfin il quitta cette ville pour se fixer à Frauenberg où
son oncle, alors évêque de Warmie, le pourvut d'un canonicat. Ce fut
dans ce tranquille séjour que, par trente-six ans d'observations et de
méditations, il établit sa théorie du mouvement de la Terre. A sa mort,
il fut inhumé dans la cathédrale de Frauenberg, sans pompe et sans
épitaphe; mais sa mémoire subsistera aussi longtemps que les grandes
vérités qu'il a reproduites avec une évidence qui, enfin, a dissipé les
illusions des sens et surmonté les difficultés que leur opposait l'ignorance des lois de la Mécanique.

Ces vérités eurent encore à vaincre des obstacles d'un autre genre
et qui, naissant d'un fond respecté, les auraient étouffées si les progrès rapides de toutes les sciences mathématiques n'eussent concouru
à les affermir. La religion fut invoquée pour détruire un système astronomique, et l'on tourmenta par des persécutions réitérées l'un de
ses défenseurs, dont les découvertes honoraient l'Italie. Rheticus,
disciple de Copernic, fut le premier qui en adopta les idées; mais
elles ne prirent une grande faveur que vers le commencement du
xviie siècle, et elles la durent principalement aux travaux et aux mal-
heurs de Galilée.

Un heureux hasard venait de faire trouver le plus merveilleux instrument que l'industrie humaine ait découvert, et qui, en donnant

aux observations astronomiques une étendue et une précision inespé-
rées, a fait apercevoir dans les cieux des inégalités nouvelles et de
nouveaux mondes. Galilée eut à peine connaissance des premiers essais sur le télescope qu'il s'attacha à le perfectionner. En le dirigeant
vers les astres, il découvrit les quatre satellites de Jupiter, qui lui
montrèrent une nouvelle analogie de la Terre avec les planètes; il
reconnut ensuite les phases de Vénus, et dès lors il ne douta plus de
son mouvement autour du Soleil. La voie lactée lui offrit un nombre
infini de petites étoiles, que l'irradiation confond, à la vue simple,
dans une lumière blanche et continue; les points lumineux qu'il aperçut au delà de la ligne qui sépare la partie éclairée de la partie obscure de la Lune lui firent connaître l'existence et la hauteur de ses
montagnes. Enfin il observa les taches et la rotation du Soleil, et les
apparences singulières occasionnées par l'anneau de Saturne. En publiant ces découvertes, il fit voir qu'elles démontraient le mouvement
de la Terre; mais la pensée de ce mouvement fut déclarée contraire
aux dogmes religieux par une congrégation de cardinaux, et Galilée,
son plus célèbre défenseur en Italie, fut cité au tribunal de l'Inquisition, et forcé de se rétracter pour échapper à une prison rigoureuse.

Une des plus fortes passions est l'amour de la vérité dans l'homme
de génie. Plein de l'enthousiasme qu'une grande découverte lui inspire,
il brûle de la répandre, et les obstacles que lui opposent l'ignorance
et la superstition armées du pouvoir ne font que l'irriter et accroître
son énergie. D'ailleurs il s'agissait d'une vérité qui pour nous est du
plus haut intérêt par le rang qu'elle assigne au globe que nous habitons. S'il est, en effet, immobile au milieu de l'univers, l'homme a le
droit de se regarder comme le principal objet des soins de la nature :
toutes les opinions fondées sur cette prérogative méritent son examen;
il peut raisonnablement chercher à découvrir les rapports que les astres
ont avec sa destinée. Mais, si la Terre n'est qu'une des planètes qui circulent autour du Soleil, cette Terre, déjà si petite dans le système solaire, disparaît entièrement dans l'immensité des cieux dont ce système,
tout vaste qu'il nous semble, n'est qu'une partie insensible. Galilée,

convaincu de plus en plus, par ses observations, du mouvement de la Terre, médita longtemps un nouvel ouvrage, dans lequel il se proposait d'en développer les preuves. Mais, pour se dérober à la persécution dont il avait failli être victime, il imagina de les présenter sous la forme de dialogues entre trois interlocuteurs dont l'un défendait le système de Copernic, combattu par un péripatéticien. On sent que tout l'avantage restait au défenseur de ce système; mais Galilée ne prononçant point entre eux, et faisant valoir autant qu'il était possible les objections des partisans de Ptolémée, devait s'attendre à jouir de la tranquillité que lui méritaient ses travaux et son grand âge. Le succès de ces dialogues et la manière triomphante avec laquelle toutes les difficultés contre le mouvement de la Terre y étaient résolues réveillèrent l'Inquisition. Galilée, à l'âge de soixante-dix ans, fut de nouveau cité à ce tribunal. La protection du grand-duc de Toscane ne put empêcher qu'il y comparût. On l'enferma dans une prison, où l'on exigea de lui un second désaveu de ses sentiments, avec menace de la peine de relaps, s'il continuait d'enseigner la même doctrine. On lui fit signer cette formule d'abjuration : *Moi, Galilée, à la soixante-dixième année de mon âge, constitué personnellement en justice, étant à genoux, et ayant devant les yeux les saints évangiles, que je touche de mes propres mains; d'un cœur et d'une foi sincères, j'abjure, je maudis et je déteste l'erreur, l'hérésie du mouvement de la Terre,* etc. Quel spectacle que celui d'un vieillard, illustre par une longue vie consacrée tout entière à l'étude de la nature, abjurant à genoux, contre le témoignage de sa conscience, la vérité qu'il avait prouvée avec évidence! Emprisonné pour un temps illimité, par un décret de l'Inquisition, il fut redevable de son élargissement aux sollicitations du grand-duc; mais, pour l'empêcher de se soustraire au pouvoir de l'Inquisition, on lui défendit de sortir du territoire de Florence. Galilée, né à Pise en 1564, annonça de bonne heure les grands talents qu'il développa dans la suite. La Mécanique lui doit plusieurs découvertes, dont la plus importante est sa théorie du mouvement des graves; elle est le plus beau monument de son génie. Il était occupé de la libration de la Lune lorsqu'il perdit la vue; trois ans après, en 1642, il mourut à Arcetri, regretté de l'Europe entière, éclairée par ses travaux et indignée du jugement porté contre un si grand homme, par un odieux tribunal.

Pendant que ces choses se passaient en Italie, Kepler dévoilait en Allemagne les lois des mouvements planétaires. Mais, avant que d'exposer ses découvertes, il convient de remonter plus haut et de faire connaître les progrès de l'Astronomie dans le nord de l'Europe, depuis la mort de Copernic.

L'histoire de cette science nous offre à cette époque un grand nombre d'excellents observateurs. L'un des plus illustres fut Guillaume IV, landgrave de Hesse-Cassel. Il fit bâtir à Cassel un observatoire, qu'il munit d'instruments travaillés avec soin, et avec lesquels il observa longtemps lui-même. Il s'attacha deux astronomes distingués, Rothman et Juste Bürgi, et Tycho fut redevable à ses pressantes sollicitations des avantages que lui procura Frédéric, roi de Danemark.

Tycho Brahé, l'un des plus grands observateurs qui aient existé, naquit à la fin de 1546, à Knudstrup en Scanie. Son goût pour l'Astronomie se manifesta dès l'âge de quatorze ans, à l'occasion d'une éclipse arrivée en 1560. A cet âge où il est si rare de réfléchir, la justesse du calcul par lequel on avait prédit ce phénomène lui inspira le vif désir d'en connaître les principes, et ce désir s'accrut encore par les oppositions qu'il éprouva de la part de son gouverneur et de sa famille. Il voyagea en Allemagne, où il contracta des liaisons de correspondance et d'amitié avec les savants et les amateurs les plus distingués de l'Astronomie, et particulièrement avec le landgrave de Hesse-Cassel, qui le reçut de la manière la plus flatteuse. De retour dans sa patrie, il y fut fixé par Frédéric, son souverain, qui lui donna la petite ile de Hveen, à l'entrée de la mer Baltique. Tycho y fit bâtir un observatoire célèbre sous le nom d'*Uranibourg;* là, pendant un séjour de vingt et un ans, il fit un nombre prodigieux d'observations, et plusieurs découvertes importantes. A la mort de Frédéric, l'envie déchaînée contre Tycho le força d'abandonner sa retraite. Son retour à Copenhague n'assouvit point la rage de ses persécuteurs; un ministre (son nom, comme celui de tous les hommes qui ont abusé du pouvoir pour arrêter le progrès de la raison, doit être livré au mépris de tous les âges), Walchendorp, lui fit défendre de continuer ses observations. Heureusement Tycho retrouva un protecteur puissant dans l'empereur Rodolphe II, qui se l'attacha par une pension considérable et lui donna un observatoire à Prague. Une mort imprévue l'enleva dans cette ville, le 24 octobre 1601, au milieu de ses travaux, et dans un âge où il pouvait encore rendre à l'Astronomie de grands services.

De nouveaux instruments inventés, et des perfections nouvelles ajoutées aux anciens; une précision beaucoup plus grande dans les observations; un Catalogue d'étoiles, fort supérieur à ceux d'Hipparque et d'Ulugh-Beigh; la découverte de l'inégalité de la Lune qu'il nomma *variation*, celle des inégalités du mouvement des nœuds et de l'inclinaison de l'orbe lunaire; la remarque importante que les comètes se meuvent fort au delà de cet orbe; une connaissance plus parfaite des réfractions astronomiques; enfin, des observations très nombreuses des planètes, qui ont servi de base aux lois de Kepler : tels sont les principaux services que Tycho Brahe a rendus à l'Astronomie. L'exactitude de ses observations, à laquelle il fut redevable de ses découvertes sur le mouvement lunaire, lui fit connaître encore que l'équation du temps, relative au Soleil et aux planètes, n'était point applicable à la Lune, et qu'il fallait en retrancher la partie dépendante de l'anomalie du Soleil et même une quantité beaucoup plus grande. Kepler, porté par son imagination à rechercher les rapports et la cause des phénomènes, pensa que la vertu motrice du Soleil fait tourner la Terre plus rapidement sur elle-même dans son périhélie que dans son aphélie. L'effet de cette variation du mouvement diurne ne pouvait être reconnu, par les observations de Tycho, que dans le mouvement de la Lune, où il est treize fois plus considérable que dans celui du Soleil. Mais les horloges, perfectionnées par l'application du pendule, ayant fait voir que cet effet est nul dans ce dernier mouvement et que la rotation de la Terre est uniforme, Flamsteed transporta à la Lune elle-même l'inégalité dépendante de l'anomalie du Soleil et que l'on avait regardée comme apparente. Cette inégalité, dont on doit à Tycho le premier aperçu, est celle que l'on nomme *équation annuelle*. On voit par cet exemple comment l'observation, en se perfectionnant, nous découvre des inégalités jusqu'alors enveloppées dans ses erreurs. Les recherches de Kepler en offrent un exemple encore plus remarquable. Ayant fait voir, dans son *Commentaire sur Mars*, que les hypothèses de Ptolémée s'écartaient nécessairement des observations de Tycho de huit minutes sexagésimales, il ajoute : « Cette différence est plus petite que l'incertitude des observations de Ptolémée, incertitude qui, de l'aveu de cet astronome, était au moins de dix minutes. Mais la bonté divine nous ayant fait présent dans Tycho Brahe d'un très exact observateur, il est juste de reconnaître ce bienfait de la divinité, et de lui en rendre grâces. Convaincus maintenant de l'erreur des hypothèses dont nous venons de faire usage, nous devons employer tous nos efforts pour découvrir les lois véritables des mouvements célestes. Ces huit minutes, qu'il n'est plus permis de négliger, m'ont mis sur la voie pour réformer toute l'Astronomie, et sont la matière de la plus grande partie de cet ouvrage. »

Frappé des objections que les adversaires de Copernic opposaient au mouvement de la Terre, et peut-être entraîné par la vanité de donner son nom à un système astronomique, Tycho Brahe méconnut celui de la nature. Suivant lui, la Terre est immobile au centre de l'univers; tous les astres se meuvent, chaque jour, autour de l'axe du monde, et le Soleil, dans sa révolution annuelle, emporte avec lui les planètes. Dans ce système qui, selon l'ordre naturel des idées, aurait dû précéder celui de Copernic, les apparences sont les mêmes que dans la théorie du mouvement de la Terre. On peut généralement considérer tel point que l'on veut, par exemple, le centre de la Lune, comme immobile, pourvu que l'on transporte, en sens contraire, à tous les astres le mouvement dont il est animé. Mais n'est-il pas physiquement absurde de supposer la Terre sans mouvement dans l'espace, tandis que le Soleil entraîne les planètes au milieu desquelles elle est comprise ? La distance de la Terre au Soleil, si bien d'accord avec la durée de sa révolution, dans l'hypothèse de son mouvement, pouvait-elle laisser

des doutes à un esprit fait pour sentir la force de l'analogie? et ne
doit-on pas dire, avec Kepler, que la nature proclame ici d'une voix
haute la vérité de cette hypothèse? Il faut l'avouer, Tycho, quoique
grand observateur, ne fut pas heureux dans la recherche des causes:
son esprit peu philosophique fut même imbu des préjugés de l'Astrologie judiciaire, qu'il a essayé de défendre. Il serait cependant injuste
de le juger avec la même rigueur que celui qui se refuserait, de nos
jours, à la théorie du mouvement de la Terre, confirmée par les nombreuses découvertes faites depuis, en Astronomie. Les difficultés que
les illusions des sens opposaient alors à cette théorie n'avaient point
encore été résolues. Le diamètre apparent des étoiles, supérieur à leur
parallaxe annuelle, donnait à ces astres, dans cette théorie, un diamètre réel plus grand que celui de l'orbe terrestre; le télescope, en les
réduisant à des points lumineux, a fait disparaitre cette grandeur invraisemblable. On ne concevait pas comment les corps détachés de la
Terre pouvaient en suivre les mouvements. Les lois de la Mécanique
ont expliqué ces apparences; elles ont fait voir, ce que Tycho, trompé
par une expérience fautive, refusait d'admettre, qu'un corps, en partant
d'une grande hauteur et abandonné à la seule action de la gravité, retombe à très peu près au pied de la verticale, en ne s'écartant à l'orient
que d'une quantité très difficile à observer à cause de son extrême petitesse; en sorte que l'on éprouve maintenant, à reconnaitre dans la
chute des graves le mouvement de la Terre, autant de difficulté que
l'on en trouvait alors à prouver qu'il doit être insensible.

Le réforme du calendrier julien se rapporte au temps de Tycho Brahe.
Il est utile d'attacher les mois et les fêtes aux mêmes saisons, et d'en
faire des époques remarquables pour l'agriculture. Mais, pour obtenir
cet avantage précieux aux habitants des campagnes, il faut, par l'intercalation régulière d'un jour, compenser l'excès de l'année solaire sur
l'année commune de trois cent soixante et cinq jours. Le mode d'intercalation le plus simple est celui que Jules César introduisit dans le calendrier romain, et qui consiste à faire succéder une bissextile à trois
années communes. Mais la longueur de l'année que ce mode suppose,

étant trop considérable, l'équinoxe du printemps anticipait sans cesse ;
et dans l'intervalle des quinze siècles écoulés depuis Jules César, il
s'était rapproché de onze jours et demi du commencement de l'année.
Pour remédier à cet inconvénient, le pape Grégoire XIII établit par un
bref, en 1582, que le mois d'octobre de cette année n'aurait que vingt
et un jours ; que l'année 1600 serait bissextile ; qu'ensuite l'année qui
termine chaque siècle ne serait bissextile que de quatre en quatre
siècles. Cette intercalation, fondée sur une longueur un peu trop grande
de l'année, ferait anticiper l'équinoxe d'un jour environ en quatre
mille ans ; mais, en rendant commune la bissextile qui termine cet intervalle, l'intercalation grégorienne deviendrait à très peu près rigoureuse. On ne changea point d'ailleurs le calendrier julien. Il était facile
alors de fixer au solstice d'hiver l'origine de l'année et de rendre plus
régulière la longueur des mois, en donnant trente et un jours au premier, vingt-neuf jours au second dans les années communes, et trente
jours dans les années bissextiles, et en faisant les autres mois alternativement de trente et un et de trente jours ; il eût été commode de les
désigner tous par leur rang ordinal, ce qui aurait fait disparaître les
dénominations impropres des quatre derniers mois de l'année. En corrigeant ensuite comme on vient de le dire l'intercalation adoptée, le
calendrier grégorien n'eût laissé rien à désirer. Mais convient-il de lui
donner cette perfection ? Si l'on considère que ce calendrier est aujourd'hui celui de presque tous les peuples d'Europe et d'Amérique,
et qu'il a fallu deux siècles et toute l'influence de la religion pour lui
procurer cet avantage, on sentira qu'il doit être conservé même avec
ses imperfections, qui ne portent pas d'ailleurs sur des points essentiels. Car le principal objet d'un calendrier est d'attacher, par un mode
simple d'intercalation, les événements à la série des jours, et de faire
correspondre pendant un très grand nombre de siècles les saisons aux
mêmes mois de l'année, conditions qui sont bien remplies dans le calendrier grégorien. La partie de ce calendrier relative à la fixation de
la Pâque étant, par son objet, étrangère à l'Astronomie, je n'en parlerai
point ici.

Dans ses dernières années, Tycho Brahe eut pour disciple et pour aide Kepler, né en 1571 à Weil dans le duché de Würtemberg, et l'un de ces hommes rares que la nature donne de temps en temps aux sciences, pour en faire éclore les grandes théories préparées par les travaux de plusieurs siècles. La carrière des sciences lui parut d'abord peu propre à satisfaire l'ambition qu'il avait de s'illustrer; mais l'ascendant de son génie et les exhortations de Mœstlin le rappelèrent à l'Astronomie, et il y porta toute l'activité d'une âme passionnée pour la gloire.

Impatient de connaitre la cause des phénomènes, le savant doué d'une imagination vive l'entrevoit souvent avant que les observations aient pu l'y conduire. Sans doute il est plus sûr de remonter des phénomènes aux causes; mais l'histoire des sciences nous montre que cette marche lente et pénible n'a pas toujours été celle des inventeurs. Que d'écueils doit craindre celui qui prend son imagination pour guide ! Prévenu pour la cause qu'elle lui présente, loin de la rejeter lorsque les faits lui sont contraires, il les altère pour les plier à ses hypothèses; il mutile, si je puis ainsi dire, l'ouvrage de la nature pour le faire ressembler à celui de son imagination, sans réfléchir que le temps dissipe ces vains fantômes, et ne consolide que les résultats de l'observation et du calcul. Le philosophe vraiment utile au progrès des sciences est celui qui, réunissant à une imagination profonde une grande sévérité dans le raisonnement et dans les expériences, est à la fois tourmenté par le désir de s'élever aux causes des phénomènes, et par la crainte de se tromper sur celles qu'il leur assigne.

Kepler dut à la nature le premier de ces avantages, et Tycho Brahe lui donna pour le second d'utiles conseils, dont il s'écarta trop souvent, mais qu'il suivit dans tous les cas où il put comparer ses hypothèses aux observations, ce qui, par la méthode d'exclusion, le conduisit, d'hypothèses en hypothèses, aux lois des mouvements planétaires. Ce grand observateur, qu'il alla voir à Prague et qui dans les premiers ouvrages de Kepler avait démêlé son génie à travers les analogies mystérieuses des figures et des nombres dont ils étaient pleins, l'ex-

horta à observer et lui procura le titre de mathématicien impérial. La
mort de Tycho, arrivée peu d'années après, mit Kepler en possession
de la collection précieuse des observations de son illustre maître, et il
en fit l'emploi le plus utile, en fondant sur elles trois des plus importantes découvertes que l'on ait faites dans la philosophie naturelle.

Ce fut une opposition de Mars qui détermina Kepler à s'occuper de
préférence des mouvements de cette planète. Son choix fut heureux en
ce que, l'orbe de Mars étant un des plus excentriques du système planétaire et la planète approchant fort près de la Terre dans ses oppositions, les inégalités de son mouvement réel et apparent sont plus grandes
que celles des autres planètes, et doivent plus facilement et plus sûrement en faire découvrir les lois. Quoique la théorie du mouvement de
la Terre eût fait disparaître la plupart des cercles dont Ptolémée avait
embarrassé l'Astronomie, cependant Copernic en avait laissé subsister
plusieurs, pour expliquer les inégalités réelles des corps célestes. Kepler,
trompé comme lui par l'opinion que les mouvements des astres devaient être circulaires et uniformes, essaya longtemps de représenter
ceux de Mars dans cette hypothèse. Enfin, après un grand nombre de
tentatives qu'il a rapportées en détail dans son Ouvrage *De stella Martis*,
il franchit l'obstacle que lui opposait une erreur accréditée par le suf-
frage de tous les siècles ; il reconnut que l'orbe de Mars est une ellipse
dont le Soleil occupe un des foyers, et que la planète s'y meut de manière que le rayon vecteur mené de son centre à celui du Soleil décrit
des aires proportionnelles aux temps. Kepler étendit ces résultats à
toutes les planètes, et il publia en 1626, d'après cette théorie, les
Tables Rudolphines, à jamais mémorables en Astronomie, comme ayant
été les premières fondées sur les véritables lois du système du monde
et débarrassées de tous les cercles qui surchargaient les Tables antérieures.

Si l'on sépare des recherches astronomiques de Kepler les idées
chimériques dont il les a souvent accompagnées, on voit qu'il parvint
à ces lois de la manière suivante. Il s'assura d'abord que l'égalité du
mouvement angulaire de Mars n'avait lieu sensiblement qu'autour d'un

point situé au delà du centre de son orbite par rapport au Soleil. Il reconnut la même chose pour la Terre, en comparant entre elles des observations choisies de Mars, dont l'orbe, par la grandeur de sa parallaxe annuelle, est propre à faire connaître les dimensions respectives de l'orbe terrestre. Kepler, guidé par le principe que les foyers des mouvements célestes devaient être au centre de grands corps attractifs, conclut de ces résultats que les mouvements réels des planètes sont variables, et qu'aux deux points de la plus grande et de la plus petite vitesse, les aires décrites dans un jour par le rayon vecteur d'une planète autour du Soleil sont les mêmes. Il étendit cette égalité des aires à tous les points de l'orbite, ce qui lui donna la loi des aires proportionnelles aux temps. Ensuite les observations de Mars vers ses quadratures lui firent connaître que l'orbe de cette planète est un ovale allongé dans le sens du diamètre qui joint les points des vitesses extrêmes, ce qui le conduisit enfin au mouvement elliptique.

Sans les spéculations des Grecs sur les courbes que forme la section du cône par un plan, ces belles lois seraient peut-être encore ignorées. L'ellipse étant une de ces courbes, sa figure oblongue fit naître dans l'esprit de Kepler la pensée d'y mettre en mouvement la planète Mars et bientôt, au moyen des nombreuses propriétés que les anciens géomètres avaient trouvées sur les sections coniques, il s'assura de la vérité de cette hypothèse. L'histoire des sciences nous offre beaucoup d'exemples de ces applications de la Géométrie pure, et de ses avantages ; car tout se tient dans la chaîne immense des vérités, et souvent une seule observation a suffi pour féconder les plus stériles en apparence, en les transportant à la nature, dont les phénomènes ne sont que les résultats mathématiques d'un petit nombre de lois immuables.

Le sentiment de cette vérité donna probablement naissance aux analogies mystérieuses des Pythagoriciens ; elles avaient séduit Kepler et il leur fut redevable d'une de ses plus belles découvertes. Persuadé que les distances moyennes des planètes au Soleil et leurs révolutions devaient être réglées conformément à ces analogies, il les compara longtemps soit avec les corps réguliers de la Géométrie, soit avec les

intervalles des tons. Enfin, après dix-sept ans d'essais inutiles, ayant
eu l'idée de comparer les puissances des distances avec celles des
temps des révolutions sidérales, il trouva que les carrés de ces temps
sont entre eux comme les cubes des grands axes des orbites, loi très
importante, qu'il eut l'avantage de reconnaître dans le système des
satellites de Jupiter, et qui s'étend à tous les systèmes de satellites.

Après avoir déterminé la courbe que les planètes décrivent autour
du Soleil et découvert les lois de leurs mouvements, Kepler était trop
près du principe dont ces lois dérivent pour ne pas le pressentir. La
recherche de ce principe exerça souvent son imagination active ;
mais le moment n'était pas venu de faire ce dernier pas, qui supposait
l'invention de la Dynamique et de l'Analyse infinitésimale. Loin d'approcher du but, Kepler s'en écarta par de vaines spéculations sur la
cause motrice des planètes. Il supposait au Soleil un mouvement de
rotation sur un axe perpendiculaire à l'écliptique ; des espèces immatérielles émanées de cet astre dans le plan de son équateur, douées d'une
activité décroissante en raison des distances et conservant leur mouvement primitif de révolution, faisaient participer chaque planète à ce
mouvement circulaire. En même temps, la planète, par une sorte
d'instinct ou de magnétisme, s'approchait et s'éloignait alternativement du Soleil, s'élevait au-dessus de l'équateur solaire, s'abaissait
au-dessous, de manière à décrire une ellipse toujours située dans un
même plan passant par le centre du Soleil. Au milieu de ces nombreux
écarts, Kepler fut cependant conduit à des vues saines sur la gravitation universelle, dans l'ouvrage *De stella Martis*, où il présenta ses
principales découvertes :

« La gravité », dit-il, « n'est qu'une affection corporelle et mutuelle
entre les corps, par laquelle ils tendent à s'unir.

» La pesanteur des corps n'est point dirigée vers le centre du
monde, mais vers celui du corps rond dont ils font partie ; et si la
Terre n'était pas sphérique, les graves placés sur les divers points de sa
surface ne tomberaient point vers un même centre.

» Deux corps isolés se porteraient l'un vers l'autre, comme deux aimants, en parcourant pour se joindre des espaces réciproques à leurs masses. Si la Terre et la Lune n'étaient pas retenues à la distance qui les sépare par une force animale ou par quelque autre force équivalente, elles tomberaient l'une sur l'autre, la Lune faisant les $\frac{53}{54}$ du chemin et la Terre faisant le reste, en les supposant également denses.

» Si la Terre cessait d'attirer les eaux de l'Océan, elles se porteraient sur la Lune, en vertu de la force attractive de cet astre.

» Cette force, qui s'étend jusqu'à la Terre, y produit les phénomènes du flux et du reflux de la mer. »

Ainsi l'important Ouvrage que nous venons de citer contient les premiers germes de la Mécanique céleste, que Newton et ses successeurs ont si heureusement développés.

On doit être étonné que Kepler n'ait pas appliqué aux comètes les lois du mouvement elliptique. Mais, égaré par une imagination ardente, il laissa échapper le fil de l'analogie qui devait le conduire à cette grande découverte. Les comètes, suivant lui, n'étant que des météores engendrés dans l'éther, il négligea d'étudier leurs mouvements, et il s'arrêta au milieu de la carrière qu'il avait ouverte, laissant à ses successeurs une partie de la gloire qu'il pouvait encore acquérir. De son temps on commençait à peine à entrevoir la méthode de procéder dans la recherche de la vérité, à laquelle le génie ne parvenait que par instinct et en y mêlant souvent beaucoup d'erreurs. Au lieu de s'élever péniblement, par une suite d'inductions, des phénomènes particuliers à d'autres plus étendus et de ceux-ci aux lois générales de la nature, il était plus agréable et plus facile de subordonner tous les phénomènes à des rapports de convenance et d'harmonie, que l'imagination créait et modifiait à son gré. Ainsi Kepler expliqua la disposition du système solaire par les lois de l'harmonie musicale. Il est affligeant pour l'esprit humain de voir ce grand homme, même dans ses derniers Ouvrages, se plaire avec délices dans ces chimériques spéculations, et les regarder comme l'âme et la vie de l'Astronomie. Leur mélange avec ses véritables découvertes fut, sans doute, la cause pour laquelle les astronomes de son temps, Descartes lui-même et Galilée, qui pouvaient tirer

le parti le plus avantageux de ses lois, ne paraissent pas en avoir senti
l'importance. Galilée pouvait alléguer en faveur du mouvement de
la Terre l'une des plus fortes preuves de ce mouvement, sa conformité
avec les lois du mouvement elliptique de toutes les planètes, et surtout
avec le rapport du carré des temps des révolutions au cube des moyennes
distances au Soleil.

Mais ces lois ne furent généralement admises qu'après que Newton
en eut fait la base de sa théorie du système du monde.

L'Astronomie doit encore à Kepler plusieurs travaux utiles : ses Ouvrages sur l'Optique sont pleins de choses neuves et intéressantes. Il y per-
fectionne le télescope et sa théorie ; il y explique le mécanisme de la
vision, inconnu avant lui ; il y donne la vraie cause de la lumière cendrée de la Lune ; mais il en fait hommage à son maître Mœstlin, re-
commandable par cette découverte, et pour avoir rappelé Kepler à
l'Astronomie et converti Galilée au système de Copernic. Enfin, Kepler
dans son Ouvrage intitulé : *Stereometria doliorum*, présenta sur l'infini
des vues qui ont influé sur la révolution que la Géométrie a éprouvée
à la fin de l'avant-dernier siècle, et Fermat, que l'on doit regarder
comme le véritable inventeur du Calcul différentiel, a fondé sur elles
sa belle méthode des maxima.

Avec autant de droits à l'admiration, ce grand homme vécut dans la
misère, tandis que l'Astrologie judiciaire, partout en honneur, était
magnifiquement récompensée. Heureusement la jouissance de la vérité
qui se dévoile à l'homme de génie et la perspective de la postérité juste
et reconnaissante le consolent de l'ingratitude de ses contemporains.
Kepler avait obtenu des pensions qui lui furent toujours mal payées.
Étant allé à la diète de Ratisbonne pour en solliciter les arrérages, il
mourut dans cette ville, le 15 novembre 1631. Il eut dans ses dernières
années l'avantage de voir naître et d'employer la découverte des logarithmes, due à Neper, baron écossais, artifice admirable ajouté à
l'ingénieux algorithme des Indiens, et qui, en réduisant à quelques
jours le travail de plusieurs mois, double, si l'on peut ainsi dire, la vie
des astronomes et leur épargne les erreurs et les dégoûts inséparables

des longs calculs; invention d'autant plus satisfaisante pour l'esprit humain, qu'il l'a tirée en entier de son propre fonds : dans les arts, l'homme se sert des matériaux et des forces de la nature pour accroître sa puissance; mais ici, tout est son ouvrage.

Les travaux d'Huygens suivirent de près ceux de Kepler et de Galilée. Très peu d'hommes ont aussi bien mérité des sciences par l'importance et la sublimité de leurs recherches. L'application du pendule aux horloges est un des plus beaux présents que l'on ait faits à l'Astronomie et à la Géographie, qui sont redevables de leurs progrès rapides à cette heureuse invention et à celle du télescope, dont il perfectionna considérablement la pratique et la théorie. Il reconnut, au moyen des excellent objectifs qu'il parvint à construire, que les singulières apparences de Saturne sont produites par un anneau fort mince dont cette planète est entourée. Son assiduité à les observer lui fit découvrir un des satellites de Saturne. Il publia ces deux découvertes dans son *Systema Saturnium*, Ouvrage qui contient encore quelques traces de ces idées pythagoriciennes dont Kepler avait tant abusé, mais que le véritable esprit des sciences, qui dans ce beau siècle fit de si grands progrès, à pour toujours effacées. Le satellite de Saturne égalait le nombre des satellites à celui des planètes alors connues; Huygens, jugeant cette égalité nécessaire à l'harmonie du système du monde, osa presque affirmer qu'il ne restait plus de satellites à découvrir, et peu d'années après, Cassini en reconnut quatre nouveaux à la même planète. La Géométrie, la Mécanique et l'Optique doivent à Huygens un grand nombre de découvertes, et si ce rare génie eût eu l'idée de combiner ses théorèmes sur la force centrifuge avec ses belles recherches sur les développées et avec les lois de Kepler, il eût enlevé à Newton sa théorie des mouvements curvilignes et celle de la pesanteur universelle. Mais c'est dans de semblables rapprochements que consistent les découvertes.

Dans le même temps, Hevelius se rendit célèbre par d'immenses travaux, et spécialement par ses observations sur les taches et la libration de la Lune. Il a existé peu d'observateurs aussi infatigables; on regrette qu'il n'ait pas voulu adopter l'application des lunettes au quart de cercle, invention qui, en donnant aux observations une précision jusqu'alors inconnue, a rendu la plupart de celles d'Hevelius inutiles à l'Astronomie.

A cette époque, l'Astronomie prit un nouvel essor par l'établissement des sociétés savantes. La nature est tellement variée dans ses productions et dans ses phénomènes, il est si difficile d'en pénétrer les causes, que, pour la connaître et la forcer à nous dévoiler ses lois, il faut qu'un grand nombre d'hommes réunissent leurs lumières et leurs efforts. Cette réunion devient surtout nécessaire quand, le progrès des sciences multipliant leurs points de contact et ne permettant plus à un seul homme de les approfondir toutes, elles ne peuvent recevoir que de plusieurs savants les secours mutuels qu'elles se demandent. Alors le physicien a recours au géomètre pour s'élever aux causes générales des phénomènes qu'il observe, et le géomètre interroge à son tour le physicien pour rendre ses recherches utiles en les appliquant à l'expérience et pour se frayer par ces applications mêmes de nouvelles routes dans l'Analyse. Mais le principal avantage des Académies est l'esprit philosophique qui doit s'y introduire et de là se répandre dans toute une nation et sur tous les objets. Le savant isolé peut se livrer sans crainte à l'esprit de système; il n'entend que de loin la contradiction qu'il éprouve. Mais dans une société savante le choc des opinions systématiques finit bientôt par les détruire, et le désir de se convaincre mutuellement établit nécessairement entre les membres la convention de n'admettre que les résultats de l'observation et du calcul. Aussi l'expérience a-t-elle montré que, depuis l'origine des Académies, la vraie philosophie s'est généralement répandue. En donnant l'exemple de tout soumettre à l'examen d'une raison sévère, elles ont fait disparaître les préjugés qui trop longtemps avaient régné dans les sciences, et que les meilleurs esprits des siècles précédents avaient partagés. Leur utile influence sur l'opinion a dissipé des erreurs accueillies de nos jours avec un enthousiasme qui, dans d'autres temps, les aurait perpétuées. Également éloignées de la crédulité, qui fait tout admettre, et de la prévention, qui porte à rejeter tout ce qui s'écarte des idées reçues, elles ont toujours, sur les questions difficiles et sur les phénomènes extraordinaires, sagement attendu les réponses de l'observation et de l'expérience, en les provoquant par des prix et par leurs propres travaux. Mésurant leur estime autant à la grandeur et à la difficulté d'une découverte qu'à son utilité immédiate, et persuadées par beaucoup d'exemples que la plus stérile en apparence peut avoir un jour des suites importantes, elles ont encouragé la recherche de la vérité sur tous les objets, n'excluant que ceux qui, par les bornes de l'entendement humain, lui seront à jamais inaccessibles (¹). Enfin c'est de leur sein que se sont élevées ces grandes théories que leur généralité met au-dessus de la portée du vulgaire, et qui, se répandant par de nombreuses applications sur la nature et sur les arts, sont devenues d'inépuisables sources de lumières et de jouissances. Les gouvernements sages, convaincus de l'utilité des sociétés savantes et les envisageant comme l'un des principaux fondements de la gloire et de la prospérité des empires, les ont instituées et placées près d'eux, pour s'éclairer de leurs lumières, dont souvent ils ont retiré de grands avantages.

De toutes les sociétés savantes, les deux plus célèbres par le grand nombre et par l'importance des découvertes dans l'Astronomie sont l'Académie des Sciences de Paris et la Société Royale de Londres. La première fut créée en 1666 par Louis XIV, qui pressentit l'éclat que les sciences et les arts devaient répandre sur son règne. Ce monarque, dignement secondé par Colbert, invita plusieurs savants étrangers à venir se fixer dans sa capitale. Huygens se rendit à cette invitation flatteuse ; il publia dans le sein de l'Académie, dont il fut un des premiers membres, son admirable ouvrage *De Horologio oscillatorio*.

Dominique Cassini fut pareillement attiré à Paris par les bienfaits de Louis XIV. Pendant quarante ans d'utiles travaux, il enrichit l'Astronomie d'une foule de découvertes : telles sont la théorie des satellites de Jupiter, dont il détermina les mouvements, par les observations

---

(¹) Tout bon esprit doit, sur les objets inaccessibles, dire avec Montaigne que *l'ignorance et l'incuriosité sont un mol et doux chevet pour reposer une tête bien faite.*

de leurs éclipses; la découverte de quatre satellites de Saturne, de la
rotation de Jupiter et de Mars, de la lumière zodiacale; la connaissance
fort approchée de la parallaxe du Soleil; une table de réfractions très
exacte, et surtout la théorie complète de la libration de la Lune. Galilée n'avait considéré que la libration en latitude; Hevelius expliqua la
libration en longitude, en supposant que la Lune présente toujours la
même face au centre de l'orbe lunaire, dont la Terre occupe un des
foyers. Newton, dans une lettre adressée à Mercator en 1675, perfectionna l'explication d'Hevelius, en la ramenant à l'idée simple d'une
rotation uniforme de la Lune sur elle-même, pendant qu'elle se meut
inégalement autour de la Terre; mais il supposait avec Hevelius l'axe
de rotation toujours perpendiculaire à l'écliptique. Cassini reconnut
par ses propres observations qu'il lui était un peu incliné d'un angle
constant, et pour satisfaire à la condition déjà observée par Hevelius,
suivant laquelle toutes les inégalités de la libration se rétablissent à
chaque révolution des nœuds de l'orbe lunaire, il fit coïncider constamment avec eux les nœuds de l'équateur lunaire. Tel a été le progrès
des idées sur un des points les plus curieux du système du monde.

Le grand nombre des Académiciens astronomes d'un rare mérite et
les bornes de ce précis historique ne me permettent pas de rendre
compte de leurs travaux. Je me contenterai d'observer que l'application
du télescope au quart de cercle, l'invention du micromètre et de l'hélio-
mètre, la propagation successive de la lumière, la grandeur de la Terre
et la diminution de la pesanteur à l'équateur sont autant de découvertes
sorties du sein de l'Académie des Sciences.

L'Astronomie n'est pas moins redevable à la Société Royale de
Londres, dont l'origine est de quelques années antérieure à celle de
l'Académie des Sciences. Parmi les Astronomes qu'elle a produits, je
citerai Flamsteed, l'un des plus grands observateurs qui aient paru;
Halley, illustre par des voyages entrepris pour l'avancement des
sciences, par son beau travail sur les comètes, qui lui fit découvrir le
retour de la comète de 1759, et l'idée ingénieuse d'employer les passages de Vénus sur le Soleil à la détermination de sa parallaxe. Je cite-

rai enfin Bradley, le modèle des observateurs, et célèbre à jamais par deux des plus belles découvertes que l'on ait faites en Astronomie : l'aberration des fixes et la nutation de l'axe de la Terre.

Quand l'application du pendule aux horloges et du télescope au quart de cercle eut rendu sensibles aux observateurs les plus petits changements dans la position des corps célestes, ils cherchèrent à déterminer la parallaxe annuelle des étoiles ; car il était naturel de penser qu'une aussi grande étendue que le diamètre de l'orbe terrestre est encore sensible à la distance de ces astres. En les observant avec soin dans toutes les saisons de l'année, ils aperçurent de légères variations, quelquefois favorables, mais le plus souvent contraires aux effets de la parallaxe. Pour déterminer la loi de ces variations, il fallait un instrument d'un grand rayon et divisé avec un soin extrême. L'artiste qui l'exécuta mérite une part dans la gloire de l'Astronomie qui lui dut ses découvertes. Graham, fameux horloger anglais, construisit un grand secteur, avec lequel Bradley reconnut en 1727 l'aberration des étoiles. Pour l'expliquer, ce grand astronome eut l'heureuse idée de combiner le mouvement de la Terre avec celui de la lumière, que Roemer, à la fin de l'avant-dernier siècle, avait conclu des éclipses des satellites de Jupiter. On doit être surpris que, dans l'intervalle d'un demi-siècle qui sépare cette découverte de celle de Bradley, aucun des savants très distingués qui existaient alors, et qui tous admettaient le mouvement de la lumière, n'ait fait attention aux effets très simples qui en résultent sur la position des étoiles. Mais l'esprit humain, si actif dans la formation des systèmes, a souvent attendu que l'observation et l'expérience lui aient fait connaitre d'importantes vérités que le simple raisonnement eût pu faire découvrir. C'est ainsi que l'invention des lunettes astronomiques a suivi de plus de trois siècles celle des verres lenticulaires, et n'a même été due qu'au hasard.

En 1745, Bradley reconnut par l'observation la nutation de l'axe terrestre et ses lois. Dans toutes ces variations apparentes des étoiles, observées avec un soin extraordinaire, il n'aperçut rien qui indiquât une parallaxe sensible. On doit encore à ce grand astronome le pre-

mier aperçu des principales inégalités des satellites de Jupiter, que
Wargentin ensuite a développées avec étendue. Enfin il a laissé un
recueil immense d'observations de tous les phénomènes que le ciel a
présentés vers le milieu du dernier siècle, pendant plus de dix années
consécutives. Le grand nombre de ces observations et la précision qui
les distingue font de ce recueil l'un des principaux fondements de l'Astronomie moderne, et l'époque d'où l'on doit partir maintenant dans
les recherches délicates de la Science. Il a servi de modèle à plusieurs
recueils semblables, qui, successivement perfectionnés par les progrès
des arts, sont autant de jalons placés sur la route des corps célestes,
pour en marquer les changements périodiques et séculaires.

A la même époque, fleurirent La Caille, en France, et Tobie Mayer,
en Allemagne; observateurs infatigables et laborieux calculateurs, ils
ont perfectionné les théories et les Tables astronomiques, et ils ont
formé sur leurs propres observations des Catalogues d'étoiles qui, comparés à celui de Bradley, fixent avec une grande exactitude l'état du
ciel au milieu du dernier siècle.

Les mesures des degrés des méridiens terrestres et du pendule, multipliées dans les diverses parties du globe, opération dont la France a
donné l'exemple, en mesurant l'arc total du méridien qui la traverse
et en envoyant des Académiciens au nord et à l'équateur pour y observer la grandeur de ces degrés et l'intensité de la pesanteur; l'arc du
méridien compris entre Dunkerque et Formentera, déterminé par des
observations très précises et servant de base au système des mesures
le plus naturel et le plus simple; les voyages entrepris pour observer
les deux passages de Vénus sur le Soleil, en 1761 et 1769, et la connaissance très approchée des dimensions du système solaire, fruit de
ces voyages; l'invention des lunettes achromatiques, des montres marines, de l'octant, et du cercle répétiteur trouvé par Mayer et perfectionné par Borda; la formation par Mayer de Tables lunaires assez
exactes pour servir à la détermination des longitudes à la mer; la découverte de la planète Uranus, faite par Herschel en 1781; celle de ses
satellites et de deux nouveaux satellites de Saturne, due au même ob-

servateur : telles sont, avec les découvertes de Bradley, les principales obligations dont l'Astronomie est redevable au siècle précédent.

Le siècle actuel a commencé de la manière la plus heureuse pour l'Astronomie : son premier jour est remarquable par la découverte de la planète Cérès, faite par Piazzi à Palerme, et cette découverte a bientôt été suivie de celles des deux planètes Pallas et Vesta, par Olbers, et de la planète Junon, par Harding.

CHAPITRE V.

DE LA DÉCOUVERTE DE LA PESANTEUR UNIVERSELLE.

Après avoir montré par quels efforts l'esprit humain est parvenu à découvrir les lois des mouvements célestes, il me reste à faire voir comment il s'est élevé au principe général dont elles dérivent.

Descartes essaya, le premier, de ramener la cause de ces mouvements à la Mécanique. Il imagina des tourbillons de matière subtile, au centre desquels il plaça le Soleil et les planètes. Les tourbillons des planètes entraînaient les satellites, et le tourbillon du Soleil emportait les planètes, les satellites et leurs tourbillons. Les mouvements des comètes, dirigés dans tous les sens, ont fait disparaitre ces tourbillons divers, comme ils avaient anéanti les cieux solides et tout l'appareil des cercles imaginés par les anciens astronomes. Ainsi Descartes ne fut pas plus heureux dans la Mécanique céleste que Ptolémée dans l'Astronomie; mais leurs travaux sur ces objets n'ont point été inutiles aux sciences. Ptolémée nous a transmis, à travers quatorze siècles d'ignorance, les vérités astronomiques que les anciens avaient trouvées et qu'il avait accrues. Quand Descartes vint, le mouvement imprimé aux esprits par les découvertes de l'imprimerie et du nouveau monde, par les révolutions religieuses et par le système de Copernic, les rendait avides de nouveautés. Ce philosophe substituant à de vieilles erreurs des erreurs plus séduisantes, soutenues de l'autorité de ses travaux géométriques, renversa l'empire d'Aristote, qu'un philosophe plus sage eût difficilement ébranlé. Ses tourbillons, accueillis d'abord avec enthousiasme, étant fondés sur les mouvements de la Terre et des planètes autour du Soleil, contribuèrent à faire adopter ces mouvements. Mais, en posant en principe qu'il fallait commencer par douter de tout, Descartes prescrivit lui-même de soumettre ses opinions à un examen sévère, et son système astronomique fut bientôt détruit par les découvertes postérieures, qui, jointes aux siennes, à celles de Kepler et de Galilée, et aux idées philosophiques que l'on acquit alors sur tous les objets, ont fait de son siècle, illustré d'ailleurs par tant de chefs-d'œuvre dans la littérature et dans les beaux-arts, l'époque la plus remarquable de l'histoire de l'esprit humain.

Il était réservé à Newton de nous faire connaître le principe général des mouvements célestes. La nature, en le douant d'un profond génie, prit encore soin de le placer dans les circonstances les plus favorables. Descartes avait changé la face des sciences mathématiques, par l'application féconde de l'Algèbre à la théorie des courbes et des fonctions variables. Fermat avait posé les fondements de l'Analyse infinitésimale par ses belles méthodes des maxima et des tangentes. Wallis, Wren et Huygens, venaient de trouver les lois de la communication du mouvement. Les découvertes de Galilée sur la chute des graves, et celles d'Huygens sur les développées et sur la force centrifuge conduisaient à la théorie du mouvement dans les courbes. Kepler avait déterminé celles que décrivent les planètes, et il avait entrevu la gravitation universelle. Enfin Hooke avait très bien vu que les mouvements planétaires sont le résultat d'une force primitive de projection, combinée avec la force attractive du Soleil. La Mécanique céleste n'attendait ainsi pour éclore qu'un homme de génie qui, rapprochant et généralisant ces découvertes, sût en tirer la loi de la pesanteur. C'est ce que Newton exécuta dans son Ouvrage des *Principes mathématiques de la Philosophie naturelle*.

Cet homme, célèbre à tant de titres, naquit à Woolstrop en Angleterre, sur la fin de 1642, l'année même de la mort de Galilée. Ses premières études mathématiques annoncèrent ce qu'il serait un jour : une lecture rapide des livres élémentaires lui suffit pour les entendre; il parcourut ensuite la Géométrie de Descartes, l'Optique de Kepler et l'Arithmétique des infinis de Wallis; et s'élevant bientôt à des inventions nouvelles, il fut, avant l'âge de vingt-sept ans, en possession de son *Calcul des fluxions*, et de sa *Théorie de la lumière*. Jaloux de son repos, et redoutant les querelles littéraires qu'il eût mieux évitées en publiant plutôt ses découvertes, il ne se pressa point de les mettre au jour. Le docteur Barrow, dont il était le disciple et l'ami, se démit en sa faveur de la place de professeur de Mathématiques dans l'université de Cambridge. Ce fut pendant qu'il la remplissait que, cédant aux instances de la Société Royale de Londres et aux sollicitations de Halley, il publia son ouvrage des *Principes*. L'université de Cambridge, dont il avait défendu avec zèle les privilèges attaqués par le roi Jacques II, le choisit pour son représentant dans le Parlement de convention de 1688, et dans le Parlement de 1701. Il fut nommé directeur de la Monnaie par le roi Guillaume, et créé chevalier par la reine Anne. Élu en 1703 président de la Société Royale, il continua de l'être sans interruption. Enfin il jouit de la plus haute considération pendant sa longue vie, et à sa mort, arrivée en 1727, l'élite de sa nation, dont il avait fait la gloire, lui rendit de grands honneurs funèbres.

En 1666, Newton, retiré à la campagne, dirigea pour la première fois sa pensée vers le Système du monde. La pesanteur des corps au sommet des plus hautes montagnes, à très peu près la même qu'à la surface de la Terre, lui fit conjecturer qu'elle s'étend jusqu'à la Lune, et qu'en se combinant avec le mouvement de projection de ce satellite elle lui fait décrire un orbe elliptique autour de la Terre. Pour vérifier cette conjecture, il fallait connaître la loi de diminution de la pesanteur. Newton considéra que, si la pesanteur terrestre retient la Lune dans son orbite, les planètes doivent être retenues pareillement dans leurs orbes, par leur pesanteur vers le Soleil, et il le démontra par la loi des aires proportionnelles aux temps; or il résulte du rapport constant, trouvé par Kepler, entre les carrés des temps des révolutions des planètes et les cubes des grands axes de leurs orbes, que leur force centrifuge, et par conséquent leur tendance vers le Soleil diminuent en raison du carré de leurs distances au centre de cet astre; Newton supposa donc la même loi de diminution à la pesanteur d'un corps, à mesure qu'il s'élève au-dessus de la surface de la Terre (¹). En partant des expériences de Galilée sur la chute des graves, il détermina la hauteur dont la Lune, abandonnée à elle-même, descendrait vers la Terre dans un court intervalle de temps. Cette hauteur est le sinus verse de l'arc qu'elle décrit dans le même intervalle, sinus que la parallaxe lunaire donne en parties du rayon terrestre; ainsi, pour comparer à l'observation la loi de la pesanteur réciproque au carré des distances, il était nécessaire de connaître la grandeur de ce rayon. Mais Newton, n'ayant alors qu'une mesure fautive du méridien terrestre, parvint à un résultat différent de celui qu'il attendait, et, soupçonnant que des forces inconnues se joignaient à la pesanteur de la Lune, il abandonna ses idées. Quelques années après, une lettre du docteur Hooke lui fit rechercher la nature de la courbe décrite par les projectiles autour du centre de la Terre. Picard venait de mesurer en France un degré du méridien; Newton reconnut, au moyen de cette mesure, que la Lune était retenue dans son orbite par le seul pouvoir de la gravité, supposée réciproque au carré des distances. D'après cette loi, il trouva que la ligne décrite par les corps dans leur chute est une ellipse, dont le centre de la Terre occupe un des foyers. Considérant ensuite que Kepler avait reconnu par l'observation que les orbes des planètes sont pareillement des ellipses, au foyer desquelles le centre du Soleil est placé, il eut la satisfaction de voir que la solution qu'il avait entreprise par curiosité s'appliquait aux plus grands objets de la nature. Il rédigea plusieurs propositions relatives au mouvement elliptique des planètes, et le docteur Halley l'ayant engagé à les publier, il composa son Ouvrage des *Principes mathématiques de la Philosophie naturelle*, qui parut à la fin de l'année 1687 (²). Ces détails, que nous tenons de Pemberton, contemporain et ami de Newton qui les a confirmés par son témoi-

---

(¹) Parmi toutes les lois qui font évanouir l'attraction à une distance infinie, la loi de la nature est la seule dans laquelle cette supposition de Newton soit légitime.

(²) Les principes du système social furent posés dans l'année suivante, et Newton concourut à leur établissement.

gnage, prouvent que ce grand géomètre avait trouvé en 1666 les principaux théorèmes sur la force centrifuge, qu'Huygens ne publia que six ans après à la fin de son Ouvrage *De Horologio oscillatorio*. Il est très croyable, en effet, que l'auteur de la Méthode des fluxions, qui paraît avoir été dès lors en possession de cette méthode, a facilement découvert ces théorèmes.

Newton était parvenu à la loi de la pesanteur au moyen du rapport entre les carrés des temps des révolutions des planètes et les cubes des axes de leurs orbes supposés circulaires; il démontra que ce rapport a généralement lieu dans les orbes elliptiques, et qu'il indique une égale pesanteur des planètes vers le Soleil, en les supposant placées à la même distance de son centre. La même égalité de pesanteur vers la planète principale existe dans tous les systèmes de satellites, et Newton la vérifia sur les corps terrestres par des expériences très précises, que l'on a plusieurs fois répétées et d'où il résulte que le développement des gaz, de l'électricité, de la chaleur et des affinités, dans le mélange de plusieurs substances contenues dans un vaisseau fermé, n'altère le poids du système ni pendant ni après le mélange.

En généralisant ensuite ses recherches, ce grand géomètre fit voir qu'un projectile peut se mouvoir dans une section conique quelconque, en vertu d'une force dirigée vers son foyer et réciproque au carré des distances; il développa les diverses propriétés du mouvement dans ce genre de courbes; il détermina les conditions nécessaires pour que la courbe soit un cercle, une ellipse, une parabole ou une hyperbole, conditions qui ne dépendent que de la vitesse et de la position primitive du corps. Quelles que soient cette vitesse, cette position et la direction initiale du mouvement, Newton assigna une section conique que le corps peut décrire et dans laquelle il doit conséquemment se mouvoir; ce qui répond au reproche que lui fit Jean Bernoulli, de n'avoir pas démontré que les sections coniques sont les seules courbes que puisse décrire un corps sollicité par une force réciproque au carré des distances. Ces recherches, appliquées au mouvement des comètes, lui apprirent que ces astres se meuvent autour du Soleil suivant les mêmes

lois que les planètes, avec la seule différence que leurs ellipses sont
très allongées, et il donna le moyen de déterminer par les observations
les éléments de ces ellipses.

La comparaison de la grandeur des orbes des satellites et de la durée
de leurs révolutions avec les mêmes quantités relatives aux planètes
lui fit connaître les masses et les densités respectives du Soleil et des
planètes accompagnées de satellites, et l'intensité de la pesanteur à leur
surface.

En considérant que les satellites se meuvent autour de leurs planètes à fort peu près comme si ces planètes étaient immobiles, il reconnut que tous ces corps obéissent à la même pesanteur vers le Soleil.
Il conclut, de l'égalité de l'action à la réaction, que le Soleil pèse vers
les planètes, et celles-ci vers leurs satellites, et même que la Terre
est attirée par tous les corps qui pèsent sur elle. Il étendit ensuite
cette propriété à toutes les parties de la matière, et il établit en principe que *chaque molécule de matière attire toutes les autres, en raison de
sa masse et réciproquement au carré de sa distance à la molécule attirée.*

Ce principe n'est pas simplement une hypothèse qui satisfait à des
phénomènes susceptibles d'être autrement expliqués, comme on satisfait de diverses manières aux équations d'un problème indéterminé.
Ici le problème est déterminé par les lois observées dans les mouvements célestes dont ce principe est un résultat nécessaire. La pesanteur
des planètes vers le Soleil est démontrée par la loi des aires proportionnelles aux temps; sa diminution en raison inverse du carré des distances est prouvée par l'ellipticité des orbes planétaires, et la loi des
carrés des temps des révolutions proportionnels aux cubes des grands
axes montre avec évidence que la pesanteur solaire agirait également
sur toutes les planètes, supposées à la même distance du Soleil et dont
les poids seraient par conséquent en raison des masses. Il suit, de
l'égalité de l'action à la réaction, que le Soleil pèse à son tour vers les
planètes proportionnellement à leurs masses divisées par les carrés de
leurs distances à cet astre. Les mouvements des satellites prouvent
qu'ils pèsent à la fois vers le Soleil et vers leurs planètes, qui pèsent

réciproquement sur eux; en sorte qu'il existe entre tous les corps du
système solaire une attraction mutuelle, proportionnelle aux masses et
réciproque aux carrés des distances. Enfin, leurs figures et les phénomènes de la pesanteur à la surface de la Terre nous montrent que cette
attraction n'appartient pas seulement à ces corps considérés en masses,
mais qu'elle est propre à chacune de leurs molécules.

Parvenu à ce principe, Newton en vit découler les grands phénomènes du système du monde. En considérant la pesanteur à la surface
des corps célestes comme la résultante des attractions de toutes les
molécules, il trouva cette propriété remarquable et caractéristique de
la loi d'attraction réciproque au carré des distances, savoir, que deux
sphères formées de couches concentriques et de densités variables
suivant des lois quelconques s'attirent mutuellement comme si leurs
masses étaient réunies à leurs centres : ainsi les corps du système solaire agissent, à très peu près, comme autant de centres attractifs, les
uns sur les autres et même sur les corps placés à leur surface, résultat
qui contribue à la régularité de leurs mouvements, et qui fit reconnaître à ce grand géomètre la pesanteur terrestre dans la force par
laquelle la Lune est retenue dans son orbite. Il prouva que le mouvement de rotation de la Terre a dû l'aplatir à ses pôles, et il détermina
les lois de la variation des degrés des méridiens et de la pesanteur à
sa surface. Il vit que les attractions du Soleil et de la Lune font naître
et entretiennent dans l'Océan les oscillations que l'on y observe sous
le nom de *flux et reflux de la mer*. Il reconnut que plusieurs inégalités
de la Lune et le mouvement rétrograde de ses nœuds sont dus à l'action
du Soleil. Envisageant ensuite le renflement du sphéroïde terrestre à
l'équateur comme un système de satellites adhérents à sa surface, il
trouva que les actions combinées du Soleil et de la Lune tendent à
faire rétrograder les nœuds des cercles qu'ils décrivent autour de l'axe
de la Terre, et que toutes ces tendances, en se communiquant à la
masse entière de cette planète, doivent produire dans l'intersection de
son équateur avec l'écliptique cette rétrogradation lente que l'on nomme
précession des équinoxes. Ainsi la cause de ce grand phénomène, dépen-

dant de l'aplatissement de la Terre et du mouvement rétrograde que l'action du Soleil imprime aux nœuds des satellites, deux choses que Newton a le premier fait connaître, elle n'avait pu avant lui être soupçonnée. Kepler lui-même, porté par une imagination active à tout expliquer par des hypothèses, s'était vu contraint d'avouer sur cet objet l'inutilité de ses efforts.

Mais, à l'exception de ce qui concerne le mouvement elliptique des planètes et des comètes, l'attraction des corps sphériques, et le rapport des masses de planètes accompagnées de satellites à celle du Soleil, toutes ces découvertes n'ont été qu'ébauchées par Newton. Sa théorie de la figure des planètes est limitée par la supposition de leur homogénéité. Sa solution du problème de la précession des équinoxes, quoique fort ingénieuse et malgré l'accord apparent de son résultat avec les observations, est défectueuse à plusieurs égards. Dans le grand nombre des perturbations des mouvements célestes, il n'a considéré que celles du mouvement lunaire, dont la plus grande, l'évection, a échappé à ses recherches. Il a bien établi l'existence du principe qu'il a découvert; mais le développement de ses conséquences et de ses avantages a été l'ouvrage des successeurs de ce grand géomètre. L'imperfection du Calcul infinitésimal à sa naissance ne lui a pas permis de résoudre complètement les problèmes difficiles qu'offre la théorie du système du monde, et il a été souvent forcé de ne donner que des aperçus, toujours incertains jusqu'à ce qu'ils aient été vérifiés par une rigoureuse analyse. Malgré ces défauts inévitables, l'importance et la généralité des découvertes sur ce système et sur les points les plus intéressants de la Physique mathématique, un grand nombre de vues originales et profondes qui ont été le germe des plus brillantes théories des géomètres du dernier siècle, tout cela, présenté avec beaucoup d'élégance, assure à l'Ouvrage des *Principes* la prééminence sur les autres productions de l'esprit humain.

Il n'en est pas des sciences comme de la littérature. Celle-ci a des limites qu'un homme de génie peut atteindre, lorsqu'il emploie une langue perfectionnée. On le lit avec le même intérêt dans tous les âges, et sa réputation, loin de s'affaiblir par le temps, s'augmente par les vains efforts de ceux qui cherchent à l'égaler. Les sciences, au contraire, sans bornes comme la nature, s'accroissent à l'infini par les travaux des générations successives; le plus parfait ouvrage, en les élevant à une hauteur d'où elles ne peuvent désormais descendre, donne naissance à de nouvelles découvertes et prépare ainsi des ouvrages qui doivent l'effacer. D'autres présenteront sous un point de vue plus général et plus simple les théories exposées dans le Livre des *Principes* et toutes les vérités qu'il a fait éclore; mais il restera comme monument de la profondeur du génie qui nous a révélé la plus grande loi de l'univers.

Cet Ouvrage et le Traité non moins original du même auteur sur l'Optique réunissent au mérite des découvertes celui d'être les meilleurs modèles que l'on puisse se proposer dans les sciences et dans l'art délicat de faire les expériences et de les assujettir au calcul. On y voit les plus heureuses applications de la méthode qui consiste à s'élever, par une suite d'inductions, des phénomènes aux causes et à redescendre ensuite de ces causes à tous les détails des phénomènes.

Les lois générales sont empreintes dans tous les cas particuliers; mais elles y sont compliquées de tant de circonstances étrangères, que la plus grande adresse est souvent nécessaire pour les découvrir. Il faut choisir ou faire naître les phénomènes les plus propres à cet objet, les multiplier en variant leurs circonstances et observer ce qu'ils ont de commun entre eux. Ainsi on s'élève successivement à des rapports de plus en plus étendus, et l'on parvient enfin aux lois générales, que l'on vérifie soit par des preuves ou des expériences directes, lorsque cela est possible, soit en examinant si elles satisfont à tous les phénomènes connus.

Telle est la méthode la plus sûre qui puisse nous guider dans la recherche de la vérité. Aucun philosophe n'a été, plus que Newton, fidèle à cette méthode; aucun n'a possédé à un plus haut point ce tact heureux qui, faisant discerner dans les objets les principes généraux qu'ils recèlent, constitue le véritable génie des sciences, tact qui lui fit reconnaitre dans la chute d'un corps le principe de la pesanteur universelle. Les savants anglais ses contemporains adoptèrent, à son exemple, la méthode des inductions, qui devint alors la base d'un grand nombre d'excellents Ouvrages sur la Physique et sur l'Analyse. Les philosophes de l'antiquité, suivant une route contraire et se plaçant à la source de tout, imaginèrent des causes générales pour tout expliquer. Leur méthode, qui n'avait enfanté que de vains systèmes, n'eut pas plus de succès entre les mains de Descartes. Au temps de Newton, Leibnitz, Malebranche et d'autres philosophes l'employèrent avec aussi peu d'avantages. Enfin, l'inutilité des hypothèses qu'elle a fait imaginer, et les progrès dont les sciences sont redevables à la méthode des inductions ont ramené les bons esprits à cette méthode, que le chancelier Bacon avait établie avec toute la force de la raison et de l'éloquence, et que Newton a plus fortement encore recommandée par ses découvertes.

A l'époque où elles parurent, Descartes venait de substituer aux qualités occultes des péripatéticiens les idées intelligibles de mouvement, d'impulsion et de force centrifuge. Son ingénieux système des tourbillons, fondé sur ces idées, avait été avidement reçu des savants que rebutaient les doctrines obscures et insignifiantes de l'École, et ils crurent voir renaitre dans l'attraction universelle ces qualités occultes que le philosophe français avait si justement proscrites. Ce ne fut qu'après avoir reconnu le vague des explications cartésiennes, que l'on envisagea l'attraction comme Newton l'avait présentée, c'est-à-dire, comme un fait général auquel il s'était élevé par une suite d'inductions, et d'où il était redescendu pour expliquer les mouvements célestes. Ce grand homme aurait mérité sans doute le reproche de rétablir les qualités occultes, s'il se fût contenté d'attribuer à l'attraction universelle le mouvement elliptique des planètes et des comètes, les inégalités du mouvement de la Lune, celles des degrés terrestres et de la pesanteur, la précession des équinoxes et le flux et reflux de la mer, sans montrer la liaison de son principe avec les phénomènes. Mais les géomètres, en rectifiant et en généralisant ses démonstrations, ayant

trouvé le plus parfait accord entre les observations et les résultats de
l'Analyse, ils ont unanimement adopté sa théorie du système du monde,
devenue par leurs recherches la base de toute l'Astronomie. Cette liaison analytique des faits particuliers avec un fait général est ce qui constitue une théorie.

C'est ainsi qu'ayant déduit par un calcul rigoureux tous les effets de
la capillarité du seul principe d'une attraction mutuelle entre les molécules de la matière, qui ne devient sensible qu'à des distances imperceptibles, nous pouvons nous flatter d'avoir la vraie théorie de ce
phénomène. Quelques savants, frappés des avantages produits par
l'admission de principes dont les causes sont inconnues, ont ramené
dans plusieurs branches des sciences naturelles les qualités occultes
des anciens et leurs explications insignifiantes. Envisageant la philosophie newtonienne sous le même point de vue qui la fit rejeter des
Cartésiens, ils lui ont assimilé leurs doctrines, qui n'ont cependant
rien de commun avec elle dans le point le plus important, l'accord rigoureux des résultats avec les phénomènes.

C'est au moyen de la synthèse que Newton a exposé sa théorie du
système du monde. Il paraît cependant qu'il avait trouvé la plupart de
ses théorèmes par l'Analyse, dont il a reculé les limites et à laquelle
il convient lui-même qu'il était redevable de ses résultats généraux
sur les quadratures. Mais sa prédilection pour la synthèse et sa grande
estime pour la géométrie des anciens lui firent traduire sous une forme
synthétique ses théorèmes et sa méthode même des fluxions, et l'on
voit, par les règles et par les exemples qu'il a donnés de ces traduc-
tions, combien il y attachait d'importance. On doit regretter, avec les
géomètres de son temps, qu'il n'ait pas suivi dans l'exposition de ses
découvertes la route par laquelle il y était parvenu et qu'il ait sup-
primé les démonstrations de plusieurs résultats, paraissant préférer le
plaisir de se faire deviner à celui d'éclairer ses lecteurs. La connaissance de la méthode qui a guidé l'homme de génie n'est pas moins
utile aux progrès de la Science et même à sa propre gloire que ses découvertes; cette méthode en est souvent la partie la plus intéressante,

et si Newton, au lieu d'énoncer simplement l'équation différentielle
du solide de la moindre résistance, eût en même temps présenté toute
son analyse, il aurait eu l'avantage de donner le premier essai de la
méthode des variations, l'une des branches les plus fécondes de l'Analyse moderne.

La préférence de ce grand géomètre pour la synthèse et son exemple
ont, peut-être, empêché ses compatriotes de contribuer autant qu'ils
l'auraient pu aux accroissements que l'Astronomie a reçus par l'application de l'Analyse au principe de la pesanteur universelle. Cette préférence s'explique par l'élégance avec laquelle il a su lier sa théorie
des mouvements curvilignes aux recherches des anciens sur les sections coniques et aux belles découvertes qu'Huygens venait de publier
suivant cette méthode. La synthèse géométrique a d'ailleurs la propriété de ne jamais perdre de vue son objet et d'éclairer la route entière qui conduit des premiers axiomes à leurs dernières conséquences;
au lieu que l'Analyse algébrique nous fait bientôt oublier l'objet principal pour nous occuper de combinaisons abstraites, et ce n'est qu'à la
fin qu'elle nous y ramène. Mais, en s'isolant ainsi des objets, après en
avoir pris ce qui est indispensable pour arriver au résultat que l'on
cherche, en s'abandonnant ensuite aux opérations de l'Analyse et ré-
servant toutes ses forces pour vaincre les difficultés qui se présentent,
on est conduit, par la généralité de cette méthode et par l'inestimable
avantage de transformer le raisonnement en procédés mécaniques, à
des résultats souvent inaccessibles à la synthèse. Telle est la fécondité
de l'Analyse, qu'il suffit de traduire dans cette langue universelle les
vérités particulières, pour voir sortir de leurs expressions une foule
de vérités nouvelles et inattendues. Aucune langue n'est autant susceptible de l'élégance qui naît du développement d'une longue suite
d'expressions enchaînées les unes aux autres, et découlant toutes d'une
même idée fondamentale. L'Analyse réunit encore à ces avantages celui
de pouvoir toujours conduire aux méthodes les plus simples; il ne
s'agit pour cela que de l'appliquer d'une manière convenable, par un
choix heureux des inconnues, et en donnant aux résultats la forme la

plus facile à construire géométriquement ou à réduire en nombre : Newton lui-même en offre beaucoup d'exemples dans son *Arithmétique universelle*. Aussi les géomètres modernes, convaincus de cette supériorité de l'Analyse, se sont spécialement appliqués à étendre son domaine et à reculer ses bornes (¹).

Cependant les considérations géométriques ne doivent point être abandonnées; elles sont de la plus grande utilité dans les arts. D'ailleurs il est curieux de se figurer dans l'espace les divers résultats de l'Analyse, et réciproquement de lire toutes les modifications des lignes et des surfaces et les variations du mouvement des corps dans les équations qui les expriment. Ce rapprochement de la Géométrie et de l'Analyse répand un nouveau jour sur ces deux sciences; les opérations intellectuelles de celle-ci, rendues sensibles par les images de la première, sont plus faciles à saisir, plus intéressantes à suivre, et quand l'observation réalise ces images et transforme les résultats géométriques en lois de la nature, quand ces lois, en embrassant l'univers, dévoilent à nos yeux ses états passés et à venir, la vue de ce sublime spectacle nous fait éprouver le plus noble des plaisirs réservés à la nature humaine.

Environ cinquante ans s'écoulèrent depuis la découverte de l'attraction, sans que l'on y ajoutât rien de remarquable. Il fallut tout ce temps à cette grande vérité, pour être généralement comprise et pour surmonter les obstacles que lui opposait l'opinion, admise sur le continent, que l'on devait, à l'exemple de Descartes, expliquer mécaniquement la pesanteur; les divers systèmes imaginés pour cet objet, et l'autorité de plusieurs grands géomètres qui la combattirent, peut-être par amour-propre, mais qui cependant en ont hâté le progrès par

---

(¹) Les premières applications de l'Analyse au mouvement de la Lune offrirent un exemple de cette supériorité; elles donnèrent avec facilité, non seulement l'inégalité de la variation, que Newton avait obtenue difficilement par un procédé synthétique, mais encore l'évection qu'il n'avait pas rattachée à la loi de la pesanteur. Il serait certainement impossible de parvenir par la synthèse aux nombreuses inégalités lunaires, dont les valeurs, déterminées par l'Analyse, représentent les observations aussi exactement que nos meilleures Tables formées par la combinaison d'un nombre immense d'observations avec la théorie.

leurs travaux sur l'Analyse infinitésimale. Parmi les contemporains de Newton, Huygens, fait plus qu'aucun autre pour apprécier le mérite de cette découverte, admit la gravitation des grands corps célestes les uns vers les autres en raison inverse du carré des distances, et tous les résultats que Newton en avait déduits sur le mouvement elliptique des planètes, des satellites et des comètes, et sur la pesanteur à la surface des planètes accompagnées de satellites. Il rendit à Newton, sous ces rapports, toute la justice qui lui était due. Mais de fausses idées sur la cause de la gravité lui firent rejeter l'attraction de molécule à molécule et les théories de la figure des planètes et de la variation de la pesanteur à la surface, qui en dépendent. On doit cependant observer que la loi de gravitation universelle n'avait pas, pour les contemporains de Newton et pour Newton lui-même, toute la certitude que le progrès des sciences mathématiques et des observations lui a donnée. Euler et Clairaut, qui les premiers, avec d'Alembert, appliquèrent l'Analyse aux perturbations des mouvements célestes, ne la jugèrent pas suffisamment établie pour attribuer à l'inexactitude des approximations ou du calcul les différences qu'ils trouvèrent entre l'observation et leurs résultats sur les mouvements de Saturne et du périgée lunaire. Mais ces trois grands géomètres et leurs successeurs, ayant rectifié ces résultats, perfectionné les méthodes et porté les approximations aussi loin qu'il est nécessaire, sont enfin parvenus à expliquer par la seule loi de la pesanteur tous les phénomènes du Système du monde, et à donner aux théories et aux Tables astronomiques une précision inespérée. Il n'y a pas encore trois siècles que Copernic introduisit dans ses Tables les mouvements de la Terre et des autres planètes autour du Soleil. Environ un siècle après, Kepler y fit entrer les lois du mouvement elliptique, qui dépendent de la seule attraction solaire. Maintenant elles renferment les nombreuses inégalités qui naissent de l'attraction mutuelle des corps du système planétaire; tout empirisme en est banni, et elles n'empruntent de l'observation que les données indispensables.

C'est principalement dans ces applications de l'Analyse que se manifeste la puissance de ce merveilleux instrument, sans lequel il eût

été impossible de pénétrer un mécanisme aussi compliqué dans ses
effets qu'il est simple dans sa cause. Le géomètre embrasse présentement dans ses formules l'ensemble du système solaire et ses variations
successives. Il remonte aux divers états de ce système dans les temps
les plus reculés, et il redescend à tous ceux que les temps à venir dé-
voileront aux observateurs. Il voit ces grands changements, dont l'entier développement exige des millions d'années, se renouveler en peu
de siècles dans le système des satellites de Jupiter, par la promptitude
de leurs révolutions, et y produire de singuliers phénomènes entrevus
par les astronomes, mais trop compliqués ou trop lents pour qu'ils en
aient pu déterminer les lois. La théorie de la pesanteur, devenue par
tant d'applications un moyen de découvertes aussi certain que l'observation elle-même, a fait connaître ces lois et beaucoup d'autres, dont
les plus remarquables sont la grande inégalité de Jupiter et de Saturne,
les équations séculaires des mouvements de la Lune par rapport au
Soleil, à ses nœuds et à son périgée, et le beau rapport qui existe entre
les mouvements des trois premiers satellites de Jupiter.

Par ce moyen le géomètre a su tirer des observations, comme d'une
mine féconde, les éléments les plus importants de l'Astronomie, qui,
sans l'Analyse, y resteraient éternellement cachés. Il a déterminé les
valeurs respectives des masses du Soleil, des planètes et des satellites,
par les révolutions des différents corps et par le développement de
leurs inégalités périodiques et séculaires; la vitesse de la lumière et
l'ellipticité de Jupiter lui ont été données par les éclipses des satellites, avec plus de précision que par l'observation directe; il a conclu
la rotation d'Uranus, de Saturne et de son anneau, et l'aplatissement
de ces deux planètes, de la position respective des orbes de leurs satellites; les parallaxes du Soleil et de la Lune et l'ellipticité même du
sphéroïde terrestre se sont manifestées dans les inégalités lunaires; car
on a vu que la Lune par son mouvement décèle à l'Astronomie perfectionnée l'aplatissement de la Terre, dont elle fit connaître la rondeur
aux premiers astronomes par ses éclipses. Enfin, par une combinaison
heureuse de l'Analyse avec les observations, la Lune, qui semble avoir

été donnée à la Terre pour l'éclairer pendant les nuits, est encore devenue le guide le plus assuré du navigateur, qu'elle garantit des dangers auxquels il fut exposé longtemps par les erreurs de son estime. La perfection de la théorie lunaire, à laquelle il doit ce précieux avantage et celui de fixer avec exactitude la position des lieux où il atterrit. est le fruit des travaux des géomètres depuis un demi-siècle, et pendant ce court intervalle, la Géographie, accrue par l'usage des Tables lunaires et des montres marines, a fait plus de progrès que dans tous les siècles précédents. Ces théories sublimes réunissent ainsi tout ce qui peut donner du prix aux découvertes : la grandeur et l'utilité de l'objet, la fécondité des résultats et le mérite de la difficulté vaincue.

Il a fallu, pour y parvenir, perfectionner à la fois la Mécanique, l'Optique, les observations et l'Analyse, qui sont principalement redevables de leurs accroissements rapides aux besoins de la Physique céleste. On pourra la rendre encore plus exacte et plus simple; mais la postérité verra sans doute avec reconnaissance que les géomètres modernes ne lui auront transmis aucun phénomène astronomique dont ils n'aient déterminé les lois et la cause. On doit à la France la justice d'observer que, si l'Angleterre a eu l'avantage de donner naissance à la découverte de la pesanteur universelle, c'est principalement aux géomètres français et aux prix décernés par l'Académie des Sciences que sont dus les nombreux développements de cette découverte et la révolution qu'elle a produite dans l'Astronomie (¹).

L'attraction régulatrice du mouvement et de la figure des corps célestes n'est pas la seule qui existe entre leurs molécules; elles obéis-

---

(¹) L'histoire de l'Astronomie doit citer avec reconnaissance le nom d'un magistrat, l'un de ses plus utiles bienfaiteurs. En 1714, M. Rouillé de Meslay, conseiller au Parlement de Paris, légua par testament à l'Académie des Sciences une somme considérable pour fonder deux prix annuels sur le perfectionnement des théories astronomiques et les moyens d'obtenir les longitudes à la mer. Ces prix ont été remportés successivement par les plus grands géomètres étrangers, et les profondes recherches contenues dans leurs pièces couronnées par l'Académie ont rempli complètement les vues du fondateur. Un moyen insignifiant d'obtenir les longitudes à la mer, que M. Rouillé de Meslay avait présenté dans son testament, avec réserve, servit de prétexte à ses héritiers pour attaquer ce testament. L'Académie des Sciences le défendit, et, fort heureusement pour l'Astronomie et pour la Géographie, le procès fut jugé en sa faveur.

sent encore à des forces attractives, dont dépend la constitution intime des corps et qui ne sont sensibles qu'à des distances imperceptibles à nos sens. Newton a donné le premier exemple du calcul de ce genre de forces, en démontrant que, dans le passage de la lumière d'un milieu transparent dans un autre, l'attraction des milieux la réfracte de manière que les sinus de réfraction et d'incidence sont toujours en raison constante, ce que l'expérience avait fait déjà connaître. Ce grand physicien, dans son Traité d'Optique, a fait dériver de semblables forces la cohésion, les affinités, les phénomènes chimiques alors connus et ceux de la capillarité. Il a posé ainsi les vrais principes de la Chimie, dont l'adoption générale a été plus tardive encore que celle du principe de la pesanteur. Cependant il n'a donné qu'une explication imparfaite des phénomènes capillaires, et leur théorie complète a été l'ouvrage de ses successeurs.

Le principe de la pesanteur universelle est-il une loi primordiale de la nature, ou n'est-il qu'un effet général d'une cause inconnue? Ne peut-on pas ramener à ce principe les affinités? Newton, plus circonspect que plusieurs de ses disciples, ne s'est point prononcé sur ces questions, auxquelles l'ignorance où nous sommes des propriétés intimes de la matière ne permet pas de répondre d'une manière satisfaisante. Au lieu de former sur cela des hypothèses, bornons-nous à présenter quelques réflexions sur ce principe et sur la manière dont il a été employé par les géomètres.

Newton a conclu, de l'égalité de l'action à la réaction, que chaque molécule d'un corps céleste doit l'attirer comme elle en est attirée, et qu'ainsi la pesanteur est la résultante des attractions de toutes les molécules du corps attirant. Le principe de l'action égale à la réaction souffre quelque difficulté lorsque le mode d'action des forces est inconnu. Aussi Huygens, qui avait fait de ce principe la base de ses recherches sur le choc des corps élastiques, ne le trouva pas suffisant pour établir l'attraction de molécule à molécule. Il était donc nécessaire de confirmer cette attraction par les observations, afin de ne laisser aucun doute sur ce point important de la théorie newtonienne.

Les phénomènes célestes peuvent se partager en trois classes. La première embrasse tous ceux qui ne dépendent que de la tendance des centres des corps célestes les uns vers les autres : tels sont les mouvements elliptiques des planètes et des satellites et leurs perturbations réciproques, indépendantes de leurs figures. Je comprends dans la seconde classe les phénomènes qui tiennent à la tendance des molécules des corps attirés vers les centres des corps attirants, tels que le flux et reflux de la mer, la précession des équinoxes et la libration de la Lune. Enfin je mets dans la troisième classe les phénomènes dépendants de l'action des molécules des corps attirants sur les centres des corps attirés et sur leurs propres molécules. Les deux inégalités lunaires dues à l'aplatissement de la Terre, les mouvements des orbes des satellites de Jupiter et de Saturne, la figure de la Terre et la variation de la pesanteur à sa surface sont des phénomènes de ce genre. Les géomètres qui, pour expliquer la gravité, entouraient d'un tourbillon chaque corps céleste, pouvaient admettre les théories newtoniennes relatives aux phénomènes des deux premières classes; mais ils devaient rejeter, comme le fit Huygens, les théories des phénomènes de la troisième classe, fondées sur l'action des molécules des corps attirants. L'accord parfait de ces théories avec toutes les observations ne doit maintenant laisser aucun doute sur l'attraction de molécule à molécule. La loi de l'attraction réciproque au carré de la distance est celle des émanations qui partent d'un centre. Elle paraît être la loi de toutes les forces dont l'action se fait apercevoir à des distances sensibles, comme on l'a reconnu dans les forces électriques et magnétiques. Ainsi cette loi, répondant exactement à tous les phénomènes, doit être regardée, par sa simplicité et par sa généralité, comme rigoureuse. Une de ses propriétés remarquables est que, si les dimensions de tous les corps de l'univers, leurs distances mutuelles et leurs vitesses venaient à croître ou à diminuer proportionnellement, ils décriraient des courbes entièrement semblables à celles qu'ils décrivent; en sorte que l'univers réduit ainsi successivement, jusqu'au plus petit espace imaginable, offrirait toujours les mêmes apparences à ses observateurs. Ces apparences sont

par conséquent indépendantes des dimensions de l'univers, comme,
en vertu de la loi de proportionnalité de la force à la vitesse, elles
sont indépendantes du mouvement absolu qu'il peut avoir dans l'espace. La simplicité des lois de la nature ne nous permet donc d'observer et de connaître que des rapports (¹).

La loi de l'attraction donne aux corps célestes la propriété de s'attirer à très peu près comme si leurs masses étaient réunies à leurs centres
de gravité; elle donne encore à leurs surfaces et aux orbes qu'ils décrivent la forme elliptique, la plus simple après les formes sphérique
et circulaire, que l'antiquité jugea essentielles aux astres et à leurs
mouvements.

L'attraction se communique-t-elle dans un instant d'un corps à
l'autre ? La durée de sa transmission, si elle était sensible pour nous,
se manifesterait principalement par une accélération séculaire dans le
mouvement de la Lune. J'avais proposé ce moyen d'expliquer l'accélération que l'on observe dans ce mouvement, et je trouvais que, pour
satisfaire aux observations, il fallait attribuer à la force attractive une
vitesse sept millions de fois plus grande que celle d'un rayon lumineux.
La cause de l'équation séculaire de la Lune, étant aujourd'hui bien connue, nous pouvons affirmer que l'attraction se transmet cinquante
millions de fois au moins plus promptement que la lumière. On peut
donc, sans craindre aucune erreur sensible, considérer sa transmission
comme instantanée.

L'attraction peut encore faire naître et entretenir sans cesse le mouvement dans un système de corps primitivement en repos; car il n'est

---

(¹) Les tentatives des géomètres pour démontrer le *postulatum* d'Euclide sur les parallèles ont été jusqu'à présent inutiles. Cependant personne ne révoque en doute ce *postulatum* et les théorèmes qu'Euclide en a déduits. La perception de l'étendue renferme donc
une propriété spéciale, évidente par elle-même et sans laquelle on ne peut rigoureusement
établir les propriétés des parallèles. L'idée d'une étendue limitée, par exemple du cercle, ne
contient rien qui dépende de sa grandeur absolue. Mais, si nous diminuons, par la pensée,
son rayon, nous sommes portés invinciblement à diminuer dans le même rapport sa circonférence et les côtés de toutes les figures inscrites. Cette proportionnalité me paraît être un
postulatum bien plus naturel que celui d'Euclide; il est curieux de la retrouver dans les
résultats de la pesanteur universelle.

pas vrai de dire, avec plusieurs philosophes, qu'elle doit à la longue les réunir tous à leur centre commun de gravité. Les seuls éléments qui doivent toujours rester nuls sont le mouvement de ce centre, et la somme des aires décrites autour de lui dans un temps donné, par toutes les molécules du système projeté sur un plan quelconque.

CHAPITRE VI.

CONSIDÉRATIONS SUR LE SYSTÈME DU MONDE ET SUR LES PROGRÈS FUTURS
DE L'ASTRONOMIE.

Le précis que nous venons de donner de l'histoire de l'Astronomie offre trois périodes bien distinctes, qui, se rapportant aux phénomènes, aux lois qui les régissent et aux forces dont ces lois dépendent, nous montrent la route que cette science a suivie dans ses progrès et que les autres sciences naturelles doivent suivre à son exemple. La première période embrasse les observations des astronomes antérieurs à Copernic sur les apparences des mouvements célestes, et les hypothèses qu'ils ont imaginées pour expliquer ces apparences et pour les soumettre au calcul. Dans la seconde période, Copernic déduit de ces apparences les mouvements de la Terre sur elle-même et autour du Soleil, et Kepler découvre les lois des mouvements planétaires. Enfin, dans la troisième période, Newton, en s'appuyant sur ces lois, s'élève au principe de la gravitation universelle; et les géomètres, appliquant l'Analyse à ce principe, en font dériver tous les phénomènes astronomiques et les nombreuses inégalités du mouvement des planètes, des satellites et des comètes. L'Astronomie est ainsi devenue la solution d'un grand problème de Mécanique, dont les éléments des mouvements célestes sont les constantes arbitraires. Elle a toute la certitude qui résulte du nombre immense et de la variété des phénomènes rigoureusement expliqués, et de la simplicité du principe qui suffit seul à ces explications. Loin d'avoir à craindre qu'un astre nouveau ne démente ce principe, on peut affirmer d'avance que son mouvement y sera conforme : c'est ce que nous avons vu nous-mêmes à l'égard d'Uranus et des quatre planètes télescopiques récemment découvertes, et chaque apparition de comète en fournit une nouvelle preuve.

Telle est donc, sans aucun doute, la constitution du système solaire. Le globe immense du Soleil, foyer principal des mouvements divers de ce système, tourne en vingt-cinq jours et demi sur lui-même; sa surface est recouverte d'un océan de matière lumineuse; au delà, les planètes avec leurs satellites se meuvent dans des orbes presque circulaires et sur des plans peu inclinés à l'équateur solaire. D'innombrables comètes, après s'être approchées du Soleil, s'en éloignent à des distances qui prouvent que son empire s'étend beaucoup plus loin que les limites connues du système planétaire. Non seulement cet astre agit par son attraction sur tous ces globes, en les forçant à se mouvoir autour de lui, mais il répand sur eux sa lumière et sa chaleur. Son action bienfaisante fait éclore les animaux et les plantes qui couvrent la Terre, et l'analogie nous porte à croire qu'elle produit de semblables effets sur les planètes; car il est naturel de penser que la matière, dont nous voyons la fécondité se développer en tant de manières, n'est pas stérile sur une aussi grosse planète que Jupiter, qui, comme le globe terrestre, a ses jours, ses nuits et ses années, et sur lequel les observations indiquent des changements qui supposent des forces très actives. L'homme, fait pour la température dont il jouit sur la terre, ne pourrait pas, selon toute apparence, vivre sur les autres planètes; mais ne doit-il pas y avoir une infinité d'organisations relatives aux diverses températures des globes de cet univers ? Si la seule différence des éléments et des climats met tant de variétés dans les productions terrestres, combien plus doivent différer celles des diverses planètes et de leurs satellites ? L'imagination la plus active ne peut s'en former aucune idée, mais leur existence est, au moins, fort vraisemblable.

Quoique les éléments du système des planètes soient arbitraires, cependant ils ont entre eux des rapports, qui peuvent nous éclairer sur son origine. En le considérant avec attention, on est étonné de voir toutes les planètes se mouvoir autour du Soleil, d'occident en orient et presque dans un même plan; les satellites en mouvement autour de leurs planètes dans le même sens et à peu près dans le même plan que les planètes; enfin le Soleil, les planètes et les satellites, dont on a observé les mouvements de rotation, tourner sur eux-mêmes, dans le sens et à peu près dans le plan de leurs mouvements de projection. Les satellites offrent à cet égard une singularité remarquable. Leur mouvement de rotation est exactement égal à leur mouvement de révolution, en sorte qu'ils présentent constamment le même hémisphère à leur planète. C'est du moins ce que l'on observe pour la Lune, pour les quatre satellites de Jupiter et pour le dernier satellite de Saturne, les seuls satellites dont on ait reconnu jusqu'ici la rotation.

Des phénomènes aussi extraordinaires ne sont point dus à des causes irrégulières. En soumettant au calcul leur probabilité, on trouve qu'il y a plus de deux cent mille milliards à parier contre un qu'ils ne sont point l'effet du hasard, ce qui forme une probabilité bien supérieure à celle de la plupart des événements historiques dont nous ne doutons point. Nous devons donc croire, au moins avec la même confiance, qu'une cause primitive a dirigé les mouvements planétaires.

Un autre phénomène également remarquable du système solaire est le peu d'excentricité des orbes des planètes et des satellites, tandis que ceux des comètes sont fort allongés, les orbes de ce système n'offrant point de nuances intermédiaires entre une grande et une petite excentricité. Nous sommes encore forcés de reconnaître ici l'effet d'une cause régulière : le hasard n'eût point donné une forme presque circulaire aux orbes de toutes les planètes; il est donc nécessaire que la cause qui a déterminé les mouvements de ces corps les ait rendus presque circulaires. Il faut, de plus, que la grande excentricité des orbes des comètes et la direction de leur mouvement dans tous les sens en soient des résultats nécessaires; car, en regardant les orbes des comètes rétrogrades comme étant inclinés de plus de 100° à l'écliptique, on trouve que l'inclinaison moyenne des orbes de toutes les comètes observées approche beaucoup de 100°, comme cela doit être, si ces corps ont été lancés au hasard.

Qelle est cette cause primitive ? J'exposerai sur cela, dans la note qui termine cet ouvrage, une hypothèse, qui me parait résulter avec une grande vraisemblance des phénomènes précédents, mais que je présente avec la défiance que doit inspirer tout ce qui n'est point un résultat de l'observation ou du calcul.

Quelle que soit la cause véritable, il est certain que les éléments du système planétaire sont ordonnés de manière qu'il doit jouir de la plus grande stabilité, si des causes étrangères ne viennent point la troubler. Par cela seul que les mouvements des planètes et des satellites sont presque circulaires et dirigés dans le même sens et dans des plans peu différents, ce système ne fait qu'osciller autour d'un état moyen, dont il ne s'écarte jamais que de quantités très petites. Les moyens mouvements de rotation et de révolution de ces divers corps sont uniformes, et leurs distances moyennes aux foyers des forces principales qui les animent sont constantes; toutes les inégalités séculaires sont périodiques. Les plus considérables sont celles qui affectent les mouvements de la Lune par rapport à son périgée, à ses nœuds et au Soleil; elles s'élèvent à plusieurs circonférences; mais, après un très grand nombre de siècles, elles se rétablissent. Dans ce long intervalle, toutes les parties de la surface lunaire se présenteraient successivement à la Terre, sans l'attraction du sphéroïde terrestre, qui, faisant participer la rotation de la Lune à ces grandes inégalités, ramène sans cesse vers nous le même hémisphère de ce satellite et rend l'autre hémisphère invisible à jamais. C'est ainsi que l'attraction réciproque des trois premiers satellites de Jupiter a primitivement établi et maintient le rapport que l'on observe entre leurs moyens mouvements, et qui consiste en ce que la longitude moyenne du premier satellite, moins trois fois celle du second, plus deux fois celle du troisième, est constamment égale à deux angles droits. En vertu des attractions célestes, la grandeur de l'année sur chaque planète est toujours à très peu près la même; le changement d'inclinaison de son orbite à son équateur, renfermé dans d'étroites limites, ne peut apporter que de légères variétés dans la température des saisons. Il semble que la nature ait tout disposé

dans le ciel pour assurer la durée du système planétaire, par des vues
semblables à celles qu'elle nous paraît suivre si admirablement sur la
Terre, pour la conservation des individus et pour la perpétuité des
espèces.

C'est principalement à l'attraction des grands corps placés au centre
du système des planètes et des systèmes des satellites qu'est due la
stabilité de ces systèmes que l'action mutuelle de tous ces corps et les
attractions étrangères tendent sans cesse à troubler. Si l'action de Jupiter venait à cesser, ses satellites, que nous voyons se mouvoir autour
de lui suivant un ordre admirable, se disperseraient aussitôt, les uns
en décrivant autour du Soleil des ellipses très allongées, les autres en
s'éloignant indéfiniment dans des orbes hyperboliques. Ainsi l'inspection attentive du système solaire nous montre la nécessité d'une force
centrale très puissante, pour maintenir l'ensemble d'un système et la
régularité de ses mouvements.

Ces considérations seules expliqueraient la disposition du système
solaire, si le géomètre ne devait pas étendre plus loin sa vue, et chercher dans les lois primordiales de la nature la cause des phénomènes
le plus indiqués par l'ordre de l'univers. Déjà quelques-uns d'eux ont
été ramenés à ces lois. Ainsi la stabilité des pôles de la Terre à sa surface et celle de l'équilibre des mers, l'une et l'autre si nécessaires à
la conservation des êtres organisés, ne sont qu'un simple résultat du
mouvement de rotation et de la pesanteur universelle. Par sa rotation,
la Terre a été aplatie et son axe de révolution est devenu l'un de ses
axes principaux, ce qui rend invariables les climats et la durée du
jour. En vertu de la pesanteur, les couches terrestres les plus denses
se sont rapprochées du centre de la Terre, dont la moyenne densité
surpasse ainsi celle des eaux qui la recouvrent, ce qui suffit pour assurer la stabilité de l'équilibre des mers et pour mettre *un frein à la
fureur des flots.* Ces phénomènes et quelques autres semblablement expliqués autorisent à penser que tous dépendent de ces lois, par des
rapports plus ou moins cachés, mais dont il est plus sage d'avouer
l'ignorance que d'y substituer des causes imaginées par le seul besoin

de calmer notre inquiétude sur l'origine des choses qui nous intéressent.

Je ne puis m'empêcher ici d'observer combien Newton s'est écarté, sur ce point, de la méthode dont il a fait d'ailleurs de si heureuses applications. Depuis la publication de ses découvertes sur le système du monde et sur la lumière, ce grand géomètre, livré à des spéculations d'un autre genre, rechercha par quels motifs l'auteur de la nature a donné au système solaire la constitution dont nous avons parlé. Après avoir exposé, dans le scolie qui termine l'ouvrage des *Principes* (¹), le phénomène singulier du mouvement des planètes et des satellites dans le même sens, à peu près dans un même plan et dans des orbes presque circulaires, il ajoute : « Tous ces mouvements si réguliers n'ont point de causes mécaniques, puisque les comètes se meuvent dans toutes les parties du ciel et dans des orbes fort excentriques..... Cet admirable arrangement du Soleil, des planètes et des comètes ne peut être que l'ouvrage d'un être intelligent et tout-puissant. » Il reproduit à la fin de son Optique la même pensée, dans laquelle il serait encore plus confirmé, s'il avait connu ce que nous avons démontré, savoir, que les conditions de l'arrangement des planètes et des satellites sont précisément celles qui en assurent la stabilité. « Un destin aveugle », dit-il, « ne pouvait jamais faire mouvoir ainsi toutes les planètes, à quelques inégalités près à peine remarquables, qui peuvent provenir de l'action mutuelle des planètes et des comètes, et qui probablement deviendront plus grandes par une longue suite de temps, jusqu'à ce qu'enfin ce système ait besoin d'être remis en ordre par son auteur. » Mais cet arrangement des planètes ne peut-il pas être lui-même un effet des lois du mouvement? et la suprême intelligence que Newton fait intervenir ne peut-elle pas l'avoir fait dépendre d'un phénomène plus général ? Tel est, suivant nos conjectures, celui d'une matière nébuleuse éparse en amas divers, dans l'immensité des cieux. Peut-on encore affirmer,

---

(¹) Ce scolie ne se trouve point dans la première édition de l'Ouvrage. Il paraît que Newton jusqu'alors s'était uniquement livré aux sciences mathématiques, qu'il a, malheureusement pour elles et pour sa gloire, trop tôt abandonnées.

que la conservation du système planétaire entre dans les vues de l'auteur de la nature ? L'attraction mutuelle des corps de ce système ne peut pas en altérer la stabilité, comme Newton le suppose ; mais n'y eût-il, dans l'espace céleste, d'autre fluide que la lumière, sa résistance et la diminution que son émission produit dans la masse du Soleil doivent à la longue détruire l'arrangement des planètes, et pour le maintenir, une réforme deviendrait, sans doute, nécessaire. Mais tant d'espèces d'animaux éteintes dont M. Cuvier a su reconnaître, avec une rare sagacité, l'organisation dans les nombreux ossements fossiles qu'il a décrits, n'indiquent-elles pas dans la nature une tendance à changer les choses même les plus fixes en apparence ? La grandeur et l'importance du système solaire ne doivent point le faire excepter de cette loi générale ; car elles sont relatives à notre petitesse, et ce système, tout vaste qu'il nous semble, n'est qu'un point insensible dans l'univers. Parcourons l'histoire des progrès de l'esprit humain et de ses erreurs : nous y verrons les causes finales reculées constamment aux bornes de ses connaissances. Ces causes, que Newton transporte aux limites du système solaire, étaient, de son temps même, placées dans l'atmosphère, pour expliquer les météores ; elles ne sont donc aux yeux du philosophe que l'expression de l'ignorance où nous sommes des véritables causes.

Leibnitz, dans sa querelle avec Newton sur l'invention du Calcul infinitésimal, critiqua vivement l'intervention de la divinité pour remettre en ordre le système solaire. « C'est », dit-il, « avoir des idées bien étroites de la sagesse et de la puissance de Dieu. » Newton répliqua par une critique aussi vive de l'Harmonie préétablie de Leibnitz, qu'il qualifiait de miracle perpétuel. La postérité n'a point admis ces vaines hypothèses ; mais elle a rendu la justice la plus entière aux travaux mathématiques de ces deux grands génies : la découverte de la pesanteur universelle et les efforts de son auteur pour y rattacher les phénomènes célestes seront toujours l'objet de son admiration et de sa reconnaissance.

Portons maintenant nos regards au delà du système solaire, sur ces

innombrables soleils répandus dans l'immensité de l'espace, à un éloignement de nous tel que le diamètre entier de l'orbe terrestre, observé
de leur centre, serait insensible. Plusieurs étoiles éprouvent, dans leur
couleur et dans leur clarté, des changements périodiques remarquables
qui indiquent à la surface de ces astres de grandes taches, que des
mouvements de rotation présentent et dérobent alternativement à nos
regards. D'autres étoiles ont paru tout à coup et ont ensuite disparu,
après avoir brillé pendant plusieurs mois d'un vif éclat. Telle fut l'étoile
observée par Tycho Brahe en 1572, dans la constellation de Cassiopée.
En très peu de temps elle surpassa la clarté des plus brillantes étoiles
et de Jupiter même; on la voyait en plein jour. Sa lumière s'affaiblit
ensuite, et elle disparut seize mois après sa découverte. Sa couleur
éprouva des variations considérables : elle fut d'abord d'un blanc éclatant, ensuite d'un jaune rougeâtre, et enfin d'un blanc plombé comme
Saturne. Quels changements prodigieux ont dû s'opérer sur ces grands
corps, pour être aussi sensibles à la distance qui nous en sépare! Combien ils doivent surpasser ceux que nous observons à la surface du Soleil, et nous convaincre que la nature est loin d'être toujours et partout
la même ! Tous ces astres devenus invisibles n'ont point changé de
place durant leur apparition. Il existe donc dans l'espace céleste des
corps opaques aussi considérables et peut-être en aussi grand nombre
que les étoiles.

Il paraît que, loin d'être disséminées à des distances à peu près
égales, les étoiles sont rassemblées en divers groupes, dont quelques-
uns renferment des milliards de ces astres. Notre Soleil et les plus
brillantes étoiles font probablement partie d'un de ces groupes, qui, vu
du point où nous sommes, semble entourer le ciel et forme la Voie
lactée. Le grand nombre d'étoiles que l'on aperçoit à la fois dans le
champ d'un fort télescope dirigé vers cette Voie nous prouve son immense profondeur, qui surpasse mille fois la distance de Sirius à la
Terre, en sorte qu'il est vraisemblable que les rayons émanés de la
plupart de ces étoiles ont employé un grand nombre de siècles à venir
jusqu'à nous. La Voie lactée finirait par offrir, à l'observateur qui s'en

éloignerait indéfiniment, l'apparence d'une lumière blanche et continue, d'un petit diamètre ; car l'irradiation, qui subsiste même dans les
meilleurs télescopes, couvrirait l'intervalle des étoiles. Il est donc probable que, parmi les nébuleuses, plusieurs sont des groupes d'un très
grand nombre d'étoiles, qui, vus de leur intérieur, paraitraient semblables à la Voie lactée. Si l'on réfléchit maintenant à cette profusion
d'étoiles et de nébuleuses répandues dans l'espace céleste et aux intervalles immenses qui les séparent, l'imagination, étonnée de la grandeur
de l'univers, aura peine à lui concevoir des bornes.

Herschel, en observant les nébuleuses au moyen de ces puissants télescopes, a suivi les progrès de leur condensation, non sur une seule,
ces progrès ne pouvant devenir sensibles pour nous qu'après des
siècles, mais sur leur ensemble, comme on suit dans une vaste forêt
l'accroissement des arbres sur les individus de divers âges qu'elle
renferme. Il a d'abord observé la matière nébuleuse répandue en amas
divers dans les différentes parties du ciel dont elle occupe une grande
étendue. Il a vu dans quelques-uns de ces amas cette matière faiblement condensée autour d'un ou de plusieurs noyaux peu brillants.
Dans d'autres nébuleuses, ces noyaux brillent davantage relativement
à la nébulosité qui les environne. Les atmosphères de chaque noyau
venant à se séparer par une condensation ultérieure, il en résulte des
nébuleuses multiples, formées de noyaux brillants très voisins et environnés chacun d'une atmosphère ; quelquefois la matière nébuleuse,
en se condensant d'une manière uniforme, produit les nébuleuses que
l'on nomme *planétaires*. Enfin, un plus grand degré de condensation
transforme toutes ces nébuleuses en étoiles. Les nébuleuses, classées
d'après cette vue philosophique, indiquent avec une extrême vraisemblance leur transformation future en étoiles et l'état antérieur de nébulosité des étoiles existantes. Ainsi l'on descend, par le progrès de la
condensation de la matière nébuleuse, à la considération du Soleil environné autrefois d'une vaste atmosphère, considération à laquelle je
suis remonté par l'examen des phénomènes du système solaire, comme
on le verra dans la Note dernière. Une rencontre aussi remarquable,

en suivant des routes opposées, donne à l'existence de cet état antérieur du Soleil une grande probabilité.

En rattachant la formation des comètes à celle des nébuleuses, on peut les regarder comme de petites nébuleuses errantes de systèmes en systèmes solaires, et formées par la condensation de la matière nébuleuse répandue avec tant de profusion dans l'univers. Les comètes seraient ainsi, par rapport à notre système, ce que les aérolithes sont relativement à la Terre, à laquelle ils paraissent étrangers. Lorsque ces astres deviennent visibles pour nous, ils offrent une ressemblance si parfaite avec les nébuleuses qu'on les confond souvent avec elles, et ce n'est que par leur mouvement ou par la connaissance de toutes les nébuleuses renfermées dans la partie du ciel où ils se montrent qu'on parvient à les distinguer. Cette hypothèse explique d'une manière heureuse l'extension que prennent les têtes et les queues des comètes, à mesure qu'elles approchent du Soleil; l'extrême rareté de ces queues, qui, malgré leur immense profondeur, n'affaiblissent point sensiblement l'éclat des étoiles que l'on voit à travers; la direction du mouvement des comètes dans tous les sens, et la grande excentricité de leurs orbites.

Des considérations précédentes, fondées sur les observations télescopiques, il résulte que le mouvement du système solaire est très composé. La Lune décrit un orbe presque circulaire autour de la Terre; mais, vue du Soleil, elle paraît décrire une suite d'épicycloïdes, dont les centres sont sur la circonférence de l'orbe terrestre. Pareillement, la Terre décrit une suite d'épicycloïdes dont les centres sont sur la courbe que le Soleil décrit autour du centre de gravité du groupe d'étoiles dont il fait partie. Enfin le Soleil décrit lui-même une suite d'épicycloïdes dont les centres sont sur la courbe décrite par le centre de gravité de ce groupe autour de celui de l'univers. L'Astronomie a déjà fait un grand pas, en nous faisant connaître le mouvement de la Terre, et les épicycloïdes que la Lune et les satellites décrivent sur les orbes de leurs planètes respectives. Mais s'il a fallu des siècles pour connaître les mouvements du système planétaire, quelle durée prodigieuse exige la détermination des mouvements du Soleil et des étoiles ! Déjà les observations nous montrent ces mouvements ; leur ensemble paraît indiquer un mouvement général de tous les corps du système solaire vers la constellation d'Hercule ; mais elles semblent prouver en même temps que les mouvements apparents des étoiles sont une combinaison de leurs mouvements propres avec celui du Soleil. On remarque, de plus, des mouvements très singuliers dans les étoiles *doubles :* c'est ainsi que l'on nomme ces étoiles qui, vues dans le télescope, paraissent formées de deux étoiles très voisines. Ces deux étoiles tournent l'une autour de l'autre, d'une manière assez sensible dans quelques-unes, pour que l'on ait pu déterminer à peu près, par les observations d'un petit nombre d'années, la durée de leurs révolutions.

Tous ces mouvements des étoiles, leurs parallaxes, les variations périodiques de la lumière des étoiles changeantes et les durées de leurs mouvements de rotation ; un catalogue des étoiles qui ne font que paraître, et leur position au moment de leur éclat passager ; enfin les changements successifs de la figure des nébuleuses, déjà sensibles dans quelques-unes, et spécialement dans la belle nébuleuse d'Orion : tels seront, relativement aux étoiles, les principaux objets de l'Astronomie future. Ses progrès dépendent de ces trois choses, la mesure du temps, celle des angles et la perfection des instruments d'optique. Les deux premières ne laissent maintenant presque rien à désirer ; c'est donc principalement vers la troisième que les encouragements doivent être dirigés ; car il n'est pas douteux que, si l'on parvient à donner de très grandes ouvertures aux lunettes achromatiques, elles feront découvrir dans les cieux des phénomènes jusqu'à présent invisibles, surtout si l'on a soin de les transporter dans l'atmosphère pure et rare des hautes montagnes de l'équateur.

Il reste encore à faire sur notre propre système de nombreuses découvertes. La planète Uranus et ses satellites nouvellement reconnus donnaient lieu de conjecturer l'existence de quelques planètes jusqu'ici non observées. On avait même soupçonné qu'il devait y en avoir une entre Jupiter et Mars, pour satisfaire à la progression double qui règne à peu près dans les intervalles des orbes planétaires, à celui de Mercure. Ce soupçon a été confirmé par la découverte de quatre petites planètes, qui sont à des distances du Soleil peu différentes de la distance que cette progression assigne à la planète intermédiaire entre Jupiter et Mars. L'action de Jupiter sur ces planètes, accrue par la grandeur des excentricités et des inclinaisons de leurs orbes entrelacés, produit dans leurs mouvements des inégalités considérables, qui répandront un nouveau jour sur la théorie des attractions célestes, et donneront lieu de la perfectionner encore.

Les éléments arbitraires de cette théorie et la convergence de ses approximations dépendent de la précision des observations et du progrès de l'Analyse, et par là elle doit de jour en jour acquérir plus d'exactitude. Les grandes inégalités séculaires des corps célestes, résultantes de leurs attractions mutuelles et que déjà l'observation fait apercevoir, se développeront avec les siècles. Des observations, faites avec de puissants télescopes, sur les satellites perfectionneront les théories de leurs mouvements, et peut-être en feront découvrir de nouveaux. On déterminera par des mesures précises et multipliées toutes les inégalités de la figure de la Terre et de la pesanteur à sa surface, et bientôt l'Europe entière sera couverte d'un réseau de triangles, qui feront connaître exactement la position, la courbure et la grandeur de toutes ses parties. Les phénomènes du flux et du reflux de la mer et leurs singulières variétés dans les différents ports des deux hémisphères seront déterminés par une longue suite d'observations et comparés à la théorie de la pesanteur. On reconnaitra si les mouvements de rotation et de révolution de la Terre sont sensiblement altérés par les changements qu'elle éprouve à sa surface, et par le choc des aérolithes, qui, selon toutes les vraisemblances, viennent des profondeurs de l'espace céleste. Les nouvelles comètes qui paraîtront ; l'observation de celles qui, mues dans des orbes hyperboliques, sont errantes de système en système ; les retours des comètes mues dans des orbes elliptiques, et les changements de forme, et d'intensité de lumière qu'elles offriront à chaque apparition ; les perturbations que tous ces astres font éprouver aux mouvements planétaires; celles qu'ils éprouvent eux-mêmes et qui, à l'approche d'une grosse planète, peuvent changer entièrement leurs orbites; enfin les altérations que les mouvements et les orbes des planètes et des satellites reçoivent de la part des étoiles et peut-être encore par la résistance de milieux éthérés : tels sont les principaux objets que le système solaire offre aux recherches des astronomes et des géomètres futurs.

L'Astronomie, par la dignité de son objet et par la perfection de ses théories, est le plus beau monument de l'esprit humain, le titre le plus noble de son intelligence. Séduit par les illusions des sens et de l'amour-propre, l'homme s'est regardé longtemps comme le centre du mouvement des astres, et son vain orgueil a été puni par les frayeurs qu'ils lui ont inspirées. Enfin, plusieurs siècles de travaux ont fait tomber le voile qui cachait à ses yeux le système du monde. Alors il s'est vu sur une planète presque imperceptible dans le système solaire, dont la vaste étendue n'est elle-même qu'un point insensible dans l'immensité de l'espace. Les résultats sublimes auxquels cette découverte l'a conduit sont bien propres à le consoler du rang qu'elle assigne à la Terre, en lui montrant sa propre grandeur dans l'extrême petitesse de la base qui lui a servi pour mesurer les cieux. Conservons avec soin, augmentons le dépôt de ces hautes connaissances, les délices des êtres pensants. Elles ont rendu d'importants services à la Navigation et à la Géographie; mais leur plus grand bienfait est d'avoir dissipé les craintes produites par les phénomènes célestes et détruit les erreurs nées de l'ignorance de nos vrais rapports avec la nature, erreurs et craintes qui renaîtraient promptement, si le flambeau des sciences venait à s'éteindre.

NOTE I.

Le jésuite Gaubil, celui de tous les missionnaires qui a le mieux connu l'Astronomie chinoise, en a publié séparément l'histoire. Il a traité de nouveau la partie ancienne de cette histoire, dans le tome XXVI des *Lettres édifiantes*; et j'ai publié dans la *Connaissance des Temps* pour l'année 1809 un manuscrit précieux du même jésuite, sur les solstices et les ombres méridiennes du gnomon, observés à la Chine. On voit dans ces ouvrages que Tcheou-Kong observa les ombres méridiennes d'un gnomon, de huit pieds chinois, aux solstices, dans la ville de Loyang, aujourd'hui Honan-Fou, dans le Honan. Il traça une méridienne avec soin, et il nivela le terrain sur lequel l'ombre se projetait. Il trouva la longueur de l'ombre méridienne d'un pied et demi au solstice d'été, et de treize pieds au solstice d'hiver. Pour conclure de ces observations l'obliquité de l'écliptique, il faut leur appliquer plusieurs corrections. La plus considérable est celle du demi-diamètre du Soleil; car il est visible que, l'extrémité de l'ombre d'un gnomon indiquant la hauteur du bord supérieur de cet astre, il faut retrancher son demi-diamètre apparent de cette hauteur, pour avoir celle de son centre. Il est surprenant que tous les anciens observateurs, ceux même de l'école d'Alexandrie, aient négligé une correction aussi essentielle et aussi simple, ce qui a produit sur leurs latitudes géographiques des erreurs à peu près égales à la grandeur de ce demi-diamètre. Une seconde correction est relative à la réfraction astronomique, qui, n'ayant point été observée, peut être supposée, sans erreur sensible, correspondre à la tempéra-

ture de 10° et à la hauteur 0^m,76 du baromètre. Enfin une troisième
correction dépend de la parallaxe du Soleil, et réduit ces observations
au centre de la Terre. En appliquant ces trois corrections aux observations précédentes, on trouve la hauteur du centre du Soleil, rapportée
au centre de la Terre, égale à 87°,9649 au solstice d'été, et à 34°,7924
au solstice d'hiver. Ces hauteurs donnent 38°,6513 pour la hauteur du
pôle à Loyang, résultat qui tient à peu près le milieu entre les observations des missionnaires jésuites sur la latitude de cette ville; elles
donnent encore 26°,5563 pour l'obliquité de l'écliptique à l'époque de
Tcheou-Kong, époque que l'on peut fixer, sans erreur sensible, à
l'an 1100 avant notre ère. En remontant à cette époque, par la formule
du Livre VI de mon *Traité de Mécanique céleste*, on trouve 26°, 5161
pour l'obliquité qui devait alors avoir lieu. La différence 402″ paraitra
bien petite, si l'on considère l'incertitude qui existe encore sur les
masses des planètes, et celle que présentent les observations du gnomon, surtout à cause de la pénombre qui rend son ombre mal terminée.

Tcheou-Kong observa encore la position du solstice d'hiver par rapport aux étoiles, et il la fixa à deux degrés chinois de *nu*, constellation
chinoise qui commence par ε du Verseau. En Chine, la division de la
circonférence ayant été toujours subordonnée à la longueur de l'année,
de manière que le Soleil décrivit un degré par jour, et l'année à l'époque
de Tcheou-Kong ayant été supposée de 365$\frac{1}{4}$, deux degrés répondaient
à 2°,1905 de la division décimale du quart de cercle. Les astres ayant
été à la même époque rapportés à l'équateur, l'ascension droite de
l'étoile était, suivant cette observation, de 297°,8096. Elle devait être,
par les formules de la *Mécanique céleste*, de 298°,7265 dans l'année
1100 avant notre ère. Pour faire disparaître la différence 9169″, il suffit de remonter de 54 ans au delà; ce qui paraitra peu considérable, si
l'on réfléchit à l'incertitude de l'époque précise des observations de ce
grand prince, et surtout à celle des observations elles-mêmes. Il y en a
sur l'instant du solstice; mais la plus grande erreur à craindre est
dans la manière de rapporter le solstice à l'étoile ε du Verseau, soit que

Tcheou-Kong ait fait usage de la différence en temps des passages de l'étoile et du Soleil au méridien, soit qu'il ait mesuré la distance de la Lune à cette étoile au moment d'une éclipse de Lune, deux moyens employés par les astronomes chinois.

NOTE II.

Les Chaldéens avaient reconnu, par une longue suite d'observations, qu'en 19756 jours la Lune faisait 669 révolutions par rapport au Soleil; 717 révolutions anomalistiques, c'est-à-dire rapportées aux points de sa plus grande vitesse, et 726 révolutions par rapport à ses nœuds. Ils ajoutaient $\frac{1}{15}$ de la circonférence à la position des deux astres, pour avoir dans cet intervalle 723 révolutions sidérales de la Lune et 54 du Soleil. Ptolémée, en exposant cette période, l'attribue aux anciens astronomes, sans désigner les Chaldéens; mais Géminus, contemporain de Sylla, et dont il nous reste des Éléments d'Astronomie, ne laisse aucun doute à cet égard. Non seulement il attribue cette période aux Chaldéens, mais il donne leur méthode pour calculer l'anomalie de la Lune. Ils supposaient que, depuis la plus petite jusqu'à la plus grande vitesse de la Lune, son mouvement angulaire s'accélérait d'un tiers de degré par jour pendant une moitié de la révolution anomalistique, et qu'il se ralentissait de la même manière pendant l'autre moitié. Ils se trompaient, en regardant comme uniformes des accroissements qui sont proportionnels aux cosinus de la distance de la Lune à son périgée. Malgré cette erreur, la méthode précédente fait honneur à la sagacité des astronomes chaldéens; c'est le seul monument astronomique de ce genre qui nous reste avant la fondation de l'école d'Alexandrie. La période dont on vient de parler suppose la longueur de l'année sidérale de 365$^\text{j}\frac{1}{4}$ à fort peu près; celle de 365$^\text{j}$,2576, qu'Albatenius attribue aux Chaldéens, ne peut donc appartenir qu'à des temps postérieurs à Hipparque.

NOTE III.

Dans le second Livre de sa Géographie, Chapitre IV, Strabon dit que, suivant Hipparque, la proportion de l'ombre au gnomon à Byzance est la même que Pythéas prétend avoir observée à Marseille, et dans le Chapitre V du même Livre il dit, d'après Hipparque, qu'à Byzance, au solstice d'été, la proportion de l'ombre au gnomon est celle de 42 moins $\frac{1}{5}$ à 120. C'est sans doute d'après cette observation que Ptolémée, dans le Chapitre VI du Livre II de l'*Almageste*, fait passer par Marseille le parallèle sur lequel la durée du plus long jour de l'année est $\frac{5}{8}$ du jour astronomique, ce qui suppose que la proportion de l'ombre méridienne au gnomon, au solstice d'été, est celle de 42 moins $\frac{1}{4}$ à 120. Pythéas fut, au plus tard, contemporain d'Aristote; ainsi l'on peut, sans erreur sensible, rapporter son observation à l'année 350 avant notre ère. En la corrigeant de la réfraction, de la parallaxe du Soleil et de son demi-diamètre, elle donne 21°,6386 pour la distance solsticiale du centre du Soleil au zénith de Marseille. La latitude de l'Observatoire de cette ville est de 48°,1077; si l'on en retranche la distance précédente, on aura 26°,4691 pour l'obliquité de l'écliptique au temps de Pythéas. Cette obliquité, comparée à celle du temps de Tcheou-Kong, indique déjà une diminution dans cet élément. Les formules de la *Mécanique céleste* donnent l'obliquité de l'écliptique, 350 ans avant notre ère, égale à 26°,4095; la différence 596″ entre ce résultat et celui de l'observation de Pythéas est dans les limites des erreurs de ce genre d'observations.

NOTE IV.

Hipparque trouva, par la comparaison d'un très grand nombre d'éclipses de Lune, 1° que, dans l'intervalle de 126007^j plus $\frac{1}{24}$ de jour, la Lune faisait 4267 révolutions à l'égard du Soleil, 4573 révolutions à l'égard de son périgée, et 4612 révolutions relativement aux étoiles, moins 8°$\frac{1}{3}$; 2° que, pendant 5458 mois synodiques, elle faisait 5923 révolutions par rapport à ses nœuds. D'après ce résultat, les mouvements de la Lune dans l'intervalle de 126007^j $\frac{1}{24}$ sont :

Par rapport au Soleil................. 1706800°
Par rapport au périgée.............. 1829200°
Par rapport au nœud................. 1852212°,89368

La comparaison de ces mouvements avec ceux que l'on a déterminés par l'ensemble de toutes les observations modernes doit rendre très sensible leur accélération, donnée par la théorie de la pesanteur universelle. Ceux que l'on a ainsi déterminés pour le commencement de ce siècle donnent, en effet, dans le même intervalle de temps, les quantités précédentes augmentées respectivement de $+ 2657''$,0; $+ 10981''$,9; $+ 432''$,8. L'accélération de ces trois mouvements depuis Hipparque jusqu'à nous est évidente; on voit de plus que l'accélération du mouvement de la Lune par rapport au Soleil est environ quatre fois moindre que celle de son mouvement par rapport au périgée, tandis qu'elle surpasse considérablement l'accélération du mouvement par rapport au nœud; ce qui est à peu près conforme à la théorie de la pesanteur, suivant laquelle ces accélérations sont dans le rapport des nombres 1; 4,70197; 0,38795. Hipparque supposait Babylone plus orientale de 3372″ en temps qu'Alexandrie. Elle était encore, suivant les observations de Beauchamp, de 557″ plus à l'orient, ce qui a dû un peu augmenter les moyens mouvements lunaires qu'Hipparque a conclus de la comparaison de ses observations, avec celles des Chaldéens.

Ptolémée ne nous a pas transmis les époques des mouvements lunaires d'Hipparque; mais le peu de changements qu'il s'est permis de faire à ces mouvements et la tendance qu'il montre sans cesse à se rapprocher des résultats de ce grand astronome autorisent à penser que les époques d'Hipparque différaient peu de celles des Tables de Ptolémée, qui donnent à l'époque de Nabonassar, c'est-à-dire, le 26 février de l'année 746 avant notre ère, à midi, temps moyen à Alexandrie,

$$\text{Distances de la Lune}\begin{cases} \text{au Soleil} \dots\dots\dots\dots & 78,4630 \\ \text{au périgée} \dots\dots\dots\dots & 98,6852 \\ \text{au nœud ascendant} \dots\dots & 93,6111 \end{cases}$$

Si l'on remonte à cette époque, d'après les moyens mouvements déterminés pour le commencement de ce siècle par les seules observations modernes; si de plus on suppose, conformément aux dernières observations, Alexandrie plus orientale que Paris de 7731″,48 en temps, on trouve des distances plus petites que les précédentes, des quantités respectives — 1°,6316; — 7°,6569; — 0°,8205. Ces différences, beaucoup trop grandes pour être attribuées aux erreurs des déterminations, soit anciennes, soit modernes, prouvent incontestablement l'accélération des mouvements lunaires et la nécessité des équations séculaires. L'équation séculaire de la distance du Soleil à la Lune, équation qui est la même que celle du moyen mouvement de la Lune, puisque celui du Soleil est uniforme, devient à l'époque de Nabonassar 2°,0480. Pour avoir celles des distances de la Lune à son périgée et à son nœud ascendant à la même époque, il faut multiplier la précédente respectivement par les nombres 4,70197 et 0,38795. On a ainsi les trois équations séculaires 2°,0480; 9°,6299; 0°,7945. En les ajoutant aux trois différences précédentes, elles les réduisent aux trois suivantes, + 4164″, + 19730″, — 260″. Ainsi réduites, ces différences peuvent dépendre des erreurs des observations anciennes et modernes; car le moyen mouvement séculaire du nœud, par exemple, ayant été déterminé par les observations de Bradley, comparées aux observations de ces dernières années, c'est-à-dire, par des observations d'un demi-siècle, il peut y avoir sur sa valeur une incertitude d'une demi-minute au moins.

NOTE V.

Les astronomes d'Almamon trouvèrent par leurs observations la plus grande équation du centre du Soleil égale à 2°,2037, plus grande que la nôtre de 655″. Albatenius, Ebn-Junis et un grand nombre d'autres astronomes arabes s'éloignèrent très peu de ce résultat, qui prouve incontestablement la diminution de l'excentricité de l'orbe terrestre depuis eux jusqu'à nous. Les mêmes astronomes trouvèrent la longitude de l'apogée du Soleil en 830 égale à 91°,8333, ce qui est conforme à peu près à la théorie de la pesanteur, suivant laquelle cette longitude à la même époque devait être de 92°,047. Cette théorie donne 36″,44 pour le mouvement annuel de cet apogée par rapport aux étoiles, et l'observation précédente donne, à deux secondes près, le même mouvement. Enfin, en comparant leurs observations des équinoxes à celles de Ptolémée, ils trouvèrent pour la durée de l'année tropique 365ʲ,240706. Vers l'année 803, plus de vingt-cinq ans avant la formation de la Table vérifiée, l'astronome arabe Alnewahendi avait trouvé, en comparant ses observations à celles d'Hipparque, une durée de l'année bien plus exacte : il la fixait à 365ʲ,242181. Les astronomes arabes supposèrent presque tous l'obliquité de l'écliptique de 26°,2037; mais il paraît que ce résultat est affecté de la fausse parallaxe qu'ils supposaient au Soleil; du moins cela est certain à l'égard des observations d'Ebn-Junis, qui, corrigées de cette fausse parallaxe et de la réfraction, donnent 26°,1932 pour cette obliquité vers l'an 1000. La théorie donne à cette époque 26°,2009; la différence — 77″ est dans les limites des erreurs des observations arabes. Les époques des Tables astronomiques d'Ebn-Junis confirment les équations séculaires des mouvements de la

Lune; les grandes inégalités de Jupiter et de Saturne sont pareillement confirmées par ces époques et par la conjonction de ces deux
planètes, observée au Caire par cet astronome. Cette observation, l'une
des plus importantes de l'Astronomie arabe, se rapporte au 31 octobre
1007 à 0ʲ,16 temps moyen à Paris. Ebn-Junis trouva l'excès de la longitude géocentrique de Saturne sur celle de Jupiter égal à 4444″. Les
Tables construites par M. Bouvard d'après ma théorie et sur l'ensemble
des observations de Bradley, Maskelyne et de l'Observatoire Royal,
donnent 5191″ pour cet excès; la différence 747″ est plus petite que
l'erreur dont cette observation est susceptible.

NOTE VI.

Les observations des ombres méridiennes du gnomon, observées par Cocheou-King et insérées dans la *Connaissance des Temps* de l'année 1809, donnent 2°,1759 pour la plus grande équation du Soleil en 1280, ce qui surpasse sa valeur actuelle de 377″. Elles donnent encore l'obliquité de l'écliptique, à la même époque, de 26°,1489, plus grande de 757″ que l'obliquité actuelle. Ainsi la diminution de ces deux éléments est démontrée par ces observations.

L'observation de l'obliquité de l'écliptique par Ulug-Beigh, corrigée de la réfraction et de la parallaxe, donne cette obliquité, en 1437, égale à 26°,1444 ; elle est plus petite que la précédente, comme cela doit être, à cause de l'intervalle de 157 ans qui sépare les époques correspondantes. Le tableau suivant montre avec évidence la diminution successive de cet élément dans un intervalle de 2900 années :

	Obliquité de l'écliptique.	Excès de cette obliquité sur le résultat des formules de la Mécanique céleste.
Tcheou-Kong, 1100 ans avant notre ère.	26,5563	402
Pythéas, 350 ans avant notre ère	26,4691	596
Ebn-Junis, an mille	26,1932	— 77
Cocheou-King, en 1280	26,1489	— 62
Ulug-Beigh, en 1437	26,1444	130
En 1801	26,0732	

NOTE VII* ET DERNIÈRE.

On a, par le Chapitre précédent, pour remonter à la cause des mouvements primitifs du système planétaire, les cinq phénomènes suivants :
les mouvements des planètes dans le même sens et à peu près dans un
même plan ; les mouvements des satellites dans le même sens que ceux
des planètes ; les mouvements de rotation de ces différents corps et du
Soleil, dans le même sens que leurs mouvements de projection et dans
des plans peu différents ; le peu d'excentricité des orbes des planètes
et des satellites ; enfin, la grande excentricité des orbes des comètes,
quoique leurs inclinaisons aient été abandonnées au hasard.

Buffon est le seul que je connaisse, qui, depuis la découverte du
vrai système du monde, ait essayé de remonter à l'origine des planètes
et des satellites. Il suppose qu'une comète, en tombant sur le Soleil,
en a chassé un torrent de matière qui s'est réuni au loin, en divers
globes plus ou moins grands et plus ou moins éloignés de cet astre :
ces globes, devenus par leur refroidissement opaques et solides, sont
les planètes et leurs satellites.

Cette hypothèse satisfait au premier des cinq phénomènes précédents ;
car il est clair que tous les corps ainsi formés doivent se mouvoir à
peu près dans le plan qui passait par le centre du Soleil et par la direction du torrent de matière qui les a produits : les quatre autres
phénomènes me paraissent inexplicables par son moyen. A la vérité,
le mouvement absolu des molécules d'une planète doit être alors dirigé dans le sens du mouvement de son centre de gravité ; mais il ne
s'ensuit point que le mouvement de rotation de la planète soit dirigé
dans le même sens : ainsi, la Terre pourrait tourner d'orient en occi-

dent, et cependant le mouvement absolu de chacune de ses molécules serait dirigé d'occident en orient ; ce qui doit s'appliquer au mouvement de révolution des satellites, dont la direction, dans l'hypothèse dont il s'agit, n'est pas nécessairement la même que celle du mouvement de projection des planètes.

Un phénomène, non seulement très difficile à expliquer dans cette hypothèse, mais qui lui est contraire, est le peu d'excentricité des orbes planétaires. On sait par la théorie des forces centrales que, si un corps mû dans un orbe rentrant autour du Soleil rase la surface de cet astre, il y reviendra constamment à chacune de ses révolutions ; d'où il suit que, si les planètes avaient été primitivement détachées du Soleil, elles le toucheraient à chaque retour vers cet astre, et leurs orbes, loin d'être circulaires, seraient fort excentriques. Il est vrai qu'un torrent de matière, chassé du Soleil, ne peut pas être exactement comparé à un globe qui rase sa surface ; l'impulsion que les parties de ce torrent reçoivent les unes des autres et l'attraction réciproque qu'elles exercent entre elles peuvent, en changeant la direction de leurs mouvements, éloigner leurs périhélies du Soleil. Mais leurs orbes devraient toujours être fort excentriques, ou du moins ils n'auraient pu avoir tous de petites excentricités que par le hasard le plus extraordinaire. Enfin on ne voit point, dans l'hypothèse de Buffon, pourquoi les orbes de plus de cent comètes déjà observées sont tous fort allongés ; cette hypothèse est donc très éloignée de satisfaire aux phénomènes précédents. Voyons s'il est possible de s'élever à leur véritable cause.

Quelle que soit sa nature, puisqu'elle a produit ou dirigé les mouvements des planètes, il faut qu'elle ait embrassé tous ces corps, et, vu la distance prodigieuse qui les sépare, elle ne peut avoir été qu'un fluide d'une immense étendue. Pour leur avoir donné dans le même sens un mouvement presque circulaire autour du Soleil, il faut que ce fluide ait environné cet astre comme une atmosphère. La considération des mouvements planétaires nous conduit donc à penser qu'en vertu d'une chaleur excessive, l'atmosphère du Soleil s'est primitivement étendue au delà des orbes de toutes les planètes, et qu'elle s'est resserrée successivement jusqu'à ses limites actuelles.

Dans l'état primitif où nous supposons le Soleil, il ressemblait aux nébuleuses que le télescope nous montre composées d'un noyau plus ou moins brillant, entouré d'une nébulosité qui, en se condensant à la surface du noyau, le transforme en étoile. Si l'on conçoit, par analogie, toutes les étoiles formées de cette manière, on peut imaginer leur état antérieur de nébulosité précédé lui-même par d'autres états dans lesquels la matière nébuleuse était de plus en plus diffuse, le noyau étant de moins en moins lumineux. On arrive ainsi, en remontant aussi loin qu'il est possible, à une nébulosité tellement diffuse, que l'on pourrait à peine en soupçonner l'existence.

Depuis longtemps la disposition particulière de quelques étoiles visibles à la vue simple a frappé des observateurs philosophes. Mitchell a déjà remarqué combien il est peu probable que les étoiles des Pléiades, par exemple, aient été resserrées dans l'espace étroit qui les renferme, par les seules chances du hasard, et il en a conclu que ce groupe d'étoiles et les groupes semblables que le ciel nous présente sont les effets d'une cause primitive ou d'une loi générale de la nature. Ces groupes sont un résultat nécessaire de la condensation des nébuleuses à plusieurs noyaux; car il est visible que, la matière nébuleuse étant sans cesse attirée par ces noyaux divers, ils doivent former à la longue un groupe d'étoiles pareil à celui des Pléiades. La condensation des nébuleuses à deux noyaux formera semblablement des étoiles très rapprochées, tournant l'une autour de l'autre, telles que les étoiles doubles dont on a déjà reconnu les mouvements respectifs.

Mais comment l'atmosphère solaire a-t-elle déterminé les mouvements de rotation et de révolution des planètes et des satellites? Si ces corps avaient pénétré profondément dans cette atmosphère, sa résistance les aurait fait tomber sur le Soleil; on peut donc conjecturer que les planètes ont été formées à ces limites successives, par la condensation des zones de vapeurs, qu'elle a dû, en se refroidissant, abandonner dans le plan de son équateur.

Rappelons les résultats que nous avons donnés dans le Chapitre VI du Livre précédent. L'atmosphère du Soleil ne peut pas s'étendre indéfiniment ; sa limite est le point où la force centrifuge due à son mouvement de rotation balance la pesanteur ; or, à mesure que le refroidissement resserre l'atmosphère et condense à la surface de l'astre les molécules qui en sont voisines, le mouvement de rotation augmente ; car, en vertu du principe des aires, la somme des aires décrites par le rayon vecteur de chaque molécule du Soleil et de son atmosphère et projetées sur le plan de son équateur étant toujours la même, la rotation doit être plus prompte quand ces molécules se rapprochent du centre du Soleil. La force centrifuge due à ce mouvement devenant ainsi plus grande, le point où la pesanteur lui est égale est plus près de ce centre. En supposant donc, ce qu'il est naturel d'admettre, que l'atmosphère s'est étendue à une époque quelconque jusqu'à sa limite, elle a dû, en se refroidissant, abandonner les molécules situées à cette limite et aux limites successives produites par l'accroissement de la rotation du Soleil. Ces molécules abandonnées ont continué de circuler autour de cet astre, puisque leur force centrifuge était balancée par leur pesanteur. Mais, cette égalité n'ayant point lieu par rapport aux molécules atmosphériques placées sur les parallèles à l'équateur solaire, celles-ci se sont rapprochées, par leur pesanteur, de l'atmosphère à mesure qu'elle se condensait, et elles n'ont cessé de lui appartenir, qu'autant que par ce mouvement elles se sont rapprochées de cet équateur.

Considérons maintenant les zones de vapeurs successivement abandonnées. Ces zones ont dû, selon toute vraisemblance, former, par leur condensation et l'attraction mutuelle de leurs molécules, divers anneaux concentriques de vapeurs, circulant autour du Soleil. Le frottement mutuel des molécules de chaque anneau a dû accélérer les unes et retarder les autres, jusqu'à ce qu'elles aient acquis un même mouvement angulaire. Ainsi les vitesses réelles des molécules plus éloignées du centre de l'astre ont été plus grandes. La cause suivante a dû contribuer encore à cette différence de vitesses. Les molécules les plus

distantes du Soleil et qui, par les effets du refroidissement et de la condensation, s'en sont rapprochées pour former la partie supérieure de
l'anneau ont toujours décrit des aires proportionnelles aux temps,
puisque la force centrale dont elles étaient animées a été constamment
dirigée vers cet astre ; or cette constance des aires exige un accroissement de vitesse à mesure qu'elles s'en sont rapprochées. On voit que
la même cause a dû diminuer la vitesse des molécules qui se sont élevées vers l'anneau, pour former sa partie inférieure.

Si toutes les molécules d'un anneau de vapeurs continuaient de se
condenser sans se désunir, elles formeraient à la longue un anneau
liquide ou solide. Mais la régularité que cette formation exige dans
toutes les parties de l'anneau et dans leur refroidissement a dû rendre
ce phénomène extrêmement rare. Aussi le système solaire n'en offre-t-il
qu'un seul exemple, celui des anneaux de Saturne. Presque toujours
chaque anneau de vapeurs a dû se rompre en plusieurs masses qui,
mues avec des vitesses très peu différentes, ont continué de circuler à
la même distance autour du Soleil. Ces masses ont dû prendre une
forme sphéroïdique, avec un mouvement de rotation dirigé dans le sens
de leur révolution, puisque leurs molécules inférieures avaient moins
de vitesse réelle que les supérieures ; elles ont donc formé autant de
planètes à l'état de vapeurs. Mais si l'une d'elles a été assez puissante
pour réunir successivement par son attraction toutes les autres autour
de son centre, l'anneau de vapeurs aura été ainsi transformé dans une
seule masse sphéroïdique de vapeurs, circulant autour du Soleil, avec
une rotation dirigée dans le sens de sa révolution. Ce dernier cas a été
le plus commun : cependant le système solaire nous offre le premier cas
dans les quatre petites planètes qui se meuvent entre Jupiter et Mars,
à moins qu'on ne suppose, avec M. Olbers, qu'elles formaient primitivement une seule planète, qu'une forte explosion a divisée en plusieurs
parties animées de vitesses différentes.

Maintenant, si nous suivons les changements qu'un refroidissement
ultérieur a dû produire dans les planètes en vapeurs dont nous venons
de concevoir la formation, nous verrons naître au centre de chacune

d'elles un noyau s'accroissant sans cesse par la condensation de l'atmosphère qui l'environne. Dans cet état, la planète ressemblait parfaitement au Soleil à l'état de nébuleuse où nous venons de le considérer : le refroidissement a donc dû produire, aux diverses limites de son atmosphère, des phénomènes semblables à ceux que nous avons décrits, c'est-à-dire des anneaux et des satellites circulant autour de son centre, dans le sens de son mouvement de rotation, et tournant dans le même sens sur eux-mêmes. La distribution régulière de la masse des anneaux de Saturne autour de son centre et dans le plan de son équateur résulte naturellement de cette hypothèse, et sans elle devient inexplicable : ces anneaux me paraissent être des preuves toujours subsistantes de l'extension primitive de l'atmosphère de Saturne et de ses retraites successives. Ainsi les phénomènes singuliers du peu d'excentricité des orbes des planètes et des satellites, du peu d'inclinaison de ces orbes à l'équateur solaire et de l'identité du sens des mouvements de rotation et de révolution de tous ces corps avec celui de la rotation du Soleil, découlent de l'hypothèse que nous proposons et lui donnent une grande vraisemblance, qui peut encore être augmentée par la considération suivante :

Tous les corps qui circulent autour d'une planète ayant été, suivant cette hypothèse, formés par les zones que son atmosphère a successivement abandonnées, et son mouvement de rotation étant devenu de plus en plus rapide, la durée de ce mouvement doit être moindre que celles de la révolution de ces différents corps, ce qui a lieu semblablement pour le Soleil comparé aux planètes (¹). Tout cela est confirmé par les observations. La durée de la révolution de l'anneau le plus voisin de Saturne est, suivant les observations d'Herschel, 0ʲ,438, et celle de la

(¹) Kepler, dans son Ouvrage *De motibus stellæ Martis,* a expliqué le mouvement de toutes les planètes dans un même sens, au moyen d'espèces immatérielles émanées de la surface du Soleil et qui, conservant le mouvement de rotation qu'elles avaient à la surface, impriment ce mouvement aux planètes. Il en a conclu que le Soleil tourne sur lui-même dans un temps moindre que celui de la révolution de Mercure, ce que Galiléo reconnut bientôt après par l'observation. L'hypothèse de Kepler est sans doute inadmissible; mais il est remarquable qu'il ait fait dépendre l'identité de la direction des mouvements planétaires de cette rotation du Soleil, tant cette tendance paraît naturelle.

rotation de Saturne n'est que o^j,427. La différence o^j, 011 est peu considérable, comme cela doit être, parce que la partie de l'atmosphère de Saturne que la diminution de la chaleur a déposée à la surface de cette planète, depuis la formation de l'anneau, ayant été peu considérable et venant d'une petite hauteur, elle a dû peu augmenter la rotation de la planète.

Si le système solaire s'était formé avec une parfaite régularité, les orbites des corps qui le composent seraient des cercles, dont les plans, ainsi que ceux des divers équateurs et des anneaux, coïncideraient avec le plan de l'équateur solaire. Mais on conçoit que les variétés sans nombre qui ont dû exister dans la température et la densité des diverses parties de ces grandes masses ont produit les excentricités de leurs orbites, et les déviations de leurs mouvements du plan de cet équateur.

Dans notre hypothèse, les comètes sont étrangères au système planétaire. En les considérant, ainsi que nous l'avons fait, comme de petites nébuleuses, errantes de systèmes en systèmes solaires, et formées par la condensation de la matière nébuleuse répandue avec tant de profusion dans l'univers, on voit que, lorsqu'elles parviennent dans la partie de l'espace où l'attraction du Soleil est prédominante, il les force à décrire des orbes elliptiques ou hyperboliques. Mais leurs vitesses étant également possibles suivant toutes les directions, elles doivent se mouvoir indifféremment dans tous les sens et sous toutes les inclinaisons à l'écliptique, ce qui est conforme à ce que l'on observe. Ainsi la condensation de la matière nébuleuse, par laquelle nous venons d'expliquer les mouvements de rotation et de révolution des planètes et des satellites dans le même sens et sur des plans peu différents, explique également pourquoi les mouvements des comètes s'écartent de cette loi générale.

La grande excentricité des orbes cométaires est encore un résultat de notre hypothèse. Si ces orbes sont elliptiques, ils sont très allongés, puisque leurs grands axes sont au moins égaux au rayon de la sphère d'activité du Soleil. Mais ces orbes peuvent être hyperboliques, et si

les axes de ces hyperboles ne sont pas très grands par rapport à la
moyenne distance du Soleil à la Terre, le mouvement des comètes qui
les décrivent paraîtra sensiblement hyperbolique. Cependant, sur cent
comètes au moins dont on a déjà les éléments, aucune n'a paru se
mouvoir dans une hyperbole ; il faut donc que les chances qui donnent
une hyperbole sensible soient extrêmement rares par rapport aux
chances contraires. Les comètes sont si petites qu'elles ne deviennent
visibles que lorsque leur distance périhélie est peu considérable. Jusqu'à présent, cette distance n'a surpassé que deux fois le diamètre de
l'orbe terrestre, et le plus souvent elle a été au-dessous du rayon de
cet orbe. On conçoit que, pour approcher si près du Soleil, leur vitesse
au moment de leur entrée dans sa sphère d'activité doit avoir une
grandeur et une direction comprises dans d'étroites limites. En déterminant par l'Analyse des probabilités le rapport des chances qui, dans
ces limites, donnent une hyperbole sensible aux chances qui donnent
un orbe que l'on puisse confondre avec une parabole, j'ai trouvé qu'il
y a six mille au moins à parier contre l'unité qu'une nébuleuse qui pénètre dans la sphère d'activité du Soleil, de manière à pouvoir être
observée, décrira ou une ellipse très allongée ou une hyperbole qui,
par la grandeur de son axe, se confondra sensiblement avec une parabole dans la partie que l'on observe : il n'est donc pas surprenant que
jusqu'ici l'on n'ait point reconnu de mouvements hyperboliques.

L'attraction des planètes, et peut-être encore la résistance des milieux éthérés, a dû changer plusieurs orbes cométaires dans des ellipses,
dont le grand axe est beaucoup moindre que le rayon de la sphère
d'activité du Soleil. Ce changement peut encore résulter de la rencontre
de ces astres ; car il suit, de notre hypothèse sur leur formation, qu'il
doit y en avoir un nombre prodigieux dans le système solaire, ceux
qui s'approchent assez près du Soleil pouvant seuls être observés. On
peut croire qu'un pareil changement a eu lieu pour l'orbe de la comète
de 1759, dont le grand axe ne surpasse que trente-cinq fois la distance
du Soleil à la Terre. Un changement plus grand encore est arrivé aux
orbes des comètes de 1770 et de 1805.

Si quelques comètes ont pénétré dans les atmosphères du Soleil et des planètes au temps de leur formation, elles ont dû, en décrivant des spirales, tomber sur ces corps, et par leur chute écarter les plans des orbes et des équateurs des planètes du plan de l'équateur solaire.

Si, dans les zones abandonnées par l'atmosphère du Soleil, il s'est trouvé des molécules trop volatiles pour s'unir entre elles ou aux planètes, elles doivent, en continuant de circuler autour de cet astre, offrir toutes les apparences de la lumière zodiacale, sans opposer de résistance sensible aux divers corps du système planétaire, soit à cause de leur extrême rareté, soit parce que leur mouvement est à fort peu près le même que celui des planètes qu'elles rencontrent.

L'examen approfondi de toutes les circonstances de ce système accroit encore la probabilité de notre hypothèse. La fluidité primitive des planètes est clairement indiquée par l'aplatissement de leur figure, conforme aux lois de l'attraction mutuelle de leurs molécules ; elle est de plus prouvée, pour la Terre, par la diminution régulière de la pesanteur, en allant de l'équateur aux pôles. Cet état de fluidité primitive, auquel on est conduit par des phénomènes astronomiques, doit se manifester dans ceux que l'Histoire naturelle nous présente. Mais, pour l'y retrouver, il est nécessaire de prendre en considération l'immense variété des combinaisons formées par toutes les substances terrestres mêlées dans l'état de vapeurs, lorsque l'abaissement de la température a permis à leurs éléments de s'unir ; il faut ensuite considérer les prodigieux changements que cet abaissement a dû successivement amener dans l'intérieur et à la surface de la Terre, dans toutes ses productions, dans la constitution et la pression de l'atmosphère, dans l'Océan et dans les corps qu'il a tenus en dissolution. Enfin il faut avoir égard aux changements brusques, tels que de grandes éruptions volcaniques, qui ont dû troubler, à diverses époques, la régularité de ces changements. La Géologie, suivie sous ce point de vue qui la rattache à l'Astronomie, pourra, sur beaucoup d'objets, en acquérir la précision et la certitude.

Un des phénomènes les plus singuliers du système solaire est l'égalité rigoureuse que l'on observe entre les mouvements angulaires de rotation et de révolution de chaque satellite. Il y a l'infini contre un à parier qu'il n'est point l'effet du hasard. La théorie de la pesanteur universelle fait disparaître l'infini de cette invraisemblance, en nous montrant qu'il suffit, pour l'existence du phénomène, qu'à l'origine ces mouvements aient été très peu différents. Alors l'attraction de la planète a établi entre eux une parfaite égalité; mais en même temps elle a donné naissance à une oscillation périodique dans l'axe du satellite, dirigé vers la planète, oscillation dont l'étendue dépend de la différence primitive des deux mouvements. Les observations de Mayer sur la libration de la Lune et celles que MM. Bouvard et Nicollet viennent de faire sur le même objet, à ma prière, n'ayant point fait reconnaître cette oscillation, la différence dont elle dépend doit être très petite ; ce qui indique avec une extrême vraisemblance une cause spéciale, qui d'abord a renfermé cette différence dans les limites fort resserrées où l'attraction de la planète a pu établir, entre les mouvements moyens de rotation et de révolution, une égalité rigoureuse, et qui ensuite a fini par détruire l'oscillation que cette égalité a fait naître. L'un et l'autre de ces effets résultent de notre hypothèse ; car on conçoit que la Lune, à l'état de vapeurs, formait, par l'attraction puissante de la Terre, un sphéroïde allongé, dont le grand axe devait être dirigé sans cesse vers cette planète, par la facilité avec laquelle les vapeurs cèdent aux plus petites forces qui les animent. L'attraction terrestre continuant d'agir de la même manière, tant que la Lune a été dans un état fluide, a dû à la longue, en rapprochant sans cesse les deux mouvements de ce satellite, faire tomber leur différence dans les limites où commence à s'établir leur égalité rigoureuse. Ensuite cette attraction a dû anéantir peu à peu l'oscillation que cette égalité a produite dans le grand axe du sphéroïde, dirigé vers la Terre. C'est ainsi que les fluides qui recouvrent cette planète ont détruit par leur frottement et par leur résistance les oscillations primitives de son axe de rotation, qui maintenant n'est plus assujetti qu'à la nutation résultante des actions du Soleil et de la Lune. Il est facile de se convaincre que l'égalité des mouvements

de rotation et de révolution des satellites a dû mettre obstacle à la formation d'anneaux et de satellites secondaires par les atmosphères de
ces corps. Aussi l'observation n'a-t-elle jusqu'à présent rien indiqué
de semblable.

Les mouvements des trois premiers satellites de Jupiter présentent
un phénomène plus extraordinaire encore que le précédent, et qui
consiste en ce que la longitude moyenne du premier, moins trois fois
celle du second, plus deux fois celle du troisième, est constamment
égale à deux angles droits. Il y a l'infini contre un à parier que cette
égalité n'est point due au hasard. Mais on a vu que, pour la produire,
il a suffi qu'à l'origine les moyens mouvements de ces trois corps
aient fort approché de satisfaire au rapport qui rend nul le moyen
mouvement du premier, moins trois fois celui du second, plus deux fois
celui du troisième. Alors leur attraction mutuelle a établi rigoureusement ce rapport, et, de plus, elle a rendu constamment égale à la demi-
circonférence la longitude moyenne du premier satellite, moins trois
fois celle du second, plus deux fois celle du troisième. En même temps,
elle a donné naissance à une inégalité périodique, qui dépend de la
petite quantité dont les moyens mouvements s'écartaient primitivement
du rapport que nous venons d'énoncer. Quelques soins que Delambre
ait mis à reconnaitre cette inégalité par les observations, il n'a pu y
parvenir, ce qui prouve son extrême petitesse, et ce qui, par conséquent, indique avec une très grande vraisemblance une cause qui l'a
fait disparaitre. Dans notre hypothèse, les satellites de Jupiter, immédiatement après leur formation, ne se sont point mus dans un vide
parfait ; les molécules les moins condensables des atmosphères primitives du Soleil et de la planète formaient alors un milieu rare, dont
la résistance, différente pour chacun de ces astres, a pu approcher peu
à peu leurs moyens mouvements du rapport dont il s'agit, et lorsque
ces mouvements ont ainsi atteint les conditions requises pour que l'attraction mutuelle des trois satellites établisse ce rapport en rigueur, la
même résistance a diminué sans cesse l'inégalité que ce rapport a fait
naitre, et enfin l'a rendue insensible. On ne peut mieux comparer ces

effets qu'au mouvement d'un pendule animé d'une grande vitesse,
dans un milieu très peu résistant. Il décrira d'abord un grand nombre
de circonférences; mais, à la longue, son mouvement de circulation,
toujours décroissant, se changera dans un mouvement d'oscillation,
qui, diminuant lui-même de plus en plus par la résistance du milieu,
finira par s'anéantir; alors le pendule, arrivé à l'état du repos, y restera sans cesse.

FIN DU TOME SIXIÈME.